HERBERT GAJEWSKI · KONRAD GRÖGER · KLAUS ZACHARIAS

NICHTLINEARE OPERATORGLEICHUNGEN UND OPERATORDIFFERENTIALGLEICHUNGEN

MATHEMATISCHE LEHRBÜCHER UND MONOGRAPHIEN

HERAUSGEGEBEN VON DER
AKADEMIE DER WISSENSCHAFTEN DER DDR
ZENTRALINSTITUT FÜR MATHEMATIK UND MECHANIK

II. ABTEILUNG
MATHEMATISCHE MONOGRAPHIEN

BAND 38

NICHTLINEARE OPERATORGLEICHUNGEN UND OPERATORDIFFERENTIALGLEICHUNGEN

VON

HERBERT GAJEWSKI · KONRAD GRÖGER
KLAUS ZACHARIAS

AKADEMIE-VERLAG · BERLIN
1974

NICHTLINEARE OPERATORGLEICHUNGEN UND OPERATORDIFFERENTIAL-GLEICHUNGEN

VON

Dr. HERBERT GAJEWSKI · Dr. KONRAD GRÖGER
Dr. KLAUS ZACHARIAS

AKADEMIE-VERLAG · BERLIN
1974

Erschienen im Akademie-Verlag, 108 Berlin, Leipziger Straße 3—4

Lizenznummer: 202 · 100/426/74
Gesamtherstellung: VEB Druckerei „Thomas Müntzer", 582 Bad Langensalza
Bestellnummer: 761 948 4 (6168) · LSV 1065
Printed in GDR
EVP 65,—

VORWORT

Bei geeigneter Interpretation des Ableitungsbegriffs lassen sich wichtige Klassen von Randwertproblemen bzw. Rand-Anfangswertproblemen für nichtlineare partielle Differentialgleichungen als Operatorgleichungen bzw. Operatordifferentialgleichungen in reflexiven Banach-Räumen auffassen und im Rahmen der Theorie monotoner Operatoren behandeln.

Die Theorie der monotonen Operatoren in reflexiven Banach-Räumen ist heute eines der wichtigsten Teilgebiete der nichtlinearen Funktionalanalysis. Sie hat ihren Ursprung in den sogenannten Variationsmethoden, und seit etwa 1960 hat sie sich in enger Wechselwirkung mit der Theorie konvexer Funktionale und der Theorie der nichtlinearen partiellen Differentialgleichungen schnell und fruchtbar entwickelt.

Das vorliegende Buch gibt eine lehrbuchartige Darstellung der Grundzüge der Theorie monotoner Operatoren und ihrer systematischen Anwendung zur Untersuchung nichtlinearer partieller Differentialgleichungen. Im ersten Kapitel werden Hilfsmittel aus der klassischen Funktionalanalysis zusammengestellt. Im zweiten Kapitel wird der Zusammenhang von Randwertproblemen für elliptische Differentialgleichungen und Operatorgleichungen in reflexiven Banach-Räumen dargelegt. Kapitel III bringt die wichtigsten Grundbegriffe, Methoden und Ergebnisse der Theorie der Operatorgleichungen mit monotonen Operatoren in reflexiven Banach-Räumen. In Kapitel IV werden Räume von Funktionen mit Werten in Banach-Räumen eingeführt, und es wird gezeigt, in welchem Sinn Rand-Anfangswertprobleme für partielle Differentialgleichungen als Anfangswertprobleme für Operatordifferentialgleichungen in reflexiven Banach-Räumen aufgefaßt werden können. In den Kapiteln V—VII werden verschiedene Klassen von Anfangswertaufgaben für Operatordifferentialgleichungen untersucht.

Zur Theorie der monotonen Operatoren und ihren Anwendungen sind in den letzten Jahren auch Monographien von Lions [1] und Wainberg [2] erschienen. Während diese Monographien vornehmlich Existenzfragen behandeln, wird im vorliegenden Buch dem Beweis von Konvergenzaussagen für Näherungsverfahren besondere Aufmerksamkeit gewidmet. Um den Rahmen des Buches nicht zu sprengen, konnten wir jedoch auf eine Reihe von Problemen nicht eingehen, die mit der numerischen Realisierung der Näherungsverfahren zusammenhängen. Wir weisen darauf hin, daß Probleme dieser Art bereits von Michlin [3] im Zusammenhang mit Variationsmethoden behandelt worden sind. Als Beispiel dafür nennen wir das Problem der Auswahl geeigneter vollständiger Funktionensysteme bei der numerischen Durchführung des Galerkin-Verfahrens.

Der Orientierung im Buch dienen kurze Inhaltsangaben zu Beginn jedes Kapitels. Es wurde weitgehend darauf verzichtet, im laufenden Text Literaturhinweise zu geben. Literaturzitate und einige historische Bemerkungen findet man in Kommentaren, die sich an jedes Kapitel — mit Ausnahme des ersten — anschließen. Das Literaturverzeichnis am Ende des Buches erhebt keinen Anspruch auf Vollständigkeit. Soweit es möglich war, haben wir auf Literatur zusammenfassenden Charakters zurückgegriffen.

Für das Verständnis des Buches reichen Grundkenntnisse auf dem Gebiet der Funktionalanalysis aus. Der leichteren Lesbarkeit halber haben wir die benötigten Hilfsmittel aus der Funktionalanalysis in den Text aufgenommen.

Das Buch ist in erster Linie als Leitfaden für die Einarbeitung in die Theorie der monotonen Operatoren und als Anleitung für die Anwendung dieser Theorie auf nichtlineare partielle Differentialgleichungen gedacht. Darüber hinaus bietet es Stoff für eine Vorlesung über nichtlineare Funktionalanalysis.

Berlin, April 1974

H. Gajewski K. Gröger K. Zacharias

BERICHTIGUNGEN

Seite	Zeile	statt	lies
23	5 v. o.	$f(x)$	$u(x)$
26	11 v. o.	$L^q(G)$	$L^p(G)$
48	2 v. u.	$C^0(G)$	$C_0^2(G)$
53	8 v. o.	$\|u\|^{p-2} + u \dfrac{\partial u}{\partial v_E}$	$\|u\|^{p-2}\, u + \dfrac{\partial u}{\partial v_E}$
55	9. v. o.	$(\sum_{\|\alpha\| \leq l} (D^\alpha u))^{2p/2}$	$(\sum_{\|\alpha\| \leq l} (D^\alpha u)^2)^{p/2}$
55	9 v. o.	$W_0^{1,p}(G)$	$W_0^{l,p}(G)$
85	14 v. u.	$u_{n,i}$	$v_{n,i}$
94	5 v. u.	$1 - 1$	$1 - t$
96	1 v. u.	$A\ (x - t(y - x))$	$A\ (x + t(y - x))$
106	5 v. o.	$\dfrac{\|\|v\|\|}{\|\|u\|\|}$	$\dfrac{\|\|u\|\|}{\|\|v\|\|}$
108	2 v. u.	$y \in X$	$x \in X$
110	15 v. u.	$a^* > 0$	$a^* < 0$
110	9 v. u.	$(\langle x^*, y - a)\rangle$	$(\langle x^*, y\rangle - a)$
115	8 v. o.	$\|\|y - y_0\|\|$	$\|\|y - y_0\|\|_0^2$
120	16 v. o.	$\left\langle f, \dfrac{u(t+h) - u(t)}{h} \right\rangle - x$	$\left\langle f, \dfrac{u(t+h) - u(t)}{h} - x \right\rangle$
131	1 v. o.	$L^1(S; H)$	$L^2(S; H)$
143	15 v. u.	$\|\|u'\|\|_X$	$\|\|u'\|\|_{X^*}$
165	8 v. u.	$= \|\|Gu_t \ldots$	$\leqq \|\|Gu_t \ldots$
185	10 v. u.	$\|\|g\|\|_H$	$\|\|g\|\|_{H_n^*}$
211	5 v. o.	Au_n	Au
224	6 v. u.	$\leqq$	$\geqq$
240 241 249 250 263 267	5, 1 v. u. 3, 4 v. o. 4 v. o. 12 v. o. 2 v. o., 4 v. u. 2 v. o.	M	M^2

INHALTSVERZEICHNIS

KAPITEL I

GRUNDLEGENDE FUNKTIONALANALYTISCHE BEGRIFFE UND HILFSMITTEL

In diesem Kapitel stellen wir grundlegende Begriffe und Hilfsmittel zusammen, die wir später zur Behandlung von Differentialgleichungen mit den Mitteln der Funktionalanalysis benötigen. Beweise für die meisten der hier formulierten Aussagen über BANACH- und HILBERT-Räume findet man in jedem der üblichen Lehrbücher über Funktionalanalysis (LJUSTERNIK-SOBOLEW [1], YOSIDA [1], KANTOROWITSCH-AKILOW [1], SMIRNOW [1]). Eine ausführliche Darstellung der eingeführten Begriffe der Topologie und der Theorie der lokalkonvexen Räume enthalten beispielsweise die folgenden Bücher: YOSIDA [1], DUNFORD-SCHWARTZ [1], KANTOROWITSCH-AKILOW [1]. Für einige Aussagen über BANACH- und HILBERT-Räume, die in den genannten Büchern nicht behandelt oder nur kurz gestreift werden, haben wir Beweise angegeben.

§ 1. Topologische Räume

Definition 1.1. Eine Familie τ von Teilmengen einer Menge X heißt *Topologie* in X, wenn sie folgenden Bedingungen genügt:

a) Die leere Menge und die Menge X gehören zu τ.

b) Die Vereinigung beliebig vieler Mengen aus τ gehört zu τ.

c) Der Durchschnitt endlich vieler Mengen aus τ gehört zu τ.

Ein Paar $\{X, \tau\}$, das aus einer Menge X und einer Topologie τ in X besteht, heißt *topologischer Raum*. Wo Mißverständnisse nicht zu befürchten sind, werden wir einen topologischen Raum $\{X, \tau\}$ ebenso wie die ihm zugrunde liegende Menge mit X bezeichnen. Die Elemente eines topologischen Raums heißen Punkte. Die Mengen aus τ heißen *offene* Mengen des topologischen Raums $\{X, \tau\}$. Die Komplementärmengen der offenen Mengen nennt man *abgeschlossene* Mengen. Den Durchschnitt aller abgeschlossenen Mengen, die eine Menge $M \subset X$ umfassen, bezeichnet man als *abgeschlossene Hülle* von M. Die Vereinigung aller offenen Mengen, die in $M \subset X$ enthalten sind, nennt man das *Innere* von M. Wir schreiben $\overline{M}$ für die abgeschlossene Hülle von M und $\operatorname{int} M$ für das Innere von M. Die Menge $\overline{M} \setminus \operatorname{int} M$ wird als *Rand* der Menge M bezeichnet.

Definition 1.2. Eine Menge U eines topologischen Raums X heißt *Umgebung* des Punktes $x \in X$, wenn U eine offene Menge V mit $x \in V$ enthält.

Definition 1.3. Eine Familie β von Teilmengen von X heißt *Basis* des topologischen Raums X, wenn alle offenen Teilmengen von X Vereinigungsmengen von Mengen aus β sind.

Lemma 1.1. Eine Familie β von Teilmengen einer Menge X ist genau dann Basis einer Topologie in X, wenn gilt:

a) Zu jedem Paar $U, V \in \beta$ und $x \in U \cap V$ existiert ein $W \in \beta$ mit $x \in W \subset U \cap V$.

b) X ist die Vereinigung aller Mengen aus β.

Definition 1.4. Eine Menge M heißt *dicht* in dem topologischen Raum X, wenn $\overline{M} = X$ ist. Ein topologischer Raum X heißt *separabel*, wenn eine abzählbare in X dichte Menge existiert.

Definition 1.5. Eine Abbildung A eines topologischen Raums X in einen topologischen Raum Y heißt stetig im Punkt $x_0 \in X$, wenn zu jeder Umgebung V des Punktes $y_0 = Ax_0$ eine Umgebung U von x_0 derart existiert, daß aus $x \in U$ die Beziehung $Ax \in V$ folgt. Eine Abbildung $A \in (X \to Y)$[1]) heißt *stetig*, wenn sie in jedem Punkt $x \in X$ stetig ist.

Definition 1.6. Ein topologischer Raum X heißt HAUSDORFF-*Raum*, wenn zu je zwei verschiedenen Punkten x und y des Raums X durchschnittsfremde Umgebungen von x bzw. y existieren.

Definition 1.7. Man sagt, eine Folge $\{x_n\}$ von Punkten eines topologischen Raums X *konvergiere* in X gegen $x \in X$, wenn zu jeder Umgebung U von x eine natürliche Zahl $N(U)$ derart existiert, daß für $n > N(U)$ alle x_n zu U gehören. Konvergiert die Folge $\{x_n\}$ gegen x, so heißt x *Grenzwert* der Folge $\{x_n\}$.

Bemerkung 1.1. In einem HAUSDORFF-Raum X besitzt eine Folge $\{x_n\}$ höchstens einen Grenzwert.

Definition 1.8. Eine Menge M eines topologischen Raums X heißt *kompakt*, wenn sie abgeschlossen ist und wenn jede Folge aus M mindestens eine konvergente Teilfolge enthält.

§ 2. Metrische Räume

Definition 2.1. Eine Funktion d, die jedem Paar $\{x, y\}$ von Elementen einer Menge X eine nichtnegative reelle Zahl zuordnet, heißt *Abstand* oder *Metrik* in X, wenn sie für beliebige $x, y, z \in X$ folgenden Bedingungen genügt:

a) $d(x, y) = 0$ genau dann, wenn $x = y$;

b) $d(x, y) = d(y, x)$;

c) $d(x, z) \leqq d(x, y) + d(y, z)$ (Dreiecksungleichung).

Ein Paar $\{X, d\}$, das aus einer Menge X und einer Metrik d in X besteht, heißt *metrischer Raum*. Wo Mißverständnisse nicht zu befürchten sind, werden wir

[1]) Für beliebige Mengen M und N bezeichnen wir mit $(M \to N)$ die Gesamtheit aller auf der Menge M definierten Abbildungen mit Werten in N.

einen metrischen Raum $\{X, d\}$ ebenso wie die ihm zugrunde liegende Menge mit X bezeichnen.

Definition 2.2. Ist x_0 ein beliebiger Punkt eines metrischen Raums X, so nennt man die Teilmenge $\{x \mid x \in X, d(x, x_0) < R\}$ *offene Kugel* vom Radius R um den Punkt x_0. Die Menge $\{x \mid x \in X, d(x, x_0) \leqq R\}$ heißt *abgeschlossene Kugel* vom Radius R um x_0.

Bemerkung 2.1. Die offenen Kugeln eines metrischen Raums X lassen sich als Basis einer Topologie in X auffassen. Wir werden einen metrischen Raum in diesem Sinne stets auch als topologischen Raum ansehen. (Die Benutzung der Begriffe „offen“ und „abgeschlossen“ in Definition 2.2 wird durch die Topologisierung des Raums gerechtfertigt.) Metrische Räume sind HAUSDORFF-Räume.

Bemerkung 2.2. Eine Folge $\{x_n\}$ eines metrischen Raums X konvergiert im Sinne der Topologie dieses Raums genau dann gegen einen Punkt $x \in X$, wenn gilt: $\lim\limits_{n\to\infty} d(x_n, x) = 0$. Anstelle von $\lim\limits_{n\to\infty} d(x_n, x) = 0$ schreiben wir häufig auch $x_n \to x$ in X. Eine Abbildung A eines metrischen Raums X in einen metrischen Raum Y ist stetig im Punkt $x \in X$, wenn aus $x_n \to x$ in X die Beziehung $Ax_n \to Ax$ in Y folgt.

Definition 2.3. Eine Folge $\{x_n\}$ eines metrischen Raums X heißt *Fundamentalfolge* oder CAUCHY-*Folge*, wenn sie der Bedingung $\lim\limits_{n,m\to\infty} d(x_n, x_m) = 0$ genügt. Ein metrischer Raum X heißt *vollständig*, wenn jede Fundamentalfolge in X (gegen ein Element aus X) konvergiert.

Definition 2.4. Eine Abbildung A eines metrischen Raums X in sich heißt *kontraktive Abbildung* oder kurz *Kontraktion*, wenn eine Zahl $q < 1$ derart existiert, daß für beliebige $x, y \in X$ gilt: $d(Ax, Ay) \leqq q d(x, y)$. Die Zahl q bezeichnet man als eine *Kontraktionskonstante* der Abbildung A.

Satz 2.1 (BANACHscher Fixpunktsatz). *In einem vollständigen metrischen Raum X besitzt jede kontraktive Abbildung A genau einen Fixpunkt x, d. h. genau ein x mit $Ax = x$. Ist x_0 ein beliebiges Element von X, so konvergiert die durch die Beziehungen $x_{n+1} = Ax_n$, $n = 0, 1, \ldots$, definierte Folge $\{x_n\}$ gegen den Fixpunkt x. Dabei gilt:*

$$d(x_n, x) \leqq \frac{q^n}{1-q} d(x_0, Ax_0).$$

§ 3. Lineare Räume

Definition 3.1. Wir sagen, auf einer Menge X sei eine (reelle) *lineare Struktur* λ definiert, wenn für zwei beliebige Elemente $x, y \in X$ eine Summe $x + y \in X$ sowie für ein beliebiges Element $x \in X$ und eine beliebige reelle Zahl t ein Produkt $tx \in X$ erklärt ist und wenn diese beiden Operationen folgenden Bedingungen genügen:

a) $x + y = y + x$;

b) $(x + y) + z = x + (y + z)$;

c) in X existiert ein Element 0 mit der Eigenschaft $x + 0 = x \quad \forall\, x \in X$;

d) zu jedem $x \in X$ existiert ein Element $-x \in X$ mit der Eigenschaft $x + (-x) = 0$;

e) $1 \cdot x = x$, $s(tx) = (st)\,x$;

f) $(s + t)\,x = sx + tx$, $t(x + y) = tx + ty$.

Hierbei sind x, y, z beliebige Elemente von X und s, t beliebige reelle Zahlen.

Ein Paar $\{X, \lambda\}$, das aus einer Menge X und einer (reellen) linearen Struktur λ auf X besteht, heißt (reeller) *linearer Raum* oder *Vektorraum*. Wo Mißverständnisse nicht zu befürchten sind, werden wir einen linearen Raum $\{X, \lambda\}$ ebenso wie die ihm zugrunde liegende Menge mit X bezeichnen.

Bemerkung 3.1. Lineare Räume können über beliebigen Grundkörpern definiert werden, insbesondere auch über dem Körper der komplexen Zahlen. Da wir aber später nur reelle Räume benutzen werden, haben wir uns in der vorangegangenen Definition auf diesen Spezialfall beschränkt.

Definition 3.2. Eine Teilmenge F eines linearen Raums X nennt man *Teilraum* von X, wenn für beliebige reelle Zahlen s, t aus $x, y \in F$ die Beziehung $sx + ty \in F$ folgt, d. h., wenn F bezüglich der in X erklärten Operationen ein linearer Raum ist. Den Durchschnitt aller Teilräume eines linearen Raums X, die eine Menge $M \subset X$ umfassen, bezeichnet man als *lineare Hülle* von M.

Bemerkung 3.2. Die lineare Hülle von $M \subset X$ ist ein Teilraum von X; sie besteht aus den Linearkombinationen der Elemente von M, d. h. aus den Elementen der Gestalt $\sum_{i=1}^{n} t_i x_i$, $t_i \in R^1$, $x_i \in M$, $i = 1, \ldots, n$. R^1 bezeichnet hierbei den Raum der reellen Zahlen.

Definition 3.3. Die Elemente $x_1, \ldots, x_n$ eines linearen Raums heißen *linear unabhängig*, wenn aus der Beziehung $\sum_{i=1}^{n} t_i x_i = 0$ folgt, daß $t_1 = \cdots = t_n = 0$ ist. Andernfalls heißen $x_1, \ldots, x_n$ *linear abhängig*. Ein linearer Raum X heißt *n-dimensional*, wenn es in ihm n linear unabhängige Elemente gibt und wenn je $n + 1$ Elemente linear abhängig sind. Gibt es in X unendlich viele linear unabhängige Elemente, so heißt der Raum X *unendlichdimensional*.

Definition 3.4. Eine Abbildung A eines linearen Raums X in einen linearen Raum Y heißt *lineare Abbildung* oder *linearer Operator*[1]), wenn für beliebige $x, y \in X$ und beliebige reelle Zahlen s, t gilt: $A(sx + ty) = sAx + tAy$.

---

[1]) Wir benutzen hier und im folgenden den Begriff „Operator" als Synonym des Begriffs „Abbildung".

Definition 3.5. Eine Abbildung A eines linearen Raums X in den Raum R^1 der reellen Zahlen heißt *Funktional*. Ist diese Abbildung linear, so spricht man von einem *linearen Funktional*.

Definition 3.6. Eine Teilmenge M eines linearen Raums X heißt *konvex*, wenn mit zwei Punkten x und y auch deren Verbindungsstrecke, d. h. die Menge $\{tx + (1 - t)y \mid t \in [0, 1]\}$, zu M gehört.

§ 4. Lokalkonvexe Räume

Definition 4.1. Unter einer *Halbnorm* auf einem linearen Raum X versteht man ein Funktional p, das den folgenden Bedingungen genügt:

a) $p(x + y) \leqq p(x) + p(y)$;

b) $p(tx) = |t|\, p(x)$.

Ein linearer Raum, der zugleich ein topologischer Raum ist, heißt *lokalkonvexer Raum*, wenn eine Familie μ von Halbnormen auf X existiert, die den folgenden Bedingungen genügt:

a) Aus $p(x) = 0$ für jedes $p \in \mu$ folgt $x = 0$.

b) Die Gesamtheit der (konvexen) Mengen der Form $\{x \mid x \in X, p_i(x - x_0) < \varepsilon_i$ für $i = 1, \ldots, n\}$ bildet eine Basis der Topologie in X. (Dabei bezeichnet x_0 einen beliebigen Punkt von X, $p_1, \ldots, p_n$ ein beliebiges endliches System von Halbnormen aus μ und $\varepsilon_1, \ldots, \varepsilon_n$ ein beliebiges System positiver reeller Zahlen.)

Bemerkung 4.1. Lokalkonvexe Räume sind Hausdorff-Räume.

Bemerkung 4.2. Ist X ein linearer Raum und μ eine Familie von Halbnormen auf X, so bilden die Mengen der Form $\{x \mid p_i(x - x_0) < \varepsilon_i,\ x_0 \in X,\ p_i \in \mu,$ $i = 1, \ldots, n\}$ nach Lemma 1.1 eine Basis einer Topologie in X, d. h., durch μ wird auf X eine Topologie induziert. Folgt aus $p(x) = 0$ für jedes $p \in \mu$ die Beziehung $x = 0$, so ist X, versehen mit der durch μ induzierten Topologie, ein lokalkonvexer Raum.

Bemerkung 4.3. Eine Folge $\{x_n\}$ eines lokalkonvexen Raums X konvergiert gegen $x \in X$, wenn für jede Halbnorm $p \in \mu$ gilt: $\lim\limits_{n\to\infty} p(x_n - x) = 0$. Daraus folgt unter anderem, daß die Halbnormen $p \in \mu$ stetige Funktionale auf X sind.

Definition 4.2. Eine Folge $\{x_n\}$ eines lokalkonvexen Raums X heißt *Fundamentalfolge* oder Cauchy-*Folge*, wenn zu jeder Umgebung U des Nullelements eine natürliche Zahl $N(U)$ derart existiert, daß für $n, m > N(U)$ gilt: $x_n - x_m \in U$. Ein lokalkonvexer Raum X heißt *vollständig*, wenn jede Fundamentalfolge in X (gegen ein Element aus X) konvergiert.

Bemerkung 4.4. Auf der Menge der stetigen linearen Abbildungen eines lokalkonvexen Raums X in einen lokalkonvexen Raum Y, die wir im folgenden stets mit $\mathscr{L}(X, Y)$ bezeichnen werden, kann man durch die Festsetzungen

$$(A + B)\,x = Ax + Bx \qquad \forall\, x \in X\,,$$
$$(tA)\,x = t(Ax) \qquad \forall\, x \in X,\ \forall\, t \in R^1\,,$$

in natürlicher Weise eine lineare Struktur definieren. Hierbei bezeichnen A und B beliebige Elemente von $\mathscr{L}(X, Y)$. Der lineare Raum $\mathscr{L}(X, Y)$ kann mit Hilfe der Halbnormen $p_{x,q}(A) = q(Ax)$ ($x \in X$ beliebig, q beliebige stetige Halbnorm auf Y) zu einem lokalkonvexen Raum gemacht werden. Die entsprechende Topologie nennen wir *einfache Topologie* von $\mathscr{L}(X, Y)$. Die Konvergenz bezüglich der einfachen Topologie wird als *punktweise Konvergenz* bezeichnet. Der Raum $\mathscr{L}(X, Y)$ kann auch auf verschiedene andere Arten topologisiert werden. Von dieser Möglichkeit werden wir aber im weiteren keinen Gebrauch machen.

Bemerkung 4.5. Ist der lokalkonvexe Raum Y vollständig, so ist der Raum $\mathscr{L}(X, Y)$, versehen mit der einfachen Topologie, ebenfalls vollständig.

Definition 4.3. Ist X ein lokalkonvexer Raum, so bezeichnet man den Raum $X^* = \mathscr{L}(X, R^1)$ der stetigen linearen Funktionale auf X als den zu X *dualen* Raum.

Bemerkung 4.6. Für den Wert eines linearen Funktionals $f \in X^*$ im Punkt $x \in X$ werden wir anstelle von $f(x)$ häufig auch $\langle f, x\rangle$ schreiben. Die auf $X^* \times X$ definierte Funktion $\langle\cdot,\cdot\rangle$ nennt man *Skalarprodukt* zwischen X^* und X.

Satz 4.1 (Hahn-Banach). *Es sei X ein linearer Raum, p eine Halbnorm auf X und Y ein Teilraum von X. Ist f ein lineares Funktional auf Y mit der Eigenschaft*

$$|f(x)| \leqq p(x) \qquad \forall\, x \in Y\,,$$

so existiert ein lineares Funktional f_1 auf X, das den folgenden Bedingungen genügt:

a) $f_1(x) = f(x) \qquad \forall\, x \in Y$ (*f_1 ist Fortsetzung von f*),

b) $|f_1(x)| \leqq p(x) \qquad \forall\, x \in X\,.$

Bemerkung 4.7. Es sei X ein lokalkonvexer Raum. Aus Satz 4.1 läßt sich ableiten, daß zu jedem $x \in X$, $x \neq 0$, ein $f \in X^*$ mit der Eigenschaft $f(x) \neq 0$ existiert.

Bemerkung 4.8. Ein lokalkonvexer Raum X kann mit Hilfe der Halbnormen $p_f(x) = |f(x)|$, $f \in X^*$, in anderer Weise zu einem lokalkonvexen Raum gemacht werden. Die entsprechende Topologie bezeichnet man als *schwache Topologie* in X und die zugehörige Konvergenz als *schwache Konvergenz* in X. Eine Folge $\{x_n\}$ konvergiert in X schwach gegen $x \in X$, wenn für jedes $f \in X^*$

gilt: $\lim_{n\to\infty} f(x_n) = f(x)$. Das Element x heißt dann *schwacher Grenzwert* von $\{x_n\}$ in X.

Eine im Sinne der schwachen Topologie abgeschlossene Menge M eines lokalkonvexen Raums X bezeichnet man kurz als *schwach abgeschlossen*. Entsprechend werden die Begriffe „*schwach offen*", „*schwach vollständig*" und „*schwach kompakt*" benutzt.

Definition 4.4. Ist ein lokalkonvexer Raum X in einem lokalkonvexen Raum Y enthalten, so bezeichnet man die durch die Vorschrift

$$Ix = x \qquad \forall\, x \in X$$

definierte Abbildung $I \in (X \to Y)$ als *Einbettungsoperator* oder kurz als *Einbettung* von X in Y. Man sagt, X sei stetig in Y eingebettet, wenn I stetig ist.

§ 5. BANACH-Räume

Definition 5.1. Unter einer *Norm* $\|\cdot\|$ auf einem linearen Raum X versteht man ein Funktional, das den folgenden Bedingungen genügt:

a) $\|x\| = 0$ genau dann, wenn $x = 0$ ist;

b) $\|tx\| = |t|\,\|x\| \quad \forall\, x \in X, \quad \forall\, t \in R^1$;

c) $\|x + y\| \leqq \|x\| + \|y\|$ für beliebige $x, y \in X$ (Dreiecksungleichung).

Ein Paar $\{X, \|\cdot\|\}$, das aus einem linearen Raum X und einer Norm $\|\cdot\|$ auf X besteht, heißt *normierter Raum*. Wo Mißverständnisse nicht zu befürchten sind, werden wir einen normierten Raum $\{X, \|\cdot\|\}$ ebenso wie den ihm zugrunde liegenden linearen Raum mit X bezeichnen.

Wird ein linearer Raum X mit einer Norm versehen, so werden wir diese (zur Unterscheidung von Normen in anderen Räumen) häufig mit $\|\cdot\|_X$ bezeichnen.

Bemerkung 5.1. In einem normierten Raum kann man durch $d(x, y) = \|x-y\|$ einen Abstand einführen. Wir werden einen normierten Raum in diesem Sinne stets als metrischen Raum (und damit auch als topologischen Raum) ansehen. Eine Folge $\{x_n\}$ eines normierten Raums X konvergiert im Sinne der Topologie dieses Raums gegen einen Punkt $x \in X$, wenn die Beziehung $\lim_{n\to\infty} \|x_n - x\| = 0$ gilt.

Bemerkung 5.2. Es sei X ein normierter Raum. Die Norm auf X ist gleichzeitig eine Halbnorm (vgl. Definition 4.1), und sie induziert nach Bemerkung 4.2 auf X eine Topologie. Diese stimmt mit der durch die Metrik induzierten überein. X ist in diesem Sinne zugleich ein lokalkonvexer Raum. Die Begriffe „Fundamentalfolge" und „vollständig" im Sinne des metrischen Raums X stimmen mit den entsprechenden Begriffen des lokalkonvexen Raums X überein.

Definition 5.2. Zwei auf einem linearen Raum X definierte Normen $\|\cdot\|_1$ und $\|\cdot\|_2$ heißen *äquivalent*, wenn für geeignete Zahlen m_1 und m_2 gilt:

$$\|x\|_1 \leqq m_1\|x\|_2, \ \|x\|_2 \leqq m_2\|x\|_1 \qquad \forall\, x \in X\,.$$

Bemerkung 5.3. Auf einem endlichdimensionalen linearen Raum sind alle Normen äquivalent.

Bemerkung 5.4. Auf einem linearen Raum X definierte äquivalente Normen erzeugen in X die gleiche Topologie.

Definition 5.3. Eine Teilmenge M eines normierten Raums X heißt *vollständig* in X, wenn die lineare Hülle von M in X dicht liegt.

Definition 5.4. Eine lineare Abbildung A eines normierten Raums X in einen normierten Raum Y heißt *beschränkt*, wenn eine Konstante K derart existiert, daß für alle $x \in X$ gilt: $\|Ax\|_Y \leqq K\|x\|_X$.

Satz 5.1. *Eine lineare Abbildung A eines normierten Raums X in einen normierten Raum Y ist genau dann stetig, wenn sie beschränkt ist.*

Bemerkung 5.5. Sind X und Y normierte Räume, so kann auf dem lokalkonvexen Raum $\mathscr{L}(X, Y)$ durch

$$\|A\| = \sup_{\|x\|_X=1} \|Ax\|_Y, \ A \in \mathscr{L}(X, Y)\,,$$

eine Norm eingeführt werden. Für normierte Räume X, Y werden wir $\mathscr{L}(X, Y)$ im folgenden als einen in dieser Weise normierten Raum ansehen.

Definition 5.5. Einen vollständigen normierten Raum bezeichnet man als Banach-*Raum*.

Bemerkung 5.6. Der duale Raum $X^* = \mathscr{L}(X, R^1)$ eines normierten Raums X ist ein Banach-Raum.

Satz 5.2 (Hahn-Banach). *Jedes auf einem Teilraum F eines normierten Raums X gegebene stetige lineare Funktional f kann ohne Änderung seiner Norm zu einem auf dem ganzen Raum X definierten linearen Funktional fortgesetzt werden, d. h., es existiert ein $f_1 \in X^*$ mit $\|f_1\| = \|f\|$ und $f_1(x) = f(x)$ für jedes $x \in F$.*

Folgerung. In einem normierten Raum X seien ein abgeschlossener Teilraum F und ein Element $x \notin F$ gegeben. Dann existiert ein $f \in X^*$ mit folgenden Eigenschaften:

a) $f(y) = 0 \quad \forall\, y \in F$;

b) $f(x) \neq 0$.

Bemerkung 5.7. Satz 5.2 ist ein Spezialfall von Satz 4.1.

Bemerkung 5.8. Für die Norm $||f||_{X^*}$ eines linearen Funktionals $f \in X^*$ gilt (vgl. die Bemerkungen 5.5 und 4.6)

$$||f||_{X^*} = \sup_{||x||_X = 1} \langle f, x \rangle .$$

Aus dem Satz von HAHN-BANACH läßt sich ableiten, daß

$$||x||_X = \sup_{||f||_{X^*} = 1} \langle f, x \rangle$$

ist. Für beliebige $x \in X$ und $f \in X^*$ gilt

$$\langle f, x \rangle \leqq ||f||_{X^*} \, ||x||_X .$$

Satz 5.3 (BANACH-STEINHAUS). *Es sei X ein* BANACH-*Raum, Y ein normierter Raum und $\{A_n\}$ eine Folge von Operatoren aus $\mathcal{L}(X, Y)$. Ist für jedes $x \in X$ die Folge $\{||A_n x||\}$ beschränkt, so ist auch die Folge $\{||A_n||\}$ beschränkt.*

Bemerkung 5.9. Zu einem Element x eines normierten Raums X existiert ein $x^{**} \in X^{**} = (X^*)^*$ mit der Eigenschaft

$$\langle x^{**}, x^* \rangle = \langle x^*, x \rangle \qquad \forall \, x^* \in X^* .$$

Dabei gilt: $||x||_X = ||x^{**}||_{X^{**}}$. Der Raum X kann also als Teilraum des BANACH-Raums X^{**} aufgefaßt werden. Das soll im folgenden geschehen.

Definition 5.6. Ein BANACH-Raum X heißt *reflexiv*, wenn $X = X^{**}$ ist.

Satz 5.4. *Mit einem* BANACH-*Raum X ist zugleich auch dessen dualer Raum X^* reflexiv.*

Lemma 5.1. Zu jedem Operator $A \in \mathcal{L}(X, Y)$ existiert genau ein Operator $A^* \in \mathcal{L}(Y^*, X^*)$ derart, daß für beliebige $x \in X$ und $y^* \in Y^*$ gilt: $\langle y^*, Ax \rangle =$ $= \langle A^* y^*, x \rangle$.

Definition 5.7. Den nach Lemma 5.1 einem Operator $A \in \mathcal{L}(X, Y)$ zugeordneten Operator $A^* \in \mathcal{L}(Y^*, X^*)$ bezeichnet man als den zu A *adjungierten* Operator. Ist X reflexiv und gilt für $A \in \mathcal{L}(X, X^*)$ die Beziehung $A^* = A$, so heißt A *selbstadjungiert*.

Bemerkung 5.10. Die übliche Konvergenz in einem normierten Raum X, d. h. die Konvergenz im Sinne der durch die Norm erzeugten Topologie, bezeichnen wir zur besseren Unterscheidung von der schwachen Konvergenz (vgl. Bemerkung 4.8) häufig als *starke* Konvergenz in X. Eine in X stark gegen x konvergente Folge $\{x_n\}$ konvergiert in X auch schwach gegen x. Das Umgekehrte ist im allgemeinen nicht der Fall. In endlichdimensionalen Räumen stimmen starke und schwache Konvergenz überein. Für die starke Konvergenz von $\{x_n\}$ gegen x werden wir oft $x_n \to x$ schreiben. Für die schwache Konvergenz von $\{x_n\}$ gegen x schreiben wir entsprechend $x_n \rightharpoonup x$.

Satz 5.5. *Eine Folge $\{x_n\}$ eines normierten Raums X konvergiert genau dann schwach gegen $x \in X$, wenn die Folge $\{\|x_n\|\}$ beschränkt ist und wenn $\lim_{n\to\infty} f(x_n) = f(x)$ ist für alle f einer in X^* dichten Menge von Funktionalen.*

Lemma 5.2. Ist $\{x_n\}$ eine schwach konvergente Folge eines normierten Raums X mit dem Grenzwert x und $\{f_n\}$ eine stark konvergente Folge des dualen Raums X^* mit dem Grenzwert f, so gilt:

$$\lim_{n\to\infty} \langle f_n, x_n\rangle = \langle f, x\rangle .$$

Satz 5.6. *Ist M eine konvexe abgeschlossene Teilmenge eines* BANACH-*Raums X, so existiert zu jedem Punkt $x \notin M$ ein Funktional $f \in X^*$ mit der Eigenschaft*

$$\langle f, x\rangle > \sup_{y\in M} \langle f, y\rangle .$$

Satz 5.7. *Ist M eine konvexe abgeschlossene Teilmenge eines* BANACH-*Raums X und $\{x_n\}$ eine schwach konvergente Folge aus M mit dem Grenzwert $x \in X$, so gehört auch x zu M.*

Lemma 5.3. Konvergiert die Folge $\{x_n\}$ in dem BANACH-Raum X schwach gegen x, so gilt

$$\|x\| \leqq \varliminf_{n\to\infty} \|x_n\| .$$

Satz 5.8. *Reflexive* BANACH-*Räume sind schwach vollständig.*

Satz 5.9. *In einem reflexiven* BANACH-*Raum ist jede abgeschlossene Kugel schwach kompakt. Daher besitzt jede beschränkte Folge eine schwach konvergente Teilfolge.*

Satz 5.10. *Ist eine abgeschlossene Kugel K eines reflexiven* BANACH-*Raums X in der Vereinigung eines Systems von schwach offenen Teilmengen von X enthalten, so ist K bereits in der Vereinigung von endlich vielen Mengen dieses Systems enthalten.*

Folgerung. Es sei Φ ein System von schwach abgeschlossenen Teilmengen einer abgeschlossenen Kugel eines reflexiven BANACH-Raums. Gilt für jedes endliche Teilsystem $\Psi \subset \Phi$ die Beziehung $\bigcap_{U\in\Psi} U \neq \emptyset$, so ist auch $\bigcap_{U\in\Phi} U \neq \emptyset$.

Lemma 5.4. Konvergieren alle schwach konvergenten Teilfolgen einer beschränkten Folge $\{x_n\}$ in einem reflexiven BANACH-Raum gegen das gleiche Element x, so ist x schwacher Grenzwert dieser Folge.

Beweis. Wir nehmen an, Lemma 5.4 sei falsch. Dann gibt es ein $f \in X^*$, ein $\varepsilon > 0$ und eine Teilfolge $\{x_{n_j}\}$, $j = 1, 2, \ldots$, der Folge $\{x_n\}$ derart, daß für $j = 1, 2, \ldots$ gilt

$$|\langle f, x_{n_j}\rangle - \langle f, x\rangle| > \varepsilon . \tag{5.1}$$

Nach Satz 5.9 besitzt die Folge $\{x_{n_j}\}$ eine schwach konvergente Teilfolge und deren Grenzwert ist nach Voraussetzung das Element x. Das widerspricht der Ungleichung (5.1).

Damit ist Lemma 5.4 bewiesen.

Definition 5.8. Eine Abbildung A einer abgeschlossenen Teilmenge M eines BANACH-Raums X in einen BANACH-Raum Y heißt *demistetig*, wenn aus $x_n \to x$ in X, $x_n \in M$, die Beziehung $Ax_n \rightharpoonup Ax$ in Y folgt.

Definition 5.9. Ein BANACH-Raum X heißt *strikt konvex*, wenn aus $||x|| \leqq 1$, $||y|| \leqq 1$ und $x \neq y$ folgt: $||x + y|| < 2$. Der Raum X heißt *uniform konvex*, wenn zu jedem $\varepsilon > 0$ ein $\delta(\varepsilon) > 0$ derart existiert, daß aus $||x|| \leqq 1$, $||y|| \leqq 1$ und $||x - y|| \geqq \varepsilon$ folgt: $||x + y|| \leqq 2(1 - \delta(\varepsilon))$.

Satz 5.11. *Jeder uniform konvexe* BANACH-*Raum ist reflexiv.*

Satz 5.12. *Ist X ein uniform konvexer* BANACH-*Raum, so folgt aus $x_n \rightharpoonup x$ in X und $||x_n|| \to ||x||$ die Beziehung $x_n \to x$.*

Beweis. Ohne Beschränkung der Allgemeinheit sei $||x|| = 1$ und $||x_n|| \neq 0$. Wir setzen $y_n = \dfrac{x_n}{||x_n||}$; dann gilt $||y_n|| = 1$ und $y_n \rightharpoonup x$. Weiter ist auf Grund der uniformen Konvexität von X:

$$2(1 - \delta(||y_n - x||)) \geqq ||y_n + x|| \geqq \langle f, y_n + x\rangle;$$

dabei ist δ eine nichtfallende Funktion mit $\delta(\xi) > 0$ für $\xi > 0$ und $f \in X^*$, $||f|| = 1$. Daraus ergibt sich für $n \to \infty$

$$\varliminf_{n\to\infty} 2(1 - \delta(||y_n - x||)) \geqq \sup_{||f||=1} 2\langle f, x\rangle = 2\,||x|| = 2\,.$$

Das ist nur für $y_n \to x$ möglich. Folglich gilt auch $x_n = ||x_n||\, y_n \to x$.

Damit ist Satz 5.12 bewiesen.

Lemma 5.5. Ist der duale Raum X^* eines BANACH-Raums X strikt konvex, so existiert zu jedem $x \in X$ genau ein Element $Jx \in X^*$ mit der Eigenschaft

$$\langle Jx, x\rangle = ||x||_X^2 = ||Jx||_{X^*}^2\,. \tag{5.2}$$

Beweis. Für $x \in X$ wird durch

$$f(tx) = t\,||x||_X^2\,, \quad t \in R^1\,,$$

auf dem von x erzeugten Unterraum ein lineares Funktional f mit der Norm $||x||_X$ definiert. Nach dem Satz von HAHN-BANACH existiert eine Fortsetzung $Jx \in X^*$ von f mit der gleichen Norm. Für diese Fortsetzung Jx ist (5.2) offenbar erfüllt.

Ist für zwei Elemente $f_1, f_2 \in X^*$

$$\langle f_i, x\rangle = ||x||_X^2 = ||f_i||_{X^*}^2\,, \qquad i = 1, 2,$$

so gilt

$$\|f_1 + f_2\|_{X^*} \|x\|_X \geqq \langle f_1 + f_2, x\rangle = \|f_1\|_{X^*}^2 + \|f_2\|_{X^*}^2 = 2\,\|f_1\|_{X^*} \|x\|_X \,.$$

Das ist wegen der strikten Konvexität von X^* nur für $f_1 = f_2$ möglich. Folglich wird Jx durch (5.2) eindeutig bestimmt. Damit ist Lemma 5.5 bewiesen.

Definition 5.10. Ist X ein Banach-Raum, dessen dualer Raum X^* strikt konvex ist, so bezeichnen wir die durch (5.2) charakterisierte Abbildung $J \in (X \to X^*)$ als *Dualitätsabbildung* des Raums X.

Lemma 5.6. Die Dualitätsabbildung eines reflexiven Banach-Raums X mit strikt konvexem dualem Raum X^* ist demistetig.

Beweis. Es gelte $x_n \to x$ in X. Wegen (5.2) folgt daraus $\|Jx_n\|_{X^*} = \|x_n\|_X \to \|x\|_X$. Nach Satz 5.9 besitzt also die Folge $\{Jx_n\}$ eine Teilfolge $\{Jx_{n_j}\}$, die in X^* schwach gegen ein $f \in X^*$ konvergiert. Dann gilt für beliebiges $y \in X$

$$\langle f, y\rangle = \lim_{j\to\infty} \langle Jx_{n_j}, y\rangle \leqq \lim_{j\to\infty} \|x_{n_j}\|_X \|y\|_X = \|x\|_X \|y\|_X \,,$$

d. h., es ist $\|f\|_{X^*} \leqq \|x\|_X$. Andererseits ist

$$\langle f, x\rangle = \lim_{j\to\infty} \langle Jx_{n_j}, x_{n_j}\rangle = \lim_{j\to\infty} \|x_{n_j}\|_X^2 = \|x\|_X^2 \,.$$

Folglich gilt

$$\langle f, x\rangle = \|x\|_X^2 = \|f\|_{X^*}^2 \,,$$

d. h., es ist $f = Jx$. Die Demistetigkeit von J folgt nunmehr durch Anwendung von Lemma 5.4 auf die Folge $\{Jx_n\}$. Damit ist Lemma 5.6 bewiesen.

Bemerkung 5.11. Sind X und Y Banach-Räume, so kann man das kartesische Produkt $X \times Y$, das in natürlicher Weise einen linearen Raum bildet, zu einem Banach-Raum machen, indem man auf $X \times Y$ die folgende Norm einführt:

$$\|\{x, y\}\|_{X\times Y} = \|x\|_X + \|y\|_Y \,.$$

Entsprechend kann man das kartesische Produkt endlich vieler Banach-Räume zu einem Banach-Raum machen.

Wir weisen darauf hin, daß es auch andere einfache und naheliegende Möglichkeiten gibt, kartesische Produkte von Banach-Räumen zu normieren.

Bemerkung 5.12. Sind die Banach-Räume X und Y Teilräume eines linearen Raums V, so kann man ihren Durchschnitt $X \cap Y$ zu einem Banach-Raum machen, indem man auf $X \cap Y$ die folgende Norm einführt:

$$\|x\|_{X\cap Y} = \|x\|_X + \|x\|_Y \,. \tag{5.3}$$

Bemerkung 5.13. Sind die Banach-Räume X und Y stetig in einen lokalkonvexen Raum V eingebettet, so kann man die Menge $\{x + y \mid x \in X, y \in Y\}$, die wir mit $X + Y$ bezeichnen werden, zu einem Banach-Raum machen, indem man auf $X + Y$ die folgende Norm einführt:

$$||z||_{X+Y} = \inf_{\substack{x \in X \\ y \in Y \\ x+y=z}} \max(||x||_X, ||y||_Y). \tag{5.4}$$

Diese Bemerkung bedarf im Gegensatz zu den beiden vorangegangenen einer ausführlichen Begründung.

Ist $||z||_{X+Y} = 0$, so bedeutet das nach (5.4), daß zu jeder natürlichen Zahl n Elemente $x_n \in X$, $y_n \in Y$ mit

$$z = x_n + y_n, \; ||x_n||_X < \frac{1}{n}, \; ||y_n||_Y < \frac{1}{n}$$

existieren. Die Folge $\{x_n\}$ konvergiert in X und damit in V gegen 0. Entsprechendes gilt für die Folge $\{y_n\}$. Folglich gilt in V auch $x_n + y_n \to 0$, d. h., es ist $z = 0$. Die übrigen Normeigenschaften sind für $|| \cdot ||_{X+Y}$ leicht nachzuweisen.

Wir zeigen nun die Vollständigkeit von $X + Y$ bezüglich der eingeführten Norm. Es sei $\{z_n\}$ eine Fundamentalfolge in $X + Y$. Sie besitzt eine Teilfolge $\{z_{n_k}\}$, $k = 0, 1, \ldots$, mit der Eigenschaft

$$||z_{n_k} - z_{n_{k-1}}||_{X+Y} < 2^{-k} \quad \text{für} \quad k = 1,2, \ldots .$$

Auf Grund der Normdefinition (5.4) existiert eine Zerlegung

$$z_{n_k} - z_{n_{k-1}} = u_k + v_k, \quad k = 1, 2, \ldots,$$

mit $u_k \in X$, $||u_k||_X < 2^{1-k}$, $v_k \in Y$, $||v_k||_X < 2^{1-k}$. Ferner gelte

$$z_{n_0} = u_0 + v_0, \; u_0 \in X, \; v_0 \in Y .$$

Wir setzen

$$x_k = \sum_{i=0}^{k} u_i, \; y_k = \sum_{i=0}^{k} v_k .$$

Dann ist

$$z_{n_k} = x_k + y_k .$$

Die Folge $\{x_k\}$ konvergiert auf Grund ihrer Konstruktion in X; entsprechend konvergiert die Folge $\{y_k\}$ in Y. Die Grenzelemente dieser Folgen bezeichnen wir mit x bzw. y. Es sei $z = x + y$. Dann gilt

$$||z - z_{n_k}||_{X+Y} \leqq \max(||x - x_k||_X, ||y - y_k||_Y) .$$

Also konvergiert die Folge $\{z_{n_k}\}$ in $X + Y$ gegen z. Aus der Abschätzung

$$||z - z_n||_{X+Y} \leqq ||z - z_{n_k}||_{X+Y} + ||z_{n_k} - z_n||_{X+Y}$$

und aus der Tatsache, daß $\{z_n\}$ Fundamentalfolge ist, folgt $\lim\limits_{n\to\infty} ||z - z_n||_{X+Y} = 0$.

Bemerkung 5.14. Für zwei BANACH-Räume X und Y gelte:

$$\left.\begin{aligned} &X \subset Y, \ X \text{ liegt in } Y \text{ dicht}, \\ &\|x\|_Y \leqq \gamma\,\|x\|_X \qquad \forall\, x \in X, \quad \gamma = \text{const.} \end{aligned}\right\} \tag{5.5}$$

Dann liefert jedes Element $f \in Y^*$, eingeschränkt auf X betrachtet, ein stetiges lineares Funktional auf X, d. h. ein Element $f_X \in X^*$. Die Zuordnung $f \to f_X$ ist eineindeutig, da f durch seine Werte auf X eindeutig bestimmt ist. Daher kann man Y^* mit einem Teilraum von X^* identifizieren. Wir denken uns diese Identifizierung ausgeführt. Dann gilt:

$$\langle f, x\rangle \leqq \|f\|_{Y^*}\,\|x\|_Y \leqq \gamma\|f\|_{Y^*}\,\|x\|_X \qquad \forall\, x \in X,$$

d. h., es ist $\|f\|_{X^*} \leqq \gamma\|f\|_{Y^*}$. Aus (5.5) folgt also

$$Y^* \subset X^*, \ \|f\|_{X^*} \leqq \gamma\|f\|_{Y^*} \qquad \forall\, f \in Y^*. \tag{5.6}$$

Wir zeigen nun noch, daß Y^* in X^* dicht liegt, falls X reflexiv ist. Gilt für $x \in X$

$$\langle f, x\rangle = 0 \qquad \forall\, f \in Y^*,$$

so ist $x = 0$. Das bedeutet wegen der Reflexivität von X, daß ein lineares Funktional auf X^*, welches auf Y^* verschwindet, das Nullfunktional ist. Nach der Folgerung aus dem Satz von HAHN-BANACH (Satz 5.2) ist das nur möglich, wenn die abgeschlossene Hülle von Y^* in X^* der ganze Raum X^* ist.

Bemerkung 5.15. Es seien X und Y zwei BANACH-Räume, die in einen lokalkonvexen Raum V stetig eingebettet sind. Außerdem sei $X \cap Y$, versehen mit der durch (5.3) definierten Norm, sowohl in X als auch in Y dicht. Auf Grund der vorangegangenen Bemerkung kann man dann die Räume X^* und Y^* als Teilräume von $(X \cap Y)^*$ auffassen. Folglich läßt sich $X^* + Y^*$ bilden, und es gilt

$$X^* + Y^* \subset (X \cap Y)^*. \tag{5.7}$$

Unter den gegebenen Voraussetzungen läßt sich auch $X + Y$ bilden. Der Raum $X \cap Y$ liegt offenbar auch in $X + Y$ dicht. Daher liegt sowohl X als auch Y in $X + Y$ dicht. Auf Grund der vorangegangenen Bemerkung kann man $(X + Y)^*$ als Teilraum von X^* und Y^* und damit als Teilraum von $X^* \cap Y^*$ auffassen, d. h., es gilt

$$(X + Y)^* \subset X^* \cap Y^*. \tag{5.8}$$

Satz 5.13. *Es seien X und Y BANACH-Räume, die in einen lokalkonvexen Raum V stetig eingebettet sind. Außerdem sei $X \cap Y$, versehen mit der durch* (5.3) *definierten Norm, in X und Y dicht. Dann gilt*

$$X^* + Y^* = (X \cap Y)^*$$

und

$$(X + Y)^* = X^* \cap Y^*$$

sowohl im Sinne der Mengengleichheit als auch im Sinne der Normgleichheit.

Beweis. Es sei Z der durch

$$Z = \{\{x, x\} \mid x \in X \cap Y\}$$

definierte Unterraum von $X \times Y$. Für ein gegebenes $f \in (X \cap Y)^*$ setzen wir

$$u(\{x, x\}) = f(x) \qquad \forall x \in X \cap Y .$$

Dann ist u ein stetiges lineares Funktional auf Z mit $\|u\|_{Z^*} = \|f\|_{(X \cap Y)^*}$ (vgl. die Definition der Norm auf $X \times Y$, Bemerkung 5.11). Nach dem Satz von HAHN-BANACH besitzt u eine Erweiterung v auf den Raum $X \times Y$ mit

$$\|v\|_{(X \times Y)^*} = \|u\|_{Z^*} = \|f\|_{(X \cap Y)^*} .$$

Wir setzen

$$g(x) = v(\{x, 0\}) \qquad \forall x \in X$$

und

$$h(y) = v(\{0, y\}) \qquad \forall y \in Y .$$

Dann ist offenbar $g \in X^*$, $h \in Y^*$ und

$$\max (\|g\|_{X^*}, \|h\|_{Y^*}) \leqq \|v\|_{(X \times Y)^*} = \|f\|_{(X \cap Y)^*} .$$

Nach Konstruktion ist

$$f(x) = g(x) + h(x) \qquad \forall x \in X \cap Y ,$$

d. h., es ist $f = g + h \in X^* + Y^*$ und damit

$$\|f\|_{X^* + Y^*} \leqq \max (\|g\|_{X^*}, \|h\|_{Y^*}) \leqq \|f\|_{(X \cap Y)^*} .$$

Andererseits ist

$$\|f\|_{(X \cap Y)^*} = \sup_{\|x\|_X + \|x\|_Y = 1} f(x) \leqq \sup_{\|x\|_X + \|x\|_Y = 1} \inf_{\substack{g \in X^* \\ h \in Y^* \\ g + h = f}} (\|g\|_{X^*} \|x\|_X + \|h\|_{Y^*} \|x\|_Y)$$

$$\leqq \inf_{\substack{g \in X^* \\ h \in Y^* \\ g + h = f}} \max(\|g\|_{X^*}, \|h\|_{Y^*}) = \|f\|_{X^* + Y^*} .$$

Zusammen mit (5.7) beweisen diese Feststellungen den ersten Teil von Satz 5.13.

Es sei nun $f \in X^* \cap Y^*$. Ist $x + y = x_1 + y_1$ für $x, x_1 \in X$ und $y, y_1 \in Y$, so ist $x - x_1 = y_1 - y \in X \cap Y$ und daher

$$f(x - x_1) = f(y_1 - y) . \tag{5.9}$$

Aus (5.9) folgt

$$f(x) + f(y) = f(x_1) + f(y_1) . \tag{5.10}$$

Wir erweitern nun f zu einem Funktional auf $X + Y$, indem wir für $z = x + y$

$$f(z) = f(x) + f(y)$$

setzen. Die Beziehung (5.10) zeigt, daß der so definierte Wert nicht von der speziellen Darstellung $z = x + y$ abhängt. Wegen

$$f(z) \leqq \inf_{\substack{x \in X \\ y \in Y \\ x+y=z}} (\|f\|_{X^*} \|x\|_X + \|f\|_{Y^*} \|y\|_Y) \leqq (\|f\|_{X^*} + \|f\|_{Y^*}) \|z\|_{X+Y}$$

ist $f \in (X + Y)^*$ und $\|f\|_{(X+Y)^*} \leqq \|f\|_{X^* \cap Y^*}$. Diese Feststellung zusammen mit (5.8) beweist die Mengengleichheit von $(X + Y)^*$ und $X^* \cap Y^*$. Zum Beweis der Normgleichheit ist nur noch $\|f\|_{X^* \cap Y^*} \leqq \|f\|_{(X+Y)^*}$ zu zeigen. Zu $\varepsilon > 0$ existiert ein $x \in X$ mit den Eigenschaften

$$\|f\|_{X^*} \leqq f(x) + \varepsilon, \quad \|x\|_X = 1 .$$

Entsprechend existiert ein $y \in Y$ mit den Eigenschaften

$$\|f\|_{Y^*} \leqq f(y) + \varepsilon, \quad \|y\|_Y = 1 .$$

Daher gilt

$$\begin{aligned} \|f\|_{X^* \cap Y^*} &= \|f\|_{X^*} + \|f\|_{Y^*} \leqq f(x + y) + 2\,\varepsilon \\ &\leqq \|f\|_{(X+Y)^*} \|x + y\|_{X+Y} + 2\varepsilon \\ &\leqq \|f\|_{(X+Y)^*} \max(\|x\|_X, \|y\|_Y) + 2\varepsilon \\ &= \|f\|_{(X+Y)^*} + 2\varepsilon . \end{aligned}$$

Wegen der Willkür von ε folgt daraus die gewünschte Normabschätzung.

Damit ist Satz 5.13 bewiesen.

§ 6. Hilbert-Räume

Definition 6.1. Eine Funktion $(\cdot,\cdot)$, die je zwei Elementen x und y eines linearen Raums H eine reelle Zahl (x, y) zuordnet, heißt *Skalarprodukt* auf H, wenn sie folgenden Bedingungen genügt:

a) $(x, y) = (y, x)$;

b) $(x + y, z) = (x, z) + (y, z)$;

c) $(tx, y) = t(x, y) \quad \forall t \in R^1$;

d) $(x, x) > 0$ für $x \neq 0$.

Hierbei sind x,y,z beliebige Elemente von H.

Ein Paar $\{H, (\cdot,\cdot)\}$, das aus einem linearen Raum H und einem Skalarprodukt $(\cdot,\cdot)$ auf H besteht, heißt *Prä-Hilbert-Raum*. Wo Mißverständnisse nicht zu befürchten sind, werden wir einen Prä-Hilbert-Raum $\{H, (\cdot,\cdot)\}$ ebenso wie den ihm zugrunde liegenden linearen Raum mit H bezeichnen.

Bemerkung 6.1. In einem Prä-Hilbert-Raum kann man durch $\|x\| = \sqrt{(x,x)}$ eine Norm einführen. Wir werden einen Prä-Hilbert-Raum in diesem Sinne stets als normierten Raum ansehen.

Definition 6.2. Einen vollständigen Prä-Hilbert-Raum bezeichnet man als Hilbert-*Raum*.

Bemerkung 6.2. Ein HILBERT-Raum ist ein uniform konvexer BANACH-Raum. Es gilt: $||x + y||^2 = 2(||x||^2 + ||y||^2) - ||x - y||^2$.

Lemma 6.1 (SCHWARZsche Ungleichung). Für beliebige Elemente x, y eines HILBERT-Raums gilt

$$|(x, y)| \leqq ||x|| \, ||y|| \, .$$

Satz 6.1 (RIESZscher Darstellungssatz). *Zu jedem HILBERT-Raum H existiert genau eine eineindeutige lineare Abbildung R von H^* auf H mit den Eigenschaften*

a) $(Rf, x) = \langle f, x\rangle \quad \forall f \in H^*$;

b) $||Rf||_H = ||f||_{H^*}$.

Bemerkung 6.3. Der Operator $R \in (H^* \to H)$ wird als RIESZ*scher Operator* des Raums H bezeichnet. Durch die Festsetzung $(f, g) = (Rf, Rg)$ kann auf H^* ein Skalarprodukt eingeführt werden. Der duale Raum eines HILBERT-Raums ist in diesem Sinne ebenfalls ein HILBERT-Raum. Der RIESZsche Darstellungssatz gestattet es, die Räume H^* und H zu identifizieren (man identifiziert ein lineares Funktional $f \in H^*$ mit dem Element $Rf \in H$). Von dieser Möglichkeit werden wir später des öfteren Gebrauch machen.

Lemma 6.2. Ist $J \in (H \to H^*)$ die durch

$$\langle Jx, x\rangle = ||x||_H^2 = ||Jx||_{H^*}^2 \qquad \forall x \in H$$

definierte Dualitätsabbildung eines HILBERT-Raums H in dessen dualen Raum H^* (vgl. Lemma 5.5), so gilt für beliebige $x, y \in H$

$$\langle Jx, y\rangle = (x, y) \, .$$

Dabei bezeichnet $\langle\cdot,\cdot\rangle$ das Skalarprodukt zwischen H^* und H und $(\cdot,\cdot)$ das Skalarprodukt auf H.

Beweis. Für festes $x \in H$ ist (x, y) in y linear und nach Lemma 6.1 beschränkt und damit stetig. Folglich existiert ein von x abhängiges Element $f \in H^*$ mit der Eigenschaft

$$\langle f, y\rangle = (x, y) \qquad \forall y \in H \, . \tag{6.1}$$

Unter Benutzung von (6.1) für $y = x$ ergibt sich

$$||f||_{H^*} \, ||x||_H \geqq \langle f, x\rangle = (x, x) = ||x||_H^2 \, .$$

Andererseits ist

$$\langle f, y\rangle = (x, y) \leqq ||x||_H \, ||y||_H \, .$$

Folglich gilt

$$\langle f, x\rangle = ||x||_H^2 = ||f||_{H^*}^2 \, .$$

Daraus folgt wegen der strikten Konvexität des HILBERT-Raums H^* nach Lemma 5.5 die Beziehung $f = Jx$.

Damit ist Lemma 6.2 bewiesen.

Bemerkung 6.4. Aus Lemma 6.2 geht hervor, daß die Dualitätsabbildung eines HILBERT-Raums H linear ist. Wie ein Vergleich von Satz 6.1 und Lemma 6.2 zeigt, ist offenbar $J = R^{-1}$.

Definition 6.3. Zwei Elemente x und y eines HILBERT-Raums H heißen *orthogonal*, wenn $(x, y) = 0$ ist. Zwei Teilräume F_1 und F_2 von H heißen orthogonal, wenn jedes Element von F_1 zu jedem Element von F_2 orthogonal ist. Die Gesamtheit aller zu einem Teilraum F von H orthogonalen Elemente wird als *orthogonales Komplement* von F bezeichnet.

Lemma 6.3. Ist F ein abgeschlossener Teilraum eines HILBERT-Raums H und $F^\perp$ das orthogonale Komplement von F, so ist auch $F^\perp$ ein abgeschlossener Teilraum von H und jedes $x \in H$ gestattet eine eindeutig bestimmte Zerlegung der Form $x = y + z$ mit $y \in F$ und $z \in F^\perp$.

Definition 6.4. Ist $x = y + z$ die nach Lemma 6.3 existierende Zerlegung eines Elemente $x \in H$ in Elemente $y \in F$ und $z \in F^\perp$, so bezeichnet man y als die *orthogonale Projektion* von x auf den Teilraum F. Die Abbildung $P_F \in (H \to H)$, die jedem Element $x \in H$ dessen orthogonale Projektion auf den Teilraum F zuordnet, heißt *Projektor* oder *Projektionsoperator* von H auf F.

Bemerkung 6.5 Der Projektor P_F eines HILBERT-Raums H auf einen abgeschlossenen Teilraum F ist linear und stetig. Außerdem ist P_F *idempotent* und *symmetrisch*, d. h. , es gilt $P_F^2 = P_F$ und $(P_F x, y) = (x, P_F y)$ für beliebige $x, y \in H$.

Definition 6.5. Eine lineare Abbildung A eines HILBERT-Raums H in dessen dualen Raum H^* nennt man *positiv definit*, wenn für eine Konstante $c > 0$ die folgende Beziehung gilt:

$$\langle Ax, x \rangle \geqq c\|x\|^2 \qquad \forall x \in H\,.$$

Wir befassen uns zum Abschluß dieses Paragraphen mit einem Sachverhalt, der später im Zusammenhang mit Operatorgleichungen und Operatordifferentialgleichungen mehrfach eine Rolle spielen wird.

Gegeben seien ein reflexiver BANACH-Raum $\{V, \|\cdot\|\}$ und ein HILBERT-Raum $\{H, (\cdot,\cdot)\}$ mit der Norm $|\cdot|$. Für diese Räume gelte

$$\left.\begin{array}{l} V \subset H,\ V \text{ liegt in } H \text{ dicht}, \\ |x| \leqq \gamma\|x\| \qquad \forall x \in V,\ \gamma = \text{const.} \end{array}\right\} \tag{6.2}$$

Nach Bemerkung 5.14 kann der zu H duale Raum H^* unter diesen Voraussetzungen als Teilraum des zu V dualen Raums V^* aufgefaßt werden. Da V reflexiv ist, liegt H^* in V^* dicht, und es gilt

$$\|f\|_* \leqq \gamma\, |f|_* \qquad \forall f \in H^*;$$

dabei bezeichnet $\|\cdot\|_*$ die Norm in V^* und $|\cdot|_*$ die Norm in H^*.

Wir denken uns nun noch die Räume H^* und H nach dem Rieszschen Darstellungssatz identifiziert. Dann gilt

$$V \subset H \subset V^*,$$

wobei der Raum H in den Raum V^* stetig eingebettet ist und in diesem dicht liegt.

Bei der Identifizierung von H mit H^* und von H^* mit einem Teilraum von V^* wird ein Element $y \in H$ mit dem Element $f_y \in V^*$ identifiziert, für das gilt

$$(y, x) = \langle f_y, x \rangle \qquad \forall x \in V;$$

dabei bezeichnet $\langle \cdot, \cdot \rangle$ das Skalarprodukt zwischen V^* und V. Da y und f_y identifiziert werden, führt es nicht zu Mißverständnissen, wenn wir bei Vorliegen der Voraussetzung (6.2) das Skalarprodukt zwischen V^* und V nicht mehr mit $\langle \cdot, \cdot \rangle$ bezeichnen, sondern ebenso wie das Skalarprodukt auf H mit $(\cdot, \cdot)$.

Ein typisches und für Anwendungen wichtiges Beispiel der hier beschriebenen Situation liefern die Räume $V = \overset{\circ}{H}{}^m(G)$ und $H = L^2(G)$, die wir im folgenden Kapitel einführen werden.

KAPITEL II

FUNKTIONALANALYTISCHE FORMULIERUNG VON RANDWERTPROBLEMEN

Das vorliegende Kapitel dient der funktionalanalytischen Formulierung von Randwertproblemen für elliptische Differentialgleichungen.

In § 1 führen wir die Funktionenräume ein, die bei der funktionalanalytischen Behandlung elliptischer Differentialgleichungen eine Rolle spielen und nennen die von uns benötigten Eigenschaften dieser Räume.

In § 2 wird eine ausführliche Darstellung des Zusammenhangs zwischen elliptischen Randwertproblemen und Operatorgleichungen in reflexiven BANACH-Räumen gegeben.

§ 1. Funktionalräume zur Behandlung von Randwertproblemen

Wir stellen in diesem Paragraphen einige Hilfsmittel aus der Maß- und Integrationstheorie und aus der Theorie der Funktionalräume zusammen, die wir bei der Behandlung von Randwertproblemen benötigen. Auf Beweise wird — bis auf eine Ausnahme — durchweg verzichtet. Begriffe und Sätze aus der elementaren Topologie des n-dimensionalen euklidischen Raumes R^n und aus der Theorie der reellen Funktionen werden stillschweigend als bekannt vorausgesetzt.

Im ersten Abschnitt definieren wir Räume stetig differenzierbarer Funktionen; im zweiten Abschnitt erwähnen wir einige grundlegende Begriffe und Sätze aus der Theorie des LEBESGUEschen Integrals. Im dritten Abschnitt zitieren wir aus der Theorie der L^p-Räume die von uns benötigten Ergebnisse. Der vierte Abschnitt enthält einige Begriffsbildungen und Sätze aus der Theorie der Distributionen. Schließlich werden im fünften Abschnitt einige Ergebnisse aus der Theorie der SOBOLEW-Räume zusammengestellt.

Für den kundigen Leser wird es genügen, sich mit den in diesem Paragraphen verwendeten Bezeichnungen vertraut zu machen. Die Beweise der in diesem Paragraphen zusammengefaßten Aussagen findet man beispielsweise in der Literatur, die in den Kommentaren zu diesem Kapitel angegeben ist.

1. Räume stetig differenzierbarer Funktionen

Es sei R^n der (mit der üblichen Topologie versehene) n-dimensionale euklidische Raum. Die Punkte des R^n bezeichnen wir mit $x = \{x_1, \ldots, x_n\}$. Sei G eine offene Menge des R^n. Ist u eine auf G definierte, m-mal stetig differenzierbare (reelle) Funktion, so bezeichnen wir mit $D^\alpha u$, wie üblich, die partielle Ableitung

$$\frac{\partial^{|\alpha|} u}{\partial x_1^{\alpha_1} \ldots \partial x_n^{\alpha_n}}$$

Dabei ist $\alpha = (\alpha_1, \ldots, \alpha_n)$ ein Multiindex von nichtnegativen ganzen Zahlen mit der Ordnung $|\alpha| = \alpha_1 + \cdots + \alpha_n$.

Definition 1.1. Wir bezeichnen mit $C^m(\overline{G})$ die Menge der auf der abgeschlossenen Hülle $\overline{G}$ der offenen Menge G definierten Funktionen u mit folgenden Eigenschaften:

a) Die Funktion u ist auf G m-mal stetig differenzierbar.

b) Jede partielle Ableitung $D^\alpha u$ der Ordnung $|\alpha| \leqq m$ läßt sich zu einer auf $\overline{G}$ definierten stetigen Funktion fortsetzen.

Bemerkung 1.1. Für $m = 0$ erhalten wir die Menge der in $\overline{G}$ stetigen Funktionen. Wir bezeichnen diese Menge auch mit $C(\overline{G})$.

Lemma 1.1. Die abgeschlossene Hülle $\overline{G}$ der offenen Menge $G \subset R^n$ sei kompakt. Dann ist $C^m(\overline{G})$ Banach-Raum bezüglich der Norm

$$||u||_{C^m(\overline{G})} = \sum_{|\alpha| \leqq m} \sup_{x \in \overline{G}} |D^\alpha u(x)| . \tag{1.1}$$

Bemerkung 1.2. Wir erinnern daran, daß eine Menge des R^n genau dann kompakt ist, wenn sie abgeschlossen und beschränkt ist. Die Konvergenz einer Folge $\{u_k\} \subset C^m(\overline{G})$ $(k = 1, 2, \ldots)$ im Sinne der Norm (1.1) bedeutet offenbar gleichmäßige Konvergenz sämtlicher Ableitungen der Ordnungen $\leqq m$ auf dem Kompaktum $\overline{G}$.

Die lineare Struktur sei für $C^m(\overline{G})$ (wie auch für die später zu definierenden Funktionenräume) in natürlicher Weise erklärt.

Definition 1.2. Als *Träger* einer auf der offenen Menge G des R^n definierten und stetigen Funktion bezeichnen wir die Menge

$$\operatorname{supp} u = \overline{\{x \mid u(x) \neq 0\}} \cap G .$$

Definition 1.3. a) Wir bezeichnen mit $C_0^m(G)$ die Menge der auf der offenen Menge $G \subset R^n$ definierten, m-mal stetig differenzierbaren Funktionen mit (in G) kompakten Trägern.

b) Wir bezeichnen mit $C_0^\infty(G)$ die Menge der auf der offenen Menge $G \subset R^n$ definierten, beliebig oft differenzierbaren Funktionen mit (in G) kompakten Trägern.

Bemerkung 1.3. Man kann zeigen, daß $C_0^\infty(G)$ nicht nur das triviale Element $u = 0$ enthält. Sei $K \subset G$ eine kompakte Menge, G_1 eine offene Menge mit $\overline{G}_1 \subset G$ und $K \subset G_1 \subset G$. Dann kann man eine Funktion $u \in C_0^\infty(G)$ angeben mit den Eigenschaften $0 \leqq u(x) \leqq 1$ für $x \in G$, $u(x) = 1$ für $x \in K$ und $u(x) = 0$ für $x \notin G_1$.

2. Das Lebesguesche Integral

Wir erinnern zunächst an einige Begriffe aus der Theorie des Lebesgueschen Maßes im euklidischen Raum R^n.

Als *Maß* des n-dimensionalen abgeschlossenen Intervalls

$$I = \{x \mid a_i \leqq x_i \leqq b_i,\ i = 1, \ldots, n\}$$

definiert man die Zahl

$$\text{mes}\,(I) = \prod_{i=1}^{n} (b_i - a_i)\,.$$

Da eine offene Menge $\mathcal{O} \subset R^n$ darstellbar ist als Vereinigung von höchstens abzählbar vielen abgeschlossenen Intervallen I_ν, $\nu = 1, 2, \ldots$, ohne gemeinsame innere Punkte

$$\mathcal{O} = \bigcup_{\nu=1}^{\infty} I_\nu\,,$$

so erklärt man in natürlicher Weise

$$\text{mes}\,(\mathcal{O}) = \sum_{\nu=1}^{\infty} \text{mes}\,(I_\nu)\,.$$

Es läßt sich zeigen, daß das so definierte Maß einer offenen Menge $\mathcal{O}$ (das möglicherweise $+\infty$ ist) von der Art der Zerlegung in abgeschlossene Intervalle ohne gemeinsame innere Punkte unabhängig ist.

Als *äußeres Maß* einer beliebigen Menge $G \subset R^n$ definiert man

$$\overline{\text{mes}}\,(G) = \inf_{\mathcal{O} \supset G} \text{mes}\,(\mathcal{O})\,,$$

wobei die Infimumbildung über alle G enthaltenden offenen Mengen $\mathcal{O}$ zu erstrecken ist. Eine Menge $G \subset R^n$ heißt *meßbar*, falls

$$\inf_{\mathcal{O} \supset G} \overline{\text{mes}}\,(\mathcal{O} \setminus G) = 0;$$

in diesem Falle setzt man

$$\text{mes}\,(G) = \overline{\text{mes}}\,(G)\,.$$

Eine besondere Rolle spielen die Mengen vom Maße Null (die man gelegentlich auch als *Nullmengen* bezeichnet). Wir merken an, daß jede Teilmenge einer Menge vom Maß Null eine Menge vom Maß Null ist und daß die Vereinigung von abzählbar vielen Mengen vom Maß Null wieder eine Menge vom Maß Null ist.

Nach der üblichen Konvention sagt man, daß ein Sachverhalt *fast überall* auf einer Menge $G \subset R^n$ besteht, wenn die Menge der Punkte, in denen dieser Sachverhalt nicht besteht, eine Menge vom Maß Null ist.

Lemma 1.2. Das Lebesguesche Maß ist volladditiv, d. h.

$$\text{mes}\left(\bigcup_{k=1}^{\infty} G_k\right) = \sum_{k=1}^{\infty} \text{mes}\,(G_k)$$

für jede Folge $\{G_k\}$ von paarweise durchschnittsfremden meßbaren Mengen $G_k \subset R^n$.

Definition 1.4. Eine auf der meßbaren Menge $G \subset R^n$ definierte reelle Funktion u heißt *meßbar,* wenn für jede reelle Zahl a die Menge

$$E = \{x \in G \mid f(x) > a\}$$

meßbar ist.

Aus der umfangreichen Theorie meßbarer Funktionen zitieren wir hier nur die folgenden Resultate:

Lemma 1.3. Auf einer meßbaren Menge $G \subset R^n$ sei eine Folge $\{u_k\}$ meßbarer Funktionen definiert. Gilt für eine in G definierte Funktion u die Beziehung

$$\lim_{k\to\infty} u_k(x) = u(x)$$

für fast alle $x \in G$, so ist u auf G meßbar.

Lemma 1.4. Jede auf einer abgeschlossenen oder offenen Menge $G \subset R^n$ stetige Funktion u ist auf G meßbar.

Lemma 1.5. Sei $\{y_1, \dots, y_m\} \to F(y_1, \dots, y_m)$ eine auf dem m-dimensionalen euklidischen Raum R^m stetige Funktion. Sind die Funktionen $x \to g_i(x)$, $x = \{x_1, \dots, x_n\}$, $i = 1, \dots, m$, meßbar auf $G \subset R^n$, so ist auch die Funktion

$$x \to F\big(g_1(x), \dots, g_m(x)\big)$$

meßbar auf G.

Um einige Begriffe und Resultate aus der Theorie der Lebesgue-integrierbaren (oder, wie man auch sagt, der Lebesgue-summierbaren) Funktionen zusammenzustellen, wollen wir annehmen, daß $G \subset R^n$ eine meßbare Menge ist.

Definition 1.5. Eine auf $G \subset R^n$ definierte Funktion u heißt *einfach,* wenn sie auf endlich vielen paarweise durchschnittsfremden meßbaren Mengen G_k ($k = 1, \dots, K$) mit $\operatorname{mes}(G_k) < \infty$ konstante Werte c_k annimmt und auf $G \setminus \bigcup_{k=1}^{K} G_k$ verschwindet. Als *Integral* der Funktion u auf der Menge G bezeichnet man die Zahl

$$I(u) = \sum_{k=1}^{K} c_k \operatorname{mes}(G_k)$$

und man schreibt

$$I(u) = \int_G u(x)\, dx\,.$$

Definition 1.6. Eine fast überall auf G definierte Funktion u heißt (Lebesgue-) *integrierbar* auf G, wenn eine Folge $\{u_j\}$ einfacher Funktionen existiert, die fast überall auf G gegen u konvergiert und für die die Folge $\{I(u_j)\}$ konvergiert. Wir bezeichnen

$$I(u) = \lim_{j\to\infty} I(u_j)$$

als (Lebesgue-)*Integral* der Funktion u auf G und schreiben

$$I(u) = \int_G u(x)\,dx\,.$$

Bemerkung 1.4. Man kann zeigen, daß der Wert $I(u)$ des Integrals von der in der Definition erwähnten Folge $\{u_j\}$ unabhängig ist.

Definition 1.7. Zwei auf G definierte Funktionen u_1, u_2 heißen *äquivalent*, falls $u_1(x) = u_2(x)$ für fast alle $x \in G$ gilt.

Lemma 1.6. Ist u_1 integrierbar auf G, so ist auch jede dazu äquivalente Funktion u_2 auf G integrierbar und es gilt

$$\int_G u_1(x)\,dx = \int_G u_2(x)\,dx\,.$$

Lemma 1.7. Sei $B \subset G$ eine meßbare Menge. Dann ist jede über G integrierbare Funktion u auch über B integrierbar und es gilt

$$\int_B u(x)\,dx = \int_G C_B(x)\,u(x)\,dx\,,$$

wobei C_B die charakteristische Funktion der Menge B ist, d. h.

$$C_B(x) = \begin{cases} 1 & \text{für} \quad x \in B\,, \\ 0 & \text{für} \quad x \in G \setminus B\,. \end{cases}$$

Wir zitieren noch zwei wichtige Ergebnisse über Folgen integrierbarer Funktionen.

Lemma 1.8 (Fatou). Sei $\{u_k\}$ eine Folge auf G nichtnegativer integrierbarer Funktionen mit

$$\varliminf_{k\to\infty} \int_G u_k(x)\,dx < \infty\,.$$

Dann ist die Funktion $x \to \varliminf_{k\to\infty} u_k(x)$ auf G integrierbar und es gilt

$$\int_G \varliminf_{k\to\infty} u_k(x)\,dx \leqq \varliminf_{k\to\infty} \int_G u_k(x)\,dx\,.$$

Satz 1.1 (Lebesgue). *Sei $\{u_k\}$ eine Folge auf G integrierbarer Funktionen, die fast überall auf G gegen eine Funktion u konvergiert. Wenn eine auf G integrierbare Funktion v existiert, so daß fast überall auf G*

$$|u_k(x)| \leqq v(x), \qquad k = 1, 2, \ldots,$$

gilt, so ist u auf G integrierbar, und es gilt

$$\int_G u(x)\,dx = \lim_{k\to\infty} \int_G u_k(x)\,dx\,.$$

3. Räume integrierbarer Funktionen

Im folgenden sei G eine meßbare Teilmenge des R^n. Wir werden im Sinne von Definition 1.7 auf G äquivalente Funktionen als nicht verschieden betrachten. Wenn wir in diesem Abschnitt also von Funktionen sprechen, so hat man darunter genauer Klassen von untereinander äquivalenten Funktionen zu verstehen.

Definition 1.8. Wir bezeichnen mit $L^p(G)$, $1 \leqq p < \infty$, die Menge aller meßbaren Funktionen $u \in (G \to R^1)$, für die

$$\int_G |u(x)|^p \, dx < \infty .$$

Lemma 1.9. Die Menge $L^p(G)$ ist ein BANACH-Raum bezüglich der Norm

$$||u||_{L^p(G)} = \Big(\int_G |u(x)|^p \, dx\Big)^{1/p} . \tag{1.2}$$

Für $p = 2$ ist $L^2(G)$ ein HILBERT-Raum mit dem Skalarprodukt

$$(u, v) = \int_G u(x) \, v(x) \, dx .$$

Definition 1.9. Wir bezeichnen mit $L^p_r(G)$, $1 \leqq p < \infty$, die Menge aller Vektoren $u = \{u_1, \dots, u_r\}$ von Funktionen $u_i \in L^p(G)$ $(i = 1, \dots, r)$.

Lemma 1.10. Die Menge $L^p_r(G)$ ist ein BANACH-Raum bezüglich der Form

$$||u||_{L^p_r(G)} = \left(\int_G \left(\sum_{i=1}^r |u_i(x)|^2\right)^{p/2} dx\right)^{1/p} .$$

Für $p = 2$ ist $L^2_r(G)$ ein HILBERT-Raum mit dem Skalarprodukt

$$(u, v) = \int_G \sum_{i=1}^r u_i(x) \, v_i(x) \, dx .$$

Definition 1.10. Eine meßbare Funktion $u \in (G \to R^1)$ heißt *wesentlich beschränkt* auf G, wenn sie einer beschränkten Funktion äquivalent ist, d. h.

$$|u(x)| \leqq M \qquad \text{für fast alle } x \in G$$

und eine geeignete Konstante M. Das Infimum aller zulässigen Konstanten M bezeichnet man als $\operatorname{vrai\,max}_{x \in G} |u(x)|$. Die Menge aller (Klassen von untereinander äquivalenten) meßbaren wesentlich beschränkten Funktionen bezeichnen wir mit $L^\infty(G)$.

Lemma 1.11. Die Menge $L^\infty(G)$ ist ein BANACH-Raum bezüglich der Norm

$$||u||_{L^\infty(G)} = \operatorname*{vrai\,max}_{x \in G} |u(x)| .$$

Wir geben noch einige wichtige Ungleichungen an, von denen wir mehrfach Gebrauch machen.

Für $1 < p < \infty$ bezeichnen wir die Zahl q, definiert durch $\dfrac{1}{p} + \dfrac{1}{q} = 1$, als den zu p *konjugierten Exponenten*. Der konjugierte Exponent zu $p = 1$ bzw. $p = \infty$ ist $q = \infty$ bzw. $q = 1$.

Lemma 1.12 (Hölderscche Ungleichung). Seien p, q konjugierte Exponenten, $1 \leqq p \leqq \infty$; $u \in L^p(G)$, $v \in L^q(G)$. Dann gilt $uv \in L^1(G)$ und

$$\left|\int_G u(x)\, v(x)\, dx\right| \leqq \|u\|_{L^p(G)} \|v\|_{L^q(G)} .$$

Lemma 1.13 (Minkowskische Ungleichung). Für $u, v \in L^p(G)$ $(1 \leqq p \leqq \infty)$ gilt

$$\|u + v\|_{L^p(G)} \leqq \|u\|_{L^p(G)} + \|v\|_{L^p(G)} .$$

Bemerkung 1.5. Offensichtlich ist diese Ungleichung gerade die Dreiecksungleichung in dem Banach-Raum $L^p(G)$.

Lemma 1.14 (Clarksonsche Ungleichungen). Seien $u, v \in L^p(G)$. Dann gilt, wenn q den zu p konjugierten Exponenten bezeichnet,

$$\left\|\frac{u+v}{2}\right\|^q_{L^p(G)} + \left\|\frac{u-v}{2}\right\|^q_{L^q(G)} \leqq \frac{1}{2^{q-1}}\left(\|u\|^p_{L^p(G)} + \|v\|^p_{L^p(G)}\right)^{q-1}$$

für $1 < p \leqq 2$ und

$$\left\|\frac{u+v}{2}\right\|^p_{L^p(G)} + \left\|\frac{u-v}{2}\right\|^p_{L^p(G)} \leqq \frac{1}{2}\left(\|u\|^p_{L^p(G)} + \|v\|^p_{L^p(G)}\right)$$

für $2 \leqq p < \infty$.

Lemma 1.15. Für $1 < p < \infty$ sind die Banach-Räume $L^p(G)$ und $L^p_r(G)$ uniform konvex und demzufolge (vgl. Satz 5.11, Kap. I) reflexiv.

Lemma 1.16. Für $1 \leqq p < \infty$ sind die Banach-Räume $L^p(G)$ separabel.

Lemma 1.17. Sei $f \in \left(L^p(G)\right)^*$ ein lineares Funktional aus dem dualen Raum des Banach-Raumes $L^p(G)$, $1 \leqq p < \infty$. Dann existiert genau ein $v \in L^q(G)$ (q der konjugierte Exponent zu p), so daß

$$\langle f, u\rangle = \int_G u(x)\, v(x)\, dx \qquad \forall u \in L^p(G)$$

und

$$\|f\|_{(L^p(G))^*} = \|v\|_{L^q(G)}$$

gilt.

Bemerkung 1.6. Nach der Hölderschen Ungleichung erzeugt jedes Element $v \in L^q(G)$ ein stetiges lineares Funktional auf $L^p(G)$. Identifiziert man die linearen Funktionale $f \in \left(L^p(G)\right)^*$, $1 \leqq p < \infty$, mit den nach Lemma 1.17 eindeutig zugeordneten „erzeugenden" Elementen $v \in L^q(G)$, so kann man sagen, daß der duale Raum des Banach-Raumes $L^p(G)$ der Banach-Raum $L^q(G)$ ist. Für den Sonderfall $p = 2$ erhält man bei dieser Deutung gerade den Rieszschen Darstellungssatz (Satz 6.1, Kap. I) für den Hilbert-Raum $L^2(G)$.

Die schwache Konvergenz einer Folge $\{u_n\} \subset L^p(G)$, $1 \leqq p < \infty$, gegen ein Element $u \in L^p(G)$ bedeutet wegen Lemma 1.17

$$\lim_{n\to\infty} \int_G u_n(x)\, v(x)\, dx = \int_G u(x)\, v(x)\, dx \qquad \forall v \in L^q(G) .$$

Wir merken noch an, daß die Räume $L^p(G)$ für $1 \leqq p < \infty$ schwach vollständig sind. (Falls $1 < p < \infty$, so ergibt sich diese Feststellung aus Lemma 1.15 und Satz 5.8, Kap. I.)

Lemma 1.18. Aus jeder in $L^p(G)$ $(1 \leqq p \leqq \infty)$ konvergenten Folge $\{u_n\}$ kann man eine Teilfolge $\{u_{n_k}\}$ auswählen, die fast überall auf G konvergiert.

Lemma 1.19. Sei $1 \leqq p < \infty$ und für die Folge $\{u_n\} \subset L^p(G)$ gelte

$$u_n \rightharpoonup u \qquad \text{schwach in } L^p(G)$$

sowie

$$u_n(x) \to v(x) \qquad \text{für fast alle } x \in G\,.$$

Dann gilt $u = v$.

Beweis. a) Wir zeigen zunächst, daß v fast überall endlich ist. Wegen der schwachen Konvergenz der Folge $\{u_n\}$ existiert eine Konstante M (vgl. Lemma 5.3, Kap. I), so daß

$$\|u_n\|_{L^p(G)} \leqq M \qquad (n = 1, 2, \ldots)\,.$$

Die Funktion v ist nach Lemma 1.3 auf G meßbar. Aus dem Lemma von Fatou folgt

$$\int_G \lim_{n\to\infty} |u_n(x)|^p \,dx = \int_G \varliminf_{n\to\infty} |u_n(x)|^p \,dx \leqq \varliminf_{n\to\infty} \int_G |u_n(x)|^p \,dx \leqq M^p$$

und somit $v \in L^p(G)$. Als integrierbare Funktion ist v fast überall endlich.

b) Durch eventuelle Abänderung der Funktionen u_n auf einer Menge vom Maße Null kann man erreichen, daß die Folge $\{u_n(x)\}$ für jedes $x \in G$ konvergiert. Wir setzen

$$E_k = \{x \mid x \in G,\ \sup_{n \geqq k} |u_n(x)| \geqq k\}, \qquad k = 1, 2, \ldots\,.$$

Offenbar ist E_k meßbar. Es gilt

$$\bigcap_k E_k = \{x \mid x \in G,\ \varlimsup_{n\to\infty} |u_n(x)| = +\infty\}\,.$$

Wie unter a) gezeigt wurde, ist

$$\operatorname{mes}\,(\bigcap_k E_k) = 0$$

und wegen $E_k \supset E_{k+1}$, $k = 1, 2, \ldots$ gilt somit

$$\lim_{k\to\infty} \operatorname{mes}\,(E_k) = 0\,.$$

Sei $x \in G \setminus E_k$. Dann gilt für ein beliebiges $w \in L^q(G)$

$$|u_n(x)\, w(x)| \leqq k |w(x)|, \qquad n \geqq k\,.$$

Wegen der schwachen Konvergenz der Folge $\{u_n\}$ ergibt sich mit Hilfe des Lebesgueschen Satzes

$$\lim_{n\to\infty} \int_{G\setminus E_k} u_n(x)\, w(x)\,dx = \int_{G\setminus E_k} u(x)\, w(x)\,dx = \int_{G\setminus E_k} v(x)\, w(x)\,dx\,.$$

Folglich ist $u(x) = v(x)$ für fast alle $x \in G \setminus E_k$. Wegen mes $(E_k) \to 0$ für $k \to \infty$ kann man weiter schließen, daß $u(x) = v(x)$ für fast alle $x \in G$ gilt. Damit ist Lemma 1.19 bewiesen.

Lemma 1.20. Sei $G \subset R^n$ offen und $1 \leqq p < \infty$. Dann ist die Teilmenge $C_0^\infty(G)$ des Raumes $L^p(G)$ dicht in $L^p(G)$.

4. Distributionen

In diesem Abschnitt sei G eine offene Menge des R^n. Wir definieren Distributionen als Elemente des dualen Raumes zu einem lokalkonvexen Raum, der aus der Menge $C_0^\infty(G)$ durch Topologisierung mit einem geeigneten System von Halbnormen hervorgeht. Die Bedeutung der Distributionen für die Theorie der partiellen Differentialgleichungen liegt vor allem darin, daß man den Begriff der Ableitung in natürlicher Weise für Distributionen verallgemeinern kann und daß die Differentiation eine im Raum der Distributionen stetige Operation ist. Bei der Einführung einer Topologie auf der Menge $C_0^\infty(G)$ folgen wir dem Vorgehen von GÅRDING-LIONS; eine andere Art, diese Topologie zu definieren, stammt von L. SCHWARTZ.

Definition 1.11. Sei $\varrho = \{\varrho_\alpha\}$ eine Familie von Funktionen, die auf der offenen Menge G definiert und stetig sind. Die Familie $\{\operatorname{supp} \varrho_\alpha\}$ der zugehörigen Trägermengen heißt in G *lokal endlich*, wenn jede kompakte Menge in G mit höchstens endlich vielen Mengen der Familie $\{\operatorname{supp} \varrho_\alpha\}$ einen nichtleeren Durchschnitt hat.

Definition 1.12. Auf der Menge $C_0^\infty(G)$ erklären wir ein System von Halbnormen durch

$$p_\varrho(\varphi) = \sum_\alpha \sup_{x \in G} |\varrho_\alpha(x)\, D^\alpha \varphi(x)|\,, \qquad \varphi \in C_0^\infty(G)\,. \tag{1.3}$$

Dabei durchläuft $\varrho = \{\varrho_\alpha\}$ alle Familien von in G stetigen Funktionen mit lokal endlichen Trägerfamilien.

Bemerkung 1.7. Die Summation in (1.3) erstreckt sich für jedes feste $\varphi \in C_0^\infty(G)$ wegen der lokalen Endlichkeit der Familie $\{\operatorname{supp} \varrho_\alpha\}$ nur über endlich viele Multiindizes α.

Lemma 1.21. Mit dem System der Halbnormen (1.3) wird $C_0^\infty(G)$ zu einem lokalkonvexen Raum; wir bezeichnen diesen Raum, wie üblich, mit $\mathcal{D}(G)$.

Wir geben noch an, was die Konvergenz einer Folge $\{\varphi_n\} \subset \mathcal{D}(G)$ bedeutet; wir können uns dabei auf die Konvergenz nach Null beschränken.

Lemma 1.22. Eine Folge $\{\varphi_k\} \subset \mathcal{D}(G)$ konvergiert in $\mathcal{D}(G)$ nach Null, wenn eine in G kompakte Menge K derart existiert, daß

a) $\operatorname{supp} \varphi_k \subset K$ für $n_k = 1, 2, \ldots$,

b) die Folge $\{D^\alpha \varphi_k\}$ für jeden Multiindex $\alpha = (\alpha_1, \ldots, \alpha_n)$ in K gleichmäßig nach Null konvergiert.

Definition 1.13. Wir bezeichnen als *Distributionen* auf der offenen Menge $G \subset R^n$ die Elemente des dualen Raumes $\mathcal{D}^*(G)$ zu $\mathcal{D}(G)$. Für $u \in \mathcal{D}^*(G)$, $\varphi \in \mathcal{D}(G)$ schreiben wir

$$u(\varphi) = \langle u, \varphi \rangle .$$

Bemerkung 1.8. Der Raum $\mathcal{D}^*(G)$ wird mit der in Bemerkung 4.4, Kap. I, erwähnten einfachen Topologie zu einem lokalkonvexen Raum. Wir erinnern daran, daß in der einfachen Topologie die Umgebungen U einer Distribution $u \in \mathcal{D}^*(G)$ gegeben sind durch

$$U(\varphi, \varepsilon; u) = \{v \in \mathcal{D}^*(G) \mid |v(\varphi_i) - u(\varphi_i)| < \varepsilon_i,\ i = 1, \ldots, m\} ,$$

wobei $\varphi = \{\varphi_1, \ldots, \varphi_m\}$ bzw. $\varepsilon = \{\varepsilon_1, \ldots, \varepsilon_m\}$ beliebige (endliche) Systeme von Elementen aus $\mathcal{D}(G)$ bzw. positiven Zahlen sind. Die Konvergenz einer Folge $\{u_k\}$ von Distributionen gegen eine Distribution $u \in \mathcal{D}^*(G)$ bedeutet punktweise Konvergenz, d. h.

$$\lim_{k \to \infty} u_k(\varphi) = u(\varphi) \qquad \text{für jedes} \quad \varphi \in \mathcal{D}(G) .$$

Wir geben noch ein Kriterium an, das etwas handlicher ist als Definition 1.13.

Lemma 1.23. Ein lineares Funktional u auf der Menge $C_0^\infty(G)$ ist genau dann eine Distribution auf G, wenn es eine der folgenden (äquivalenten) Eigenschaften besitzt:

a) Für jede kompakte Menge $K \subset G$ existieren eine positive Konstante C und eine ganze Zahl k derart, daß

$$|u(\varphi)| \leqq C \sum_{|\alpha| \leqq k} \sup_{x \in G} |D^\alpha \varphi(x)|$$

für jede Funktion $\varphi \in C_0^\infty(G)$ mit supp $\varphi \subset K$ gilt.

b) Für jede Folge $\{\varphi_n\} \subset C_0^\infty(G)$, die im Sinne von Lemma 1.22 nach Null konvergiert, gilt

$$u(\varphi_n) \to 0 .$$

Bemerkung 1.9. Wir geben einige Beispiele von Distributionen an.

a) Sei $x \in G$. Die durch

$$\delta_x(\varphi) = \varphi(x), \qquad \varphi \in \mathcal{D}(G) ,$$

erklärte Distribution heißt *Diracsche δ-Distribution.*

b) Sei u eine auf G *lokal integrierbare* Funktion, d. h.

$$\int_K |u(x)| \, dx < \infty$$

für jede kompakte Menge $K \subset G$. Die Funktion u definiert eine Distribution durch

$$f_u(\varphi) = \int_G u(x)\, \varphi(x)\, dx, \qquad \varphi \in \mathcal{D}(G) . \tag{1.4}$$

Lokal integrierbare Funktionen u und v, denen die gleiche Distribution zugeordnet ist (d. h. $f_u(\varphi) = f_v(\varphi)\ \forall \varphi \in \mathcal{D}(G)$), sind im Sinne von Definition 1.7 äquivalent. Umgekehrt erzeugen äquivalente lokal integrierbare Funktionen gemäß (1.4) dieselbe Distribution. Wenn wir äquivalente Funktionen als nicht verschieden ansehen, können wir jede lokal integrierbare Funktion u mit der ihr zugeordneten Distribution f_u identifizieren. Ist eine Distribution speziell eine stetige Funktion, so ist die stetige Funktion dadurch eindeutig bestimmt, da fast überall gleiche stetige Funktionen auf G gleich sind.

Weitere wichtige Klassen von Distributionen, die Funktionen sind, werden wir in den SOBOLEW-Räumen kennenlernen.

Definition 1.14. Sei D^α der Differentialoperator

$$D^\alpha = \frac{\partial^{|\alpha|}}{\partial x_1^{\alpha_1} \cdots \partial x_n^{\alpha_n}};$$

$\alpha = (\alpha_1, \ldots, \alpha_n)$ ein Multiindex mit $|\alpha| = \alpha_1 + \cdots + \alpha_n$. Die *Ableitung* $D^\alpha u$ einer Distribution u auf G wird erklärt durch

$$(D^\alpha u)(\varphi) = (-1)^{|\alpha|} u(D^\alpha \varphi), \quad \varphi \in \mathcal{D}(G).$$

Lemma 1.24. Die Abbildung $u \to D^\alpha u$ ist in der einfachen Topologie von $\mathcal{D}^*(G)$ eine stetige Abbildung von $\mathcal{D}^*(G)$ in sich.

Bemerkung 1.10. Sei u eine auf G definierte, m-mal stetig differenzierbare Funktion. Dann fallen die Ableitungen der Ordnungen $\leqq m$ von u im Sinne der Differentialrechnung und im Sinne der Theorie der Distributionen zusammen. Diese Behauptung folgt sofort aus der Regel der partiellen Integration, wonach für jeden Multiindex α mit $|\alpha| \leqq m$

$$\int_G (D^\alpha u(x))\, \varphi(x)\, dx = (-1)^{|\alpha|} \int_G u(x)\, D^\alpha \varphi(x)\, dx$$

für jedes $\varphi \in \mathcal{D}(G)$ gilt.

5. SOBOLEW-Räume

Wir formulieren hier nur die einfachsten Eigenschaften dieser wichtigen Klasse von Funktionalräumen. Wir verzichten darauf, in jedem Falle die schärfsten Resultate anzugeben. Insbesondere werden wir von Ableitungen nichtganzer Ordnungen und einigen Verfeinerungen der SOBOLEWschen Sätze, die mit der HÖLDER-Stetigkeit verknüpft sind, keinen Gebrauch machen. In diesem Abschnitt sei $G \subset R^n$ ein Gebiet, d. h. eine offene und zusammenhängende Menge.

Definition 1.15. Wir bezeichnen mit $W^{k,p}(G)$ $(1 \leqq p < \infty, k \geqq 0)$ die Menge aller Distributionen $u \in \mathcal{D}^*(G)$, für die u und sämtliche Ableitungen $D^\alpha u$ der Ordnungen $|\alpha| \leqq k$ Funktionen aus $L^p(G)$ sind. Die Mengen $W^{k,p}(G)$ heißen SOBOLEW-*Räume*.

Lemma 1.25. Für $1 \leqq p < \infty$ ist der SOBOLEW-Raum $W^{k,p}(G)$ BANACH-Raum bezüglich der Norm

$$||u||_{W^{k,p}(G)} = \left[\int_G \Big(\sum_{|\alpha| \leqq k} |D^\alpha u|^2 \Big)^{p/2} dx \right]^{1/p}. \tag{1.5}$$

Für $1 \leqq p < \infty$ sind die Räume $W^{k,p}(G)$ separabel; für $1 < p < \infty$ sind sie zudem uniform konvex und damit reflexiv. Speziell für $p = 2$ ist der SOBOLEW-Raum $W^{k,2}(G)$, den wir künftig mit $H^k(G)$ bezeichnen, ein HILBERT-Raum mit dem Skalarprodukt

$$(u, v)_{H^k(G)} = \sum_{|\alpha| \leqq k} (D^\alpha u, D^\alpha v) = \sum_{|\alpha| \leqq k} \int_G D^\alpha u \, D^\alpha v \, dx \,. \tag{1.6}$$

Definition 1.16. Wir bezeichnen mit $W_0^{k,p}(G)$ die Abschließung der Menge $C_0^\infty(G)$ in $W^{k,p}(G)$ bezüglich der durch (1.5) definierten Norm. Entsprechend sei $H_0^k(G)$ die Abschließung von $C_0^\infty(G)$ im HILBERT-Raum $H^k(G)$ bezüglich der durch das Skalarprodukt (1.6) erzeugten Norm.

Lemma 1.26 (FRIEDRICHSsche Ungleichung). Ist $G \subset R^n$ ein beschränktes Gebiet, so gilt für $u \in W_0^{k,p}(G)$

$$\int_G |D^\beta u(x)|^p \, dx \leqq C \sum_{|\alpha| = k} \int_G |D^\alpha u(x)|^p \, dx$$

für jeden Multiindex β mit $0 \leqq |\beta| \leqq k$, wobei C eine lediglich vom Gebiet G sowie von β, p und k abhängende Konstante ist.

Folgerung. Sei G ein beschränktes Gebiet. Dann ist durch

$$||u||_{W_0^{k,p}(G)} = \left(\int_G \left(\sum_{|\alpha| = k} |D^\alpha u|^2 \right)^{p/2} dx \right)^{1/p}$$

in $W_0^{k,p}(G)$ eine Norm definiert, die der durch (1.5) auf diesem Raum gegebenen Norm äquivalent ist. Entsprechend erzeugt für $p = 2$ das durch

$$(u, v)_{H_0^k(G)} = \sum_{|\alpha| = k} (D^\alpha u, D^\alpha v)$$

gegebene Skalarprodukt in $H_0^k(G)$ eine Norm, die der durch (1.6) erzeugten Norm äquivalent ist.

Die Bedeutung der SOBOLEW-Räume liegt vor allem darin, daß die Elemente dieser Räume bei geeigneten Konstellationen der Indizes k, p und der Raumdimension n gewisse Regularitätseigenschaften besitzen und sich in mannigfacher Weise in andere Funktionenräume einbetten lassen. Wir zitieren im folgenden einige der wichtigsten SOBOLEWschen Einbettungssätze für den Fall, daß G ein beschränktes Gebiet mit hinreichend glattem Rand ist.

Definition 1.17 (CALDERÓN). Ein Gebiet $G \subset R^n$ besitzt einen *regulären Rand* Γ, wenn eine endliche offene Überdeckung $\{U_i\}$ von Γ, endlich viele offene (endliche) Kegel K_i und ein $\varepsilon > 0$ derart existieren, daß

a) jeder Punkt von Γ Mittelpunkt einer Kugel vom Radius ε ist, die ganz in einer Umgebung aus der Überdeckung $\{U_i\}$ liegt;

b) jeder Punkt von $U_i \cap G$ Spitze eines Kegels ist, der durch Translation eines Kegels $K_i \subset G$ entsteht.

Lemma 1.27. Ein beschränktes Gebeit G hat dann und nur dann einen regulären Rand Γ, wenn Konstanten $R > 0$ und $L > 0$ existieren, so daß zu jedem Punkt $x_0 \in \Gamma$ eine Umgebung $U(x_0)$ existiert, die durch Bewegungen (d. h. Translationen und Rotationen) aus der Umgebung

$$U_0 = \{y = \{y_1, \dots, y_n\} \mid \sqrt{y_1^2 + \dots + y_{n-1}^2} < R, |y_n| < 2LR\}$$

hervorgeht, wobei folgende Bedingungen erfüllt sind:

a) Der Punkt $y = \{0, \dots, 0\} \in U_0$ geht in x_0 über.

b) $U(x_0) \cap \Gamma$ entspricht der Fläche

$$y_n = f(y_1, \dots, y_{n-1}), \quad \sqrt{y_1^2 + \dots + y_{n-1}^2} < R$$

mit einer LIPSCHITZ-stetigen Funktion f, d. h.

$$|f(y_1, \dots, y_{n-1}) - f(\bar{y}_1, \dots, \bar{y}_{n-1})| \leqq L \sqrt{\sum_{i=1}^{n-1} |y_i - \bar{y}_i|^2} .$$

c) $U(x_0) \cap G$ entspricht der Menge

$$\{y \in U_0 \mid \sqrt{y_1^2 + \dots + y_{n-1}^2} < R, \ f(y_1, \dots, y_{n-1}) < y_n < 2LR\} .$$

Bemerkung 1.11. Beschränkte konvexe Gebiete G des R^n besitzen reguläre Ränder.

Für beschränkte Gebiete mit regulärem Rand kann man in natürlicher Weise ein $(n-1)$-dimensionales LEBESGUEsches Oberflächenmaß definieren, indem man als Maß σ_{n-1} des Hyperflächenstückes $U(x_0) \cap \Gamma$ das Integral

$$\sigma_{n-1}(U(x_0) \cap \Gamma) = \int_{K_0} \sqrt{1 + |\operatorname{grad} f|^2} \, dy_1 \cdots dy_{n-1}$$

mit $K_0 = \{\{y_1, \dots, y_{n-1}\} \mid \sqrt{y_1^2 + \dots + y_{n-1}^2} < R\}$ wählt. (Wegen der LIPSCHITZ-Stetigkeit von f existiert $\operatorname{grad} f = \left\{\frac{\partial f}{\partial y_1}, \dots, \frac{\partial f}{\partial y_{n-1}}\right\}$ fast überall bezüglich des LEBESGUE-Maßes im R^{n-1}.) Man kann in der angedeuteten Weise meßbare Teilmengen von Γ definieren und bezüglich des $(n-1)$-dimensionalen Oberflächenmaßes meßbare und integrierbare Funktionen erklären. Es läßt sich zeigen, daß das Oberflächenmaß nicht von der speziellen Koordinatendarstellung des Randes Γ abhängt.

In fast allen Punkten $x \in \Gamma$ (bezüglich des $(n-1)$-dimensionalen Oberflächenmaßes) besitzt ein Gebiet mit regulärem Rand einen eindeutig bestimmten (Außen-)Normalenvektor, d. h. einen Vektor $\nu = \{\nu_1, \dots, \nu_n\}$ mit $|\nu| = \sqrt{\nu_1^2 + \dots + \nu_n^2} = 1$ und

$$\left(\nu, \frac{x-y}{|x-y|}\right) \to 0 \quad \text{für } y \to x; \quad x, y \in \Gamma .$$

(Hierbei bezeichnet $(\cdot,\cdot)$ das übliche Skalarprodukt im R^n.)

Für jeden Vektor $\{u_1, \ldots, u_n\}$ von Funktionen $u_i \in C^1(G)$ gilt für ein beschränktes Gebiet G mit regulärem Rand der GAUSSsche *Integralsatz*

$$\int_G \sum_{i=1}^{n} \frac{\partial u_i}{\partial x_i} \, dx = \int_\Gamma \sum_{i=1}^{n} u_i \nu_i \, d\sigma_{n-1} .$$

In Analogie zu den BANACH-Räumen $L^p(G)$ bezeichnen wir mit $L^p(\Gamma)$, $1 \leqq p < \infty$, die Menge aller (Klassen von untereinander bezüglich des $(n-1)$-dimensionalen Oberflächenmaßes äquivalenten) Funktionen $u \in (\Gamma \to R^1)$, für die

$$\int_\Gamma |u(x)^p \, d\sigma_{n-1} < +\infty .$$

Die Menge $L^p(\Gamma)$ ist BANACH-Raum bezüglich der Norm

$$||u||_{L^p(\Gamma)} = \Big(\int_\Gamma |u(x)|^p \, d\sigma_{n-1}\Big)^{1/p} .$$

Satz 1.2 (SOBOLEWscher Einbettungssatz). *Sei G ein beschränktes Gebiet mit regulärem Rand*; $1 \leqq p < \infty$. *Dann gilt*

$$W^{k,p}(G) \subset W^{j,r}(G)$$

für $0 \leqq j < k$ *und jedes* r *mit* $\frac{1}{p} - \frac{k-j}{n} \leqq \frac{1}{r} < 1$; *außerdem gilt*

$$||u||_{W^{j,r}(G)} \leqq C \, ||u||_{W^{k,p}(G)} \qquad \forall u \in W^{k,p}(G) \tag{1.7}$$

mit einer von G, j, k, p und r abhängigen Konstanten C. Falls $\frac{1}{p} - \frac{k-j}{n} < 0$, *so gilt*

$$W^{k,p}(G) \subset C^j(\overline{G})$$

und

$$||u||_{C^j(\overline{G})} \leqq C \, ||u||_{W^{k,p}(G)} \qquad \forall u \in W_{k,p}(G) . \tag{1.8}$$

Lemma 1.28 (RELLICH, KONDRASCHOW). Sei G ein beschränktes Gebiet mit regulärem Rand; $1 \leqq p < \infty$, $k \geqq 1$. Dann ist die Kugel

$$K_1 = \{u \in W^{k,p}(G) \mid ||u||_{W^{k,p}(G)} \leqq 1\}$$

in $W^{k-1,p}(G)$ kompakt.

Bemerkung 1.12. Betrachtet man statt $W^{k,p}(G)$, $W^{k-1,p}(G)$ die Räume $\overset{\circ}{W}{}^{k,p}(G)$, $\overset{\circ}{W}{}^{k-1,p}(G)$, so kann man in Lemma 1.28 auf die Regularität des Randes von G verzichten.

Lemma 1.29 (CALDERÓN). Sei G ein beschränktes Gebiet mit regulärem Rand, G_0 eine offene Menge mit $\overline{G} \subset G_0$. Dann existiert ein linearer beschränkter Fortsetzungsoperator F mit den Eigenschaften

a) $$F \in \big(W^{k,p}(G) \to \overset{\circ}{W}{}^{k,p}(G_0)\big) ;$$

b) $$(Fu)(x) = u(x) \qquad \forall x \in G .$$

Lemma 1.30. Sei G ein beschränktes Gebiet mit regulärem Rand, $R(G)$ die Menge der Funktionen, die Einschränkungen von Funktionen aus $C_0^\infty(R^n)$ auf G sind. Dann ist $R(G)$ dicht in $W^{k,p}(G)$ für $k \geqq 0$, $1 \leqq p < \infty$.

Unter stärkeren Voraussetzungen über den Rand Γ des Gebietes G kann man Funktionen aus $W^{k,p}(G)$ in gewissen Fällen Randwerte auf Γ zuordnen.

Definition 1.18. Ein beschränktes Gebiet $G \subset R^n$ gehört zur Klasse $C^{k,1}$ (k eine nichtnegative ganze Zahl), wenn endlich viele lokale Koordinatensysteme $S_1, S_2, \ldots, S_M$ und Funktionen $h_1, h_2, \ldots, h_M$ sowie Zahlen $a > 0, b > 0$ existieren, so daß folgende Bedingungen erfüllt sind:

a) Die Funktionen h_i $(i = 1, \ldots, M)$ sind auf dem abgeschlossenen $(n-1)$-dimensionalen Würfel

$$\bar{Q}_{n-1} = \{y = \{y_1, \ldots, y_{n-1}\} \mid |y_i| \leqq a, i = 1, \ldots, n-1\}$$

k-mal stetig differenzierbar mit LIPSCHITZ-stetigen Ableitungen der Ordnung k.

b) Zu jedem Punkt $P \in \Gamma$ gibt es mindestens einen Index i, so daß P im Koordinatensystem S_i die Koordinaten

$$P = \{y, h_i(y)\}, \quad y = \{y_1, \ldots, y_{n-1}\} \in Q_{n-1},$$

hat.

c) Im lokalen Koordinatensystem S_i $(i = 1, \ldots, M)$ gilt

$$\{y, y_n\} \in G \text{ für } y \in \bar{Q}_{n-1}, \ h_i(y) < y_n < h_i(y) + b;$$

$$\{y, y_n\} \notin \bar{G} \text{ für } y \in \bar{Q}_{n-1}, \ h_i(y) - b < y_n < h_i(y).$$

Bemerkung 1.13. Gehört ein Gebiet zur Klasse $C^{k,1}$, $k \geqq 0$, so ist es auch ein beschränktes Gebiet mit regulärem Rand. Für $k = 0$ gilt auch die umgekehrte Aussage.

Nach diesen Vorbereitungen sind wir in der Lage, SOBOLEW-Räume für Funktionen v zu definieren, die auf dem Rand Γ eines beschränkten Gebietes G erklärt sind.

Definition 1.19. Sei $G \subset R^n$ Gebiet der Klasse $C^{k-1,1}$, $k \geqq 1$. Wir bezeichnen für $1 \leqq p < \infty$ mit $W^{k,p}(\Gamma)$ die Menge derjenigen Funktionen $v \in L^p(\Gamma)$, für die (mit den Bezeichnungen von Definition 1.18) die durch

$$y \to v_i(y) = v(y, h_i(y)), \quad y \in Q_{n-1}, \quad i = 1, \ldots, M,$$

definierten Funktionen v_i zu $W^{k,p}(Q_{n-1})$ gehören.

Lemma 1.31. Für ein Gebiet der Klasse $C^{k-1,1}$ ist für $k \geqq 1$, $1 \leqq p < \infty$, die Menge $W^{k,p}(\Gamma)$ separabler BANACH-Raum bezüglich der Norm

$$||v||_{W^{k,p}(\Gamma)} = \left(\sum_{i=1}^{M} ||v_i||^p_{W^{k,p}(Q_{n-1})}\right)^{1/p}.$$

Bemerkung 1.14. Die in Lemma 1.31 angegebene Norm auf $W^{k,p}(\Gamma)$ hängt offensichtlich von der Koordinatendarstellung des Randes Γ ab. Es läßt sich jedoch zeigen, daß der Raum $W^{k,p}(\Gamma)$ selbst von dieser Darstellung nicht abhängt.

Bemerkung 1.15. Für Funktionen u aus der in Lemma 1.30 definierten Menge $R(G)$ sind die Einschränkungen von $D^\beta u$ (β ein beliebiger Multiindex) auf den Rand Γ in natürlicher Weise erklärt; wir bezeichnen diese Einschränkung mit $D^\beta u\,|_\Gamma$. Insbesondere kann man für $u \in R(G)$ die l-te Ableitung in Richtung der Außennormalen in $P \in \Gamma$ durch

$$\frac{\partial^l u}{\partial \nu^l}(P) = \sum_{|\beta|=l} \frac{l!}{\beta!} D^\beta u(P)\, \nu^\beta(P) \tag{1.9}$$

definieren. Hierbei ist, wie üblich, $\beta = (\beta_1, \ldots, \beta_n)$ ein Multiindex, $\beta! = \beta_1!\,\beta_2! \ldots \beta_n!$ und — wenn $\nu = \{\nu_1, \ldots, \nu_n\}$ der Einheitsvektor der äußeren Normalen im Punkte $P \in \Gamma$ ist — $\nu^\beta = \nu_1^{\beta_1} \nu_2^{\beta_2} \ldots \nu_n^{\beta_n}$.

Lemma 1.32. Sei G ein Gebiet der Klasse $C^{k-1,1}$, $p > 1$, $k \geqq 1$. Dann gilt für $u \in R(G)$ mit der durch (1.9) definierten Normalenableitung $v = \frac{\partial^l u}{\partial \nu^l}$, $0 \leqq l \leqq k - 1$:

$$||v||_{W^{k-1-l,p}(\Gamma)} \leqq C\, ||u||_{W^{k,p}(G)}\,. \tag{1.10}$$

(C ist eine von u unabhängige Konstante.)

Bemerkung 1.16. Die Beziehung (1.10) bedeutet, daß der Operator $\frac{\partial^l}{\partial \nu^l}$ ($0 \leqq l \leqq k - 1$) auf der in $W^{k,p}(G)$ dichten Menge $R(G)$, aufgefaßt als Abbildung aus $W^{k,p}(G)$ in $W^{k-1-l,p}(\Gamma)$, stetig ist. Man kann diesen Operator folglich in eindeutiger Weise zu einem auf dem gesamten Raum $W^{k,p}(G)$ definierten linearen und beschränkten Operator fortsetzen. Die Beziehung (1.10) bleibt für den fortgesetzten Operator, den wir weiterhin mit $\frac{\partial^l}{\partial \nu^l}$ bezeichnen, gültig. Für $l = 0$ erhält man auf diese Weise die eigentlichen Randwerte oder die „Spur" einer Funktion u auf Γ.

Folgerung. Sei $u \in W_0^{k,p}(G)$, G ein Gebiet der Klasse $C^{k-1,1}$. Dann gilt

$$\left.\frac{\partial^l u}{\partial \nu^l}\right|_\Gamma = 0 \quad \text{für} \quad 0 \leqq l \leqq k - 1\,.$$

Wir geben im folgenden zwei Resultate an, die in gewissem Sinne Umkehrungen von Lemma 1.32 und der zugehörigen Folgerung sind.

Lemma 1.33. Sei G ein beschränktes Gebiet mit regulärem Rand, $u \in W^{1,p}(G)$ und $u|_\Gamma = 0$. Dann gilt

$$u \in W_0^{1,p}(G), \qquad 1 < p < \infty\,.$$

Lemma 1.34. Sei G ein Gebiet der Klasse $C^{k,1}$, $u \in W^{k,p}(G)$ und

$$u = \frac{\partial u}{\partial \nu} = \cdots = \frac{\partial^{k-1} u}{\partial \nu^{k-1}} = 0 \text{ auf } \Gamma .$$

Dann gilt

$$u \in \overset{\circ}{W}{}^{k,p}(G) .$$

Lemma 1.35. Sei G ein Gebiet der Klasse $C^{k,1}$, $p > 1$; $h_l \in W^{k-l,p}(\Gamma)$ $(l = 0, \ldots, k-1)$. Dann existiert ein $u \in W^{k,p}(G)$, so daß

$$\left.\frac{\partial^l u}{\partial \nu^l}\right|_\Gamma = h_l \qquad (l = 0, 1, \ldots, k-1) .$$

In diesem Zusammenhang geben wir noch zwei wichtige Ungleichungen an. Sie gestatten (zu (1.5) äquivalente) Normierungen des Raumes $W^{1,p}(G)$, die für manche Anwendungen günstiger sind.

Lemma 1.36. Sei G ein beschränktes Gebiet mit regulärem Rand Γ, G_1 eine Teilmenge positiven Maßes von G und Γ_1 eine Teilmenge positiven $((n-1)$-dimensionalen$)$ Oberflächenmaßes von Γ. Dann gilt für $u \in W^{1,p}(G)$ $(p \geqq 1)$ mit Konstanten $C_1 = C_1(n, p, G_1, G)$ und $C_2 = C_2(n, p, \Gamma_1, G)$

$$\int_G |u|^p \, dx \leqq C_1 \left\{ \int_G \left(\sum_{i=1}^n \left(\frac{\partial u}{\partial x_i}\right)^2 \right)^{p/2} dx + \left| \int_{G_1} u \, dx \right|^p \right\},$$

$$\int_G |u|^p \, dx \leqq C_2 \left\{ \int_G \left(\sum_{i=1}^n \left(\frac{\partial u}{\partial x_i}\right)^2 \right)^{p/2} dx + \left| \int_{\Gamma_1} u \, d\sigma_{n-1} \right|^p \right\}.$$

Bemerkung 1.17. Für $p = 2$, $G = G_1$ ist die erste dieser Beziehungen gerade die POINCARÉsche Ungleichung. Die zweite Abschätzung wird oft (ebenso wie die Abschätzung in Lemma 1.26) als FRIEDRICHSsche Ungleichung bezeichnet.

Wir werden später von den dualen Räumen gewisser SOBOLEW-Räume Gebrauch machen.

Definition 1.20. Für $k \geqq 0$, $1 < p < \infty$, bezeichnen wir mit $W^{-k,q}(G)$ den dualen Raum des SOBOLEW-Raumes $\overset{\circ}{W}{}^{k,p}(G)$; $\frac{1}{p} + \frac{1}{q} = 1$. Für $p = q = 2$ setzen wir

$$H^{-k}(G) = (\overset{\circ}{H}{}^k(G))^* .$$

Wir können die Räume $W^{-k,q}(G)$ als Räume spezieller Distributionen auffassen.

Lemma 1.37. Für $1 < p < \infty$, $\frac{1}{p} + \frac{1}{q} = 1$, kann man $W^{-k,q}(G)$ mit der Menge

$$\left\{ u \mid u \in \mathcal{D}^*(G),\ \sup_{\varphi \in \mathcal{D}(G)} \frac{u(\varphi)}{\|\varphi\|_{W^{k,p}(G)}} < +\infty \right\}$$

identifizieren. Die Norm in $W^{-k,q}(G)$ wird dabei durch

$$||u||_{W^{-k,q}(G)} = \sup_{\varphi \in \mathcal{D}(G)} \frac{u(\varphi)}{||\varphi||_{W^{k,p}(G)}}$$

gegeben.

Lemma 1.38. Man kann jedes Element $u \in W^{-k,q}(G)$ in der Form

$$u = \sum_{|\alpha| \leq k} D^\alpha v_\alpha \quad \text{mit} \quad v_\alpha \in L^q(G)$$

darstellen; umgekehrt gehört jedes Element u mit einer solchen Darstellung zu $W^{-k,q}(G)$.

Bemerkung 1.18. Die Ableitungen in Lemma 1.38 sind im Sinne von Definition 1.14 zu verstehen. Die Elemente v_j sind für $k > 0$ durch u nicht eindeutig bestimmt.

§ 2. Randwertaufgaben als Operatorgleichungen in Banach-Räumen

Das Hauptziel dieses Paragraphen ist es, verschiedene Randwertprobleme für elliptische Differentialgleichungen funktionalanalytisch zu formulieren, und zwar als Operatorgleichung

$$Au = f, \quad u \in V, \quad f \in V^*,$$

mit einem Operator A, der einen reflexiven Banach-Raum V in dessen dualen Raum V^* abbildet.

Der Paragraph ist in drei Abschnitte gegliedert. Im ersten Abschnitt stellen wir den prinzipiellen Zusammenhang zwischen Randwertproblemen für elliptische Differentialgleichungen und den entsprechenden Operatorgleichungen dar. Im zweiten und dritten Abschnitt gehen wir im Detail auf konkrete Klassen von Randwertproblemen ein. Wir beginnen (Abschnitt 2) mit Randwertaufgaben für Gleichungen zweiter Ordnung. Randwertaufgaben höherer Ordnung und Randwertaufgaben für Systeme elliptischer Gleichungen behandeln wir im dritten Abschnitt.

1. Problemstellung

Im folgenden bezeichne G stets ein beschränktes Gebiet des R^n, dessen Rand Γ im Sinne von Definition 1.17 regulär ist (vgl. Bemerkung 1.11). Wir betrachten Randwertprobleme

$$-\sum_{i,j=1}^{n} \frac{\partial}{\partial x_i}\left(a_{ij} \frac{\partial u}{\partial x_j}(x)\right) = f(x) \qquad \forall x \in G, \quad u|_\Gamma = 0 \tag{2.1}$$

oder allgemeiner

$$Eu = f, \quad u \in D(E), \tag{2.2}$$

mit einem durch die Vorschrift

$$(Eu)(x) = \sum_{|\alpha| \leq l} (-1)^{|\alpha|} D^\alpha a_\alpha(x, w(x)) \qquad \forall x \in G$$

erklärten Differentialoperator E, Dabei ist:

$\alpha = (\alpha_1, \dots, \alpha_n)$ ein Multiindex, d. h. ein Vektor nichtnegativer ganzer Zahlen,

$|\alpha| = \sum_{i=1}^{n} \alpha_i$;

$$D^\alpha = D_1^{\alpha_1} \cdots D_n^{\alpha_n}, \quad D_i = \frac{\partial}{\partial x_i}, \qquad i = 1, \dots, n;$$

$w = \{D^\alpha u\}$ der r-dimensionale Vektor aller Ableitungen bis einschließlich l-ter Ordnung von u;

a_α eine gegebene, auf $\overline{G} \times R^r$ definierte Funktion;

f eine gegebene, auf G definierte Funktion;

$D(E)$ der Definitionsbereich des Differentialoperators E, d. h. eine in der Regel durch Randbedingungen definierte Teilmenge des sogenannten natürlichen Definitionsbereichs $M(E) = C^{2l}(\overline{G})$ von E. (In Beispiel (2.1) ist $D(E) = \{u \mid u \in C^2(\overline{G}), u|_\Gamma = 0\}$.)

Bemerkung 2.1. Um die Ausführbarkeit der in (2.2) auftretenden Differentiationen zu gewährleisten, fordern wir zunächst, wie in der klassischen Theorie üblich, daß die Funktionen a_α auf $\overline{G} \times R^r$ l-mal stetig differenzierbar sind. Die rechte Seite f setzen wir dementsprechend auf $\overline{G}$ als stetig voraus. Die funktionalanalytische Formulierung des Randwertproblems (2.2), die wir im folgenden angeben werden, wird diese Forderungen weitgehend überflüssig machen.

Die Lösbarkeit der klassischen Problemstellung (2.2) hängt wesentlich von der Glattheit des Randes Γ und von Regularitätseigenschaften der Funktionen a_α und f ab, die im allgemeinen noch über die in Bemerkung 2.1 geforderten Bedingungen hinausgehen. Zudem müssen die Funktionen a_α einer sogenannten Elliptizitätsbedingung und gewissen Wachstumsbedingungen genügen. Die zum Existenzbeweis klassischer Lösungen nötige Beweistechnik ist relativ kompliziert und jeweils auf spezielle Randwertprobleme zugeschnitten.

Im folgenden werden wir die klassischen Differentialoperatoren in geeigneter Weise erweitern und so von klassischen Randwertaufgaben der Form (2.2) zu entsprechenden funktionalanalytischen Aufgabenstellungen übergehen. Es wird sich herausstellen, daß gerade diese erweiterten Aufgabenstellungen unter natürlichen Voraussetzungen an die Funktionen a_α und f mit einfachen Mitteln behandelt werden können. Insbesondere wird es möglich sein, effektive Verfahren zur Konstruktion von Näherungslösungen anzugeben.

Die einem Randwertproblem der Form (2.2) angemessene funktionalanalytische Fragestellung ist erfahrungsgemäß eine Operatorgleichung

$$Au = f$$

mit einem Operator A, der einen reflexiven BANACH-Raum V in dessen dualen Raum V^* abbildet. Der Operator A ist dabei (in einem noch genauer zu definierenden Sinn) als Erweiterung des Differentialoperators E anzusehen. Typisch für den Operator A ist die Darstellung

$$A = L^* A_0 L .$$

Dabei ist: L ein linearer und stetiger Operator, der V in einen weiteren BANACH-Raum Y abbildet; $A_0 \in (Y \to Y^*)$ ein (möglicherweise) nichtlinearer Operator; $L^* \in (Y^* \to V^*)$ der zu L adjungierte Operator.

Wir werden im zweiten und dritten Abschnitt für eine Reihe konkreter Differentialoperatoren Erweiterungen angeben. Zum besseren Verständnis der nachfolgenden Definition und zur Veranschaulichung der engen Beziehungen zwischen Differentialoperatoren und ihren Erweiterungen nennen wir — etwas vorgreifend — bereits an dieser Stelle die für den Operator

$$E = -\sum_{i,j=1}^{n} \frac{\partial}{\partial x_i}\left(a_{ij}\frac{\partial}{\partial x_j}\right), \quad D(E) = \{u \mid u \in C^2(\overline{G}),\ u|_\Gamma = 0\} ,$$

des homogenen DIRICHLET-Problems (2.1) in Frage kommenden Realisierungen der Räume V und Y sowie der Operatoren L und A_0:

$$V = H_0^1(G), \quad Y = L_n^2(G) = Y^*;$$

$$L = \operatorname{grad}, \quad L^* = -\operatorname{div};$$

$$A_0\colon\ y \to \left\{\sum_{j=1}^{n} a_{1j}\, y_j, \ldots, \sum_{j=1}^{n} a_{nj} y_j\right\}, \quad y = \{y_1, \ldots, y_n\} \in L_n^2(G) .$$

(Die Operatoren grad und div haben dabei im wesentlichen die übliche Bedeutung, d. h., für $u \in H_0^1(G)$ ist $\operatorname{grad} u = \left\{\frac{\partial u}{\partial x_1}, \ldots, \frac{\partial u}{\partial x_n}\right\}$ und für differenzierbare Vektorfunktionen $z \in L_n^2(G)$ ist $\operatorname{div} z = \sum_{i=1}^{n} \frac{\partial z}{\partial x_i}$.)

Dieses Beispiel, das später die nötige Präzisierung erfährt, offenbart bereits zwei entscheidende Merkmale, die — wie wir sehen werden — generell den Zusammenhang zwischen Differentialoperatoren und ihren Erweiterungen charakterisieren:

1. Die Eigenschaften der „Koeffizienten“ a_α des Differentialoperators E, d. h. in der Regel Materialeigenschaften (Elastizität, Viskosität, Wärmeleitfähigkeit usw.) des durch (2.2) beschriebenen physikalischen Systems bestimmen den BANACH-Raum Y und die Eigenschaften des Operators A_0 (Linearität bzw. Form der Nichtlinearität, Stetigkeit, Symmetrie, Monotonie u. a.). Diese übertragen sich auf den Operator A.

2. Der Raum V wird im wesentlichen durch $D(E)$ bestimmt. (Für Differentialoperatoren E der Ordnung $2l$ ist V in der Regel die abgeschlossene Hülle von $D(E)$ in einem SOBOLEW-Raum $W^{l,p}(G)$. Der Exponent p hängt mit Wachs-

tumseigenschaften der Funktionen a_α zusammen.) Im Anschluß an die Wahl von V und Y ergibt sich der Operator L in natürlicher Weise.

Für die nachstehende Definition des angekündigten Erweiterungsbegriffs für Operatoren benötigen wir die folgenden Bezeichnungen, die wir bis zum Ende dieses Paragraphen beibehalten werden:

$\|\cdot\|$ Norm in V,
$\|\cdot\|_*$ Norm in V^*,
$\|\cdot\|_0$ Norm in Y,
$\|\cdot\|_{0*}$ Norm in Y^*,
$\langle\cdot,\cdot\rangle_0$ Skalarprodukt zwischen Elementen aus Y^* und Y.

Der Index 0 trägt dabei der engen Beziehung zwischen dem Operator A_0 und dem Raum Y Rechnung. Der Raum V wird stets in einen HILBERT-Raum H stetig und dicht eingebettet sein. Den Raum H werden wir im Sinne von Kap. I, § 6 als Teilraum von V^* auffassen. Wir bezeichnen deshalb das Skalarprodukt zwischen Elementen aus V^* und V ebenso wie das Skalarprodukt in H durch $(\cdot,\cdot)$.

Definition 2.1. Einen Operator A mit der Darstellung

$$A = L^* A_0 L$$

nennen wir *energetische Erweiterung* des Operators E (mit dem natürlichen Definitionsbereich $M(E)$, dem Definitionsbereich $D(E)$ und dem Wertebereich $R(E)$), wenn folgende Bedingungen erfüllt sind:

a) Der Operator A_0 bildet einen BANACH-Raum Y demistetig in dessen dualen Raum Y^* ab.

b) Der Operator L bildet einen reflexiven BANACH-Raum V in Y ab; L ist linear und es gilt

$$\|Lu\|_0 = \|u\| \qquad \forall u \in V .$$

c) V ist in einen HILBERT-Raum H dicht und stetig eingebettet. Ferner gilt $D(E) \subset V$, $R(E) \subset H$ sowie (als Gleichung in V^*)

$$Au = Eu \qquad \forall u \in D(E) .$$

d) $\{u \mid u \in M(E) \cap V, Au \in H\} = D(E)$.

Der Erläuterung und Rechtfertigung unserer Definition dienen die folgenden Bemerkungen.

Bemerkung 2.2. Wir haben die Bezeichnung „energetische" Erweiterung gewählt, weil der Ausdruck $\langle A_0 Lh, Lh\rangle_0$ häufig als Energie interpretiert werden kann.

Bemerkung 2.3. Es liegt nahe, einen etwas allgemeineren Erweiterungsbegriff etwa wie folgt zu definieren: Ein demistetiger Operator $A \in (V \to V^*)$

heißt Erweiterung eines Operators E, wenn die Bedingungen c) und d) aus Definition 2.1 erfüllt sind. Wir haben darauf verzichtet, weil einerseits die Darstellung $A = L^*A_0L$ für Erweiterungen typisch ist und weil wir andererseits von dieser Darstellung im dritten Kapitel wesentlichen Gebrauch machen werden.

Bemerkung 2.4. Ist speziell Y ein Hilbert-Raum und $Y = Y^*$, dann folgt aus Bedingung b), daß $L^*L \in (V \to V^*)$ die Dualitätsabbildung J von V ist.

Lemma 2.1. Sei der Operator $A \in (V \to V^*)$ energetische Erweiterung des Operators E und $f \in H$ ein vorgegebenes Element. Ein Element $u \in M(E)$ ist genau dann Lösung des Randwertproblems (2.2), wenn u Lösung der Operatorgleichung $Au = f$ ist.

Beweis. Ist u Lösung von (2.2), so gilt $u \in D(E)$ und nach Bedingung c) $Au = Eu = f$.

Gilt umgekehrt $Au = f$, so ist wegen $f \in H$ auch $Au \in H$. Auf Grund von Bedingung d) erhält man daher $u \in D(E)$ und damit aus c) $Eu = Au = f$.

Damit ist Lemma 2.1 bewiesen.

Es wurde schon mehrfach von der „funktionalanalytischen Formulierung" klassischer Randwertprobleme gesprochen. Auf der Grundlage von Lemma 2.1 können wir diesen Sprachgebrauch jetzt wie folgt präzisieren: Eine Operatorgleichung $Au = f$ nennen wir *funktionalanalytische Formulierung* einer gegebenen klassischen Randwertaufgabe $Eu = f$, $u \in D(E)$, wenn der Operator A energetische Erweiterung von E ist.

Bemerkung 2.5. Wir haben die klassische Formulierung von Randwertproblemen zum Ausgangspunkt unserer Betrachtungen gewählt, weil wir annehmen, daß sie unseren Lesern vertraut ist. Mit unserem Vorgehen nehmen wir allerdings den folgenden Nachteil in Kauf: Zwecks klassischer Formulierung einer Randwertaufgabe schränken wir nicht nur den Lösungsbegriff ein, sondern darüber hinaus werden rechte Seite, Koeffizienten, Gebietsrand und Randwerte Bedingungen unterworfen, die ansonsten lediglich für die Äquivalenz beider Formulierungen der Aufgabe, d. h. für den Nachweis der Bedingungen c) und d) (vgl. Lemma 2.1), notwendig sind. Kürzer gesagt: Es gibt wichtige Randwertprobleme, die unmittelbar als Operatorgleichung $Au = f$ formuliert werden können, die aber keine sinnvolle klassische Interpretation gestatten. Als typisches Beispiel sei ein Randwertproblem der Form (2.2) bei Verzicht auf die in Bemerkung 2.1 genannte Voraussetzung der Glattheit der Funktionen a_α genannt. Wir werden jeweils, nachdem wir für eine klassische Randwertaufgabe eine entsprechende funktionalanalytische Formulierung angegeben haben, zeigen, wie die in Hinsicht auf die klassische Formulierung und Äquivalenz gestellten Voraussetzungen derart abgeschwächt werden können, daß die Bedingungen a) und b) noch gültig bleiben.

In den im weiteren betrachteten Beispielen wird der BANACH-Raum Y in der Regel als kartesisches Produkt

$$L_r^p(G) = L^p(G) \times \cdots \times L^p(G),$$

versehen mit der Norm

$$\|y\|_0 = \left(\int_G \left(\sum_{i=1}^r y_i^2\right)^{p/2} \mathrm{d}x\right)^{1/p}, \quad y = \{y_1, \ldots, y_r\},$$

und der Operator A_0 als sogenannter NEMYZKI-Operator, d. h. gemäß der Vorschrift

$$(A_0y)(x) = \{a_1(x, y(x)), \ldots, a_r(x, y(x))\} \quad \forall x \in G, \ \forall y \in Y = L_r^p(G), \tag{2.3}$$

realisiert. Das folgende Lemma nennt Bedingungen an den Vektor $\{a_1, \ldots, a_r\}$, die für die Demistetigkeit von A_0 (Bedingung a)) hinreichen.

Lemma 2.2. Seien für die auf $G \times R^r$ definierten Funktionen a_i $(i = 1, \ldots, r)$ die folgenden Bedingungen erfüllt:

für fast alle $x \in G$ sind die Funktionen $\xi \to a_i(x, \xi)$ stetig in R^r;
für jedes $\xi \in R^r$ sind die Funktionen $x \to a_i(x, \xi)$ meßbar;
für jedes $\xi = \{\xi_1, \ldots, \xi_r\} \in R^r$ und fast alle $x \in G$ gilt

$$|a_i(x, \xi)| \leqq c\left(g(x) + \sum_{j=1}^r |\xi_j|^{p-1}\right), \ p > 1, c = \text{const}, \text{mit } g \in L^q(G), \frac{1}{p} + \frac{1}{q} = 1.$$

Dann überführt der durch (2.3) definierte NEMYZKI-Operator A_0 beschränkte Mengen des Raums $Y = L_r^p(G)$ in beschränkte Mengen des Raums $Y^* = L_r^q(G)$. $A_0 \in (Y \to Y^*)$ ist demistetig.

Beweis. Wir zeigen zunächst: Für beliebiges $y \in Y$ gilt $A_0y \in Y^*$. Dazu genügt es, für $i = 1, \ldots, r$ zu zeigen, daß $a_i(\cdot, y(\cdot)) \in L^q(G)$ ist. Auf Grund der Meßbarkeits- und Stetigkeitsforderungen an die a_i ist $a_i(\cdot, y(\cdot))$ meßbar. Weiter gilt wegen der HÖLDERschen Ungleichung mit einer von y unabhängigen Konstanten c_1

$$|a_i(x, y(x))|^q \leqq c^q \left(|g(x)| + \sum_{j=1}^r |y_j(x)|^{p-1}\right)^q \leqq c_1 \left(|g(x)|^q + \sum_{j=1}^r |y_j(x)|^p\right),$$

also besitzt $|a_i(\cdot, y(\cdot))|^q$ eine LEBESGUE-integrable Majorante. Daraus folgt $a_i(\cdot, y(\cdot)) \in L^q(G)$ und damit $A_0y \in Y^*$. Aus der eben bewiesenen Ungleichung erhält man noch

$$\|A_0y\|_{0*} \leqq K = \text{const} \quad \text{für} \quad \|y\|_0 \leqq K_1 = \text{const},$$

d. h., A_0 überführt beschränkte Mengen aus Y in beschränkte Mengen aus Y^*.

Zum Beweis der Demistetigkeit von A_0 sei $\{y_n\} \subset Y$ eine Folge mit $\|y_n - y\|_0 \to 0$. Wegen des bereits Bewiesenen ist die Menge $\{A_0y_n\}$ beschränkt und damit schwach kompakt. Auf Grund von Lemma 5.4, Kap. I, genügt es deswegen zu zeigen: Für jede schwach konvergente Teilfolge $\{A_0y_{n_k}\}$ von $\{A_0y_n\}$ gilt $A_0y_{n_k} \rightharpoonup$

$A_0 y$. Sei dazu z der schwache Grenzwert einer solchen Teilfolge $\{A_0 y_{n_k}\}$. Nach Lemma 1.18 existiert eine Teilfolge $\{v_j\}$ von $\{y_{n_k}\}$, die fast überall in G gegen y konvergiert. Wegen der Stetigkeit der Funktionen $\{x, \xi\} \to a_i(x, \xi)$, $i = 1, \ldots, r$, in $\xi \in R^r$ folgt $A_0 v_j \to A_0 y$ fast überall in G. Als Teilfolge der Folge $\{A_0 y_{n_k}\}$ besitzt $\{A_0 v_j\}$ andererseits den schwachen Grenzwert z. Wegen Lemma 1.19 gilt daher $A_0 y = z$, d. h. $A_0 y_{n_k} \rightharpoonup A_0 y$ in Y^*.

Damit ist Lemma 2.2 bewiesen.

2. Randwertprobleme für Gleichungen zweiter Ordnung

Das Randwertproblem (2.1). Wir beginnen unser Vorhaben — die funktionalanalytische Formulierung von Randwertaufgaben — mit dem einfachsten Beispiel, dem homogenen DIRICHLETschen Randwertproblem (2.1) mit konstanten Koeffizienten a_{ij}. Unsere Aufgabe ist es, für den Operator

$$E = -\sum_{i,j=1}^{n} \frac{\partial}{\partial x_i}\left(a_{ij}\frac{\partial}{\partial x_j}\right)$$

mit $M(E) = C^2(\overline{G})$, $D(E) = \{u \mid u \in M(E),\ u|_\Gamma = 0\}$, eine energetische Erweiterung anzugeben. Die formal ähnliche Struktur der Operatoren E und $A = L^* A_0 L$ zeichnet unseren Weg in natürlicher Weise vor und führt uns zu folgenden Festsetzungen:

$$V = \mathring{H}^1(G); \quad H = L^2(G); \quad Y = L^2_n(G); \tag{2.4}$$

$$\left.\begin{aligned} &L: u \to \operatorname{grad} u;\\ &A_0: y \to \left\{\sum_{j=1}^{n} a_{1j} y_j, \ldots, \sum_{j=1}^{n} a_{nj} y_j\right\}, \quad y = \{y_1, \ldots, y_n\}. \end{aligned}\right\} \tag{2.5}$$

Die Räume V bzw. Y sind dabei mit den Normen

$$||u|| = \left(\int_G |\operatorname{grad} u|^2 \,dx\right)^{1/2}, \quad |\operatorname{grad} u|^2 = \sum_{i=1}^{n}\left(\frac{\partial u}{\partial x_i}\right)^2$$

bzw.

$$||y||_0 = \left(\int_G \left(\sum_{i=1}^{n} y_i^2\right) dx\right)^{1/2}$$

zu versehen. Wir zeigen, daß mit diesen Festlegungen die Bedingungen a)—d) erfüllt sind.

a) Auf Grund der SCHWARZschen Ungleichung gilt

$$||A_0 y||_{0*}^2 = \int_G \sum_{i=1}^{n}\left(\sum_{j=1}^{n} a_{ij} y_j\right)^2 dx \le \int_G \sum_{i=1}^{n}\left(\sum_{j=1}^{n} a_{ij}^2 \sum_{j=1}^{n} y_j^2\right) dx \le \sum_{i,j=1}^{n} a_{ij}^2 ||y||_0^2,$$

d. h., der lineare Operator $A_0 \in (Y \to Y^*)$ ist beschränkt und damit stetig, also demistetig.

b) $L \in (V \to Y)$ ist offensichtlich linear. Auf Grund der angegebenen Normdefinitionen für V und Y gilt

$$\|Lu\|_0 = \|u\| \qquad \forall u \in V .$$

c) Offensichtlich gilt $D(E) \subset V \subset H$ und $R(E) \subset H$. In $H = L^2(G)$ liegen die beliebig oft differenzierbaren finiten Funktionen dicht (Lemma 1.20). Also liegt auch V dicht in H. Der Einbettungsoperator von V in H ist auf Grund der FRIEDRICHSschen Ungleichung (Lemma 1.26) stetig. Es bleibt zu zeigen, daß für jedes $u \in D(E)$ gilt: $Au = Eu$. Nach Definition genügt der zu L adjungierte Operator $L^* \in (Y^* \to V^*)$ für $h \in V$ und $z \in Y^*$ der Beziehung $(L^*z, h) = \langle z, Lh\rangle_0$. Mittels des GAUSSschen Integralsatzes finden wir daher für Vektorfunktionen $z \in Y^*$ mit $\operatorname{div} z \in C(\overline{G})$ und $h \in C_0^\infty(G)$

$$(L^*z, h) = \langle z, Lh\rangle_0 = \int_G \sum_{i=1}^n z_i \frac{\partial h}{\partial x_i} \mathrm{d}x = \int_\Gamma \sum_{i=1}^n z_i \cos(\nu, x_i)\, h \,\mathrm{d}\sigma$$

$$- \int_G (\operatorname{div} z)\, h \,\mathrm{d}x = - \int_G (\operatorname{div} z)\, h \,\mathrm{d}x = (-\operatorname{div} z, h);$$

dabei bezeichnet ν die äußere Normale an Γ. Da $C_0^\infty(G)$ in V dicht liegt, folgt daraus

$$L^*z = -\operatorname{div} z . \tag{2.6}$$

Aus dieser für hinreichend glatte Vektorfunktionen $z \in Y^*$ geltenden Darstellung des Operators L^* folgt für $u \in D(E)$ die Beziehung

$$Au = Eu .$$

d) Auf Grund der Folgerung aus Bemerkung 1.16 und Bemerkung 1.13 gilt $D(E) = M(E) \cap V$.

Bemerkung 2.6. Die eben konstruierte energetische Erweiterung A des Operators E erhält man auch, wenn man formal schreibt

$$- \sum_{i,j=1}^n \frac{\partial}{\partial x_i}\left(a_{ij} \frac{\partial}{\partial x_j}\right) = -\operatorname{div} A_0 \operatorname{grad}$$

und dabei die Ableitungen im Sinne des Distributionenraums $\mathcal{D}^*(G)$ deutet. Dieser direkte Zusammenhang zwischen E und A besteht allerdings nur im Falle DIRICHLETscher Randbedingungen.

Bemerkung 2.7. Im dritten Kapitel werden wir Operatorgleichungen der Form $Au = f$ untersuchen. Dazu wird es genügen, über a) und b) hinausgehende Bedingungen lediglich an den Operator A_0 zu stellen. Derartige Bedingungen lassen sich unmittelbar aus entsprechenden Eigenschaften der Koeffizienten a_{ij} des Differentialoperators E herleiten. Sei beispielsweise die Koeffizientenmatrix (a_{ij}) des Differentialoperators aus (2.1) symmetrisch und nichtnegativ, d. h.

$a_{ij} = a_{ji}$ und $\sum_{i,j=1}^{n} a_{ij} d_i d_j \geqq 0$, $d_i \in R^1$, $i, j = 1, \ldots, n$. Dann hat offenbar auch der Operator A_0 diese Eigenschaften, d. h., es gilt $\langle A_0 w, z\rangle_0 = \langle A_0 z, w\rangle_0$ und $\langle A_0 w, w\rangle_0 \geqq 0$ für $w, z \in Y$. Dasselbe gilt wegen

$$(Au, v) = (L^* A_0 Lu, v) = \langle A_0 Lu, Lv\rangle_0 = \langle A_0 Lv, Lu\rangle_0 = (L^* A_0 Lv, u) = (Av, u)$$

und

$$(Au, u) = (L^* A_0 Lu, u) = \langle A_0 Lu, Lu\rangle_0 \geqq 0 \qquad \forall u, \forall v \in V$$

auch für den Operator A. Auf diesen überträgt sich auch die Linearität von A_0.

Unter den Bedingungen a) und b) sowie der zusätzlichen Voraussetzung, daß A_0 linear, nichtnegativ und symmetrisch ist, gilt folgende Aussage (vgl. Kap. III, Folgerung 4.2): Der Gleichung $Au = f$ ist das Minimumproblem

$$F(u) = \min_{v \in V} F(v), \quad F(v) = (Av, v) - 2(f, v) \qquad \forall v \in V\,, \tag{2.7}$$

äquivalent. Diese Tatsache ist geeignet, die von uns gegebene funktionalanalytische Formulierung von Randwertaufgaben auch physikalisch zu rechtfertigen. Dazu bemerken wir, daß das Problem (2.1) beispielsweise bei der mathematischen Beschreibung verschiedener Aufgaben der Physik auftritt. Stellvertretend für viele andere nennen wir das Problem der Ermittlung der Gleichgewichtslage einer eingespannten elastischen Membran unter einem durch die rechte Seite f repräsentierten Druck und das Problem der (stationären) Wärmeverteilung in einem Körper bei durch f repräsentierten (stationären) Wärmequellen. Das in (2.7) angegebene Funktional F ordnet einem möglichen Zustand des durch (2.1) beschriebenen Systems (Durchbiegung der Membran, Wärmeverteilung) eine diesem entsprechende Energie zu. Auf diese Weise kann die Lösung der Gleichung $Au = f$ als energieminimaler (und damit tatsächlich realisierter) Zustand des Systems charakterisiert werden. Das Funktional F nimmt auf $D(E)$ im allgemeinen sein Minimum nicht an. Es sei abschließend bemerkt, daß Randwertprobleme in ihrer funktionalanalytischen Formulierung $Au = f$ für mechanische Systeme auch unter Benutzung des Prinzips der virtuellen Verrückungen hergeleitet werden können.

Homogene Dirichletsche Randwertprobleme. Die soeben für das Problem (2.1) durchgeführten Betrachtungen übertragen wir jetzt auf Dirichletsche Randwertprobleme der Form

$$\left.\begin{aligned} Eu &= -\sum_{i=1}^{n} \frac{\partial}{\partial x_i} a_i(x, w) + a_{n+1}(x, w) = f\,, \\ w &= \left\{\frac{\partial u}{\partial x_1}, \ldots, \frac{\partial u}{\partial x_n}, u\right\}, \quad u \in D(E)\,, \end{aligned}\right\} \tag{2.8}$$

mit $M(E) = C^2(\overline{G})$ und $D(E) = \{u \mid u \in M(E),\ u\,|_\Gamma = 0\}$. Wir setzen voraus, daß die Funktionen a_i, $i = 1, \ldots, n + 1$, für ein $p \geqq 2$ den Bedingungen von Lemma 2.2 genügen. Wir zeigen: Der durch die Festlegungen

$$V = W_0^{1,p}(G); \; H = L^2(G); \; Y = L^p_{n+1}(G);$$

$$L: u \to \left\{\frac{\partial u}{\partial x_1}, \ldots, \frac{\partial u}{\partial x_n}, u\right\}; \; A_0: \; y \to \{a_1(x, y), \ldots, a_{n+1}(x, y)\};$$

$$\|u\| = \Big(\int_G (|\operatorname{grad} u|^2 + u^2)^{p/2} \,\mathrm{d}x\Big)^{1/p}, \quad \|y\|_0 = \left(\int_G \left(\sum_{i=1}^{n+1} y_i^2\right)^{p/2} \mathrm{d}x\right)^{1/p},$$

definierte Operator $A = L^*A_0L$ ist energetische Erweiterung des Differentialoperators E aus (2.8).

a) Bedingung a) ist identisch mit der letzten Behauptung von Lemma 2.2.

b) $L \in (V \to Y)$ ist offensichtlich linear. Auf Grund der Normdefinitionen in V und Y gilt $\|Lu\|_0 = \|u\|$ für jedes $u \in V$.

c) Offenbar gilt $D(E) \subset V \subset H$ und $R(E) \subset H$. Außerdem ist V in H stetig und dicht eingebettet (vgl. Lemma 1.20). Mit Hilfe des Gaussschen Integralsatzes finden wir für $u \in D(E)$ und $h \in C_0^\infty(G)$

$$\begin{aligned}(Au, h) &= (L^*A_0Lu, h) = \langle A_0Lu, Lh\rangle_0 \\ &= \int_G \left(\sum_{i=1}^{n} a_i(x, w)\frac{\partial h}{\partial x_i} + a_{n+1}(x, w)\, h\right) \mathrm{d}x \\ &= \int_\Gamma \sum_{i=1}^{n} a_i(x, w) \cos(\nu, x_i)\, h \,\mathrm{d}\sigma + \int_G \left(-\sum_{i=1}^{n} \frac{\partial}{\partial x_i} a_i(x, w) + a_{n+1}(x, w)\right) h \mathrm{d}x \\ &= \int_G Eu \cdot h \,\mathrm{d}x\,.\end{aligned}$$

Daraus folgt wegen der Dichtheit von $C_0^\infty(G)$ in V die Beziehung

$$Au = Eu \qquad \forall u \in D(E)\,.$$

d) Auf Grund der Folgerung aus Bemerkung 1.16 und Bemerkung 1.13 gilt $D(E) = M(E) \cap V$.

Bemerkung 2.8. Wie beim Beweis von Bedingung c) werden wir an entsprechenden Stellen im folgenden noch öfter von der in Bemerkung 2.1 pauschal gestellten Voraussetzung der Glattheit der Funktionen a_α stillschweigenden Gebrauch machen. Die für das spätere Studium der Gleichung $Au = f$ ausschlaggebenden Bedingungen a) und b) bleiben jedoch gültig, wenn man auf diese Voraussetzungen verzichtet und die Funktionen a_α lediglich den Voraussetzungen von Lemma 2.2 unterwirft.

Bemerkung 2.9. Man überzeugt sich leicht davon, daß für stetig differenzierbare Vektorfunktionen $z \in Y^*$ die Darstellung

$$L^*z = -\sum_{i=1}^{n} \frac{\partial z_i}{\partial x_i} + z_{n+1}$$

gilt.

Bemerkung 2.10. Im Spezialfall $a_i = a_i\left(x, \frac{\partial u}{\partial x_1}, \ldots, \frac{\partial u}{\partial x_n}\right), i = 1, \ldots, n, a_{n+1} = 0,$ erweist es sich als zweckmäßiger, eine energetische Erweiterung des Operators E durch folgende Festlegungen zu konstruieren:

$$V = \overset{\circ}{W}{}^{1,p}(G); \quad H = L^2(G); \quad Y = L_n^p(G);$$

$$L\colon u \to \operatorname{grad} u; \; A_0\colon y \to \{a_1(x, y), \ldots, a_n(x, y)\};$$

$$||u|| = \left(\int_G |\operatorname{grad} u|^p \,\mathrm{d}x\right)^{1/p}, \quad ||y||_0 = \left(\int_G \left(\sum_{i=1}^{n} y_i^2\right)^{p/2} \mathrm{d}x\right)^{1/p}.$$

(Auf Grund der FRIEDRICHSschen Ungleichung sind die beiden für $V = \overset{\circ}{W}{}^{1,p}(G)$ angegebenen Normen äquivalent.)

Inhomogene DIRICHLETsche Randwertprobleme. Bisher wurden ausschließlich homogene DIRICHLETsche Randwertprobleme betrachtet. Wir zeigen jetzt, wie man inhomogene DIRICHLETsche Probleme der Form

$$\left.\begin{aligned} E\bar{u} &= -\sum_{i=1}^{n} \frac{\partial}{\partial x_i} a_i(x, \bar{w}) + a_{n+1}(x, \bar{w}) = f, \\ \bar{w} &= \left\{\frac{\partial \bar{u}}{\partial x_1}, \ldots, \frac{\partial \bar{u}}{\partial x_n}, \bar{u}\right\}, \quad \bar{u}|_\Gamma = \varphi, \end{aligned}\right\} \tag{2.9}$$

auf entsprechende Probleme (2.8) zurückführen kann. Dazu setzen wir zunächst voraus (vgl. jedoch Bemerkung 2.11): Es existiere eine Fortsetzung $u_1 \in C^2(\bar{G})$ der auf Γ gegebenen Funktion φ. Mittels des Ansatzes

$$\bar{u} = u_1 + u$$

reduziert sich das inhomogene Problem (2.9) auf das folgende homogene DIRICHLETsche Problem zur Bestimmung von u:

$$E_1 u = E(u_1 + u) = f, \quad u \in D(E_1) = \{u \mid u \in C^2(\bar{G}), \; u|_\Gamma = 0\}.$$

Eine energetische Erweiterung A des Operators E_1 erhält man offenbar, wenn man den Operator A_0 durch die Zuordnung

$$y \to \{a_1(x, w_1 + y), \ldots, a_{n+1}(x, w_1 + y)\}, \quad w_1 = \left\{\frac{\partial u_1}{\partial x_1}, \ldots, \frac{\partial u_1}{\partial x_n}, u_1\right\}$$

definiert und V, H, Y sowie L wie beim homogenen Problem (2.8) wählt.

Bemerkung 2.11. Die Annahme, daß ein $u_1 \in M(E)$ mit $u_1|_\Gamma = \varphi$ existiert, wurde getroffen, um die klassische Ausführbarkeit der Differentiation

$\frac{\partial}{\partial x_i} a_i(x, w_1 + w)$ und damit Bedingung c) zu garantieren. Im Hinblick auf eine funktionalanalytische Formulierung (vgl. Bemerkung 2.5) des betrachteten Randwertproblems genügt es jedoch zu fordern, daß ein $u_1 \in W^{1,p}(G)$ existiert, das auf Γ mit φ im Sinne von Bemerkung 1.16 übereinstimmt. Hinreichend dafür ist nach Lemma 1.35 die Forderung $\varphi \in W^{1,p}(\Gamma)$, sofern G der Klasse $C^{1,1}$ angehört.

Die Voraussetzung, daß das Gebiet G der Klasse $C^{1,1}$ angehört, werden wir auch beim Beweis der Bedingung d) für die im folgenden betrachteten Randwertprobleme zweiter Ordnung stillschweigend benutzen.

Homogene Neumannsche Randwertprobleme. Wir betrachten das Neumannsche Problem

$$Eu = -\sum_{i=1}^{n} \frac{\partial}{\partial x_1} a_i(x, w) = f, \quad w = \operatorname{grad} u, \quad u \in D(E), \tag{2.10}$$

mit $M(E) = C^2(\overline{G})$, $D(E) = \left\{u \mid u \in M(E), \int\limits_G u\, dx = 0, \frac{\partial u}{\partial \nu_E} = 0\right\}$. Dabei ist $\frac{\partial u}{\partial \nu_E} = \sum\limits_{i=1}^{n} a_i(x, w) \cos(\nu, x_i)|_\Gamma$. Wir nehmen wieder an, daß die Funktionen a_i für ein $p \geqq 2$ den Voraussetzungen von Lemma 2.2 genügen. Zwecks energetischer Erweiterung des Operators E aus (2.10) treffen wir die Festlegungen

$$V = \{u \mid u \in W^{1,p}(G), \int\limits_G u\, \mathrm{d}x = 0\}, \ ||u|| = (\int\limits_G |\operatorname{grad} u|^p\, \mathrm{d}x)^{1/p};$$

$$H = \{u \mid u \in L^2(G), \int\limits_G u\, \mathrm{d}x = 0\}; \ Y = L_n^p(G);$$

$$L\colon u \to \operatorname{grad} u, \ A_0\colon y \to \{a_1(x, y), \ldots, a_n(x, y)\}.$$

(Die oben definierte V-Norm ist auf Grund der Poincaréschen Ungleichung (vgl. Bemerkung 1.17) auf V der $W^{1,p}(G)$-Norm äquivalent.) Wir beweisen die Bedingungen a) — d):

a) Diese Bedingung gilt wegen Lemma 2.2.

b) $L \in (V \to Y)$ ist offensichtlich linear. Nach Definition der Normen in V und Y gilt für jedes $u \in V$ die Beziehung $||Lu||_0 = ||u||$.

c) Offensichtlich gilt $D(E) \subset V \subset H$ und wegen

$$\int\limits_G Eu\, \mathrm{d}x = \int\limits_G Eu \cdot 1\, \mathrm{d}x = -\int\limits_\Gamma \frac{\partial u}{\partial \nu_E}\, \mathrm{d}\sigma = 0$$

auch $R(E) \subset H$. Die Einbettung von V in H ist auf Grund der oben bemerkten Äquivalenz der V-Norm mit der $W^{1,p}(G)$-Norm stetig. Wir zeigen: V liegt dicht in H. Im Hinblick auf den Beweis von d) beweisen wir sogar die Dichtheit der Menge $V \cap C^0(G)$ in H. Sei also $h \in H$. Da $C_0^2(G)$ in $L^2(G)$ dicht liegt, existiert eine Folge $\{v_n\} \subset C_0^2(G)$ mit $||v_n - h||_{L^2} \to 0$. Sei ein $\varphi \in C_0^2(G)$ so gewählt, daß

$\int_G \varphi \, dx = 1$ ist. Für die Folge $\{h_n\} \subset V \cap C_0^2(G)$ mit $h_n = v_n - \varphi \int_G v_n \, dx$ gilt dann

$$||h_n - h||_H \leqq ||v_n - h||_{L^2} + ||\varphi||_{L^2} \Big(|\int_G (v_n - h) \, dx| + |\int_G h \, dx|\Big)$$

$$\leqq \Big(1 + ||\varphi||_{L^2} \sqrt{\operatorname{mes}(G)}\Big) ||v_n - h||_{L^2} \to 0 .$$

Also liegt $V \cap C_0^2(G)$ und damit V in H dicht. Wir finden schließlich mittels des Gaussschen Integralsatzes für $u \in D(E)$ und $h \in V \cap C^1(\bar{G})$

$$(Au, h) = (L^* A_0 Lu, h) = \langle A_0 Lu, Lh \rangle_0 = \int_G \sum_{i=1}^n a_i(x, w) \frac{\partial h}{\partial x_i} \, dx$$

$$= \int_\Gamma \frac{\partial u}{\partial \nu_E} h \, d\sigma - \int_G \sum_{i=1}^n \frac{\partial}{\partial x_i} a_i(x, w) h \, dx$$

$$= - \int_G \sum_{i=1}^n \frac{\partial}{\partial x_i} a_i(x, w) \, h \, dx = \int_G Eu \cdot h \, dx .$$

Unter Benutzung von Lemma 1.30 folgt daraus $Au = Eu$ für $u \in D(E)$.

d) Sei $u \in M(E) \cap V$ und $Au \in H$. Für beliebiges $h \in V \cap C^1(\bar{G})$ gilt, wie aus dem eben Gezeigten folgt,

$$\int_G (Eu - Au) h \, dx + \int_\Gamma \frac{\partial u}{\partial \nu_E} h \, d\sigma = 0 .$$

Speziell für $h \in V \cap C_0^2(G)$ folgt daraus

$$\int_G (Eu - Au) h \, dx = 0 .$$

Wie unter c) bewiesen wurde, liegt die Menge $V \cap C_0^2(G)$ in H dicht. Also gilt

$$\int_G (Eu - Au) h \, dx = 0 \qquad \forall h \in H$$

und damit

$$\int_G \frac{\partial u}{\partial \nu_E} h \, d\sigma = 0 \qquad \forall h \in V .$$

Daraus folgt $\frac{\partial u}{\partial \nu_E} = 0$, d. h. $u \in D(E)$. (Den letzten Schluß sieht man wie folgt ein. Auf Grund von Lemma 1.35 existiert eine Fortsetzung $h_1 \in W^{1,p}(G)$ der auf Γ erklärten Funktion $\frac{\partial u}{\partial \nu_E}$. Sei $h_2 \in W^{1,p}(G)$ eine beliebige, in G finite Funktion mit $\int_G h_2 \, dx = \int_G h_1 \, dx$. Es gilt dann $h = h_1 - h_2 \in V$ und $h|_\Gamma = \frac{\partial u}{\partial \nu_E}$, also

$$\int_\Gamma \left(\frac{\partial u}{\partial \nu_E}\right)^2 d\sigma = \int_\Gamma \frac{\partial u}{\partial \nu_E} h \, d\sigma = 0 .$$

Daraus folgt, wie behauptet, $\frac{\partial u}{\partial \nu_E} = 0$.)

Bemerkung 2.12. Die in Lemma 2.1 an die rechte Seite f gestellte Voraussetzung $f \in H$ umfaßt die klassische Lösbarkeitsbedingung $\int_G f \, dx = 0$ für das NEUMANNsche Problem.

Bemerkung 2.13. Die Funktionen $u \in V$ sind von vornherein keinerlei Randbedingungen unterworfen. Wir haben jedoch mit dem Nachweis der Bedingung d) gezeigt, daß eine Lösung der Operatorgleichung $Au = f$, $f \in H$, die zu $M(E)$ gehört, der Bedingung $\frac{\partial u}{\partial \nu_E} = 0$ als sogenannter natürlicher Randbedingung automatisch genügt.

Bemerkung 2.14. Völlig analog unserem Vorgehen beim DIRICHLETschen Problem kann man auch beim NEUMANNschen Problem (und bei den im folgenden betrachteten gemischten Problemen) den Fall

$$Eu = -\sum_{i=1}^{n} \frac{\partial}{\partial x_i} a_i(x, w) + a_{n+1}(x, w)$$

behandeln.

Inhomogene NEUMANNsche Randwertprobleme. Wir betrachten das (2.10) entsprechende inhomogene NEUMANNsche Problem, das wir in der Form

$$E_f u = 0\,, \quad u \in D(E_f)\,,$$

mit $E_f u = Eu - f = -\sum_{i=1}^{n} \frac{\partial}{\partial x_i} a_i(x, w) - f$, $M(E_f) = C^2(\bar{G})$,

$$D(E_f) = \left\{ u \mid u \in M(E_f), \int_G u \, dx = 0, \frac{\partial u}{\partial \nu_E} = \varphi \right\},$$

schreiben. Wir setzen voraus, daß φ zu $W^{1,p}(\Gamma)$ gehört und auf Γ stetig ist (vgl. Bemerkung 2.15). Notwendig dafür, daß unser Problem eine Lösung besitzt, ist offenbar die Bedingung

$$\int_\Gamma \varphi \, d\sigma + \int_G f \, dx = 0\,,$$

die wir als erfüllt annehmen.

Zwecks energetischer Erweiterung des Operators E_f realisieren wir V, H, Y und L wie beim homogenen NEUMANNschen Problem. Etwas anders zu definieren ist lediglich der Operator A_0.

Durch die Vorschrift

$$g_0(Lh) = \int_\Gamma \varphi h \, d\sigma + \int_G fh \, dx \qquad \forall h \in V$$

erklären wir zunächst auf der (linearen) Bildmenge des Operators $L \in (V \to Y)$ ein lineares Funktional g_0. Wegen $||h|| = ||Lh||_0$ und $\varphi \in L^q(\Gamma)$, $\frac{1}{p} + \frac{1}{q} = 1$, ist g_0 auf Grund von Lemma 1.32 stetig. Sei $g \in Y^*$ eine der nach dem Satz von

HAHN-BANACH existierenden Fortsetzungen von g_0 auf den ganzen Raum Y. Wir definieren

$$A_0: y \to \{a_1(\cdot, y), \ldots, a_n(\cdot, y)\} - g .$$

Die Bedingungen a) und b) sind auf Grund unserer Festlegungen wie beim homogenen Problem erfüllt.

c) Es ist lediglich zu zeigen: $R(E_f) \subset H$ und $Au = E_f u$ für $u \in D(E_f)$. Es gilt

$$\int_G E_f u \, dx = \int_G (Eu - f) \, dx = - \int_\Gamma \frac{\partial u}{\partial \nu_E} d\sigma - \int_G f \, dx$$
$$= - \left(\int_\Gamma \varphi \, d\sigma + \int_G f \, dx \right) = 0 .$$

Durch Anwendung des GAUSSschen Integralsatzes finden wir für $u \in D(E)$ und $h \in V \cap C^1(\bar{G})$

$$(Au, h) = \langle A_0 Lu, Lh \rangle_0 = \int_G \left(\sum_{i=1}^n a_i(x, w) \frac{\partial h}{\partial x_i} - fh \right) dx - \int_\Gamma \varphi h \, d\sigma$$
$$= \int_\Gamma \left(\frac{\partial u}{\partial \nu_E} - \varphi \right) h \, d\sigma - \int_G \left(\sum_{i=1}^n \frac{\partial}{\partial x_i} a_i(x, w) + f \right) h \, dx$$
$$= \int_G Eu \cdot h \, dx ,$$

d. h., es ist $Au = E_f u$ für $u \in D(E_f)$.

d) Sei $u \in M(E) \cap V$ und $Au \in H$. Dem eben Bewiesenen entnehmen wir die Beziehung

$$(E_f u - Au, h) + \int_\Gamma \left(\frac{\partial u}{\partial \nu_E} - \varphi \right) h \, d\sigma = 0 \qquad \forall h \in V \cap C^1(\bar{G}) .$$

Wie beim homogenen Problem zeigt man unter Benutzung der Tatsache $E_f u - Au \in H$ zunächst

$$\int_G (E_f u - Au) h \, dx = 0 \qquad \forall h \in H .$$

Daraus folgt $\int_\Gamma \left(\frac{\partial u}{\partial \nu_E} - \varphi \right) h \, d\sigma = 0$ für jedes $h \in V$ und daraus schließlich $\frac{\partial u}{\partial \nu_E} = \varphi$.

Bemerkung 2.15. Die Voraussetzung, daß φ zu $W^{1,p}(\Gamma)$ gehört und auf Γ stetig ist, haben wir im Hinblick auf die klassische Formulierung des betrachteten inhomogenen NEUMANNschen Problems, d. h. zwecks Beweis der Bedingung d), gestellt. Für die funktionalanalytische Formulierung reicht es offenbar, $\varphi \in L^q(\Gamma)$, $\frac{1}{p} + \frac{1}{q} = 1$, zu verlangen.

Homogene gemischte Probleme. Der Rand Γ von G besitze die Darstellung

$$\Gamma = \Gamma_1 \cup \Gamma_2 \cup \Gamma_3 , \quad \Gamma_i \cap \Gamma_j = \emptyset, \quad i \neq j , \; i = 1, 2, 3 .$$

Hierbei setzen wir die Γ_i als meßbar bezüglich des Oberflächenmaßes σ_{n-1} auf Γ voraus. Ferner sei $\sigma_{n-1}(\Gamma_1 \cup \Gamma_2) > 0$ und Γ_1 in Γ abgeschlossen.

Wir betrachten das gemischte Randwertproblem

$$Eu = -\sum_{i=1}^{n} \frac{\partial}{\partial x_i} a_i(x,w) = f, \quad w = \operatorname{grad} u , \quad u \in D(E) , \tag{2.11}$$

mit $M(E) = C^2(\overline{G})$ und

$$D(E) = \left\{ u \mid u \in M(E), \; u|_{\Gamma_1} = 0, \left(|u|^{p-2} u + \frac{\partial u}{\partial \nu_E} \right) \bigg|_{\Gamma_2} = 0 , \frac{\partial u}{\partial \nu_E} \bigg|_{\Gamma_3} = 0 \right\} .$$

Hierbei sei p eine gegebene Zahl mit der Eigenschaft $p \geqq 2$. Wir nehmen an, daß die Funktionen a_i für dieses p den Voraussetzungen von Lemma 2.2 genügen. Mit den folgenden Festlegungen erklären wir eine energetische Erweiterung des Operators E:

$$V = \{ u \mid u \in W^{1,p}(G), u|_{\Gamma_1} = 0 \} , \quad ||u|| = \Big(\int_G |\operatorname{grad} u|^p \, dx + \int_{\Gamma_2} |u|^p \, d\sigma \Big)^{1/p} ;$$

$$H = L^2(G) , \quad Y = L^p_n(G) \times L^p(\Gamma_2) , \quad Y^* = L^q_n(G) \times L^q(\Gamma_2) , \frac{1}{p} + \frac{1}{q} = 1 ;$$

$$L : u \to \left\{ \frac{\partial u}{\partial x_1} , \ldots , \frac{\partial u}{\partial x_n} , \gamma u \right\} ,$$

$$A_0 : \; \{ y, \varphi \}_1 \to \{ a_1(x, y), \ldots, a_n(x, y), |\varphi^{p-2}| \, \varphi \} .$$

Dabei bezeichnet γu die Einschränkung einer Funktion $u \in V$ auf Γ_2. Wegen Lemma 1.32 gilt $\gamma \in (V \to L^p(\Gamma_2))$. Wir verifizieren die Bedingungen a) — d).

a) Diese Bedingung ist auf Grund von Lemma 2.2 erfüllt.

b) Der Operator $L \in (V \to Y)$ ist offensichtlich linear und es gilt

$$||Lu||_0^p = \int_G |\operatorname{grad} u|^p \, dx + \int_{\Gamma_2} |\gamma u|^p \, d\sigma = ||u||^p \qquad \forall u \in V .$$

c) Zunächst gilt $D(E) \subset V \subset H$ und $R(E) \subset H$. Außerdem liegt V in H dicht. Die Einbettung von V in H ist auf Grund der FRIEDRICHSschen Ungleichung (Lemma 1.36) stetig. Es bleibt die Beziehung $Au = Eu$ für $u \in D(E)$ zu beweisen. Mit Hilfe des GAUSSschen Integralsatzes finden wir für $u \in D(E)$ und $h \in V \cap C^1(\overline{G})$

$$\begin{aligned} (Au, h) &= (L^* A_0 L u, h) = \langle A_0 L u, L h \rangle_0 \\ &= \int_G \sum_{i=1}^{n} a_i(x, w) \frac{\partial h}{\partial x_i} \, d x + \int_{\Gamma_2} |u|^{p-2} u h \, d\sigma \\ &= \int_{\Gamma_2} \frac{\partial u}{\partial \nu_E} h \, d\sigma - \int_G \sum_{i=1}^{n} \frac{\partial}{\partial x_i} a_i(x, w) \, h \, dx + \int_{\Gamma_2} |u|^{p-2} u h \, d\sigma \\ &= - \int_G \sum_{i=1}^{n} \frac{\partial}{\partial x_i} a_i(x, w) h \, dx = \int_G Eu \cdot h \, dx \end{aligned}$$

und damit $Au = Eu$ für $u \in D(E)$.

d) Sei $u \in M(E) \cap V$ und $Au \in H$. Dann gilt $u|_{\Gamma_1} = 0$. Dem Beweis von Bedingung c) entnehmen wir die Beziehung

$$\int_G (Eu - Au)h\,dx + \int_{\Gamma_2} \left(|u|^{p-2} u + \frac{\partial u}{\partial \nu_E}\right) h\,d\sigma + \int_{\Gamma_3} \frac{\partial u}{\partial \nu_E} h\,d\sigma = 0$$
$$\forall h \in V \cap C^2(\bar{G}).$$

Wie beim NEUMANNschen Problem folgt daraus zunächst

$$\int_{\Gamma_2} \left(|u|^{p-2} u + \frac{\partial u}{\partial \nu_E}\right) h\,d\sigma + \int_{\Gamma_3} \frac{\partial u}{\partial \nu_E} h\,d\sigma = 0 \qquad \forall h \in V .$$

Wegen der Willkür der Wahl von h erhält man daraus

$$|u|^{p-2} + u \frac{\partial u}{\partial \nu_E}\bigg|_{\Gamma_2} = \frac{\partial u}{\partial \nu_E}\bigg|_{\Gamma_3} = 0 ,$$

also $u \in D(E)$.

Inhomogene gemischte Randwertprobleme. Wir betrachten das (2.11) entsprechende inhomogene gemischte Randwertproblem

$$E\bar{u} = -\sum_{i=1}^{n} \frac{\partial}{\partial x_i} a_i(x,\bar{w}) = f, \quad \bar{w} = \operatorname{grad} \bar{u} ,$$

$$\bar{u}|_{\Gamma_1} = \varphi_1 , \quad \left(|\bar{u}|^{p-2} \bar{u} + \frac{\partial \bar{u}}{\partial \nu_E}\right)\bigg|_{\Gamma_2} = \varphi_2 , \quad \frac{\partial \bar{u}}{\partial \nu_E}\bigg|_{\Gamma_3} = \varphi_3 .$$

Die Funktionen a_i unterwerfen wir wieder für das gegebene $p \geqq 2$ den Voraussetzungen von Lemma 2.2. Weiter setzen wir die Existenz einer Funktion $u_1 \in C^2(\bar{G})$ mit $u_1|_{\Gamma_1} = \varphi_1$, $u_1|_{\Gamma_2} = 0$ voraus (vgl. unser Vorgehen bei der Behandlung des inhomogenen DIRICHLETschen Problems). Ferner gelte für $i = 2$, 3: $\varphi_i \in W^{1,p}(\Gamma_i)$; φ_i ist auf Γ_i stetig. Das betrachtete Problem wird mittels des Ansatzes $\bar{u} = u_1 + u$ auf das Problem

$$\left.\begin{aligned}
&E_1 u = E(u_1 + u) = f, \; u \in D(E_1), \; M(E) = C^2(\bar{G}) , \\
&D(E_1) = \Big\{ u \mid u \in M(E), \; u|_{\Gamma_1} = 0 , \\
&\left(|u|^{p-2} u + \frac{\partial (u_1 + u)}{\partial \nu_E}\right)\bigg|_{\Gamma_2} = \varphi_2, \; \frac{\partial (u_1 + u)}{\partial \nu_E}\bigg|_{\Gamma_3} = \varphi_3 \Big\} .
\end{aligned}\right\} \qquad (2.12)$$

reduziert. Bei der funktionalanalytischen Formulierung verfahren wir wie beim homogenen gemischten Problem, mit dem Unterschied, daß wir jetzt setzen

$$A_0\colon \{y, \varphi\} \to \{a_1(x, w_1 + y) , \ldots, a_n(w_1 + y), \; |\varphi|^{p-2} \varphi\} - g , \quad w_1 = \operatorname{grad} u_1 .$$

Dabei ist $g \in Y^*$ eine Fortsetzung des auf $R(L)$ durch die Vorschrift

$$Lh \to \int_{\Gamma_2} \varphi_2 h\,d\sigma + \int_{\Gamma_3} \varphi_3 h\,d\sigma \qquad \forall h \in V$$

definierten, linearen und stetigen Funktionals auf den ganzen Raum Y.

Die Bedingungen a) und b) behalten ihre Gültigkeit.

c) Es ist offenbar $D(E_1) \subset V \subset H$ mit dichter und stetiger Einbettung von V

in H. Außerdem gilt $R(E_1) \subset H$. Die Anwendung des GAUSSschen Integralsatzes liefert für $u \in D(E_1)$ und $h \in V \cap C_1(\overline{G})$

$$
\begin{aligned}
(Au, h) &= \langle A_0 Lu, Lh \rangle_0 \\
&= \int_G \sum_{i=1}^n a_i(x, \overline{w}) \frac{\partial h}{\partial x_i} \, dx + \int_{\Gamma_2} |u|^{p-2} uh \, d\sigma - \int_{\Gamma_2} \varphi_2 h \, d\sigma - \int_{\Gamma_3} \varphi_3 h \, d\sigma \\
&= \int_{\Gamma_2 \cup \Gamma_3} \frac{\partial(u_1 + u)}{\partial \nu_E} h \, d\sigma - \int_G \sum_{i=1}^n \frac{\partial}{\partial x_i} a_i(x, \overline{w}) \, dx \\
&\quad + \int_{\Gamma_2} |u|^{p-2} uh \, d\sigma - \int_{\Gamma_2} \varphi_2 h \, d\sigma - \int_{\Gamma_3} \varphi_3 h \, d\sigma \\
&= \int_{\Gamma_2} \left(|u|^{p-2} u + \frac{\partial(u_1 + u)}{\partial \nu_E} - \varphi_2 \right) h \, d\sigma + \int_{\Gamma_3} \left(\frac{\partial(u_1 + u)}{\partial \nu_E} - \varphi_3 \right) h \, d\sigma \\
&\quad + \int_G E_1 u \cdot h \, dx = \int_G E_1 u \cdot h \, dx .
\end{aligned}
$$

Folglich ist $Au = E_1 u$ für $u \in D(E_1)$.

d) Sei $u \in M(E) \cap V$ und $Au \in H$. Aus c) und der Dichtheit von $C_0^2(\overline{G})$ in $H = L^2(G)$ folgt zunächst

$$
\int_G (Au - E_1 u) \, h \, dx = 0 \qquad \forall h \in H
$$

und damit für beliebige $h \in V$

$$
\int_{\Gamma_2} \left(|u|^{p-2} u + \frac{\partial(u_1 + u)}{\partial \nu_E} - \varphi_2 \right) h \, d\sigma + \int_{\Gamma_3} \left(\frac{(\partial u_1 + u)}{\partial \nu_E} - \varphi_3 \right) h \, d\sigma = 0 .
$$

Wegen der Willkür bei der Wahl von h finden wir daraus $u \in D(E_1)$.

Bemerkung 2.16. Die angegebene funktionalanalytische Formulierung des Randwertproblems (2.12) bleibt sinnvoll, wenn lediglich gefordert wird $\varphi_i \in L^q(\Gamma_i)$, $i = 2, 3$, und $u_1 \in W^{1,p}(G)$, $u_1|_{\Gamma_1} = \varphi_1$, $u_1|_{\Gamma_2} = 0$.

3. Randwertprobleme für Gleichungen höherer Ordnung und Gleichungssysteme

Gleichungen höherer Ordnung. Unser Ziel ist es, Randwertprobleme höherer Ordnung als Operatorgleichungen zu formulieren. Wir beschränken uns der Einfachheit halber auf DIRICHLETsche Probleme für ein Gebiet G der Klasse $C^{l,1}$. Mit den zu Beginn dieses Paragraphen eingeführten Bezeichnungen betrachten wir das Randwertproblem

$$
Eu = \sum_{|\alpha| \leq l} (-1)^{|\alpha|} D^\alpha a_\alpha(x, w) = f, \; u \in D(E), \quad w = \{D^\alpha u\} ,
$$

mit $M(E) = C^{2l}(\overline{G})$, $D(E) = \{u \mid u \in M(E),\ D^\alpha u|_\Gamma = 0,\ |\alpha| \leqq l-1\}$. Wir nehmen an, daß die Funktionen a_α für ein $p \geqq 2$ den Voraussetzungen von Lemma 2.2 genügen und treffen die Festlegungen:

$$V = W^{l,p}(G)\,, \quad H = L^2(G)\,, \quad Y = L^p_r(G);$$
$$L\colon\ u \to \{D^\alpha u\}, \quad A_0\colon\ y \to \{a_\alpha(x, y)\}\,.$$

Dann gelten, wir wir jetzt zeigen, die Bedingungen a) — d).

a) Diese Bedingung folgt aus Lemma 2.2.

b) L ist linear. Nach Definition der Normen in V und Y gilt

$$||Lu||_0 = \left(\int_G \Big(\sum_{|\alpha| \leqq l} (D^\alpha u)\Big)^{2p/2} \mathrm{d}x\right)^{1/p} = ||u|| \quad \forall u \in W^{1,p}_0(G) = V.$$

c) Offensichtlich gilt $D(E) \subset V \subset H$ und $R(E) \subset H$. Die Einbettung von V in H ist dicht und wegen der Friedrichsschen Ungleichung stetig. Durch Anwendung des Gaussschen Integralsatzes erhalten wir für beliebige $u \in D(E)$ und $h \in V \cap C^1(\overline{G})$

$$\begin{aligned}(Au, h) &= (L^* A_0 Lu, h) = \langle A_0 Lu, Lh\rangle_0\\ &= \int_G \sum_{|\alpha| \leqq l} a_\alpha(x, w)\, D^\alpha h \,\mathrm{d}x = \int_G \sum_{|\alpha| \leqq l} (-1)^{|\alpha|} D^\alpha a_\alpha(x, w) \cdot h \,\mathrm{d}x\\ &= \int_G Eu \cdot h \,\mathrm{d}x\,.\end{aligned}$$

Folglich gilt $Au = Eu$ für $u \in D(E)$.

d) Auf Grund der Folgerung aus Bemerkung 1.16 sowie Lemma 1.34 gilt $D(E) = M(E) \cap V$.

Ein Wort noch zur Behandlung inhomogener Dirichlet-Probleme. Wir betrachten das Problem

$$E\bar{u} = f,\ \bar{u} \in \{u \mid u \in C^{2l}(\overline{G}),\ D^\alpha u|_\Gamma = \varphi_\alpha,\ |\alpha| \leqq l-1\}\,,$$

und setzen die Existenz einer Funktion $u_1 \in C^{2l}(\overline{G})$ mit $D^\alpha u_1|_\Gamma = \varphi_\alpha$, $|\alpha| \leqq l-1$, voraus. Dann können wir wie beim inhomogenen Dirichlet-Problem zweiter Ordnung das betrachtete inhomogene Problem mittels des Ansatzes $\bar{u} = u + u_1$ auf das homogene Problem

$$E_1 u = E(u + u_1) = f\,,\ u \in D(E_1) = \{u \mid u \in C^{2l}(\overline{G})\,,\ D^\alpha u|_\Gamma = 0\,, |\alpha| \leqq l-1\}\,,$$

zur Bestimmung von u reduzieren.

Randwertprobleme für Systeme elliptischer Gleichungen. Im vorhergehenden wurden verschiedene klassische Randwertprobleme für elliptische Differentialgleichungen als Operatorgleichungen formuliert. Wir werden im folgenden an Hand einfacher Beispiele zeigen, daß man in entsprechender Weise auch Randwertaufgaben für Systeme elliptischer Differentialgleichungen funktionalanalytisch formulieren kann. Wir betrachten das Randwertproblem

$$\left.\begin{aligned} &Eu = -\sum_{i=1}^{n} \frac{\partial}{\partial x_i} a_i(x, w) = f\,,\quad u = \{u_1, \ldots, u_m\} \in D(E)\,,\\ &w = \left\{\frac{\partial u_j}{\partial x_k}\right\},\quad j = 1, \ldots, m\,,\quad k = 1, \ldots, n\,,\end{aligned}\right\} \tag{2.13}$$

mit $M(E) = (C^2(\overline{G}))^m$, $D(E) = \{u \mid u \in M(E),\ u|_\Gamma = 0\}$. Wir setzen voraus, daß die $a_i = \{a_{i1}, \ldots, a_{im}\}$, $i = 1, \ldots, n$, für beliebiges $\xi = \{\xi_{rs}\} \in R^{mn}$ und fast jedes $x \in G$ der Abschätzung

$$|a_{ij}(x, \xi)| \leqq c\left(g(x) + \sum_{r=1}^{m} \sum_{s=1}^{n} |\xi_{rs}|^{p-1}\right), \; p \geqq 2, \; c = \text{const}, \tag{2.14}$$

genügen, und treffen die Festlegungen

$$V = (W_0^{1,p}(G))^m, \quad H = L_m^2(G), \quad Y = L_{mn}^p(G),$$

$$\|y\|_0 = \left(\int_G \left(\sum_{r=1}^{m} \sum_{s=1}^{n} y_{rs}^2\right)^{p/2} \mathrm{d}x\right)^{1/p};$$

$$L\colon u \to \left\{\frac{\partial u_j}{\partial x_k}\right\}, \quad A_0\colon y \to \{a_{ij}(x, y)\}.$$

Der Beweis der Bedingungen a) — d) verläuft analog dem Beweis für das homogene Dirichlet-Problem zweiter Ordnung.

Bemerkung 2.17. Für $m = n = 3$, $p = 2$ ergibt sich als einfacher Spezialfall von (2.13) das klassische Laméschen Problem der linearen Elastizitätstheorie

$$\mu \Delta u + (\lambda + \mu) \operatorname{grad} \operatorname{div} u = f, \quad u \in D(E),$$

das das Gleichgewicht eines an der Oberfläche eingespannten elastischen Körpers unter den Volumenkräften f beschreibt. Dabei sind λ und μ die sogenannten Laméschen Konstanten.

Bemerkung 2.18. Wir haben uns hier auf homogene Dirichletsche Randbedingungen beschränkt. Es ist nicht schwer, in Analogie zum vorigen Abschnitt andere Randbedingungen zu behandeln. Insbesondere stellt man für den Laméschen Differentialoperator die den Neumannschen entsprechenden Randbedingungen

$$k(u)|_\Gamma = \varphi,$$

bzw. die den gemischten entsprechenden Randbedingungen

$$u|_{\Gamma_1} = \varphi_1, \quad k(u)|_{\Gamma_2} = \varphi_2, \quad u_\nu|_{\Gamma_3} = \varphi_3, \quad k(u)_\tau|_{\Gamma_3} = \varphi_4$$

Dabei sind $\varphi_1, \varphi_2, \varphi_3, \varphi_4$ vorgegebene Funktionen, und es ist $k(u) = \{k_1(u), k_2(u), k_3(u)\}$ der wie folgt definierte Vektor der Oberflächenspannungen

$$k_i(u) = \sum_{j=1}^{3} \sigma_{ij} \cos(\nu, x_j), \qquad i = 1, 2, 3,$$

$$\sigma_{ij} = \begin{cases} \lambda \operatorname{div} u + 2\mu \dfrac{\partial u_i}{\partial x_i} & \text{für } i = j, \\[2ex] \mu\left(\dfrac{\partial u_i}{\partial x_j} + \dfrac{\partial u_j}{\partial x_i}\right) & \text{für } i \neq j. \end{cases}$$

Die Indizes ν und τ kennzeichnen die Projektion eines Vektors auf die äußere Normale bzw. die Tangentialebene in einem gegebenen Punkt von Γ.

Abschließend betrachten wir das folgende, etwas anders geartete Randwertproblem

$$\left.\begin{aligned} Eu &= -\sum_{i=1}^{n} \frac{\partial}{\partial x_i} a_i(x, w) = f - \operatorname{grad} \varphi\,, \\ u &= \{u_1, \ldots, u_n\} \in D(E),\ w = \left(\frac{\partial u_j}{\partial x_k}\right), \end{aligned}\right\} \tag{2.15}$$

mit $M(E) = \left(C^2(\overline{G})\right)^n$, $D(E) = \left\{u \mid u \in M(E),\ u|_\Gamma = 0,\ \operatorname{div} u = 0\right\}$. Dabei ist φ eine gemeinsam mit u gesuchte Funktion. Um zu einer (2.15) entsprechenden funktionalanalytischen Aufgabenstellung zu gelangen, bedarf es einiger vorbereitender Betrachtungen.

Der Raum $L_n^2(G)$ besitzt (vgl. LADYSHENSKAJA [1]) eine orthogonale Zerlegung der Form

$$L_n^2(G) = H + H^\perp\,.$$

Dabei ist H die Vervollständigung von $D(E)$ in der $L_n^2(G)$-Norm und $H^\perp = \{u \mid u = \operatorname{grad} \varphi, \varphi \in W^{1,2}(G)\}$. Wir bezeichnen mit P den orthogonalen Projektor von $L_n^2(G)$ auf H, d. h. den Operator, der einem Element $u \in L_n^2(G)$ das durch die Darstellung

$$u = u_1 + u_2\,, \quad u_1 \in H\,, \quad u_2 \in H^\perp\,,$$

eindeutig bestimmte Element $Pu = u_1$ zuordnet. Offenbar ist jede Lösung des Randwertproblems (2.15) Lösung der Aufgabe

$$PEu = Pf,\ u \in D(PE)\,, \tag{2.16}$$

mit $D(PE) = D(E)$ und $M(PE) = M(E)$. Umgekehrt existiert zu jeder Lösung u von (2.16) eine (bis auf eine additive Konstante) eindeutig bestimmte Funktion $\varphi \in W^{1,2}(G)$ derart, daß (2.15) erfüllt ist.

Wir konstruieren eine energetische Erweiterung des Operators PE durch die Festlegungen

$$V = \left\{u \mid u \in \left(\mathring{W}^{1,p}(G)\right)^n, \operatorname{div} u = 0\right\}\,, \quad Y = L_{nn}^p(G)\,;$$

$$||u|| = \left(\int_G \left(\sum_{i,j=1}^{n} \left(\frac{\partial u_i}{\partial x_j}\right)^2\right)^{p/2} dx\right)^{1/p};$$

$$L\colon u \to \left\{\frac{\partial u_j}{\partial x_k}\right\}, \quad A_0\colon\ y \to \{a_{ij}(x, y)\}\,.$$

a) Diese Bedingung gilt auf Grund von Lemma 2.2, sofern die a_{ij} der Abschätzung (2.14) genügen.

b) Der Operator $L \in (V \to Y)$ ist offensichtlich linear. Außerdem gilt auf Grund unserer Normdefinitionen

$$||Lu||_0 = ||u|| \qquad \forall u \in V\,.$$

c) Offensichtlich gilt $D(PE) \subset V$ und (nach Definition des Operators P) $R(PE) \subset H$. Wir zeigen $V \subset H$: Ist $u \in V$, so gilt für beliebiges $h \in H^\perp$ mit $h = \operatorname{grad} \psi$

$$(u, h)_{L_n^2(G)} = \int_G u \operatorname{grad} \psi \, dx = \int_\Gamma \sum_{i=1}^n u_i \cos(\nu, x_i) \psi \, d\sigma - \int_G (\operatorname{div} u) \psi \, dx = 0 .$$

Daraus folgt $u \in H$.

Auf Grund der Konstruktion von H liegt V in H dicht. Die Einbettung von V in H ist wegen der Friedrichsschen Ungleichung stetig. Für $u \in D(PE)$ und $h \in V \cap (C^1(\overline{G}))^n$ gilt schließlich

$$(Au, h) = \langle A_0 Lu, Lh \rangle_0 = \int_G \sum_{i=1}^n a_i(x, w) \frac{\partial h}{\partial x_i} \, dx$$

$$= - \int_G \sum_{i=1}^n \frac{\partial}{\partial x_i} a_i(x, w) \, h \, dx = \int_G Eu \cdot h \, dx = (PEu, h),$$

d. h., es ist $Au = PEu$ für $u \in D(PE)$.

d) Es gilt $M(PE) \cap V = M(E) \cap V = D(E) = D(PE)$.

Bemerkung 2.19. Für $Eu = -\Delta u$ geht 2.15 in das stationäre Stockessche Problem der Theorie zäher Flüssigkeiten über.

Bemerkung 2.20. Die im vorangegangenen für homogene Dirichletsche Randbedingungen durchgeführten Betrachtungen kann man auf andere Randbedingungen erweitern. Für das in Bemerkung 2.19 erwähnte Stokessche Problem kommen vor allem gemischte Randbedingungen der Form

$$u|_{\Gamma_1} = 0, \quad u_\nu|_{\Gamma_2} = 0, \quad k(u)_\tau|_{\Gamma_2} = 0$$

in Frage. Diese Bedingungen bedeuten, daß die betrachtete Flüssigkeit an dem Randteil Γ_1 haftet und daß der Randteil Γ_2 eine sogenannte freie Oberfläche ist. Die zweite der auf Γ_2 vorgegebenen Randbedingungen ist bei der funktionalanalytischen Formulierung als natürliche Randbedingung zu behandeln.

Kommentare zu Kapitel II

Der erste Paragraph dieses Kapitels gibt lediglich eine Zusammenstellung wohlbekannter Begriffsbildungen und Sätze. Über den hier zusammengefaßten Stoff gibt es umfassende lehrbuchmäßige Darstellungen; wir erwähnen (ohne auf Vollständigkeit Anspruch zu erheben) die Bücher von Dunford-Schwartz [1], Smirnow [1], Triebel [1], Kantorowitsch-Akilow [1], Yosida [1] und Edwards [1]. Den im zweiten Abschnitt skizzierten Aufbau der Maßtheorie findet man beispielsweise bei Kamke [1], Natanson [1], Halmos [1] und Zaanen [1]; eine andere Darstellung gibt Bourbaki [2].

Zum Abschnitt über Distributionen sei neben dem klassischen Werk von L. Schwartz [2] noch TRÈVES [1] erwähnt. Die angegebene Topologisierung der Grundfunktionen zu den Distributionen findet man bei GÅRDING-LIONS [1]; man vergleiche auch HÖRMANDER [1].

Für die Beweise der im fünften Abschnitt angegebenen Sätze über SOBOLEW-Räume verweisen wir auf SOBOLEW [1], MORREY [1], DUNFORD-SCHWARTZ [1], CALDERÓN [1], BROWDER [1] und NEČAS [1]. Bei der Formulierung von Bedingungen an den Rand der Gebiete haben wir uns an CALDERÓN [1], MORREY [1] und NEČAS [1] gehalten. In den entsprechenden Regularitätsdefinitionen des Randes ist die bekannte SOBOLEWsche Kegelbedingung enthalten. Für Fragen, die mit dem Oberflächenmaß regulär berandeter Gebiete und der Gültigkeit des GAUSSschen Satzes zusammenhängen, sei auf HAUPT-AUMANN-PAUC [1] und FEDERER [1] verwiesen. Die zitierten Sätze vom SOBOLEWschen Typ lassen sich durch Hinzunahme von HÖLDER-Stetigkeit und Ableitungen beliebiger reeller Ordnungen sowie der Interpolationstheorie in BANACH- und HILBERT-Räumen weitgehend verfeinern. Für die hiermit zusammenhängenden Fragen verweisen wir auf die oben genannten Arbeiten sowie auf LIONS-MAGENES [1], NIKOLSKI [1], ADAMS-ARONSZAJN-SMITH [1], MAGENES [1], PEETRE [1] und die dort gemachten, teilweise sehr umfangreichen Literaturangaben. Insbesondere lassen sich unter Benutzung von gewissen verallgemeinerten HÖLDER-Bedingungen die Elemente von $L^p(\Gamma)$ charakterisieren, die Einschränkungen von Funktionen aus $W^{1,p}(G)$ auf den Rand Γ sind; vgl. GAGLIARDO [1]. Für die Räume $W^{-k,p}(G)$ im Sonderfall $p = 2$ vgl. auch LAX [1].

Die in § 2 dargestellte funktionalanalytische Formulierung elliptischer Randwertprobleme geht auf WISCHIK [1, 3] zurück. Die Überführung von Randwertproblemen der Form (2.2) in Operatorgleichungen $Au = f$ ist heute allgemein üblich (vgl. etwa BROWDER [2, 8], DUBINSKI [1], KATSCHUROWSKI [2], LIONS [1]).

Auf die von uns genutzte Möglichkeit, den Operator A in der Form $A = L^*A_0L$ darzustellen, wird in der Literatur im allgemeinen nicht explizit hingewiesen. Wesentlichen Gebrauch macht BITTNER [1, 2] von dieser Darstellung.

Die Bezeichnung „energetische Erweiterung" eines Operators wurde von uns gewählt, um den engen Zusammenhang zum Ausdruck zu bringen, der zwischen diesem Erweiterungsbegriff und der sogenannten energetischen Methode (vgl. MICHLIN [1, 2]) besteht. Die durch energetische Erweiterung quasilinearer elliptischer Differentialoperatoren entstehenden Operatoren $A \in (V \to V^*)$ können auch auf der Grundlage des Prinzips der virtuellen Verrückung erzeugt werden (vgl. LANGENBACH [4]). LIONS [1] bezeichnet diese Operatoren als „Operatoren der Variationsrechnung" (Opérateurs de calcul des variations).

Jede klassische Lösung eines Randwertproblems (2.2) ist Lösung der entsprechenden Operatorgleichung $Au = f$. Die Umkehrung dieser Aussage gilt (vgl. Lemma 2.1) nur für hinreichend glatte (reguläre) Lösungen. Mit der Frage der Regularität der Lösungen von Operatorgleichungen haben wir uns nicht beschäftigt. Den an Regularitätsuntersuchungen interessierten Leser verweisen wir auf die Bücher von LADYSHENSKAJA-URALZEWA [1] und MORREY [1] sowie auf die dort zitierte Literatur.

NEMYZKI-Operatoren sind unter den Voraussetzungen von Lemma 2.2 stetig (vgl. beispielsweise WAINBERG [1], KRASNOSELSKI [1]). Die Monographie von WAINBERG [1] enthält neben weiteren Aussagen auch einige historische Bemerkungen über NEMYZKI-Operatoren.

Im zweiten und dritten Abschnitt von § 2 haben wir an möglichst einfachen und für Anwendungen wichtigen Beispielen gezeigt, wie man von klassischen Randwertproblemen zu entsprechenden funktionalanalytischen Fragestellungen gelangt. Funktionalanalytische Formulierungen einer Fülle anderer Randwertprobleme findet man bei LIONS [1] (vgl. auch die dort zitierte Literatur).

KAPITEL III

GLEICHUNGEN MIT MONOTONEN OPERATOREN (STATIONÄRE GLEICHUNGEN)

In Kapitel II haben wir einige wichtige Klassen von Randwertproblemen für nichtlineare elliptische Differentialoperatoren als Operatorgleichung $Au = f$ formuliert. Das vorliegende Kapitel ist vor allem dem Studium derartiger Operatorgleichungen — genauer gesagt, der Darstellung der Grundzüge der Theorie monotoner Operatoren im reflexiven BANACH-Raum — gewidmet.

Kapitel III umfaßt vier Paragraphen. Im ersten Paragraphen werden grundlegende Begriffe der Theorie monotoner Operatoren eingeführt und an Hand der im vorigen Kapitel betrachteten konkreten Operatoren illustriert. Der zweite Paragraph bringt Existenzaussagen. Verschiedene Näherungsverfahren werden im dritten Paragraphen begründet. Schließlich ist der vierte Paragraph der Untersuchung einiger Eigenschaften monotoner Potentialoperatoren und der ihnen entsprechenden Potentiale gewidmet.

Den Betrachtungen des vorliegenden Kapitels liegt stets ein reeller, reflexiver und separabler[1]) BANACH-Raum zugrunde, den wir mit X (und nicht wie im vorigen Kapitel mit V) bezeichnen. Wir unterstreichen damit, daß hier — im Unterschied zum zweiten und den folgenden, Operatordifferentialgleichungen gewidmeten Kapiteln — eine Einbettung des betrachteten BANACH-Raums in einen passenden HILBERT-Raum keine Rolle spielt. Mit $\langle f, u \rangle$ bezeichnen wir das Skalarprodukt zwischen Elementen $f \in X^*$ und $u \in X$ sowie mit $\|\cdot\|$ bzw. $\|\cdot\|_*$ die Norm in X bzw. X^*. An einigen Stellen beziehen wir, wie schon in Kapitel II, einen weiteren reellen, reflexiven BANACH-Raum Y in unsere Betrachtungen ein. Die Norm in Y bzw. Y^* bezeichnen wir dann wieder mit $\|\cdot\|_0$ bzw. $\|\cdot\|_{0*}$, während $\langle z, w \rangle_0$ das Skalarprodukt zwischen Elementen $z \in Y^*$ und $w \in Y$ kennzeichnet.

§ 1. Grundlegende Begriffe der Theorie monotoner Operatoren

Der vorliegende Paragraph ist in zwei Abschnitte gegliedert. Im ersten Abschnitt werden die für die Untersuchung nichtlinearer Operatorgleichungen grundlegenden Begriffe Radialstetigkeit, Monotonie und Koerzitivität definiert und erläutert. Einige wichtige Eigenschaften radialstetiger und monotoner Operatoren werden bewiesen. Im zweiten Abschnitt zeigen wir unter geeigneten

---

[1]) Die Voraussetzung der Separabilität ist für viele der in diesem Kapitel bewiesenen Aussagen nicht wesentlich; sie ist jedoch in den praktisch interessierenden Fällen gegeben und erleichtert die Beweisführung.

Voraussetzungen, daß die in Kapitel II betrachteten Operatoren radialstetig, monoton und koerzitiv sind.

1. Eigenschaften nichtlinearer Operatoren

Definition 1.1. Ein Operator $A \in (X \to X^*)$ heißt:

radialstetig, wenn die reelle Funktion $s \to \langle A(u + sv), v\rangle$ bei beliebigen, festen Elementen $u, v \in X$ stetig auf $[0, 1]$ ist;

hemistetig, wenn die reelle Funktion $s \to \langle A(u + sv), h\rangle$ bei beliebigen festen Elementen $u, v, h \in X$ stetig auf $[0, 1]$ ist;

demistetig, wenn aus $u_n \to u$ in X folgt $Au_n \rightharpoonup Au$ in X^*;

LIPSCHITZ-*stetig*, wenn eine Konstante M derart existiert, daß gilt

$$\|Au - Av\|_* \leqq M\|u - v\|$$

für beliebige $u, v \in X$;

beschränkt LIPSCHITZ-*stetig*, wenn eine auf $[0, \infty)$ definierte, monoton wachsende Funktion μ derart existiert, daß für beliebige $u, v \in X$ gilt

$$\|Au - Av\|_* \leqq \mu(R)\,\|u - v\|\,, \quad R = \max\{\|u\|, \|v\|\}\,.$$

Definition 1.2. Seien u, v beliebige Elemente aus X. Ein Operator $A \in (X \to X^*)$ heißt:

monoton, wenn gilt

$$\langle Au - Av,\ u - v\rangle \geqq 0;$$

strikt monoton, wenn gilt

$$\langle Au - Av, u - v\rangle > 0 \qquad \text{für } u \neq v;$$

d-monoton, wenn gilt

$$\langle Au - Av, u - v\rangle \geqq \big(\alpha(\|u\|) - \alpha(\|v\|)\big)\,(\|u\| - \|v\|)$$

mit einer auf $[0, \infty)$ erklärten, strikt monoton wachsenden Funktion α;

gleichmäßig monoton, wenn gilt

$$\langle Au - Av, u - v\rangle \geqq \varrho(\|u - v\|)$$

mit einer auf $[0, \infty)$ erklärten, strikt monoton wachsenden Funktion ϱ, für die $\varrho(0) = 0$ ist;

stark monoton (mit der *Monotoniekonstanten* m), wenn gilt

$$\langle Au - Av,\ u - v\rangle \geqq m\,\|u - v\|^2, \qquad m > 0\,.$$

Bemerkung 1.1. Der eingeführte Monotoniebegriff verallgemeinert den üblichen Monotoniebegriff. Sei nämlich $\varphi \in (R^1 \to R^1)$ eine (im üblichen Sinn) monoton wachsende Funktion, dann gilt für beliebige $s, t \in R^1$

$$\big(\varphi(t) - \varphi(s)\big)\,(t - s) \geqq 0\,.$$

Bemerkung 1.2. Offenbar folgt aus der starken Monotonie die gleichmäßige bzw. die d-Monotonie bezüglich $\varrho(s) = ms^2$ bzw. $\alpha(s) = ms$. Aus der gleichmäßigen Monotonie folgt die strikte Monotonie. Im strikt konvexen Raum X impliziert auch die d-Monotonie strikte Monotonie. Aus

$$\begin{aligned}
0 &= \langle Au - Av, u - v\rangle \\
&= 2\left\langle Au - A\left(\frac{u+v}{2}\right), \frac{u-v}{2}\right\rangle + 2\left\langle A\left(\frac{u+v}{2}\right) - Av\,, \frac{u-v}{2}\right\rangle \\
&\geqq 2\left(\alpha(\|u\|) - \alpha\left(\left\|\frac{u+v}{2}\right\|\right)\right)\left(\|u\| - \left\|\frac{u+v}{2}\right\|\right) \\
&\quad + 2\left(\alpha\left(\left\|\frac{u+v}{2}\right\|\right) - \alpha(\|v\|)\right)\left(\left\|\frac{u+v}{2}\right\| - \|v\|\right)
\end{aligned}$$

folgt nämlich $\|u\| = \left\|\frac{u+v}{2}\right\| = \|v\|$ und daher wegen der strikten Konvexität von X die Beziehung $u = v$.

Bemerkung 1.3. Die Definitionen 1.1 und 1.2 kann man sinngemäß auf Operatoren $A \in (D(A) \to X^*)$ übertragen, deren Definitionsbereich $D(A)$ eine beliebige Teilmenge des Raumes X ist. Wir haben darauf verzichtet, weil wir nur an wenigen Stellen in diesem Buch Operatoren betrachten, die nicht auf dem ganzen Raum X definiert sind.

Definition 1.3. Ein Operator $A \in (X \to X^*)$ heißt *koerzitiv*, wenn eine auf $[0, \infty)$ erklärte reelle Funktion γ mit

$$\lim_{s\to\infty} \gamma(s) = +\infty$$

existiert, so daß gilt

$$\langle Au, u\rangle \geqq \gamma(\|u\|)\,\|u\|\,.$$

In der folgenden Bemerkung geben wir einige Beispiele für koerzitive Operatoren an.

Bemerkung 1.4. a) Jeder gleichmäßig monotone Operator ist koerzitiv bezüglich

$$\gamma(s) = (s - 1)\,\varrho(1) - \|A0\|_*\,.$$

Sei nämlich $u \in X$, $u \neq 0$, beliebig, $v = \frac{u}{\|u\|}$ und $n = [\|u\|]$ die größte ganze Zahl kleiner oder gleich $\|u\|$. Wir finden

$$\begin{aligned}
\langle Au, u\rangle &= \|u\|\,\langle Au, v\rangle, \\
&= \|u\|\,(\langle A(\|u\|v) - A(nv), v\rangle \\
&\quad + \langle A(nv) - A0, v\rangle + \langle A0, v\rangle) \\
&\geqq \|u\|\,(\langle A(nv) - A0, v\rangle - \|A0\|_*) \\
&= \|u\|\left(\sum_{i=1}^{n} \langle A(iv) - A((i-1)\,v), v\rangle - \|A0\|_*\right) \\
&\geqq \|u\|\,(n\varrho(1) - \|A0\|_*) \geqq \|u\|\,((\|u\| - 1)\,\varrho(1) - \|A0\|_*)\,.
\end{aligned}$$

b) Sei A d-monoton bezüglich der Funktion α und $\lim\limits_{s\to 0} \alpha(s) = +\infty$. Dann ist A offensichtlich koerzitiv bezüglich $\gamma(s) = \alpha(s) - \alpha(0)$.

c) Sei $J \in (X \to X^*)$ die Dualitätsabbildung von X (vgl. Kap. I, § 5). Es gilt

$$\begin{aligned}\langle Ju - Jv, u - v\rangle &= \langle Ju, u\rangle + \langle Jv, v\rangle - \langle Ju, v\rangle - \langle Jv, u\rangle \\ &\geqq \|u\|^2 + \|v\|^2 - 2\,\|u\|\,\|v\| \\ &= (\|u\| - \|v\|)\,(\|u\| - \|v\|)\,,\end{aligned}$$

d. h., J ist d-monoton bezüglich $\alpha(s) = s$. Wegen b) ist J demnach koerzitiv.

Die in den Definitionen 1.1 — 1.3 eingeführten Begriffe spielen im folgenden die zentrale Rolle. Wir führen jetzt eine Reihe weiterer Begriffe ein.

Eng mit der Monotonie hängt die sogenannte (S)-Eigenschaft zusammen (vgl. Browder [11]).

Definition 1.4. Man sagt, ein Operator $A \in (X \to X^*)$ besitze die *(S)-Eigenschaft*, wenn aus $u_n \rightharpoonup u$ in X und $\langle Au_n - Au, u_n - u\rangle \to 0$ folgt $u_n \to u$ in X.

Bemerkung 1.5. Offenbar besitzt jeder gleichmäßig monotone Operator die (S)-Eigenschaft. Im uniform konvexen Banach-Raum besitzt auch jeder d-monotone Operator die (S)-Eigenschaft. Zum Beweis dieser Tatsache bemerken wir, daß aus der d-Monotonie und $\langle Au_n - Au, u_n - u\rangle \to 0$ die Beziehung $\|u_n\| \to \|u\|$ folgt. Im uniform konvexen Banach-Raum implizieren (vgl. Satz 5.12, Kap. I) $\|u_n\| \to \|u\|$ und $u_n \rightharpoonup u$ aber $u_n \to u$.

Definition 1.5. Ein Operator $A \in (X \to X^*)$ heißt Gâteaux-*differenzierbar*, wenn ein Operator $A' \in (X \to \mathscr{L}(X, X^*))$ derart existiert, daß für beliebige $u, v, h \in X$ gilt

$$\lim_{t\to 0} \frac{1}{t} \langle A(u + th) - Au, v\rangle = \langle A'(u)\,h, v\rangle\,.$$

Definition 1.6. Ein Operator $A \in (X \to X^*)$ heißt:

beschränkt, wenn das Bild jeder beschränkten Teilmenge von X in X^* beschränkt ist;

lokal beschränkt, wenn zu beliebigem, festem $u \in X$ Konstanten $\varepsilon > 0$ und M derart existieren, daß aus $\|u - v\| \leqq \varepsilon$ folgt $\|Av\|_* \leqq M$.

Bemerkung 1.6. Offenbar ist jeder beschränkt Lipschitz-stetige Operator beschränkt und jeder demistetige Operator lokal beschränkt.

Wir stellen jetzt einige einfache Eigenschaften monotoner Operatoren zusammen. Zunächst gilt die

Bemerkung 1.7. Sind $A_i \in (X \to X^*)$ monotone Operatoren und $a_i \in X$ bzw. $f_i \in X^*$ beliebige Elemente ($i = 1, \ldots, n$), dann ist auch der gemäß der Zuordnung

$$u \to \sum_{i=1}^{n} (A_i(u + a_i) + f_i)$$

definierte Operator $A \in (X \to X^*)$ ein monotoner Operator. Sind X_i ($i = 1, \ldots, n$) reelle BANACH-Räume und $A_i \in (X_i \to X_i^*)$ monotone Operatoren, so ist auch der auf dem kartesischen Produkt $X = X_1 \times \cdots \times X_n$ gemäß der Zuordnung

$$\{u_1, \ldots, u_n\} \to \{A_1 u_1, \ldots, A_n u_n\}$$

definierte Operator $A \in (X \to X^*)$ monoton.

Notwendige und hinreichende Bedingungen für die Monotonie nennt das

Lemma 1.1. a) Ein Operator $A \in (X \to X^*)$ ist genau dann monoton, wenn für beliebige, feste Elemente $u, v \in X$ die reelle Funktion

$$t \to \varphi_{u,v}(t) = \langle A(u + tv), v \rangle$$

im Intervall $[0, 1]$ monoton wächst.

b) Sei $A \in (X \to X^*)$ GÂTEAUX-differenzierbar und für beliebige feste Elemente $u, v \in X$ die Funktion $t \to \langle A'(u + tv)\, v, v \rangle$ stetig auf $[0, 1]$. Unter diesen Voraussetzungen ist A genau dann monoton, wenn für beliebige $u, v \in X$ gilt

$$\langle A'(u)\, v, v \rangle \geqq 0 .$$

Beweis. Notwendigkeit von (a): Für $t_1, t_2 \in [0, 1]$, $t_1 < t_2$, gilt

$$\begin{aligned}\varphi_{u,v}(t_2) - \varphi_{u,v}(t_1) &= \langle A(u + t_2 v), v \rangle - \langle A(u + t_1 v), v \rangle \\ &= \frac{1}{t_2 - t_1} \langle A(u + t_2 v) - A(u + t_1 v), u + t_2 v \\ &\quad - (u + t_1 v) \rangle \geqq 0 .\end{aligned}$$

Hinlänglichkeit von a): Mit $v = w - u$ gilt

$$\langle Aw - Au, w - u \rangle = \varphi_{u,v}(1) - \varphi_{u,v}(0) \geqq 0 .$$

Notwendigkeit von b): Für $0 < s < 1$ gilt auf Grund des Mittelwertsatzes der Integralrechung mit einem geeigneten $s_0 \in [0, s]$

$$\begin{aligned}0 \leqq \langle A(u + sv) - Au, sv \rangle &= \int_0^s \langle A'(u + tv)\, v, sv \rangle \, dt \\ &= s^2 \langle A'(u + s_0 v)\, v, v \rangle .\end{aligned}$$

Division durch s^2 und anschließender Grenzübergang $s \to 0$ liefern $\langle A'(u)\, v, v \rangle \geqq 0$.

Hinlänglichkeit von b): Es gilt

$$\langle Au - Av, u - v \rangle = \int_0^1 \langle A'(v + t\,(u - v))\,(u - v), u - v \rangle \, dt \geqq 0 .$$

Damit ist Lemma 1.1 bewiesen.

Lemma 1.2. Jeder monotone Operator $A \in (X \to X^*)$ ist lokal beschränkt.

Beweis. Wir nehmen an, A sei nicht lokal beschränkt. Dann existiert eine Folge $\{u_n\}$ mit $u_n \to u$ in X und $\|Au_n\|_* \to \infty$. Wir definieren für $n = 1, 2, \ldots$

$$\alpha_n = 1 + \|Au_n\|_* \|u_n - u\| .$$

Für beliebiges $v \in X$ finden wir auf Grund der Monotonie von A

$$\left.\begin{aligned}\frac{1}{\alpha_n}\langle Au_n, v\rangle &\leqq \frac{1}{\alpha_n}(\langle Au_n, u_n - u\rangle + \langle A(u + v), v + u - u_n\rangle)\\ &\leqq 1 + \frac{1}{\alpha_n}\|A(u + v)\|_* (\|v\| + \|u - u_n\|) \leqq M_1\end{aligned}\right\} \tag{1.1}$$

mit einer von u und v, nicht aber von n abhängenden Konstanten M_1. Eine (1.1) entsprechende Abschätzung erhält man für $-v$. Also gilt

$$\overline{\lim_{n\to\infty}}\left|\frac{1}{\alpha_n}\langle Au_n, v\rangle\right| < \infty \qquad \forall v \in X .$$

Der Satz von BANACH-STEINHAUS (Satz 5.3, Kap. I) liefert daher $\frac{1}{\alpha_n}\|Au_n\|_* \leqq M$ $= \text{const}$, d. h.

$$\|Au_n\|_* \leqq M\alpha_n = M(1 + \|Au_n\|_* \|u - u_n\|) .$$

Sei n_0 so gewählt, daß für $n \geqq n_0$ gilt $M\|u - u_n\| \leqq \frac{1}{2}$. Dann folgt aus der letzten Ungleichung für $n \geqq n_0$

$$\|Au_n\|_* \leqq 2M .$$

Das ist ein Widerspruch zur Annahme $\|Au_n\|_* \to \infty$. Damit ist Lemma 1.2 bewiesen.

Folgerung 1.1. Jeder lineare monotone Operator $A \in (X \to X^*)$ ist stetig.

Beweis. Es gelte $u_n \to u$ in X. Wir setzen

$$v_n = \frac{u_n - u}{\|u_n - u\|^{1/2}}$$

für $u_n \neq u$ und $v_n = 0$ für $u_n = u$. Dann gilt $v_n \to 0$ in X und daher nach Lemma 1.2

$$\|Av_n\|_* \leqq M = \text{const.}$$

Daraus ergibt sich

$$\begin{aligned}\|Au_n - Au\|_* &= \|A(u_n - u)\|_* = \|u_n - u\|^{1/2} \|Av_n\|_*\\ &\leqq M\|u_n - u\|^{1/2} \to 0 .\end{aligned}$$

Folgerung 1.2. Sei $A \in (X \to X^*)$ monoton und $K \subset X$ eine Menge mit

$$\|u\| \leqq M_1 \quad \text{und} \quad \langle Au, u\rangle \leqq M_2 \quad \forall u \in K.$$

Dann existiert eine Konstante M, so daß

$$\|Au\|_* \leqq M \qquad \forall u \in K .$$

Beweis. A ist auf Grund von Lemma 1.2 insbesondere im Nullpunkt lokal beschränkt. Also existieren Konstanten ε und M_3 derart, daß für $\|y\| \leqq \varepsilon$ gilt

$||Ay||_* \leqq M_3$. Wir erhalten daher für $u \in K$ unter Benutzung der Monotonie von A

$$||Au||_* = \sup_{||y|| \leqq \varepsilon} \frac{1}{\varepsilon} \langle Au, y\rangle \leqq \sup_{||y|| \leqq \varepsilon} \frac{1}{\varepsilon} (\langle Au, u\rangle + \langle Ay, y\rangle - \langle Ay, u\rangle)$$

$$\leqq \frac{1}{\varepsilon} (M_2 + M_3 \varepsilon + M_3 M_1) = M\,.$$

Lemma 1.3. Sei $A \in (X \to X^*)$ ein monotoner Operator. Dann sind die folgenden Aussagen äquivalent:

a) A ist radialstetig.

b) Aus $\langle f - Av, u - v\rangle \geqq 0 \quad \forall v \in X$ folgt $Au = f$.

c) Aus $u_n \rightharpoonup u$ in X, $Au_n \rightharpoonup f$ in X^* und

$$\overline{\lim_{n\to\infty}} \langle Au_n, u_n\rangle \leqq \langle f, u\rangle$$

folgt $Au = f$.

d) A ist demistetig.

e) Ist K eine in X dichte Teilmenge, so folgt aus

$$\langle f - Av, u - v\rangle \geqq 0 \quad \forall v \in K$$

die Beziehung $Au = f$.

Beweis. a) $\Rightarrow$ b): Sei v ein beliebiges Element aus X und $v_t = u - tv$, $t > 0$. Es gilt $0 \leqq t\langle f - Av_t, v\rangle$ und, nach Division durch t, $0 \leqq \langle f - Av_t, v\rangle$. Für $t \to 0$ folgt daraus auf Grund der Radialstetigkeit von A die Beziehung $0 \leqq \langle f - Au, v\rangle$. Da $v \in X$ beliebig ist, impliziert diese Ungleichung $Au = f$

b) $\Rightarrow$ c): Es gelte $u_n \rightharpoonup u$ in X, $Au_n \rightharpoonup f$ in X^* und $\overline{\lim_{n\to\infty}} \langle Au_n, u_n\rangle \leqq \langle f, u\rangle$. Dann erhält man für beliebiges $v \in X$

$$\begin{aligned}\langle f - Av, u - v\rangle &= \langle f, u\rangle - \langle f, v\rangle - \langle Av, u - v\rangle \\ &\geqq \overline{\lim_{n\to\infty}} (\langle Au_n, u_n\rangle - \langle f, v\rangle - \langle Av, u - v\rangle) \\ &= \overline{\lim_{n\to\infty}} (\langle Au_n, u_n\rangle - \langle Au_n, v\rangle - \langle Av, u_n - v\rangle) \\ &= \overline{\lim_{n\to\infty}} \langle Au_n - Av, u_n - v\rangle \geqq 0\,.\end{aligned}$$

Auf Grund von b) folgt daraus $Au = f$.

c) $\Rightarrow$ d): Sei $\{u_n\}$ eine Folge mit $u_n \to u$ in X. Wegen der lokalen Beschränktheit von A (Lemma 1.2) ist die Folge $\{||Au_n||_*\}$ beschränkt. Sei $\{x_n\}$ eine Teilfolge von $\{u_n\}$ mit $Ax_n \rightharpoonup f$ in X^*. Dann folgt

$$\lim_{n\to\infty} \langle Ax_n, x_n\rangle = \langle f, u\rangle$$

und damit auf Grund von c) $Au = f$ bzw. $Ax_n \rightharpoonup Au$. Die übliche Schlußweise (vgl. Lemma 5.4, Kap. I) liefert die schwache Konvergenz der gesamten Folge $\{Au_n\}$ gegen Au.

d) $\Rightarrow$ e): A ist als demistetiger Operator trivialerweise radialstetig. Wegen a) $\Rightarrow$ b) genügt es daher zu zeigen, daß aus $\langle f - Av, u - v\rangle \geqq 0 \; \forall v \in K$ folgt $\langle f - Av, u - v\rangle \geqq 0 \; \forall v \in X$. Da K in X dicht liegt, existiert zu jedem $v \in X$ eine Folge $\{x_n\}$ mit $x_n \in K$, $x_n \to v$ in X. Die Demistetigkeit liefert

$$\langle f - Av, u - v\rangle = \lim_{n\to\infty} \langle f - Ax_n, u - x_n\rangle \geqq 0 .$$

e) $\Rightarrow$ a): Für den Spezialfall $K = X$ geht Aussage e) in Aussage b) über. Aus b) folgt aber, wie bereits bewiesen wurde, die Demistetigkeit und somit auch die Radialstetigkeit von A.

Damit ist Lemma 1.3 bewiesen.

Folgerung 1.3. Sei $A \in (X \to X^*)$ ein radialstetiger, monotoner Operator. Dann ist bei beliebigem $f \in X^*$ die Menge K der Lösungen der Gleichung $Au = f$ konvex und schwach abgeschlossen.

Beweis. Seien $u_1, u_2 \in K$ und sei $u_t = tu_1 + (1 - t)u_2$, $t \in [0,1]$). Dann gilt für beliebiges $v \in X$

$$\langle f - Av, u_t - v\rangle = t\,\langle Au_1 - Av, u_1 - v\rangle + (1 - t)\,\langle Au_2 - Av, u_2 - v\rangle \geqq 0$$

und wegen Lemma 1.3

$$Au_t = f ,$$

d. h., K ist konvex.

Sei $\{u_n\}$ eine Folge mit $u_n \in K$ und $u_n \rightharpoonup u$ in X. Für beliebiges $v \in X$ gilt

$$\langle f - Av, u - v\rangle = \lim_{n\to\infty} \langle f - Av, u_n - v\rangle = \lim_{n\to\infty} \langle Au_n - Av, u_n - v\rangle \geqq 0$$

und wegen Lemma 1.3

$$Au = f ,$$

d. h., K ist schwach abgeschlossen.

Bemerkung 1.8. Wir haben in Definition 1.1 mit den Begriffen Radialstetigkeit, Hemistetigkeit und Demistetigkeit drei Abschwächungen des üblichen Stetigkeitsbegriffs eingeführt. Aus Lemma 1.3 folgt die Gleichwertigkeit dieser Begriffe für monotone Operatoren $A \in (X \to X^*)$. Im weiteren werden wir auf die Betrachtung hemistetiger Operatoren verzichten und alle Aussagen, die üblicherweise für hemistetige Operatoren formuliert werden, unter der formal schwächeren Voraussetzung der Radialstetigkeit beweisen.

2. Beispiele für monotone Operatoren

In Kapitel II, § 2 haben wir Randwertprobleme für elliptische Differentialgleichungen als Operatorgleichungen $Au = f$ formuliert. Dabei war für den Operator A die Darstellung

$$A = L^* A_0 L \tag{1.2}$$

charakteristisch. Wir nennen jetzt Bedingungen an die „Koeffizienten" der elliptischen Differentialoperatoren, die die im vorigen Abschnitt definierten Eigenschaften für A garantieren. Wir halten uns an die in Kapitel II, § 2 eigeführten Bezeichnungen. Unser Vorhaben realisieren wir in zwei Schritten. Im ersten Schritt (Lemma 1.4) zeigen wir, daß die in Frage stehenden Eigenschaften sich automatisch von $A_0 \in (Y \to Y^*)$ auf $A \in (X \to X^*)$ übertragen. Im zweiten Schritt zeigen wir, unter welchen Bedingungen konkrete Operatoren A_0 diese Eigenschaften besitzen (Lemma 1.5, Lemma 1.6).

Lemma 1.4. Sei $L \in (X \to Y)$ ein linearer Operator mit

$$||Lu||_0 = ||u|| \qquad \forall u \in X$$

und $L^* \in (Y^* \to X^*)$ der zu L adjungierte Operator. Sei weiter $A_0 \in (Y \to Y^*)$ ein (möglicherweise) nichtlinearer Operator. Dann besitzt der Operator $A = L^*A_0L \in (X \to X^*)$ eine der in den Definitionen 1.1—1.6 eingeführten Eigenschaften, wenn der Operator A_0 die betreffende Eigenschaft besitzt.

Beweis. Die Behauptungen des Lemmas sind unmittelbare Folgen der für alle $u, v \in X$ gültigen Beziehungen

$$||Lu||_0 = ||u||$$

und

$$\langle Au, v\rangle = \langle L^*A_0Lu, v\rangle = \langle A_0Lu, Lv\rangle_0$$

sowie der Linearität von L.

Damit ist Lemma 1.4 bewiesen.

Wir vollziehen nun den zweiten der einleitend angekündigten Schritte.

In Lemma 2.2, Kap. II, wurden bereits Bedingungen für die Koeffizienten a_i von elliptischen Differentialoperatoren formuliert, die die Demistetigkeit des durch

$$(A_0y)(x) = \{a_1(x, y(x)), \ldots, a_r(x, y(x))\} \tag{1.3}$$

definierten Operators $A_0 \in (L_r^p(G) \to L_r^q(G))$, $p > 1$, $\frac{1}{p} + \frac{1}{q} = 1$, sichern. ($G$ bezeichnet wieder ein beschränktes Gebiet des R^n). Wir geben jetzt hinreichende Bedingungen dafür an, daß A_0 die weiteren im vorigen Abschnitt definierten Eigenschaften besitzt. Wir beschränken uns dabei auf zwei wesentliche Realisierungsmöglichkeiten für die Funktionen a_i (vgl. jedoch die Bemerkung 1.12):

$$a_i(x, y) = \sum_{j=1}^{r} b_{ij}y_j, \quad i = 1, \ldots, r, \; b_{ij} \in L^\infty(G)\,, \tag{1.4}$$

und

$$\left.\begin{array}{l} a_i(x, y) = \varphi(x, |y|^{p-1})\, |y|^{p-2}\, y_i\,, \quad i = 1, \ldots, r, p > 1\,, \\ \text{mit } |y| = \left(\sum_{i=1}^{r} y_i^2\right)^{1/2}; \\ \text{für jedes } s \in [0, \infty) \text{ ist die Funktion } x \to \varphi(x, s) \text{ meßbar; für fast alle} \\ x \in G \text{ ist die Funktion } s \to \varphi(x, s) \text{ stetig;} \\ |\varphi(x, s)| \leqq M = \text{const} \;\; \forall s \in [0, \infty) \text{ und für fast alle } x \in G\,. \end{array}\right\} \tag{1.5}$$

Bemerkung 1.9. Offenbar bildet der durch (1.3) und (1.4) definierte (lineare) Operator A_0 den Raum $Y = L_r^2(G)$ LIPSCHITZ-stetig in $Y^* = L_r^2(G)$ ab. Man sieht auch sofort, daß die durch (1.5) getroffene Spezialisierung der Funktionen a_i den Voraussetzungen von Lemma 2.2, Kap. II, genügt. Daraus folgt: Der durch (1.3) und (1.5) definierte Operator bildet den Raum $Y = L_r^p(G)$ demistetig in den Raum $Y^* = L_r^q(G)$ ab.

Bemerkung 1.10. Definiert man die Funktionen a_i durch (1.4), so stellen (2.1) bzw. (2.2), Kap. II, die allgemeine Form der homogenen DIRICHLETschen Randwertaufgabe für lineare elliptische Differentialgleichungen zweiter bzw. l-ter Ordnung dar. Auf derartige Randwertprobleme reduzieren sich bekanntlich viele Aufgaben der mathematischen Physik und der Mechanik. Wir nennen stationäre Diffusions- und Wärmeleitungsprobleme sowie Probleme der Kontinuumsmechanik (etwa der Elastizitätstheorie und der stationären Theorie zäher Flüssigkeiten). Definiert man die Funktionen a_i durch (1.5), so kommt man zu Problemen, wie sie beispielsweise in der nichtlinearen Elastizitätstheorie und in der Theorie nicht-NEWTONscher Flüssigkeiten auftreten. In diesen Theorien werden die klassischen linearen Materialgesetze (HOOKEsches Elastizitätsgesetz, NEWTONsches Zähigkeitsgesetz) durch nichtlineare Beziehungen ersetzt. Die Funktion φ ist dabei eine experimentell zu bestimmende Materialfunktion.

Lemma 1.5. Sei $A_0 \in \left(L_r^2(G) \to L_r^2(G)\right)$ der durch (1.3) und (1.4) definierte Operator. Hinreichend für die Monotonie von A_0 ist, daß für fast alle $x \in G$ und beliebige Vektoren $\{d_1, \ldots, d_r\} \in R^r$ gilt

$$\sum_{i,j=1}^{r} b_{ij}(x)\, d_i d_j \geqq m \sum_{i=1}^{r} d_i^2, \quad m \geqq 0\,.$$

Ist $m > 0$, so ist A_0 stark monoton.

Beweis. Mit $y, z \in Y = L_r^2(G)$ folgt

$$\langle A_0 y - A_0 z, y - z \rangle_0 =$$

$$\int_G \sum_{i,j=1}^{r} q_{ij}(x)\,(y_i - z_i)\,(y_j - z_j)\,dx \geqq m \int_G \sum_{i=1}^{r} (y_i - z_i)^2\,dx = m\|y - z\|_0^2\,.$$

Damit ist Lemma 1.5 bewiesen.

Beim Beweis von Lemma 1.5 haben wir, um die Schreibweise zu vereinfachen, das Argument x der Funktionen y und z fortgelassen. Im folgenden werden wir ebenso verfahren.

Lemma 1.6. Sei $A_0 \in \left(L_r^p(G) \to L_r^q(G)\right)$ der durch (1.3) und (1.5) definierte Operator und $x \in G$, $t, s \in [0, \infty)$ beliebig. Dann gelten die folgenden Aussagen:

a) Ist die Funktion $t \to \varphi(x, t)\, t$ monoton wachsend, d. h., gilt

$$\varphi(x, t)\, t - \varphi(x, s)\, s \geqq 0 \qquad \text{für } t \geqq s\,,$$

so ist A_0 monoton.

b) Genügt die Funktion φ der Abschätzung
$$\varphi(x, t)\, t - \varphi(x, s)\, s \geqq m(t - s) \quad \text{für} \quad t \geqq s,\ m > 0, \tag{1.6}$$
so ist A_0 d-monoton bezüglich der Funktion $\alpha(s) = ms^{p-1}$.

c) Genügt die Funktion φ der Abschätzung
$$\varphi(x, t) \geqq m > 0,$$
so ist A_0 koerzitiv bezüglich $\gamma(s) = ms^{p-1}$.

d) Ist $p = 2$ und die Abschätzung (1.6) erfüllt, so ist A_0 stark monoton.

e) Genügt die Funktion φ der Abschätzung
$$|\varphi(x, t)\, t - \varphi(x, s)\, s| \leqq M\, |t - s|\,,$$
so ist A_0 für $p = 2$ LIPSCHITZ-stetig und es gilt
$$\|A_0 y - A_0 z\|_{0*} \leqq 3M \|y - z\|_0\,.$$
Für $p \geqq 2$ ist A_0 beschränkt LIPSCHITZ-stetig bezüglich
$$\mu(R) = (2 + (p-1)2^{p-2})\, M \cdot R^{p-2}\,.$$

f) Ist $p \geqq 2$ und die Funktion $t \to \varphi(x, t)$ stetig differenzierbar sowie
$$\left|\frac{\partial \varphi}{\partial t}(x, t)\, t\right| \leqq M \qquad \forall t \in [0, \infty) \text{ und für fast alle } x \in G\,,$$
so ist A_0 GÂTEAUX-differenzierbar.

Beweis. Seien $y = \{y_1, \ldots, y_r\}$, $z = \{z_1, \ldots, z_r\}$, $v = \{v_1, \ldots, v_r\} \in L_r^p(G)$ beliebig gewählt. Zur Abkürzung benutzen wir die Bezeichnungen
$$|y| = \left(\sum_{i=1}^r y_i^2\right)^{1/2}, \quad \tau = |y|^{p-1}, \quad |z| = \left(\sum_{i=1}^r z_i^2\right)^{1/2}, \quad \sigma = |z|^{p-1},$$
$$(y, z) = \sum_{i=1}^r y_i z_i\,.$$

a) Durch mehrmalige Anwendung der SCHWARZschen Ungleichung finden wir
$$\begin{aligned}\langle A_0 y - A_0 z, y - z\rangle_0 &= \int_G \big(\varphi(x, \tau)\, |y|^{p-2}(y, y - z) - \varphi(x, \sigma)\, |z|^{p-2}(z, y - z)\big)\, dx \\ &\geqq \int_G \big(\varphi(x, \tau)\, |y|^{p-2}(|y|^2 - |y|\, |z|) - \varphi(x, \sigma)\, |z|^{p-2}(|y|\, |z| \\ &\quad - |z|^2)\big)\, dx = \int_G \big(\varphi(x, \tau)\, \tau - \varphi(x, \sigma)\, \sigma\big)\, (|y| - |z|)\, dx \geqq 0\,.\end{aligned}$$

b) Unter Benutzung des letzten Zwischenergebnisses und der HÖLDERschen Ungleichung finden wir
$$\begin{aligned}\langle A_0 y - A_0 z, y - z\rangle_0 &\geqq m \int_G (|y|^{p-1} - |z|^{p-1})\, (|y| - |z|)\, dx \\ &= m\Big(\|y\|_0^p + \|z\|_0^p - \int_G (|y|^{p-1}\, |z| + |y|\, |z|^{p-1})\, dx\Big) \\ &\geqq m(\|y\|_0^p + \|z\|_0^p - \|y\|_0^{p-1}\, \|z\|_0 - \|y\|_0\, \|z\|_0^{p-1}) \\ &= m(\|y\|_0^{p-1} - \|z\|_0^{p-1})\, (\|y\|_0 - \|z\|_0)\,.\end{aligned}$$

c) Es gilt mit $\gamma(s) = ms^{p-1}$

$$\langle A_0 y, y\rangle_0 = \int_G \varphi(x, \tau)\, |y|^p\, dx \geqq m \int_G |y|^p\, dx = \gamma(\|y\|_0)\, \|y\|_0 .$$

Wegen $p > 1$ ist $\lim_{s\to\infty} \gamma(s) = +\infty$.

d) Wir stellen die Funktion φ in der Form $\varphi = \varphi_1 + \varphi_2$ mit $\varphi_1(s) = m$ dar. Offensichtlich ist der Operator $A_{01}: y \to my$ stark monoton. Weiter gilt für $t \geqq s$

$$\varphi_2(x, t)\, t - \varphi_2(x, s)\, s = \varphi(x, t)\, t - \varphi(x, s)\, s - m(t - s) \geqq 0 .$$

Auf Grund von Aussage a) dieses Lemmas ist der φ_2 entsprechende Operator $A_{02}: y \to \varphi_2(\cdot, |y|^{p-1})\, |y|^{p-2}\, y$ monoton. Aus der starken Monotonie von A_{01} und der Monotonie von A_{02} folgt die starke Monotonie von $A_0 = A_{01} + A_{02}$.

e) Sei $R = \max\{\|y\|_0, \|z\|_0\}$. Wir finden

$$\begin{aligned}
\langle A_0 y - A_0 z, v\rangle_0 &= \int_G \left(\varphi(x, \tau)\, |y|^{p-2}(y, v) - \varphi(x,\sigma)\, |z|^{p-2}(z, v)\right) dx \\
&= \int_G \Big(\varphi(x, \tau)\, |y|^{p-2}(y - z, v) + \left(\varphi(x,\tau)\, |y|^{p-2} - \varphi(x, \sigma)\, |z|^{p-2}\right)(z, v)\Big)\, dx \\
&\leqq \int_G \big(|\varphi(x, \tau)|\, |y|^{p-2}|y - z| + |\varphi(x,\tau)|\, y|^{p-2}|z| \\
&\qquad - \varphi(x,\sigma)\, |z|^{p-2}|z|\big)\, |v|\, dx \\
&= \int_G \big(|\varphi(x, \tau)|\, |y|^{p-2}|y - z| + |\varphi(x, \tau)\, |y|^{p-2}(|z| - |y|) + \\
&\qquad + \varphi(x, \tau)\, \tau - \varphi(x, \sigma)\sigma|\big)\, |v|\, dx \\
&\leqq \int_G \left(2\, |\varphi(x, \tau)|\, |y|^{p-2}|y - z| + |\varphi(x, \tau)\, \tau - \varphi(x, \sigma)\sigma|\right) |v|\, dx \\
&\leqq 2MR^{p-2}\, \|y - z\|_0\, \|v\|_0 + M \int_G |\tau - \sigma|\, |v|\, dx \\
&= 2MR^{p-2}\, \|y - z\|_0\, \|v\|_0 + M(p - 1) \int_G \left| \int_{|z|}^{|y|} t^{p-2}\, dt \right| |v|\, dx \\
&\leqq 2MR^{p-2}\, \|y - z\|_0\, \|v\|_0 + M(p - 1) \int_G |y - z|\, (|y| + |z|)^{p-2}\, |v|\, dx \\
&\leqq \left(2MR^{p-2} + M(p - 1) \left(\int_G (|y| + |z|)^p\, dx\right)^{\frac{p-2}{p}}\right) \|y - z\|_0\, \|v\|_0 \\
&\leqq \left(2MR^{p-2} + M(p - 1)\, (\|y\|_0 + \|z\|_0)^{p-2}\right) \|y - z\|_0\, \|v\|_0 \\
&= \left(2MR^{p-2} + M(p - 1)2^{p-2}\, R^{p-2}\right) \|y - z\|_0\, \|v\|_0 \\
&= \mu(R)\|y - z\|_0\, \|v\|_0 .
\end{aligned}$$

Daraus folgt unmittelbar e).

f) Unter unseren Voraussetzungen ist die Funktion

$$s \to \Phi(s) = \int_G \varphi(x, |y + sz|^{p-1})\, |y + sz|^{p-2}\, (y + sz, v)\, dx$$

differenzierbar. Wie man leicht nachrechnet, gilt

$$\langle A_0'(y)z, v\rangle_0 = \Phi'(s)\,|_{s=0}$$
$$= \int_G \{\varphi(x,\tau)\,((p-2)\,|y|^{p-4}(y,z)\,(y,v) + |y|^{p-2}(z,v))$$
$$+ (p-1)\frac{\partial\varphi}{\partial\tau}(x,\tau)\,|y|^{2(p-2)-1}\,(y,z)\,(y,v)\}\,dx\,.$$

Damit ist Lemma 1.6 bewiesen.

Bemerkung 1.11. Auf Grund von Aussage b) und Bemerkung 1.2 bzw. Bemerkung 1.5 folgt aus (1.6) die strikte Monotonie bzw. die (S)-Eigenschaft von A_0. (Die L_r^p-Räume sind uniform konvex, vgl. Kap. II, § 1.)

Bemerkung 1.12. Lemma 1.6 bleibt gültig, wenn der Koeffizientenvektor von der Form

$$a_i(x,y) = \varphi(x, |y|^{p-1})\,|y|^{p-2}\sum_{j=1}^{r} b_{ij}(x)\,y_j,\quad i = 1, \ldots, r,\ p > 1$$

$$\text{mit}\quad |y| = \left(\sum_{i,j=1}^{r} b_{ij}\,y_i\,y_j\right)^{1/2},\quad b_{ij}\in L^\infty(G),\quad b_{ij} = b_{ji}\,,$$

$$\sum_{i,j=1}^{r} b_{ij}\,d_i\,d_j \geqq b\sum_{j=1}^{r} d_i^2\,,\quad b = \text{const} > 0\,,$$

ist. In diesem Fall ist jedoch der Raum $Y = L_r^p(G)$ nicht mit der Norm

$$||y||_0 = \left(\int_G \left(\sum_{i=1}^{r} y_i^2\right)^{p/2} dx\right)^{1/p}$$

sondern mit der dazu äquivalenten Norm

$$||y||_0 = \left(\int_G \left(\sum_{i,j=1}^{r} b_{ij}\,y_i\,y_j\right)^{p/2} dx\right)^{1/p}$$

zu versehen.

Bemerkung 1.13. Auf Grund von Lemma 1.4 und Lemma 1.6 ist die in Kap. II, § 2.2 insbesondere für den Operator

$$Eu = -\operatorname{div}\,(\varphi(x, |\operatorname{grad} u|^{p-1})\,|\operatorname{grad} u|^{p-2}\operatorname{grad} u),\quad u\in D(E)$$

mit

$$D(E) = \{u \mid u\in C^2(\overline{G}),\quad u|_\Gamma = 0\}$$

angegebene energetische Erweiterung $A\in(V\to V^*)$, $V = \overset{\circ}{W}{}^{1,p}(G)$, demistetig und d-monoton, sofern die Funktion φ den Bedingungen (1.5) und (1.6) genügt. Dagegen kann man nicht beweisen, daß die entsprechende energetische Erweiterung A des Operators

$$Eu = -\operatorname{div}\,[\varphi(u)\operatorname{grad} u]\,,\quad u\in D(E) \tag{1.7}$$

mit

$$D(E) = \{u \mid u\in C^2(\overline{G})\,,\quad u|_\Gamma = 0\}$$

unter geeigneten Bedingungen an φ ebenfalls monoton ist.[1]) Wir geben deshalb eine andere Erweiterung des Operators E aus (1.7) an.

Offenbar gilt

$$Eu = -\Delta\psi(u) \qquad \forall u \in D(E)\,, \tag{1.8}$$

mit

$$\psi(t) = \int_0^t \varphi(s)\,\mathrm{d}s\,.$$

Die Funktion $\psi \in (R^1 \to R^1)$ setzen wir als stetig voraus. Außerdem genüge sie für beliebige $s, t \in R^1$ den Bedingungen

$$|\psi(t)| \leqq c(|t|^{p-1} + 1)\,, \quad c = \text{const}, \quad p \geqq 2\,, \tag{1.9}$$

$$(\psi(t) - \psi(s))\,(t - s) \geqq m\,(|t|^{p-1} - |s|^{p-1})\,(|t| - |s|)\,. \tag{1.10}$$

Dann wird auf Grund von Lemma 2.2, Kap. II, durch die Vorschrift $u \to \psi(u)$ ein demistetiger und offensichtlich d-monotoner Operator

$$A_0 \in (L^p(G) \to L^q(G))\,, \quad \frac{1}{p} + \frac{1}{q} = 1\,, \tag{1.11}$$

definiert. Wir betrachten den Hilbert-Raum $H = H^{-1}(G)$ mit dem Skalarprodukt

$$(u, v) = \int_G w \cdot v\,\mathrm{d}x\,, \quad -\Delta w = u\,, \quad w \in \overset{\circ}{H}{}^1(G)\,. \tag{1.12}$$

(Der Operator $-\Delta$ vermittelt als Dualitätsabbildung von $\overset{\circ}{H}{}^1(G)$ eine Isometrie zwischen $\overset{\circ}{H}{}^1(G)$ und $H^{-1}(G)$.) Wir identifizieren H mit H^*. Dann gilt für den Raum $V = L^p(G)$ die Inklusionskette $V \subset H \subset V^*$ (vgl. Kap. I, § 6), und wir können den Wert eines linearen Funktionals $f \in V^*$ im Punkt $u \in V$ — wie das Skalarprodukt in H — mit (f, u) bezeichnen. Wegen (1.11) wird durch die Vorschrift

$$(Au, v) = \int_G A_0 u \cdot v\,\mathrm{d}x = \int_G \psi(u)\,v\,\mathrm{d}x \quad \forall v \in V \tag{1.13}$$

ein Operator $A \in (V \to V^*)$ definiert, der auf Grund der entsprechenden Eigenschaften von A_0 demistetig und d-monoton ist. Speziell für $u \in D(E)$ folgt wegen (1.12) und (1.13)

$$(Au, v) = \int_G \psi(u)\,v\,\mathrm{d}x = (-\Delta\psi(u), v) \qquad \forall v \in V\,,$$

also gilt als Gleichung in V^*

$$Au = -\Delta\psi(u) = Eu\,,$$

d. h., A ist Erweiterung von E.

[1]) Man kann jedoch zeigen (vgl. Lions [1]), daß A der Bedingung c) aus Lemma 1.3 genügt (vgl. dazu auch Folgerung 2.1).

§ 2. Existenzaussagen

Hauptgegenstand dieses Paragraphen sind zwei Existenzaussagen. Im ersten Abschnitt wird der sogenannte Hauptsatz der Theorie monotoner Operatoren (Satz 2.1) bewiesen. Der zweite Abschnitt ist einem Existenzsatz für Gleichungen gewidmet, in denen neben einem monotonen, auf dem ganzen Raum X definierten Operator ein zweiter (maximal monotoner) Operator gewissermaßen als Störung auftritt, dessen Definitionsbereich nicht notwendig der ganze Raum X ist.

1. Der Hauptsatz der Theorie monotoner Operatoren

Zum Beweis der grundlegenden Existenzaussage über Operatorgleichungen mit monotonen Operatoren benötigen wir eine einfache Folgerung aus dem Brouwerschen Fixpunktsatz.

Lemma 2.1. Sei $B \in (R^n \to R^n)$ eine stetige Abbildung, die für ein $R > 0$ der Bedingung

$$(Ba, a) \geqq 0 \qquad \text{für} \qquad |a| = R$$

genügt. Dann existiert ein $a \in R^n$ mit $|a| \leqq R$ und $Ba = 0$.

Beweis. Angenommen, es gilt

$$Ba \neq 0 \qquad \text{für} \qquad a \in K_R = \{a \mid a \in R^n,\ |a| \leqq R\}\,.$$

Dann wird durch die Vorschrift

$$a \to -R \cdot \frac{Ba}{|Ba|}$$

eine stetige Abbildung von K_R in K_R vermittelt. Auf Grund des Brouwerschen Fixpunktsatzes existiert ein $a \in K_R$ mit

$$a = -R\,\frac{Ba}{|Ba|}\,.$$

Offenbar ist $|a| = R$ und $(Ba, a) = -R|Ba| < 0$ im Widerspruch zu unserer Voraussetzung $(Ba, a) \geqq 0$ für $|a| = R$. Damit ist Lemma 2.1 bewiesen.

Satz 2.1 (Browder-Minty). *Sei $A \in (X \to X^*)$ ein radialstetiger, monotoner und koerzitiver Operator. Dann ist die Lösungsmenge der Gleichung*

$$Au = f \tag{2.1}$$

bei beliebigem $f \in X^*$ nichtleer, schwach abgeschlossen und konvex.

Beweis. Wegen Folgerung 1.3 ist lediglich zu zeigen: (2.1) hat (mindestens) eine Lösung.

Sei $\{h_n\} \subset X$ ein in X vollständiges System linear unabhängiger Elemente und X_n die abgeschlossene lineare Hülle von $\{h_1, \ldots, h_n\}$. Die Zuordnung

$$\{a_1, \ldots, a_n\} \to \sum_{i=1}^{n} a_i h_i = u_n$$

definiert dann eine umkehrbar eindeutige und stetige Abbildung C von R^n auf X_n. Durch

$$|a|_1 = ||Ca|| \qquad \forall a \in R^n$$

wird auf R^n offensichtlich eine Norm erklärt. Wegen Bemerkung 5.3, Kap. I, gilt

$$|a| \leqq c|a|_1 = c||Ca|| .$$

Wir definieren durch die Vorschrift

$$Ba = \{b_1, \ldots, b_n\}, \quad b_i = \langle ACa - f, h_i\rangle ,$$

einen Operator $B \in (R^n \to R^n)$. Da A als radialstetiger und monotoner Operator nach Lemma 1.3 demistetig ist, ist B stetig. Außerdem folgt aus der Koerzitivität von A für hinreichend großes $R_1 > 0$

$$\left(\frac{\langle Au_n, u_n\rangle}{||u_n||} - ||f||_*\right)||u_n|| \geqq 0 \qquad \text{für} \qquad ||u_n|| \geqq R_1 .$$

Deswegen gilt für $|a| = R = R_1 \cdot c$

$$(Ba, a) = \sum_{i=1}^{n} b_i a_i = \langle Au_n, u_n\rangle - \langle f, u_n\rangle$$
$$\geqq \left(\frac{\langle Au_n, u_n\rangle}{||u_n||} - ||f||_*\right) ||u_n|| \geqq 0 .$$

Auf Grund von Lemma 2.1 existiert daher ein $a \in R^n$ mit $Ba = 0$, d. h., für $u_n = Ca$ gilt

$$\langle Au_n, h_i\rangle = \langle f, h_i\rangle, \qquad i = 1, \ldots, n . \tag{2.2}$$

Aus der Abschätzung

$$\frac{\langle Au_n, u_n\rangle}{||u_n||} \leqq ||f||_*$$

und der Koerzitivität von A folgt $||u_n|| \leqq M_1$ und damit $\langle Au_n, u_n\rangle \leqq M_2$ für $n = 1, 2, \ldots$. Auf Grund von Folgerung 1.2 gilt daher $||Au_n||_* \leqq M$, $n = 1, 2, \ldots$. Wegen (2.2) gilt weiter

$$\lim_{n\to\infty} \langle Au_n, h\rangle = \langle f, h\rangle \qquad \forall h \in \bigcup_n X_n .$$

Nach Satz 5.5, Kap. I, folgt daraus $Au_n \rightharpoonup f$ in X^*. Es sei $\{u_{n_k}\}$ eine Teilfolge von $\{u_n\}$ mit $u_{n_k} \rightharpoonup u$ in X. Wir zeigen: u ist Lösung von (2.1). Aus (2.2) ergibt sich

$$\lim_{k\to\infty} \langle Au_{n_k}, u_{n_k}\rangle = \lim_{k\to\infty} \langle f, u_{n_k}\rangle = \langle f, u\rangle .$$

Aus Lemma 1.3 c) folgt daher $Au = f$. Damit ist Satz 2.1 bewiesen.

An Hand des Beweises von Satz 2.1 bestätigt man leicht die

Folgerung 2.1. Sei $A \in (X \to X^*)$ ein demistetiger, beschränkter und koerzitiver Operator, der der Bedingung c) aus Lemma 1.3 genügt. Dann ist die Lösungsmenge der Gleichung $Au = f$ bei beliebigem $f \in X^*$ nichtleer und schwach abgeschlossen.

Konkrete Beispiele für Operatoren, die den Voraussetzungen von Folgerung 2.1 genügen, aber nicht monoton sind, findet man bei Lions [1] (vgl. auch die Fußnote auf Seite 73). Wir beschränken uns in diesem Zusammenhang auf die folgende

Bemerkung 2.1. Sei $A \in (X \to X^*)$ ein koerzitiver Operator der Form

$$A = B + T$$

mit radialstetigem, monotonem Operator $B \in (X \to X^*)$ und schwach stetigem Operator $T \in (X \to X^*)$. Dann ist die Lösungsmenge der Gleichung $Au = f$ bei beliebigem $f \in X^*$ nichtleer und schwach abgeschlossen. Zum Beweis dieser Aussage bemerken wir lediglich, daß der Operator A unter den gegebenen Voraussetzungen der Bedingung c) aus Lemma 1.3 genügt.

Satz 2.2. *Sei $A \in (X \to X^*)$ radialstetig, strikt monoton und koerzitiv. Dann existiert $A^{-1} \in (X^* \to X)$, ist strikt monoton, beschränkt und demistetig. Besitzt A darüber hinaus die (S)-Eigenschaft, dann ist A^{-1} stetig.*

Beweis. Wir führen den Beweis in fünf Schritten.

1. $A^{-1} \in (X^* \to X)$ existiert: Offenbar genügt es zu zeigen, daß die Gleichung $Au = f$ für ein beliebiges $f \in X^*$ genau eine Lösung hat. Satz 2.1 sichert die Existenz einer Lösung u. Sei v eine weitere Lösung. Dann gilt $\langle Au - Av, u - v\rangle = 0$. Wegen der strikten Monotonie von A folgt daraus $u = v$.

2. A^{-1} ist strikt monoton: Mit den Bezeichnungen $u = A^{-1}f$, $v = A^{-1}g$ finden wir für beliebige $f, g \in X^*$ auf Grund der Monotonie von A

$$\langle f - g, A^{-1}f - A^{-1}g\rangle = \langle Au - Av, u - v\rangle > 0 \quad \text{für} \quad f \neq g .$$

3. A^{-1} ist beschränkt: Sei $Au = f$ und $\|f\|_* \leqq M$. Dann gilt

$$\langle Au, u\rangle \geqq \|u\| \, \gamma(\|u\|), \quad \text{also} \quad \gamma(\|u\|) \leqq \|f\|_* .$$

Wegen $\gamma(s) \to +\infty$ für $s \to \infty$ folgt daraus

$$\|u\| = \|A^{-1} f\| \leqq K$$

für eine nur von M abhängende Konstante K.

4. A^{-1} ist demistetig: Wegen Lemma 1.3 genügt es zu zeigen, daß aus

$$\langle f - g, u - A^{-1}g\rangle \geqq 0 \quad \forall g \in X^* \tag{2.3}$$

die Beziehung $u = A^{-1}f$ folgt. Sei also (2.3) erfüllt. Dann gilt für beliebiges $v \in X$ mit $g = Av$

$$\langle f - Av, u - v\rangle = \langle f - g, u - A^{-1}g\rangle \geqq 0 .$$

Daraus folgt wegen der Radialstetigkeit von A auf Grund von Lemma 1.3 die Beziehung $f = Au$, d. h. $u = A^{-1}f$.

5. A besitze zusätzlich die (S)-Eigenschaft. Sei $\{f_n\} \subset X^*$ eine Folge mit $f_n \to f$ in X^*. Wegen der Demistetigkeit von A^{-1} gilt mit $u_n = A^{-1}f_n$ und $u = A^{-1}f$

$$\langle Au_n - Au, u_n - u\rangle = \langle f_n - f, u_n - u\rangle \to 0 .$$

Auf Grund der (S)-Eigenschaft von A finden wir daher $\|A^{-1}f_n - A^{-1}f\| = \|u_n - u\| \to 0$.

Damit ist Satz 2.2 bewiesen.

Folgerung 2.2. Sei X uniform konvex und X^* strikt konvex. Dann ist die Dualitätsabbildung J^* von X^* stetig.

Beweis. Die Dualitätsabbildung $J \in (X \to X^*)$ ist demistetig (Lemma 5.6, Kap. I), d-monoton, koerzitiv (Bemerkung 1.4) und strikt monoton (Bemerkung 1.2). Sie besitzt schließlich auf Grund von Bemerkung 1.5 die (S)-Eigenschaft. Also existiert wegen Satz 2.2 $J^{-1} \in (X^* \to X)$ und ist stetig. Offenbar gilt $J^{-1} = J^*$, folglich ist J^* stetig.

Bemerkung 2.2. Sind X und X^* uniform konvex, so vermittelt J einen Homöomorphismus von X auf X^*.

Folgerung 2.3. Ist $A \in (X \to X^*)$ radialstetig und stark monoton, so existiert der zu A inverse Operator $A^{-1} \in (X^* \to X)$ und ist Lipschitz-stetig. Ist zusätzlich A Lipschitz-stetig, so ist A^{-1} stark monoton.

Beweis. Auf Grund von Satz 2.2 existiert $A^{-1} \in (X^* \to X)$. Für beliebige f, $g \in X^*$ finden wir mit $u = A^{-1}f$, $v = A^{-1}g$

$$\begin{aligned}\|f - g\|_* \|u - v\| &\geqq \langle Au - Av, u - v\rangle \geqq m \|u - v\|^2\\ &= m \|A^{-1}f - A^{-1}g\| \|u - v\|\end{aligned}$$

und daraus

$$\|A^{-1}f - A^{-1}g\| \leqq \frac{1}{m} \|f - g\|_* .$$

Sei A Lipschitz-stetig. Dann folgt

$$\begin{aligned}\langle f - g, A^{-1}f - A^{-1}g\rangle &= \langle Au - Av, u - v\rangle \geqq m \|u - v\|^2\\ &\geqq \frac{m}{M^2} \|Au - Av\|_*^2 = \frac{m}{M^2} \|f - g\|_*^2 .\end{aligned}$$

2. Maximal monotone Operatoren

In diesem Abschnitt beweisen wir einen Satz, den wir in den Kapiteln VI und VII zum Nachweis periodischer Lösungen von Operatordifferentialgleichungen benötigen.

Sei im folgenden Λ ein Operator aus X in X^* mit linearem Definitionsbereich $D(\Lambda) \subset X$. In Analogie zu Definition 1.1 nennen wir $\Lambda \in (D(\Lambda) \to X^*)$ radialstetig, wenn die Funktion $s \to \langle \Lambda (u + sv), v\rangle$ für beliebige $u, v \in D(\Lambda)$ auf $[0, 1]$ stetig ist. Entsprechend heißt Λ monoton, wenn für beliebige $u, v \in D(\Lambda)$ gilt

$$\langle \Lambda u - \Lambda v, u - v\rangle \geqq 0 .$$

Definition 2.1. Ein Operator $\Lambda \in (D(\Lambda) \to X^*)$ heißt *maximal monoton*, wenn er monoton ist und wenn aus

$$\langle f - \Lambda v, u - v\rangle \geqq 0 \qquad \forall v \in D(\Lambda)$$

folgt

$$u \in D(\Lambda) \qquad \text{und} \qquad \Lambda u = f .$$

Bemerkung 2.3. Offenbar besitzt ein maximal monotoner Operator keine (echte) monotone Erweiterung. Das rechtfertigt die Bezeichnung „maximal monoton".

Bemerkung 2.4. Nach Lemma 1.3 ist jeder radialstetige monotone Operator $A \in (X \to X^*)$ maximal monoton.

Satz 2.3. *Sei $\Lambda \in (D(\Lambda) \to X^*)$ ein radialstetiger, maximal monotoner Operator mit linearem Definitionsbereich $D(\Lambda) \subset X$ und $A \in (X \to X^*)$ ein radialstetiger, monotoner und koerzitiver Operator. Dann besitzt die Gleichung*

$$\Lambda u + Au = f \tag{2.4}$$

bei beliebigem $f \in X^*$ eine Lösung $u \in D(\Lambda)$. Ist A zusätzlich strikt monoton, dann besitzt (2.4) *genau eine Lösung.*

Dem Beweis von Satz 2.3 schicken wir ein Lemma voraus.

Lemma 2.2. Unter den Voraussetzungeu von Satz 2.3 sei F ein beliebiger, linearer und endlichdimensionaler Teilraum von $D(\Lambda)$. Dann besitzt die Gleichung

$$\langle \Lambda u_F + Au_F - f, h\rangle = 0 \qquad \forall h \in F \tag{2.5}$$

eine Lösung $u_F \in F$ und es gilt $||u_F|| \leqq M$ mit von F unabhängiger Konstante M.

Beweis. Sei $I_F \in (F \to X)$ der Einbettungsoperator von F in X und $I_F^* \in (X^* \to F^*)$ der zu I_F adjungierte Operator. Der Operator $I_F^* (\Lambda + A) I_F \in (F \to F^*)$ ist (vgl. Lemma 1.4) radialstetig, monoton und wegen

$$\begin{aligned}\langle I_F^*(\Lambda + A)\, I_F x, x\rangle &= \langle \Lambda x + Ax, x\rangle \\ &= \langle \Lambda x - \Lambda 0, x\rangle + \langle Ax, x\rangle + \langle \Lambda 0, x\rangle \\ &\geqq \langle Ax, x\rangle - ||\Lambda 0||_* \, ||x|| \geqq ||x|| \, (\gamma(||x||) - ||\Lambda 0||_*) \end{aligned} \tag{2.6}$$

koerzitiv. Darum existiert gemäß Satz 2.1 eine Lösung $u_F \in F$ der Gleichung

$$I_F^*(\Lambda + A)\, I_F\, u_F = I_F^* f .$$

Offenbar genügt u_F der Gleichung (2.5). Unter Berücksichtigung von (2.6) erhalten wir aus (2.5)

$$\gamma(\|u_F\|) \leqq \|f\|_* + \|\Lambda 0\|_* \qquad \text{oder} \qquad \|u_F\| \leqq M .$$

Damit ist Lemma 2.2 bewiesen.

Beweis von Satz 2.3. Wir bezeichnen mit Φ die Menge aller endlichdimensionalen Unterräume F von $D(\Lambda)$. Für jedes $F_0 \in \Phi$ sei

$$U_{F_0} = \bigcup_{F_0 \subset F} \{u_F\} .$$

Dabei ist $\{u_F\}$ die (wegen Lemma 2.2 nichtleere) Menge der Lösungen von (2.5) für $F \in \Phi$. Sind $F_0^1, \ldots, F_0^n \in \Phi$ beliebige endlichdimensionale Unterräume von $D(\Lambda)$, so gilt für jeden Teilraum $F \in \Phi$ mit $F \supset \bigcup_{i=1}^{n} F_0^i$

$$\bigcap_{i=1}^{n} U_{F_0^i} \supset U_F \neq \emptyset \qquad (\emptyset \text{ bezeichnet die leere Menge}).$$

Weiter gilt wegen Lemma 2.2 $U_F \subset K_M = \{x \mid x \in X,\ \|x\| \leqq M\}$ für jedes $F \in \Phi$. Auf Grund der Folgerung aus Satz 5.10, Kap. I, existiert daher ein u, das für jedes $F \in \Phi$ in der schwachen Abschließung von U_F liegt. Wir zeigen: u ist Lösung von (2.4). Seien dazu $y \in D(\Lambda)$ und $x \in X$ beliebige Elemente. Wir wählen ein $F_0 \in \Phi$ mit $y \in F_0$. Dann gilt für jedes $u_F \in U_{F_0}$

$$\begin{aligned} 0 &= \langle \Lambda u_F + Au_F - f, y - u_F\rangle \\ &= \langle \Lambda y + Au_F - f, y - u_F\rangle + \langle \Lambda u_F - \Lambda y, y - u_F\rangle \\ &\leqq \langle \Lambda y + Au_F - f, y - u_F\rangle \\ &\leqq \langle \Lambda y + Au_F - f, y - u_F\rangle + \langle Ax - Au_F, x - u_F\rangle . \end{aligned}$$

Da u in der schwachen Abschließung von U_{F_0} liegt, existiert eine Folge $\{u_i\} \subset U_{F_0}$ mit $u_i \rightharpoonup u$ in X. Ohne Beschränkung der Allgemeinheit können wir annehmen: $Au_i \rightharpoonup w$ in X^*. (Aus $\|u_i\| \leqq M$ und

$$\begin{aligned} \langle Au_i, u_i\rangle &\leqq \langle Au_i + \Lambda u_i - f, u_i\rangle + \langle f - \Lambda 0, u_i\rangle \\ &\leqq \|f - \Lambda 0\|_* \cdot M = M_1 \end{aligned}$$

folgt nämlich gemäß Folgerung 1.2 die Abschätzung $\|Au_i\|_* \leqq M_2$. Daher existiert eine Teilfolge $\{v_i\}$ von $\{u_i\}$ mit $v_i \rightharpoonup u$ in X und $Av_i \rightharpoonup w$ in X^*.) Wir erhalten so für beliebige $x \in X$ und $y \in D(\Lambda)$

$$\begin{aligned} 0 &\leqq \lim_{i\to\infty} (\langle \Lambda y + Au_i - f, y - u_i\rangle + \langle Ax - Au_i, x - u_i\rangle) \\ &= \lim_{i\to\infty} (\langle \Lambda y - f, y - u_i\rangle + \langle Ax, x - u_i\rangle + \langle Au_i, y - x\rangle) \\ &= \langle \Lambda y - f, y - u\rangle + \langle Ax, x - u\rangle + \langle w, y - x\rangle \\ &= \langle \Lambda y - f + w, y - u\rangle + \langle Ax - w, x - u\rangle . \end{aligned} \tag{2.7}$$

Setzen wir in dieser Ungleichung $x = u$, so finden wir

$$0 \leqq \langle \Lambda y - f + w, y - u \rangle \qquad \forall y \in D(\Lambda) .$$

Wegen der maximalen Monotonie von Λ folgt daraus $u \in D(\Lambda)$ und $\Lambda u = f - w$. Aus (2.7) ergibt sich für $y = u$

$$0 \leqq \langle Ax - w, x - u \rangle \qquad \forall x \in X$$

und damit auf Grund von Lemma 1.3 $Au = w$. Folglich ist

$$\Lambda u + Au = f .$$

Sei A zusätzlich strikt monoton und $v \in D(\Lambda)$ eine weitere Lösung von (2.4). Wir erhalten dann

$$0 = \langle \Lambda u - \Lambda v + Au - Av, u - v \rangle \geqq \langle Au - Av, u - v \rangle$$

und daraus $u = v$.

Damit ist Satz 2.3 bewiesen.

Bemerkung 2.5. Auf die in Satz 2.3 gestellten Voraussetzungen der Linearität von $D(\Lambda)$ und der Radialstetigkeit von $\Lambda \in (D(\Lambda) \to X^*)$ kann man verzichten (vgl. Browder [10]). In unseren Anwendungen sind diese den Beweis vereinfachenden Voraussetzungen jedoch erfüllt.

§ 3. Näherungsverfahren

In diesem Paragraphen begründen wir verschiedene Näherungsverfahren zur Lösung von Gleichungen mit monotonen Operatoren. Der Paragraph ist in vier Abschnitte gegliedert. Im ersten beweisen wir die starke Konvergenz des Galerkin-Verfahrens. Der zweite Abschnitt ist Iterationsverfahren gewidmet. Die Kombination von Galerkin- und Iterationsverfahren zu einem sogenannten Projektions-Iterationsverfahren wird im dritten Abschnitt behandelt. In den Abschnitten 1—3 betrachten wir Operatoren mit (S)-Eigenschaft bzw. stark monotone Operatoren. Im vierten Abschnitt wird auf eine Regularisierungsmethode eingegangen, die es gestattet, (im allgemeinen) mehrdeutig lösbare Probleme mit (lediglich) monotonen Operatoren durch eindeutig lösbare Probleme zu approximieren, in denen die Operatoren die (S)-Eigenschaft besitzen.

1. Galerkin-Verfahren

Sei — wie schon beim Beweis von Satz 2.1 — $\{h_n\} \subset X$ ein X vollständiges System linear unabhängiger Elemente.

Definition 3.1. Ein Element $u_n \in X$ von der Form

$$u_n = \sum_{i=1}^{n} a_i^n h_i$$

bezeichnen wir als *n-te* GALERKIN-*Lösung* der Gleichung

$$Au = f \tag{3.1}$$

(bezüglich des Systems $\{h_n\}$), wenn der Vektor $\{a_1^n, \ldots, a_n^n\} \in R^n$ Lösung des im allgemeinen nichtlinearen Gleichungssystems

$$\langle Au_n, h_j\rangle = \langle f, h_j\rangle, \qquad j = 1, \ldots, n, \tag{3.2}$$

ist.

Bemerkung 3.1. In Kap. II, § 2 haben wir Randwertprobleme für nichtlineare elliptische Differentialgleichungen in Operatorgleichungen der Form (3.1) überführt, wobei der Operator A die charakteristische Darstellung $A = L^*A_0L$ besitzt. Explizite Konstruktionsvorschriften wurden dabei jeweils für die Operatoren L und A_0, nicht aber für den zu L adjungierten Operator L^* angegeben. Für die Realisierung des GALERKIN-Verfahrens ist das jedoch kein Mangel, da die GALERKIN-Gleichungen (3.2) offenbar auch in der Form

$$\langle A_0Lu_n, Lh_j\rangle_0 = \langle f, h_j\rangle, \qquad j = 1, \ldots, n\,,$$

geschrieben werden können.

Sei X_n der von $h_1, \ldots, h_n$ aufgespannte lineare Teilraum von X, versehen mit der von X induzierten Norm. Wir bezeichnen mit $I_n \in (X_n \to X)$ den Einbettungsoperator von X_n in X und mit $I_n^* \in (X^* \to X_n^*)$ den zu I_n adjungierten Operator. Die GALERKIN-Gleichungen (3.2) können wir wegen $I_nu_n = u_n$ auch als Operatorgleichung in X_n, und zwar in der Form

$$A_n u_n = f_n\,, \quad A_n = I_n^*AI_n \in (X_n \to X_n^*)\,, \quad f_n = I_n^*f \in X_n^*\,, \tag{3.3}$$

schreiben. Wegen $\|I_nu_n\| = \|u_n\|$ übertragen sich nach Lemma 1.4 die Eigenschaften des Operators A auf den Operator A_n. Diese Tatsache wird insbesondere bei der iterativen Lösung von (3.3) im nächsten Abschnitt benutzt.

Satz 3.1. *Sei $A \in (X \to X^*)$ radialstetig, strikt monoton und koerzitiv. Dann existiert zu jedem n genau eine* GALERKIN-*Lösung u_n, und es gilt $u_n \rightharpoonup u$ in X. Dabei ist u die (eindeutig bestimmte) Lösung der Gleichung $Au = f$.*

Beweis: Die Existenz genau einer Lösung u_n von (3.2) folgt auf Grund von Satz 2.2 aus der oben festgestellten Äquivalenz von (3.2) und (3.3). (Der Operator A_n ist radial-stetig, strikt monoton und koerzitiv.) Auf Grund von Satz 2.2 besitzt auch (3.1) genau eine Lösung. Beim Beweis von Satz 2.1 wurde bereits das GALERKIN-Verfahren verwendet und gezeigt, daß jede schwach konvergente Teilfolge $\{u_{n_k}\}$ der schwach kompakten Folge $\{u_n\}$ schwach gegen eine Lösung von (3.1) konvergiert. Die Einzigkeit von u impliziert auf Grund der üblichen Schlußweise (vgl. Lemma 5.4, Kap. I) die Aussage $u_n \rightharpoonup u$ in X. Damit ist Satz 3.1 bewiesen.

Satz 3.2. *Der Operator $A \in (X \to X^*)$ sei radialstetig, strikt monoton, koerzitiv und besitze die (S)-Eigenschaft. Dann existiert zu jedem n genau eine n-te* GALER-

KIN-Näherung u_n, und es gilt $u_n \to u$ in X. Dabei ist u die (eindeutig bestimmte) Lösung der Gleichung $Au = f$.

Beweis. Wegen Satz 3.1 gilt $u_n \rightharpoonup u$ in X und damit $\|u_n\| \leqq M_1$. Aus (3.2) ergibt sich

$$\langle Au_n, u_n\rangle = \langle f, u_n\rangle \leqq \|f\|_* \|u_n\| \leqq \|f\|_* M_1 = M_2$$

und somit wegen Folgerung 1.2 $\|Au_n\|_* \leqq M$. Auf Grund der Vollständigkeit von $\{h_n\}$ in X existiert eine Folge $\{v_n\}$ mit $v_n \in X_n$ und $\|v_n - u\| \to 0$. Aus (3.1) und (3.2) folgt

$$0 = \langle Au_n - Au, u_n - v_n\rangle = \langle Au_n - Au, u_n - u\rangle + \langle Au_n - Au, u - v_n\rangle ,$$

und damit ergibt sich

$$\begin{aligned}\langle Au_n - Au, u_n - u\rangle &\leqq |\langle Au_n - Au, u - v_n\rangle| \\ &\leqq (\|Au_n\|_* + \|Au\|_*) \|u - v_n\| \\ &\leqq (M + \|Au\|_*) \|u - v_n\| \to 0 .\end{aligned}$$

Die (S)-Eigenschaft liefert daher $\|u_n - u\| \to 0$. Damit ist Satz 3.2 bewiesen.

Im Hinblick auf Fehlerabschätzungen beim GALERKIN-Verfahren formulieren wir noch den

Satz 3.3. *Sei $A \in (X \to X^*)$ stark monoton und LIPSCHITZ-stetig. Dann gilt mit den Bezeichnungen von Satz 3.2*

$$\|u_n - u\| \leqq \frac{M}{m} d(X_n, u), \quad d(X_n, u) = \inf_{v \in X_n} \|v - u\| .$$

Dabei ist M die LIPSCHITZ-Konstante und m die Monotoniekonstante von A.

Beweis. Für beliebiges $v \in X_n$ finden wir

$$0 = \langle Au_n - Au, u_n - v\rangle = \langle Au_n - Au, u_n - u\rangle + \langle Au_n - Au, u - v\rangle$$

und damit

$$m \|u_n - u\|^2 \leqq M \|u_n - u\| \|u - v\| ,$$

d. h. $\|u_n - u\| \leqq \frac{M}{m} \|u - v\|$. Daraus folgt

$$\|u_n - u\| \leqq \frac{M}{m} d(X_n, u) .$$

Damit ist Satz 3.3 bewiesen.

2. Iterationsverfahren

In diesem Abschnitt sei X speziell ein HILBERT-Raum mit dem Skalarprodukt $(\cdot,\cdot)$ und $J \in (X \to X^*)$ die (lineare) Dualitätsabbildung von X.

Bemerkung 3.2. Ist Y ein weiterer HILBERT-Raum und $L \in (X \to Y)$ ein linearer Operator mit $\|Lx\|_0 = \|x\|$ für jedes $x \in X$, so besitzt J die Darstellung

$J = L^*L$ (vgl. Bemerkung 2.4, Kap. II). Für den Raum $X = \overset{\circ}{H}{}^1_0(G)$, versehen mit der Norm $||u|| = \left(\int_G |\text{grad } u|^2 \, dx\right)^{1/2}$, gilt beispielsweise $J = -\text{div grad} = -\Delta$.

Grundlage für den Konvergenzbeweis der im weiteren zu betrachtenden Iterationsverfahren ist das

Lemma 3.1. Sei X Hilbert-Raum und $B \in (X \to X)$ ein Operator mit

$$(Bx - By, x - y) \geqq m\,||x - y||^2,\; m > 0,\; ||Bx - By|| \leqq M||x - y|| \quad \forall x, \forall y \in X\,.$$

Dann ist der durch

$$U_t x = x - tBx \quad \forall x \in X$$

definierte Operator $U_t \in (X \to X)$ für $t \in \left(0, \frac{2m}{M^2}\right)$ kontraktiv, und es gilt

$$||U_t x - U_t y|| \leqq k(t)\,||x - y|| \quad \text{mit} \quad k(t) = (1 - 2mt + M^2t^2)^{1/2} < 1\,.$$

Beweis. Es gilt für beliebige $x, y \in X$

$$\begin{aligned} ||U_t x - U_t y||^2 &= ||x - tBx - (y - tBy)||^2 \\ &= ||x - y||^2 - 2t(Bx - By, x - y) + t^2\,||Bx - By||^2 \\ &\leqq ||x - y||^2 - 2tm\,||x - y||^2 + t^2M^2\,||x - y||^2 \\ &= (k(t)\,||x - y||)^2\,. \end{aligned}$$

Damit ist Lemma 3.1 bewiesen.

Satz 3.4. *Sei X Hilbert-Raum, $f \in X^*$ und $A \in (X \to X^*)$ ein Operator mit*

$$\langle Ax - Ay, x - y\rangle \geqq m\,||x - y||^2, \quad m > 0\,, \quad ||Ax - Ay||_* \leqq M||x - y|| \quad \forall x, \forall y \in X\,. \tag{3.4}$$

Dann hat die Gleichung $Au = f$ genau eine Lösung $u \in X$. Bei beliebigen $t \in \left(0, \frac{2m}{M^2}\right)$ und $v_0 \in X$ ist u starker Grenzwert der durch

$$Jv_i = Jv_{i-1} - t(Av_{i-1} - f), \quad i = 1, 2, \ldots, \tag{3.5}$$

definierten Iterationsfolge. Mit $k = k(t) = (1 - 2\,mt + M^2t^2)^{1/2} < 1$ gilt die Fehlerabschätzung

$$||v_i - u|| \leqq \frac{k^i t}{1 - k}\,||Av_0 - f||_*\,.$$

Beweis. Der Gleichung $Au = f$ äquivalent ist offenbar das Fixpunktproblem

$$u = U_t u \text{ mit } U_t x = x - tBx,\; Bx = J^{-1}(Ax - f) \quad \forall x \in X\,.$$

Wegen der Eigenschaften der Dualitätsabbildung im HILBERT-Raum übertragen sich die Eigenschaften (3.4) von A auf B. Nach Lemma 3.1 ist daher U_t kontraktiv. Deswegen ergeben sich die Behauptungen von Satz 3.4 unmittelbar aus dem BANACHschen Fixpunktsatz (Satz 2.1, Kap. I). Damit ist Satz 3.4 bewiesen.

Bemerkung 3.3. Die Funktion k nimmt ihr Minimum

$k_0 = k(t_0) = \left(\frac{M^2 - m^2}{M^2}\right)^{1/2}$ an der Stelle $t = t_0 = \frac{m}{M^2}$ an.

Bemerkung 3.4. Auf das Iterationsverfahren (3.5) kommen wir im nächsten Paragraphen (Abschnitt 4) noch einmal zurück. Für sogenannte Potentialoperatoren werden wir (3.5) dort als Gradientenverfahren interpretieren. In diesem Falle ist es möglich, (3.5) im reflexiven BANACH-Raum zu begründen und die gegebene Fehlerabschätzung zu verbessern.

Bemerkung 3.5. Wählt man $t = t_0$ und $v_0 = 0$, so gilt für $i = 1, 2, \ldots$

$$\begin{aligned} ||v_i|| &\leqq ||v_i - u|| + ||u|| \leqq \frac{t_0}{1 - k_0} ||A0 - f||_* + ||u|| \\ &\leqq \frac{2}{m} ||A0 - f||_* + ||u|| \,. \end{aligned}$$

Wegen der aus

$$m\,||u||^2 \leqq \langle Au - A0, u\rangle = \langle f - A0, u\rangle \leqq ||f - A0||_*\,||u||$$

folgenden Abschätzung $||u|| \leqq \frac{1}{m} ||f - A0||_*$ wird insgesamt

$$||v_i|| \leqq \frac{3}{m} ||A0 - f||_* \,.$$

Das bedeutet: Das Iterationsverfahren (3.5) führt aus der Kugel $K = \left\{v \mid v \in X, ||v|| \leqq \frac{3}{m}\, ||A0 - f||_*\right\}$ nicht hinaus. Demzufolge genügt es, (3.4) lediglich für $u, v \in K$ zu fordern.

Das Iterationsverfahren (3.5) reduziert das Problem der Lösung nichtlinearer elliptischer Randwertprobleme auf die schrittweise Lösung einer Folge ähnlicher linearer Probleme. Wir zeigen jetzt, daß man — analog dazu — das Problem der Bestimmung der GALERKIN-Näherungen aus den nichtlinearen Gleichungen (3.2) (bzw. (3.3)) auf die sukzessive Lösung einer Folge linearer algebraischer Gleichungssysteme reduzieren kann.

Satz 3.5. *Unter den Voraussetzungen von Satz* 3.4 *hat die* GALERKIN-*Gleichung* 3.3) *für jedes n genau eine Lösung* $u_n \in X_n$. *Bei beliebigen* $t \in \left(0, \frac{2m}{M^2}\right)$ *und* $v_{n,0} \in X_n$ *ist* u_n *in* X_n *starker Grenzwert der durch*

$$\left.\begin{aligned} J_n v_{n,i} &= J_n v_{n,i-1} - t(A_n v_{n,i-1} - f_n)\,, \qquad i = 1, 2, \ldots, \\ J_n &= I_n^* J I_n,\ A_n = I_n^* A I_n,\ f_n = I_n^* f\,, \end{aligned}\right\} \tag{3.6}$$

definierten Folge $\{v_{n,i}\}$, *und es gilt die Fehlerabschätzung*

$$\|v_{n,i} - u_n\| \leqq \frac{k^i t}{1-k} \|A_n v_{n,0} - f_n\|_{X_n^*} \leqq \frac{k^i t}{1-k} \|A v_{n,0} - f\|_* .$$

Beweis. Wie man leicht sieht, genügt der Operator $A_n \in (X_n \to X_n^*)$ den (3.4) entsprechenden Bedingungen

$$\langle A_n x - A_n y, x - y\rangle \geqq m \|x - y\|^2, \ \|A_n x - A_n y\|_{X_n^*} \leqq M \|x - y\|$$
$$\forall x, \forall y \in X_n .$$

Da $J_n \in (X_n \to X_n^*)$ offensichtlich die Dualitätsabbildung des Raumes X_n ist, folgt Satz 3.5 aus Satz 3.4, angewendet auf den Operator $A_n \in (X_n \to X_n^*)$. Damit ist Satz 3.5 bewiesen.

Bemerkung 3.6. Wegen $I_n u_n = u_n$ kann man (3.6) auch in der Form

$$\left.\begin{aligned} \langle J v_{n,i}, h_j\rangle = \langle J v_{n,i-1}, h_j\rangle - t\langle A v_{n,i-1} - f, h_j\rangle\,, \\ j = 1, \ldots, n, \quad i = 1, 2, \ldots, \end{aligned}\right\} \tag{3.7}$$

schreiben. Besitzen J und A die Darstellungen

$$J = L^*L \text{ bzw. } A = L^*A_0L, \ L \in (X \to Y), \ A_0 \in (Y \to Y^* = Y)\,,$$

so geht (3.7) in das lineare algebraische Gleichungssystem

$$C_n a_n^i = b_n^{i-1}$$

zur Bestimmung des Koeffizientenvektors $a_n^i = \{a_{n,1}^i, \ldots, a_{n,n}^i\}$ über. Dabei ist für $j, k = 1, \ldots, n$

$$u_{n,i} = \sum_{k=1}^{n} a_{n,k}^i h_k, \quad C_n = (c_{jk}), \quad c_{jk} = \langle Lh_j, Lh_k\rangle_0\,,$$

$$b_n^{i-1} = \{b_{n,1}^{i-1}, \ldots, b_{n,n}^{i-1}\}\,,$$

$$b_{n,k}^{i-1} = \langle Lv_{n,i-1} - tA_0Lv_{n,i-1}, Lh_k\rangle_0 - t\langle f, h_k\rangle\,.$$

3. Projektions-Iterationsverfahren

Wie im vorigen Abschnitt sei auch jetzt X ein Hilbert-Raum. Wir haben im vorhergehenden zwei Approximationsmöglichkeiten für Operatorgleichungen $Au = f$ dargestellt:

1. Approximation durch nichtlineare Gleichungen im endlichdimensionalen Raum X_n mittels des Galerkin-Verfahrens;
2. Approximation durch lineare Operatorgleichungen in X mittels des Iterationsverfahrens (3.5).

Wir werden jetzt beide Möglichkeiten kombinieren. So entsteht ein *Projektions-Iterationsverfahren*, das die Gleichung $Au = f$ durch lineare Operatorgleichungen in endlichdimensionalen Räumen approximiert. Zur Begründung dieses Verfahrens benötigen wir ein Lemma, das wir im Hinblick auf spätere Anwendungen für BANACH-Räume formulieren.

Lemma 3.2. Sei Z ein BANACH-Raum mit der Norm $\|\cdot\|$ und $\{Z_n\}$ eine Folge von abgeschlossenen Teilräumen mit $Z_n \subset Z_{n+1} \subset \cdots \subset Z$. Ferner sei $\{U_n\}$ eine Folge von Operatoren mit $U_n \in (Z_n \to Z_n)$ und

$$\|U_n u - U_n v\| \leqq k \|u - v\|, \ 0 < k < 1\,, \quad \forall u,\ \forall v \in Z_n,\ n = 1, 2, \ldots,$$

deren Fixpunkte u_n in Z stark gegen ein Element $u \in Z$ konvergieren. Dann konvergiert auch die Folge

$$v_n = U_n v_{n-1}, \quad n = 1, 2, \ldots,$$

bei beliebigem $v_0 \in Z_1$ stark gegen u.

Beweis. Es gilt

$$\begin{aligned}\|v_n - u_n\| &\leqq k \|v_{n-1} - u_n\| \leqq k \|v_{n-1} - u_{n-1}\| + k \|u_{n-1} - u_n\| \leqq \cdots \\ &\leqq k^n \|v_0 - u_1\| + \sum_{i=1}^{n-1} k^{n-i} \|u_{i+1} - u_i\|\,.\end{aligned}$$

Bei geeignetem n_1 ist $\|u_{n+1} - u_n\| \leqq \frac{\varepsilon(1-k)}{3}$ für $n \geqq n_1$. Außerdem ist $\|u_{i+1} - u_i\| \leqq C$ für $i = 1, 2, \ldots$ und bei geeigneten n_2, n_3
$Cn_1 k^{n-n_1} \leqq \frac{\varepsilon}{3}$ für $n \geqq n_2$ bzw. $k^n \|v_0 - u_1\| \leqq \frac{\varepsilon}{3}$ für $n \geqq n_3$.
Für $n \geqq n_0 = \max\{n_1, n_2, n_3\}$ erhalten wir so schließlich

$$\begin{aligned}\|v_n - u_n\| &\leqq \frac{\varepsilon}{3} + \sum_{i=1}^{n_1} \|u_{i+1} - u_i\|\, k^{n-i} + \sum_{i=n_1+1}^{n-1} \|u_{i+1} - u_i\| k^{n-i} \\ &\leqq \frac{\varepsilon}{3} + \sum_{i=1}^{n_1} \|u_{i+1} - u_i\|\, k^{n-i} + \frac{\varepsilon(1-k)}{3} \sum_{i=n_1+1}^{n-1} k^{n-i} \\ &\leqq \frac{2\varepsilon}{3} + n_1 C k^{n-n_1} < \varepsilon\,,\end{aligned}$$

also $\|v_n - u\| \leqq \|v_n - u_n\| + \|u_n - u\| \to 0$ für $n \to \infty$. Damit ist Lemma 3.2 bewiesen.

Satz 3.6. *Unter den Voraussetzungen von Satz 3.4 konvergiert die durch*

$$J_n w_n = J_n w_{n-1} - t(A_n w_{n-1} - f_n)\,, \quad n = 1, 2, \ldots, \tag{3.8}$$

definierte Projektions-Iterationsfolge $\{w_n\}$ *bei beliebigen* $w_0 \in X_1$ *und* $t \in \left(0, \frac{2m}{M^2}\right)$ *stark gegen die Lösung* u *der Gleichung* $Au = f$.

Beweis. Die Vorschrift (3.8) können wir auch in der Form

$$w_n = U_n w_{n-1} \quad \textit{mit} \quad U_n w = w - t J_n^{-1}(A_n w - f_n) \ \ \forall w \in X_n$$

schreiben. Wie schon beim Beweis von Satz 3.4 bemerkt wurde, ist $U_n \in (X_n \to X_n)$,

$n = 1, 2, \ldots$, kontraktiv mit der Kontraktionskonstanten $k = k(t) = (1 - 2mt + t^2M^2)^{1/2}$. Die Fixpunkte der Operatoren U_n sind offenbar die GALERKIN-Näherungen u_n von u. Wegen Satz 3.2 gilt unter den gegebenen Voraussetzungen $u_n \to u$ in X. Damit ist Lemma 3.2 anwendbar. Man hat dabei $Z = X$ und $Z_n = X_n$ zu wählen. Damit ist Satz 3.6 bewiesen.

4. Ein Approximationsverfahren für nicht eindeutig lösbare Operatorgleichungen

Wir beschäftigen uns in diesem Abschnitt mit der Approximation monotoner Operatoren durch Operatoren mit (S)-Eigenschaft.

Satz 3.7. *Sei $A \in (X \to X^*)$ ein radialstetiger, monotoner und koerzitiver Operator und $B \in (X \to X^*)$ ein radialstetiger, strikt monotoner und beschränkter Operator. Sei ferner $g \in X^*$ ein beliebiges Element und $\{\varepsilon_i\}$ eine Nullfolge positiver reeller Zahlen. Dann gelten die folgenden Behauptungen: Die Menge $K = \{u \mid u \in X, Au = f\}$ ist nichtleer, schwach abgeschlossen und konvex. Für $i = 1, 2, \ldots$ besitzt die Gleichung*

$$A_i u_i = f_i\,, \quad A_i = A + \varepsilon_i B\,, \quad f_i = f + \varepsilon_i g\,, \tag{3.9}$$

genau eine Lösung u_i, und es gilt $u_i \rightharpoonup u_0$ in X. Dabei ist $u_0 \in K$ als Lösung der Ungleichung

$$\langle Bu_0 - g, v - u_0\rangle \geqq 0 \quad \forall v \in K \tag{3.10}$$

eindeutig bestimmt. Besitzt B zusätzlich die (S)-Eigenschaft, so gilt $u_i \to u_0$ in X.

Beweis. Die erste Behauptung ist identisch mit der Behauptung von Satz 2.1. Für $i = 1, 2, \ldots$ ist der Operator A_i unter den gegebenen Voraussetzungen radialstetig, strikt monoton und koerzitiv. Auf Grund von Satz 2.2 existiert daher genau eine Lösung von (3.9). Die übrigen Behauptungen des Satzes beweisen wir in sechs Schritten.

1. Die Folge $\{u_i\}$ ist beschränkt: In der Tat ergibt sich aus (3.9)

$$\begin{aligned} 0 &= \langle A_i u_i - f_i, u_i\rangle = \langle Au_i + \varepsilon_i Bu_i - f - \varepsilon_i g, u_i\rangle \\ &= \langle Au_i - f, u_i\rangle + \varepsilon_i (\langle Bu_i - B0, u_i\rangle + \langle B0 - g, u_i\rangle) \\ &\geqq \langle Au_i - f, u_i\rangle + \varepsilon_i\langle B0 - g, u_i\rangle \\ &\geqq ||u_i|| \, (\gamma(||u_i||) - ||f||_* - \varepsilon_i||B0 - g||_*)\,. \end{aligned}$$

Wegen $\gamma(s) \to +\infty$ für $s \to \infty$ folgt daraus $||u_i|| \leqq M$, $i = 1, 2, \ldots$.

Aus der Beschränktheit folgt die schwache Kompaktheit der Folge $\{u_i\}$. Sei $\{\bar{u}_i\}$ eine Teilfolge von $\{u_i\}$ mit $\bar{u}_i \rightharpoonup u_0 \in X$ und $\{\bar{\varepsilon}_i\}$ die entsprechende Teilfolge von $\{\varepsilon_i\}$.

2. Wir zeigen $u_0 \in K$: Unter Benutzung der Monotonie von A und der Beschränktheit von B finden wir für beliebiges $v \in X$

$$\begin{aligned} 0 &\leqq \lim_{i\to\infty} \langle A\bar{u}_i - Av, \bar{u}_i - v\rangle \\ &= \lim_{i\to\infty} (\langle f - Av, \bar{u}_i - v\rangle + \bar{\varepsilon}_i\langle g - B\bar{u}_i, \bar{u}_i - v\rangle) \\ &= \langle f - Av, u_0 - v\rangle . \end{aligned}$$

Wegen Lemma 1.3 folgt aus der letzten Ungleichung $Au_0 = f$, d. h. $u_0 \in K$.

3. Wir zeigen $\langle Bu_0 - g, v - u_0\rangle \geqq 0 \quad \forall v \in K$:
Sei $u_t = u_0 + t(v - u_0)$, $t \in [0, 1]$. Aus (3.9) ergibt sich wegen $u_t \in K$

$$\begin{aligned} 0 &= \langle A\bar{u}_i - Au_t, \bar{u}_i - u_t\rangle + \bar{\varepsilon}_i \langle B\bar{u}_i - g, \bar{u}_i - u_t\rangle \\ &\geqq \bar{\varepsilon}_i \langle B\bar{u}_i - g, \bar{u}_i - u_t\rangle \end{aligned}$$

und daraus

$$\begin{aligned} 0 &\geqq \langle B\bar{u}_i - g, \bar{u}_i - u_t\rangle \\ &= \langle B\bar{u}_i - Bu_t, \bar{u}_i - u_t\rangle + \langle Bu_t - g, \bar{u}_i - u_t\rangle \\ &\geqq \langle Bu_t - g, \bar{u}_i - u_t\rangle . \end{aligned}$$

Der Grenzübergang $i \to \infty$ liefert

$$0 \leqq \langle Bu_t - g, u_t - u_0\rangle = t\langle Bu_t - g, v - u_0\rangle .$$

Nach Division durch t finden wir für $t \to 0$ auf Grund der Radialstetigkeit von B die Beziehung $0 \leqq \langle Bu_0 - g, v - u_0\rangle$.

4. Die Ungleichung (3.10) hat nur die Lösung u_0:
Ist $v_0 \in K$ eine weitere Lösung von (3.10), so gilt

$$0 \geqq \langle Bu_0 - g, u_0 - v_0\rangle \quad \text{und} \quad 0 \geqq \langle g - Bv_0, u_0 - v_0\rangle .$$

Durch Addition dieser Beziehungen erhalten wir

$$0 \geqq \langle Bu_0 - Bv_0, u_0 - v_0\rangle .$$

Wegen der strikten Monotonie von B ergibt sich daraus $u_0 = v_0$.

5. Wir zeigen $u_i \rightharpoonup u_0$ in X: Die Folge $\{u_i\}$ ist schwach kompakt. Für jede schwach konvergente Teilfolge $\{\bar{u}_i\}$ von $\{u_i\}$ gilt $\bar{u}_i \rightharpoonup u_0$. Die übliche Schlußweise (vgl. Lemma 5.4, Kap. I) liefert daher $u_i \rightharpoonup u_0$.

Der Operator B besitze die (S)-Eigenschaft.

6. Wir zeigen $u_i \to u_0$ in X: Es gilt

$$0 = \langle Au_i - Au_0 + \varepsilon_i(Bu_i - g), u_i - u_0\rangle \geqq \varepsilon_i\langle Bu_i - g, u_i - u_0\rangle ,$$

also

$$0 \geqq \langle Bu_i - g, u_i - u_0\rangle = \langle Bu_i - Bu_0, u_i - u_0\rangle + \langle Bu_0 - g, u_i - u_0\rangle .$$

Daraus folgt

$$\langle Bu_i - Bu_0, u_i - u_0\rangle \leqq \langle g - Bu_0, u_i - u_0\rangle \to 0 .$$

Wegen der (S)-Eigenschaft von B erhält man schließlich $u_i \to u_0$.
Damit ist Satz 3.7 bewiesen.

Bemerkung 3.7. Ist X uniform konvex und X^* strikt konvex, so genügt die Dualitätsabbildung J von X den an B gestellten Bedingungen (vgl. Lemma 5.6, Kap. I, und die Bemerkungen 1.4, 1.5). Man kann in diesem Fall also speziell mit $B = J$ regularisieren.

§ 4. Monotone Potentialoperatoren

Viele der in den vorangegangenen Paragraphen dargestellten Ergebnisse konnten zunächst nur für Potentialoperatoren (vgl. die nachfolgende Definition) bewiesen werden und erst später gelang die Verallgemeinerung auf Nicht-Potentialoperatoren. Es gibt jedoch eine Reihe von Ergebnissen für Potentialoperatoren, die ohne die Voraussetzung der Potentialität kein Äquivalent besitzen. Derartige Ergebnisse sind der Hauptgegenstand des vorliegenden Paragraphen, der in fünf Abschnitte gegliedert ist. Im ersten Abschnitt nennen wir notwendige und hinreichende Bedingungen für die Potentialität von Operatoren. Beispiele für Potentialoperatoren finden sich im zweiten Abschnitt. Im dritten Abschnitt gehen wir auf die Beziehungen zwischen konvexen Funktionalen und monotonen Operatoren sowie auf einige für uns wesentliche Eigenschaften konvexer Funktionale ein. Der vierte Abschnitt ist Näherungsverfahren zur Lösung von Gleichungen mit Potentialoperatoren gewidmet. Schließlich formulieren wir im fünften Abschnitt einige Dualitätsaussagen und leiten auf ihrer Grundlage Fehlerabschätzungen her.

Es wird sich in diesem Paragraphen als zweckmäßig erweisen, den üblichen Funktionalbegriff dadurch etwas zu modifizieren, daß $+\infty$ als Funktionalwert zugelassen wird. Wir verstehen also bis zum Ende dieses Paragraphen unter einem Funktional F stets eine Abbildung von X in $(-\infty, +\infty]$.

1. Kriterien für Potentialität

Definition 4.1. Ein Funktional F heißt
trivial, wenn $F(x) = +\infty \quad \forall x \in X$;
endlich, wenn $F(x) \in (-\infty, +\infty) \quad \forall x \in X$.
Ein endliches Funktional heißt Gâteaux-*differenzierbar*, wenn ein Operator $A \in (X \to X^*)$ derart existiert, daß für beliebige $x, y \in X$ gilt:

$$\lim_{t \to 0} \frac{1}{t} (F(x + ty) - F(x)) = \langle Ax, y \rangle.$$

A wird in diesem Fall als *Gradient* von F bezeichnet. Ein Operator $A \in (X \to X^*)$ heißt *Potentialoperator*, wenn ein endliches Funktional F derart existiert, daß A Gradient von F ist. F wird dann *Potential* von A genannt.

Bemerkung 4.1. Sei $A \in (X \to X^*)$ radialstetig und Gradient des Funktionals F. Dann gilt die Beziehung

$$F(x) = F(0) + \int_0^1 \langle Atx, x\rangle \, dt \qquad \forall x \in X . \tag{4.1}$$

Beweis. Wir betrachten für beliebiges $x \in X$ die Funktion

$$t \to \varphi(t) = F(tx), \quad t \in [0, 1] .$$

Es gilt

$$\varphi'(t) = \lim_{s \to 0} \frac{F(tx + sx) - F(tx)}{s} = \langle Atx, x\rangle .$$

Aus der Radialstetigkeit von A folgt daher

$$F(x) - F(0) = \varphi(1) - \varphi(0) = \int_0^1 \varphi'(t) \, dt = \int_0^1 \langle Atx, x\rangle \, dt .$$

Als Folgerung aus Bemerkung 4.1 ergibt sich die

Bemerkung 4.2. Das Potential F eines Potentialoperators A ist bis auf eine willkürliche Konstante — etwa den Wert im Nullpunkt — eindeutig bestimmt.

Beweis. Seien F_1 und F_2 Potentiale des Operators A mit $F_1(0) = F_2(0)$. Dann ist der Nulloperator Gradient von $F = F_1 - F_2$. Nach Bemerkung 4.1 gilt $F(x) = F(0) = 0$, also $F_1 = F_2$.

Lemma 4.1. Ist $A \in (X \to X^*)$ ein demistetiger Operator, so sind die folgenden Aussagen äquivalent:

a) A ist Potentialoperator.

b) Für beliebige $x, y \in X$ gilt

$$\int_0^1 \langle Atx, x\rangle \, dt - \int_0^1 \langle Aty, y\rangle \, dt = \int_0^1 \langle A(y + t(x - y)), x - y\rangle \, dt .$$

c) Für beliebige $x, y \in X$ und eine beliebige, stetig differenzierbare Abbildung $u \in ([0, 1] \to X)$ mit $u(0) = y$, $u(1) = x$ gilt

$$\int_0^1 \langle Atx, x\rangle \, dt - \int_0^1 \langle Aty, y\rangle \, dt = \int_0^1 \langle Au(t), u'(t)\rangle \, dt .$$

Beweis. a) $\Rightarrow$ b): Für beliebige $x, y \in X$ gilt (vgl. Bemerkung 4.1)

$$\int_0^1 \langle Atx, x\rangle \, dt - \int_0^1 \langle Aty, y\rangle \, dt = F(x) - F(y) = \int_0^1 \frac{d}{dt} F(y + t(x - y)) \, dt$$

$$= \int_0^1 \langle A(y + t(x - y)), x - y\rangle \, dt .$$

b) ⇒ c): Auf Grund der Demistetigkeit von A existiert eine Konstante M mit

$$\left\|A\big(u(s) + \tau\,(u(t) - u(s))\big)\right\|_* \leqq M \text{ für beliebige } \tau, t, s \in [0, 1]\,.$$

Wir betrachten auf [0, 1] die reelle Funktion

$$t \to \varphi(t) = \int_0^1 \langle A\tau u(t), u(t)\rangle\, d\tau\,.$$

Wegen b) finden wir (vgl. auch Lemma 1.1, Kap. IV)

$$\left.\begin{aligned} |\varphi(t) - \varphi(s)| &= \left|\int_0^1 \langle A\tau u(t), u(t)\rangle\, d\tau - \int_0^1 \langle A\tau u(s), u(s)\rangle\, d\tau\right| \\ &= \left|\int_0^1 \langle A\big(u(s) + \tau(u(t) - u(s))\big), u(t) - u(s)\rangle\, d\tau\right| \\ &\leqq M\, \|u(t) - u(s)\| \leqq M\, |t - s| \max_{\tau\in[0,1]} \|u'(\tau)\|\,, \end{aligned}\right\} \tag{4.2}$$

d. h., φ ist LIPSCHITZ-stetig und damit absolut stetig. Folglich gilt

$$\int_0^1 \langle Atx, x\rangle\, dt - \int_0^1 \langle Aty, y\rangle\, dt = \varphi(1) - \varphi(0) = \int_0^1 \varphi'(t)\, dt\,.$$

Andererseits folgt aus (4.2) auf Grund des Mittelwertsatzes der Integralrechnung mit geeignetem $\tau_0 = \tau_0(s, t) \in [0, 1]$

$$\begin{aligned} \varphi'(t) &= \lim_{s\to t} \frac{\varphi(s) - \varphi(t)}{s - t} \\ &= \lim_{s\to t} \left\langle A\big(u(t) + \tau_0(u(s) - u(t))\big), \frac{u(s) - u(t)}{s - t}\right\rangle = \langle Au(t), u'(t)\rangle\,. \end{aligned}$$

Daher gilt c).

c) ⇒ a): Wir zeigen, daß $x \to F(x) = \int_0^1 \langle Asx, x\rangle\, ds$ Potential von A ist. Sei $u_t(s) = x + sty$. Unter den gegebenen Voraussetzungen gilt dann für beliebige $t \in R^1$, $x, y \in X$ und geeignetes $s_0 \in [0, 1]$

$$\begin{aligned} \lim_{t\to 0} \frac{F(x + ty) - F(x)}{t} &= \lim_{t\to 0} \frac{1}{t}\left(\int_0^1 \langle As(x + ty), x + ty\rangle\, ds - \int_0^1 \langle Asx, x\rangle\, ds\right) \\ &= \lim_{t\to 0} \frac{1}{t} \int_0^1 \langle Au_t(s), u_t'(s)\rangle\, ds = \lim_{t\to 0} \frac{1}{t} \int_0^1 \langle Au_t(s), ty\rangle\, ds \\ &= \lim_{t\to 0} \langle A(x + s_0\, ty), y\rangle = \langle Ax, y\rangle\,. \end{aligned}$$

Damit ist Lemma 4.1 bewiesen.

Bemerkung 4.3. Die Äquivalenz der Bedingungen a) und b) kann man ohne größere Mühe für lediglich radialstetige Operatoren beweisen.

Bemerkung 4.4. In Anschluß an Lemma 4.1 kann man beweisen, daß ein demistetiger Operator $A \in (X \to X^*)$ genau dann Potentialoperator ist, wenn für jede stetig differenzierbare Abbildung $u \in ([0, 1] \to X)$ mit $u(0) = u(1)$ die Beziehung

$$\int_0^1 \langle Au(t), u'(t)\rangle \, dt = 0$$

gilt.

Lemma 4.2. Sei $A \in (X \to X^*)$ GÂTEAUX-differenzierbar und für beliebige Elemente $x, y, h \in X$ die Funktion

$$\{s, t\} \to \langle A'(h + sx + ty)\, x, y\rangle$$

auf $[0, 1] \times [0, 1]$ stetig. Dann sind die folgenden Aussagen äquivalent:

a) A ist Potentialoperator.

b) $\langle A'(h)\, x, y\rangle = \langle A'(h)\, y, x\rangle$ für beliebige $x, y, h \in X$.

Beweis. a) $\Rightarrow$ b): Es gilt mit geeigneten $\tau_i \in [0, t]$, $i = 1, 2, 3, 4$,

$$\begin{aligned}\varphi_{h,x,y}(t) &= F(h + tx + ty) - F(h + tx) - \big(F(h + ty) - F(h)\big)\\ &= \int_0^t \langle A(h + tx + s_1 y) - A(h + s_1 y), y\rangle \, ds_1\\ &= \int_0^t \int_0^t \langle A'(h + s_1 y + s_2 x)\, x, y\rangle \, ds_2\, ds_1\\ &= t^2 \langle A'(h + \tau_1 y + \tau_2 x)\, x, y\rangle\,.\end{aligned}$$

Offenbar gilt $\varphi_{h,x,y}(t) = \varphi_{h,y,x}(t)$. Deswegen ist

$$t^2\langle A'(h + \tau_1 y + \tau_2 x)x, y\rangle = t^2\langle A'(h + \tau_3 x + \tau_4 y)\, y, x\rangle\,.$$

Division durch t^2 und anschließender Grenzübergang $t \to 0$ liefern

$$\langle A'(h)\, x, y\rangle = \langle A'(h)\, y, x\rangle\,.$$

b) $\Rightarrow$ a): Es gilt

$$\begin{aligned}&\int_0^1 \langle Atx, x\rangle \, dt - \int_0^1 \langle Aty, y\rangle \, dt\\ &= \int_0^1 \langle Atx, x - y\rangle \, dt + \int_0^1 \langle Atx - Aty, y\rangle \, dt\\ &= \int_0^1 \langle Atx, x - y\rangle \, dt + \int_0^1 \int_0^t \langle A'(ty + s(x - y))\, (x - y), y\rangle \, ds\, dt\\ &= \int_0^1 \langle Atx, x - y\rangle \, dt + \int_0^1 \int_s^1 \langle A'(ty + s(x - y))\, y, x - y\rangle \, dt\, ds\\ &= \int_0^1 \langle Atx, x - y\rangle \, dt + \int_0^1 \langle A(y + s(x - y)) - Asx, x - y\rangle \, ds\\ &= \int_0^1 \langle A(y + s(x - y)), x - y\rangle \, ds\,.\end{aligned}$$

Daraus folgt a) auf Grund von Lemma 4.1. Damit ist Lemma 4.2 bewiesen.

2. Beispiele für Potentialoperatoren

Lemma 4.3. Sei X^* strikt konvex. Dann ist die Dualitätsabbildung $J \in (X \to X^*)$ Potentialoperator mit dem Potential $F(x) = \frac{1}{2} \|x\|^2$.

Beweis. Für beliebige $x, y \in X$ gilt

$$\begin{aligned}\langle Jy, y - x\rangle &\geqq \|y\|^2 - \|x\| \, \|y\| \geqq \|y\|^2 - \frac{1}{2} (\|x\|^2 + \|y\|^2) \\ &= \frac{1}{2} \|y\|^2 - \frac{1}{2} \|x\|^2 \geqq \|x\| \, \|y\| - \|x\|^2 \\ &\geqq \langle Jx, y - x\rangle .\end{aligned}$$

Wir setzen darin $y = x + th$, $h \in X$, und erhalten

$$t\langle Jx, h\rangle \leqq \frac{1}{2} \|x + th\|^2 - \frac{1}{2} \|x\|^2 \leqq t\langle J(x + th), h\rangle .$$

Aus dieser Beziehung folgt unter Benutzung der Radialstetigkeit von J bei strikt konvexem X^* (vgl. Lemma 5.6, Kap. I)

$$\lim_{t \to 0} \frac{\frac{1}{2} \|x + th\|^2 - \frac{1}{2} \|x\|^2}{t} = \langle Jx, h\rangle .$$

Damit ist Lemma 4.3 bewiesen.

Lemma 4.4. Unter den Voraussetzungen von Lemma 1.4 ist mit A_0 auch $A = L^* A_0 L$ Potentialoperator.

Beweis. Sei F_0 Potential von A_0. Wir setzen

$$F(x) = F_0(Lx) \qquad \forall x \in X .$$

Dann ist

$$\begin{aligned}\lim_{t \to 0} \frac{1}{t} (F(x + th) - F(x)) &= \lim_{t \to 0} \frac{1}{t} (F_0(Lx + tLh) - F_0(Lx)) \\ &= \langle A_0 Lx, Lh\rangle_0 = \langle Ax, h\rangle ,\end{aligned}$$

d. h., F ist Potential zu A. Damit ist Lemma 4.4 bewiesen.

Lemma 4.5. Sei $A_0 \in (L_r^2(G) \to L_r^2(G))$ der durch (1.3) und (1.4) definierte Operator. Dann sind die folgenden Aussagen äquivalent:

a) A_0 ist Potentialoperator (mit dem Potential $F_0(y) = \frac{1}{2} \langle A_0 y, y\rangle_0)$.

b) $b_{ij}(x) = b_{ji}(x)$ für fast alle $x \in G$, $i, j = 1, \ldots, r$.

Beweis. Wegen der Linearität von A_0 ist $A_0'(h) = A_0$ für jedes $h \in L_r^2(G)$. Nach Lemma 4.2 ist daher A_0 genau dann Potentialoperator, wenn für beliebige

$y, z \in \mathring{L}_r^2(G)$ gilt

$$\langle A_0 z, y\rangle_0 = \langle A_0 y, z\rangle_0 .$$

Das ist offenbar genau dann der Fall, wenn für fast alle $x \in G$ gilt

$$b_{ij}(x) = b_{ji}(x) , \quad i, j = 1, \ldots, r .$$

Damit ist Lemma 4.5 bewiesen.

Lemma 4.6. Der durch (1.3) und (1.5) definierte Operator $A_0 \in (\mathring{L}_r^p(G) \to L_r^q(G))$, $p > 1, \frac{1}{p} + \frac{1}{q} = 1$, ist Potentialoperator mit dem Potential

$$F_0(y) = \int_G \int_0^{|y(x)|} \varphi(x, s^{p-1})\, s^{p-1}\, ds\, dx .$$

Beweis. Für $y, z \in \mathring{L}_r^p(G)$ finden wir

$$\lim_{t\to 0} \frac{1}{t} (F_0(y + tz) - F_0(y)) = \frac{d}{dt} \int_G \int_0^{|y+tz|} \varphi(x, s^{p-1})\, s^{p-1}\, ds\, dx\, |_{t=0}$$

$$= \int_G \varphi(x, |y|^{p-1})\, |y|^{p-2} \sum_{i=1}^{r} y_i z_i\, dx = \langle A_0 y, z\rangle_0 .$$

Damit ist Lemma 4.6 bewiesen.

Bemerkung 4.5. Man überzeugt sich leicht davon, daß auch die in Bemerkung 1.12 angegebene Modifikation zu einem Potentialoperator führt.

3. Monotone Operatoren und konvexe Funktionale

Definition 4.2. Ein Funktional F heißt
konvex, wenn die Menge

$$\det F = \{\{x, a\} \mid \{x, a\} \in X \times R^1,\ F(x) \leq a\}$$

konvex ist,
schwach unterhalbstetig, wenn $\det F \subset X \times R^1$ schwach abgeschlossen ist.

Bemerkung 4.6. Für endliche Funktionale kann man, äquivalent zu Definition 4.2, Konvexität bzw. schwache Unterhalbstetigkeit wie folgt definieren: F heißt konvex, wenn für beliebige $x, y \in X$ und $t \in [0, 1]$ gilt

$$tF(x) + (1 - t)\, F(y) \geqq F\big(tx + (1 - 1)\, y\big) ,$$

und schwach unterhalbstetig, wenn aus $x_n \rightharpoonup x$ in X folgt $F(x) \leqq \varliminf_{n\to\infty} F(x_n)$.

Bevor wir auf den Zusammenhang zwischen monotonen Operatoren und konvexen Funktionalen eingehen, geben wir einige grundlegende Eigenschaften konvexer bzw. schwach unterhalbstetiger Funktionale an.

Lemma 4.7. Sei F ein konvexes, schwach unterhalbstetiges Funktional und $F(x) < +\infty$ für ein gegebenes $x \in X$. Dann existiert zu jeder reellen Zahl $d > 0$ ein $x^* \in X^*$ derart, daß

$$F(y) > F(x) + \langle x^*, y - x\rangle - d \qquad \forall y \in X\,.$$

Beweis. Die Menge det F ist konvex und abgeschlossen. Offenbar gilt $\{x, F(x) - d\} \notin \det F$. Nach Satz 5.6, Kap. I, existiert daher ein Paar $\{x^*, a^*\} \in X^* \times R^1$ mit

$$\langle x^*, x\rangle + a^*(F(x) - d) > \sup_{\{y,a\} \in \det F} (\langle x^*, y\rangle + a^* a)\,.$$

Daraus und aus $\{x, F(x)\} \in \det F$ folgt $a^*(-d) > 0$, also $a^* < 0$. Deswegen können wir ohne Beschränkung der Allgemeinheit $a^* = -1$ annehmen. Dann gilt

$$\langle x^*, x\rangle - (F(x) - d) > \sup_{\{y,a\} \in \det F} (\langle x^*, y\rangle - a) = \sup_{y \in X} (\langle x^*, y\rangle - F(y)),$$

d. h.

$$F(y) > F(x) + \langle x^*, y - x\rangle - d \qquad \forall y \in X.$$

Damit ist Lemma 4.7 bewiesen.

Bemerkung 4.7. Genügt $x^* \in X^*$ der Beziehung

$$F(y) \geqq F(x) + \langle x^*, y - x\rangle \qquad \forall y \in X\,,$$

so wird x^* häufig als *Stützfunktional* des Funktionals F im Punkt x bezeichnet. Man kann beweisen, daß jedes endliche konvexe Funktional in jedem Punkt mindestens ein Stützfunktional besitzt (vgl. etwa WAINBERG [2]). Ein konvexes GÂTEAUX-differenzierbares Funktional mit dem Gradienten A besitzt für jedes $x \in X$ genau ein Stützfunktional x^*; dabei gilt $x^* = Ax$.

Lemma 4.8. Ein schwach unterhalbstetiges Funktional F nimmt auf jeder nichtleeren, beschränkten, abgeschlossenen und konvexen Menge K sein Minimum an.

Beweis. Sei $\{y_n\} \subset K$ eine Minimalfolge von F auf K, d. h., es gelte

$$\lim_{n\to\infty} F(y_n) = \inf_{y \in K} F(y) = d.$$

Auf Grund der Beschränktheit von K und der Reflexivität von X existiert eine Teilfolge $\{x_n\}$ von $\{y_n\}$ mit $x_n \rightharpoonup x$ in X. Da K abgeschlossen und konvex ist, gilt $x \in K$ (vgl. Satz 5.7, Kap. I). Wegen $\lim_{n\to\infty} F(x_n) = d$ folgt aus der schwachen Unterhalbstetigkeit von F

$$F(x) \leqq d \quad \text{und damit} \quad F(x) = \inf_{y \in K} F(y)\,.$$

Damit ist Lemma 4.8 bewiesen.

Lemma 4.9. Ein schwach unterhalbstetiges Funktional F mit der Eigenschaft

$$\lim_{\|x\| \to \infty} F(x) = +\infty$$

nimmt auf jeder nichtleeren, abgeschlossenen und konvexen Menge K sein Minimum an.

Beweis. Sei $y \in K$ ein beliebiges, festes Element. Ohne Beschränkung der Allgemeinheit sei $F(y) < +\infty$. Nach Voraussetzung existiert ein $R > 0$ mit $F(x) \geqq F(y)$ für $\|x\| \geqq R$. Gemäß Lemma 4.8 nimmt F auf der konvexen Menge $\{x \mid x \in K, \|x\| \leqq R\}$ sein Minimum, etwa im Punkt x_0, an. Offensichtlich ist x_0 Minimalelement von F auf K. Damit ist Lemma 4.9 bewiesen.

Zwischen monotonen Operatoren und konvexen Funktionalen bestehen sehr enge Beziehungen, vergleichbar mit den aus der reellen Analysis bekannten Beziehungen zwischen monotonen und konvexen Funktionen. Auf einige gehen wir im folgenden ein.

Lemma 4.10. Das endliche Funktional F besitze den Gradienten $A \in (X \to X^*)$. Dann sind die folgenden Aussagen äquivalent:

a) F ist konvex.
b) Für beliebige $x, y \in X$ ist die Funktion $s \to \psi(s) = F(x + sy)$ konvex.
c) A ist monoton.
d) $F(y) \geqq F(x) + \langle Ax, y - x\rangle \quad \forall x, \forall y \in X$.

Beweis. a) $\Rightarrow$ b): Für $t \in [0, 1]$ und $s_1, s_2 \in R^1$ gilt

$$\begin{aligned} &t\,\psi(s_1) + (1-t)\,\psi(s_2) - \psi(ts_1 + (1-t)s_2) \\ &= tF(x + s_1y) + (1-t)\,F(x + s_2y) - F\big(x + (ts_1 + (1-t)s_2)y\big) \\ &= tF(x + s_1y) + (1-t)\,F(x + s_2y) - F\big(t(x + s_1y) + (1-t)\,(x + s_2y)\big) \geqq 0\,. \end{aligned}$$

b) $\Rightarrow$ c): Die Funktion ψ besitzt die Ableitung $\psi'(t) = \langle A(x + ty), y\rangle$. Auf Grund wohlbekannter Eigenschaften reeller differenzierbarer Funktionen impliziert die Konvexität von ψ monotones Wachstum von ψ'. Dieses sichert nach Lemma 1.1 die Monotonie von A.

c) $\Rightarrow$ d): Die Funktion $t \to \varphi(t) = F(x + t(y - x))$ ist auf $[0, 1]$ differenzierbar. Die Ableitung

$$t \to \varphi'(t) = \langle A(x + t(y - x)), y - x\rangle$$

ist auf $[0, 1]$ endlich und monoton. Daher gilt nach bekannten Sätzen der reellen Analysis (vgl. Natanson [1])

$$\varphi(1) - \varphi(0) = \int_0^1 \varphi'(t)\,dt\,.$$

Wegen der Monotonie von A folgt daraus

$$F(y) - F(x) = \int_0^1 \langle A\,(x - t(y - x)), y - x\rangle\,dt \geqq \langle Ax, y - x\rangle\,.$$

d) ⇒ a): Für beliebiges $t \in [0, 1]$ gilt wegen d) mit $X_t = tx + (1 - t)\, y$

$$F(x) \geqq F(x_t) + \langle Ax_t, x - x_t \rangle ,$$

$$F(y) \geqq F(x_t) + \langle Ax_t, y - x_t \rangle .$$

Multipliziert man die erste dieser Beziehungen mit t, die zweite mit $(1 - t)$ und addiert, so ergibt sich

$$tF(x) + (1 - t)\, F(y) \geqq F(x_t) .$$

Damit ist Lemma 4.10 bewiesen.

Bemerkung 4.8. Die Äquivalenz von a) und b) kann ohne Mühe unter Verzicht auf die GÂTEAUX-Differenzierbarkeit von F bewiesen werden.

Folgerung 4.1. Jedes endliche, konvexe und GÂTEAUX-differenzierbare Funktional F ist schwach unterhalbstetig.

Beweis. Sei $\{x_n\} \subset X$ eine Folge mit $x_n \rightharpoonup x$ in X. Dann gilt auf Grund von Behauptung d)

$$F(x) \leqq F(x_n) + \langle Ax, x - x_n \rangle ,$$

also

$$F(x) \leqq \varliminf_{n \to \infty} \left(F(x_n) + \langle Ax, x - x_n \rangle\right) = \varliminf_{n \to \infty} F(x_n) .$$

Bemerkung 4.9. In Folgerung 4.1 kann man auf die Voraussetzung der GÂTEAUX-Differenzierbarkeit von F verzichten (vgl. WAINBERG [2]).

Lemma 4.11. Sei $A \in (X \to X^*)$ Potentialoperator mit dem Potential F. Hinreichend dafür, daß $u \in X$ der Gleichung

$$Au = f, \quad f \in X^* , \tag{4.3}$$

genügt, ist die Bedingung

$$F(u) - \langle f, u \rangle = \min_{v \in X} \left(F(v) - \langle f, v \rangle\right) .$$

Ist A zusätzlich monoton, so ist diese Bedingung auch notwendig.

Beweis. Sei

$$F(u) - \langle f, u \rangle = \min_{v \in X} \left(F(v) - \langle f, v \rangle\right) .$$

Dann gilt für beliebiges $h \in X$

$$0 = \lim_{t \to 0} \frac{F(u + th) - F(u)}{t} - \langle f, h \rangle = \langle Au, h \rangle - \langle f, h \rangle = \langle Au - f, h \rangle .$$

Wegen der Willkür von h folgt daraus $Au = f$.

Sei A zusätzlich monoton. Aus $Au = f$ folgt nach Lemma 4.10 für beliebiges $v \in X$

$$F(v) - \langle f, v \rangle - \left(F(u) - \langle f, u \rangle\right) = F(v) - F(u) - \langle Au, v - u \rangle \geqq 0 .$$

Damit ist Lemma 4.11 bewiesen.

Lemma 4.12. Jeder monotone Potentialoperator $A \in (X \to X^*)$ ist demistetig.

Beweis. Sei F Potential von A. Auf Grund von Lemma 1.3 genügt es zu zeigen, daß aus

$$\langle f - Av, u - v\rangle \geqq 0 \quad \forall v \in X \tag{4.4}$$

die Beziehung $Au = f$ folgt. Mit $v_t = u + t(v - u)$, $t > 0$, anstelle von v finden wir aus (4.4) unter Benutzung von Lemma 4.10

$$\langle f, t\,(v - u)\rangle \leqq t\,\langle Av_t, v - u\rangle \leqq t\,\big(F(v_t + v - u) - F(v_t)\big)$$
$$= t\big(F(v + t(v - u)) - F(v_t)\big)\,.$$

Wir dividieren durch t und erhalten

$$\langle f, v - u\rangle \leqq \lim_{t\to 0} \Big(F\big(v + t(v - u)\big) - F(v_t)\Big) = F(v) - F(u)\,.$$

Wegen Lemma 4.11 folgt daraus $Au = f$. Damit ist Lemma 4.12 bewiesen.

Folgerung 4.2. Sei $A \in (X \to X^*)$ ein monotoner Potentialoperator. Ein Element $u \in X$ ist genau dann Lösung der Gleichung $Au = f$, $f \in X^*$, wenn es das Minimum des Funktionals

$$\int_0^1 \langle Atv, v\rangle\, dt - \langle f, v\rangle$$

auf X realisiert.

Beweis. Der Operator A ist nach Lemma 4.12 radialstetig. Wegen Bemerkung 4.1 besitzt A das Potential

$$F(v) = \int_0^1 \langle Atv, v\rangle\, dt\,.$$

Die Behauptung ergibt sich damit unmittelbar aus Lemma 4.11.

Der Hauptsatz der Theorie monotoner Operatoren (Satz 2.1) läßt sich, wie wir im folgenden zeigen werden, für Gleichungen mit Potentialoperatoren mit Variationsmethoden, d. h. durch Zurückführung dieser Gleichungen auf Minimumprobleme, beweisen.

Satz 4.1. *Ist $A \in (X \to X^*)$ ein monotoner und koerzitiver Potentialoperator, so besitzt die Gleichung $Au = f$ für beliebiges $f \in X^*$ eine Lösung.*

Beweis. Der Operator A ist nach Lemma 4.12 radialstetig. Das Funktional $F(x) = \int_0^1 \langle Atx, x\rangle\, dt - \langle f, x\rangle$ erfüllt wegen Lemma 4.10 die Voraussetzungen von Folgerung 4.1 und ist demgemäß schwach unterhalbstetig. Weiter folgt aus der Monotonie und der Koerzitivität von A

$$F(x) = \int_0^1 \langle Atx, x\rangle \, dt - \langle f, x\rangle = \int_0^1 \langle Atx - A0, tx\rangle \frac{dt}{t} - \langle f - A0, x\rangle$$

$$\geqq \int_{1/2}^1 \langle Atx - A0, x\rangle \, dt - \langle f - A0, x\rangle \geqq \left\langle A\frac{x}{2}, \frac{x}{2}\right\rangle - \left\langle f - \frac{1}{2}A0, x\right\rangle$$

$$\geqq \|x\| \left(\frac{1}{2}\gamma\left(\left\|\frac{x}{2}\right\|\right) - \left\|f - \frac{1}{2}A0\right\|_*\right) \to +\infty \quad \text{für} \quad \|x\| \to \infty .$$

Aus Lemma 4.9 und Lemma 4.11 folgt daher die Existenz einer Lösung der Gleichung $Au = f$. Damit ist Satz 4.1 bewiesen.

Folgerung 4.3. Das Potential $F(x) = \int_0^1 \langle Atx, x\rangle \, dt$ eines monotonen und koerzitiven Potentialoperators ist nach unten beschränkt.

Beweis. Sei u eine Lösung der Gleichung $Au = 0$. Wegen Lemma 4.11 gilt

$$F(v) \geqq F(u) \qquad \forall v \in X .$$

4. Gradientenverfahren, Ritzsches Verfahren, Projektions-Iterationsverfahren

In § 3 haben wir (vgl. Satz 3.4 und Satz 3.6) Iterations- und Projektions-Iterationsverfahren zur Lösung nichtlinearer Operatorgleichungen $Au = f$ für den Fall begründet, daß der Operator A einen Hilbert-Raum X in seinen dualen Raum X^* abbildet. Wir werden in diesem Abschnitt zeigen, daß die genannten Verfahren sich prinzipiell auch zur Lösung von Gleichungen der Form $Au = f$ im Banach-Raum eignen, sofern A Potentialoperator ist. Darüberhinaus werden wir die Fehlerabschätzungen der Sätze 3.4 und 3.5 für Potentialoperatoren verbessern.

Satz 4.2. *Seien X und X^* strikt konvex und sei $J \in (X \to X^*)$ die Dualitätsabbildung von X. Sei weiter $A \in (X \to X^*)$ ein beschränkt Lipschitz-stetiger, strikt monotoner und koerzitiver Potentialoperator mit (S)-Eigenschaft. Sei schließlich $v_0 \in X$ ein beliebiges (Start-)Element und $a > 0$ eine beliebige reelle Zahl. Dann konvergiert die durch*

$$\left.\begin{aligned} &v_{i+1} = v_i - t_i z_i, \; Jz_i = Av_i - f, \\ &t_i = \min\left\{1, \frac{2}{a + \mu(\|v_i\| + \|Av_i - f\|_*)}\right\}, \; i = 0,1, \ldots, \end{aligned}\right\} \tag{4.5}$$

definierte Folge $\{v_i\}$ in X stark gegen die Lösung u der Gleichung $Au = f$. (Zur Bedeutung von μ vgl. Definition 1.1.)

Beweis. Existenz und Einzigkeit von u folgen aus Satz 2.2. Der Operator $A - f$ besitzt das Potential

$$F(x) = \int_0^1 \langle Atx, x\rangle \, dt - \langle f, x\rangle \qquad \forall x \in X .$$

Wegen Lemma 4.1 und (4.5) finden wir mit der Abkürzung $\mu_i = \mu(\|v_i\| + \|Av_i - f\|_*)$:

$$\left.\begin{aligned}
F(v_i) - F(v_{i+1}) &= \int_0^1 \langle A(v_{i+1} + s(v_i - v_{i+1})) - f, v_i - v_{i+1}\rangle \, ds \\
&= \langle Av_i - f, v_i - v_{i+1}\rangle + \int_0^1 \langle A(v_{i+1} + s(v_i - v_{i+1})) - Av_i, v_i - v_{i+1}\rangle \, ds \\
&= t_i \|z_i\|^2 + \int_0^1 \langle A(v_{i+1} + s(v_i - v_{i+1})) - Av_i, v_i - v_{i+1}\rangle \, ds \\
&\geqq t_i \|z_i\|^2 - \mu_i \|v_i - v_{i+1}\|^2 \int_0^1 (1 - s) \, ds \\
&= t_i \|z_i\|^2 \left(1 - \frac{\mu_i t_i}{2}\right) \geqq \frac{t_i a}{\mu_i + a} \|z_i\|^2 \geqq 0 .
\end{aligned}\right\} \quad (4.6.)$$

Die Folge $\{F(v_i)\}$ ist demnach monoton fallend. Gemäß Folgerung 4.3 ist sie nach unten beschränkt. Also existiert eine Zahl $d > -\infty$ mit $F(v_i) \to d$. Daraus folgt

$$F(v_i) - F(v_{i+1}) \to 0 .$$

Auf Grund von (4.6) finden wir

$$\begin{aligned}
F(v_0) \geqq F(v_i) &= \int_0^1 \langle Asv_i, v_i\rangle \, ds - \langle f, v_i\rangle \\
&= \int_0^1 \langle Asv_i - A0, sv_i\rangle \frac{ds}{s} - \langle f - A0, v_i\rangle \\
&\geqq \int_{1/2}^1 \langle Asv_i - A0, sv_i\rangle \frac{ds}{s} - \langle f - A0, v_i\rangle \\
&\geqq \left\langle A\frac{v_i}{2}, \frac{v_i}{2}\right\rangle - \left\langle f - \frac{1}{2}A0, v_i\right\rangle \\
&\geqq \|v_i\| \left(\frac{1}{2}\gamma\left(\frac{\|v_i\|}{2}\right) - \left\|f - \frac{1}{2}A0\right\|_*\right).
\end{aligned}$$

Wegen $\gamma(s) \to \infty$ für $s \to \infty$ existiert daher eine Konstante $R < +\infty$ mit

$$\|u\|, \|v_i\| \leqq R \; , \qquad i = 0, 1, \ldots .$$

Für $i = 0, 1, \ldots$ gilt somit

$$\mu_i = \mu(\|v_i\| + \|Av_i - f\|_*) \leqq \mu(R + 2R\mu(R)) = c_0\,,$$
$$t_i = \min\left\{1, \frac{2}{a + \mu_i}\right\} \geqq \min\left\{1, \frac{2}{a + c_0}\right\} = c > 0\,.$$

Aus (4.6) folgt darum

$$\frac{ca}{c_0 + a}\|z_i\|^2 \leqq F(v_i) - F(v_{i+1}) \to 0\,, \quad \text{d.h.} \quad \|z_i\| \to 0\,.$$

Wir zeigen: $v_i \rightharpoonup u$. Sei dazu $\{v_{i_k}\}$ eine Teilfolge von $\{v_i\}$ mit $v_{i_k} \rightharpoonup v$ in X. Für beliebiges $x \in X$ gilt wegen (4.5)

$$\begin{aligned}\langle f - Ax, v - x\rangle &= \langle Av_{i_k} - Ax, v_{i_k} - x\rangle - \langle Jz_{i_k}, v_{i_k} - x\rangle + \langle f - Ax, v - v_{i_k}\rangle \\ &= \lim_{k\to\infty} \langle Av_{i_k} - Ax, v_{i_k} - x\rangle \geqq 0\,.\end{aligned}$$

Nach Lemma 1.3 folgt daraus $Av = f$, also $v = u$ und $v_{i_k} \rightharpoonup u$. Die übliche Schlußweise (vgl. Lemma 5.4, Kap. I) liefert daher $v_i \rightharpoonup u$. Unter Benutzung von (4.5) und $\|z_i\| \to 0$ finden wir noch

$$\begin{aligned}\langle Av_i - Au, v_i - u\rangle &= \langle Av_i - f, v_i - u\rangle = \langle Jz_i, v_i - u\rangle \\ &\leqq 2R\,\|z_i\| \to 0 \quad \text{für} \quad i \to \infty\,.\end{aligned}$$

Auf Grund der (S)-Eigenschaft von A folgt so schließlich $v_i \to u$.

Damit ist Satz 4.2 bewiesen.

Bemerkung 4.10. Es gilt offenbar

$$Jz_i = Av_i - f = \operatorname{grad} F(v_i)\,.$$

Dementsprechend bezeichnet man das Iterationsverfahren (4.5) häufig als *Gradientenverfahren* bzw. — da $-z_i$ die Richtung des steilsten Abstiegs des Funktionals F im Punkt v_i angibt — auch als *Verfahren des steilsten Abstiegs.*

Bemerkung 4.11. Satz 4.2 bleibt, wie man sofort sieht, richtig, wenn man die Forderung der beschränkten LIPSCHITZ-Stetigkeit von A durch die formal schwächere Forderung

$$\langle Ax - Ay, x - y\rangle \leqq \mu(R)\,\|x - y\|^2, \quad \|x\|, \|y\| \leqq R\,,$$

ersetzt.

Die „dynamische" Schrittweite t_i kann man, wie eine Durchsicht des Beweises von Satz 4.2 zeigt, durch die konstante Schrittweite c ersetzen. Ist A LIPSCHITZ-stetig mit der LIPSCHITZ-Konstanten M, so kann $t_i = \dfrac{2}{a + M}$, $i = 0, 1, 2, \ldots$, gewählt werden.

Bemerkung 4.12. Auf Grund der Bemerkungen 1.2, 1.4 und 1.5 erfüllt jeder gleichmäßig monotone (im uniform konvexen BANACH-Raum auch jeder d-monotone) beschränkt LIPSCHITZ-stetige Potentialoperator die Voraussetzungen von Satz 4.2.

Bemerkung 4.13. Die Iterationsvorschrift (4.5) kann offenbar auch in der Form

$$v_{i+1} = v_i - t_i J^{-1}(Av_i - f),\ t_i = \min\left\{1, \frac{2}{a + \mu(\|v_i\| + \|Av_i - f\|_*)}\right\}$$

geschrieben werden. Dabei bezeichnet $J^{-1} = J^* \in (X^* \to X)$ die Dualitätsabbildung von X^*. Diese Schreibweise ist angebracht, wenn eine explizite Darstellung von J^{-1} bekannt ist. So gilt beispielsweise im Spezialfall $X = L^p(G)$, $p > 1$,

$$J^{-1}\,w(\cdot) = \|w\|^{2-q}\,|w(\cdot)|^{q-2}\,w(\cdot),\ \frac{1}{p} + \frac{1}{q} = 1\,.$$

Bemerkung 4.14. Bei der Realisierung von (4.5) ist in der Regel, d. h., sofern J^{-1} nicht explizit bekannt ist (vgl. Bemerkung 4.13), in jedem Schritt die im allgemeinen nichtlineare Gleichung

$$Jz_i = Av_i - f$$

zu lösen. (Dabei ist z_i die gesuchte Größe.) In dem für unsere Anwendungen wichtigen Spezialfall

$$X = \overset{\circ}{W}{}^{1,p}(G),\ \|u\| = \left(\int_G |\text{grad}\, u|^p\, dx\right)^{1/p},$$

heißt das konkret, die Lösung z_i des nichtlinearen Randwertproblems

$$-\|z_i\|^{2-p} \,\text{div}\,(|\text{grad}\, z_i|^{p-2}\, \text{grad}\, z_i) = Av_i - f,\quad z_i \in \overset{\circ}{W}{}^{1,p}(G)\,,$$

zu bestimmen. (Mittels der Transformation $z_i = \|\bar{z}_i\|^{p-2}\,\bar{z}_i$ kann man dieses Problem offenbar auf das Problem

$$-\,\text{div}\,(|\text{grad}\, \bar{z}_i|^{p-2}\, \text{grad}\, \bar{z}_i) = Av_i - f\,,\quad \bar{z}_i \in \overset{\circ}{W}{}^{1,p}(G)\,,$$

reduzieren.)

Wir zeigen im folgenden, daß für Potentialoperatoren das Galerkin-Verfahren mit dem sogenannten *Ritzschen Verfahren* zusammenfällt. Sei dazu $\{h_1, h_2, \ldots\}$ ein in X vollständiges System linear unabhängiger Elemente und X_n der Teilraum von X, der von den Elementen $h_1, \ldots, h_n$ aufgespannt wird.

Definition 4.3. Es sei $A \in (X \to X^*)$ ein Potentialoperator mit dem Potential F. Ein Element $u_n \in X_n$ heißt *n-te Ritzsche Näherungslösung* der Gleichung $Au = f$, wenn gilt

$$F(u_n) - \langle f, u_n\rangle = \min_{v \in X_n} \left(F(v) - \langle f, v\rangle\right). \tag{4.7}$$

Lemma 4.13. Sei $A \in (X \to X^*)$ ein monotoner Operator mit dem Potential F. Ein Element $u_n \in X_n$ ist genau dann n-te Ritzsche Näherungslösung der Gleichung $Au = f$, wenn u_n n-te Galerkin-Lösung dieser Gleichung ist.

Beweis. Ist $u_n \in X_n$ Ritzsche Näherungslösung, so gilt für beliebige $h \in X_n$

$$0 = \lim_{t \to 0} \frac{1}{t}\left(F(u_n + th) - F(u_n)\right) - \langle f, h\rangle = \langle Au_n - f, h\rangle\,,$$

d. h., u_n ist Galerkin-Lösung.

Ist $u_n \in X_n$ GALERKIN-Lösung, so gilt wegen Lemma 4.10 für beliebiges $v \in X_n$

$$F(v) - \langle f, v\rangle - \big(F(u_n) - \langle f, u_n\rangle\big) \geqq \langle Au_n - f, v - u_n\rangle = 0\,,$$

d. h., u_n ist RITZsche Näherungslösung. Damit ist Lemma 4.13 bewiesen.

Satz 4.3. *Sei $A \in (X \to X^*)$ ein strikt monotoner und koerzitiver Potentialoperator mit (S)-Eigenschaft. Dann existiert zu jedem n genau eine n-te RITZsche Näherungslösung und es gilt $u_n \to u$ in X. Dabei bezeichnet u die Lösung der Gleichung $Au = f$.*

Beweis. Wegen Lemma 4.12 und Lemma 4.13 folgt Satz 4.3 unmittelbar aus Satz 3.2.

Wir kombinieren nun das RITZsche Verfahren (4.7) mit dem Iterationsverfahren (4.5) und erhalten auf diese Weise ein Projektions-Iterationsverfahren.

Satz 4.4. *Seien die Voraussetzungen von Satz 4.2 erfüllt. Sei $w_0 \in X_1$ ein beliebiges (Start-)Element und $a > 0$ eine beliebige reelle Zahl. Dann konvergiert die durch*

$$\left.\begin{aligned} &w_{n+1} = w_n - t_n z_n, \quad J_{n+1} z_n = A_{n+1} w_n - f_{n+1}\,, \\ &t_n = \min\left\{1, \frac{2}{a + \mu(\|w_n\| + \|Aw_n - f\|_*)}\right\}, \\ &J_{n+1} = I^*_{n+1} J I_{n+1}, \quad A_{n+1} = I^*_{n+1} A I_{n+1}, \quad f_{n+1} = I^*_{n+1} f, \\ &I_n \text{ Einbettung von } X_n \text{ in } X, \quad n = 0, 1, 2, \ldots, \end{aligned}\right\} \qquad (4.8)$$

definierte Folge $\{w_n\}$ in X stark gegen die Lösung u der Gleichung $Au = f$.

Beweis. Mit der Abkürzung $\mu_n = \mu(\|w_n\| + \|Aw_n - f\|_*)$ finden wir in Analogie zu (4.6)

$$F(w_n) - F(w_{n+1}) \geqq \frac{t_n a}{\mu_n + a} \|z_n\|^2 \geqq 0\,. \qquad (4.9)$$

Demgemäß ist die Folge $\{F(w_n)\}$ monoton fallend und auf Grund von Folgerung 4.3 nach unten beschränkt. Es existiert also eine Zahl $d > -\infty$ mit $F(w_n) \to d$. Daraus folgt

$$F(w_n) - F(w_{n+1}) \to 0\,. \qquad (4.10)$$

Wie beim Beweis von Satz 4.2 findet man

$$F(w_0) \geqq \|w_n\| \left(\frac{1}{2}\gamma\left(\frac{\|w_n\|}{2}\right) - \left\|f - \frac{1}{2}A0\right\|_*\right)$$

und daraus

$$\|u\|,\ \|w_n\| \leqq R < +\infty\,, \quad n = 1, 2, \ldots,$$

sowie

$$\mu_n = \mu\,(\|w_n\| + \|Aw_n - f\|_*) \leqq \mu(R + 2R\mu\,(R)) = c_0\,,$$

$$t_n = \min\left\{1, \frac{2}{a + \mu_n}\right\} \geqq \min\left\{1, \frac{2}{a + c_0}\right\} = c\,.$$

Aus (4.9) und (4.10) folgt daher $\|z_n\| \to 0$.

Wir zeigen $w_n \rightharpoonup u$: Sei dazu $\{w_{n_k}\}$ eine Teilfolge von $\{w_n\}$ mit $w_{n_k} \rightharpoonup w$ in X. Sei weiter $x \in X$ beliebig und $\{x_i\}$ eine Folge mit $x_i \in X_i$ und $x_i \to x$ in X. Wir finden

$$\begin{aligned}\langle f - Ax, w - x\rangle &= \lim_{i\to\infty} \langle f - Ax_i, w - x_i\rangle \\ &= \lim_{i\to\infty}\lim_{k\to\infty} \langle f - Ax_i, w_{n_k} - x_i\rangle \\ &= \lim_{i\to\infty}\lim_{k\to\infty} (\langle Aw_{n_k} - Ax_i, w_{n_k} - x_i\rangle - \langle Jz_{n_k}, w_{n_k} - x_i\rangle) \\ &= \lim_{i\to\infty}\lim_{k\to\infty} \langle Aw_{n_k} - Ax_i, w_{n_k} - x_i\rangle \geqq 0\,.\end{aligned}$$

Wegen Lemma 1.3 folgt daraus $w = u$ und mit der üblichen Schlußweise $w_n \rightharpoonup u$.

Wir zeigen schließlich $w_n \to u$: Zunächst gilt

$$\langle Aw_n, w_n\rangle = \langle Jz_n + f, w_n\rangle \leqq R\,(\|z_n\| + \|f\|_*) \leqq R_1 < \infty, \quad n = 1, 2, \ldots,$$

und auf Grund von Folgerung 1.2

$$\|Aw_n\|_* \leqq R_2 < \infty\,, \quad n = 1, 2, \ldots\,.$$

Sei u_n die n-te Ritzsche Näherung für u. Wegen Satz 4.3 finden wir

$$\begin{aligned}\langle Aw_n - Au, w_n - u\rangle &= \langle Aw_n - Au, w_n - u_n\rangle + \langle Aw_n - Au, u_n - u\rangle \\ &= \langle Aw_n - f, w_n - u_n\rangle + \langle Aw_n - f, u_n - u\rangle \\ &= \langle Jz_n, w_n - u_n\rangle + \langle Aw_n - f, u_n - u\rangle \\ &\leqq \|z_n\| \cdot 2R + (R_2 + \|f\|_*)\|u_n - u\| \to 0\,.\end{aligned}$$

Wegen der (S)-Eigenschaft von A folgt daraus $w_n \to u$.

Damit ist Satz 4.4 bewiesen.

Folgerung 4.4. Sei zusätzlich zu den Voraussetzungen von Satz 3.4 A Potentialoperator. Dann konvergiert die durch (3.8) definierte Projektions-Iterationsfolge $\{w_n\}$ bei beliebigen $t \in \left(0, \frac{2}{M}\right)$ und $w_0 \in X_1$ in X stark gegen die Lösung u der Gleichung $Au = f$.

Beweis. Die starke Monotonie von A impliziert strikte Monotonie, Koerzitivität und (S)-Eigenschaft. Wegen der Lipschitz-Stetigkeit von A kann in (4.8) $t_n = \dfrac{2}{a + M}$ gewählt werden. Auf Grund der Linearität der Dualitätsabbildung J im Hilbert-Raum stimmen die durch (3.8) und (4.8) definierten Folgen $\{w_n\}$ überein.

Bemerkung 4.15. Die „dynamische" Schrittweite t_n des Projektions-Iterationsverfahrens kann durch die konstante Schrittweite c ersetzt werden (vgl. Bemerkung 4.11).

Als Vorbereitung auf die bereits angekündigte Verschärfung der Sätze 3.4 und 3.5 für Potentialoperatoren beweisen wir das folgende Lemma, das als Gegenstück zu Lemma 3.1 angesehen werden kann.

Lemma 4.14. Sei X ein HILBERT-Raum mit dem Skalarprodukt $(\cdot,\cdot)$ und $B \in (X \to X)$ ein Potentialoperator, der folgenden Bedingungen genügt:

a) $\|Bx - By\| \leqq M(\|x - y\|$,

b) $(Bx - By, x - y) \geqq m\,\|x - y\|^2, \quad m \geqq 0, \qquad \forall x,\ \forall y \in X$.

Dann genügt der durch

$$U_t x = x - tBx \qquad \forall x \in X$$

definierte Operator $U_t \in (X \to X)$ für $t > 0$ der Abschätzung

$$\|U_t x - U_t y\| \leqq q(t)\,\|x - y\|,\ q(t) = \max\{1 - tm, tM - 1\}.$$

Beweis. Mit B ist offensichtlich auch U_t Potentialoperator. Es sei F_t Potential von U_t. Dieses Potential genügt für beliebige $x, u, v \in X$ der Beziehung

$$F_t(x + u + v) - F_t(x + u) - F_t(x + v) + F_t(x)$$

$$= F_t(x + u + v) - F_t\Big(x + \frac{u+v}{2}\Big) + F_t\Big(x + u + \frac{v-u}{2}\Big) - F_t(x + u)$$

$$- F_t(x + u + (v - u)) + F_t\Big(x + u + \frac{v-u}{2}\Big) - F_t\Big(x + \frac{u+v}{2}\Big) + F_t(x)$$

$$= \int_0^1 \Big\{\Big(U_t\Big(x + \frac{u+v}{2} + s\frac{u+v}{2}\Big) - U_t\Big(x + s\frac{u+v}{2}\Big), \frac{u+v}{2}\Big)$$

$$- \Big(U_t\Big(x + u + \frac{v-u}{2} + s\,\frac{v-u}{2}\Big) - U_t\Big(x + u + s\,\frac{v-u}{2}\Big), \frac{v-u}{2}\Big)\Big\}\,ds \quad ,$$

$$= \int_0^1 \Big\{\Big\|\frac{u+v}{2}\Big\|^2 - t\Big(B\Big(x + \frac{u+v}{2} + s\frac{u+v}{2}\Big) - B\Big(x + s\frac{u+v}{2}\Big), \frac{u+v}{2}\Big)$$

$$- \Big\|\frac{v-u}{2}\Big\|^2 + t\Big(B\Big(x + u + \frac{v-u}{2} + s\frac{v-u}{2}\Big) - B\Big(x + u + s\frac{v-u}{2}\Big), \frac{v-u}{2}\Big)\Big\}\,ds$$

$$\leqq (1 - tm)\Big\|\frac{u+v}{2}\Big\|^2 + (tM - 1)\Big\|\frac{v-u}{2}\Big\|^2$$

$$\leqq q(t)\Big(\Big\|\frac{u+v}{2}\Big\|^2 + \Big\|\frac{v-u}{2}\Big\|^2\Big) = \frac{q(t)}{2}(\|u\|^2 + \|v\|^2).$$

Wir wählen nun zwei natürliche Zahlen k und l und setzen

$$x_{i,j} = x + i\frac{u}{k} + j\frac{v}{l}, \quad i = 0, 1, \ldots, k, \ j = 0, 1, \ldots, l.$$

Dann gilt offensichtlich

$$F_t(x + u + v) - F_t(x + u) - F_t(x + v) + F_t(x)$$

$$= \sum_{i=1}^{k} \sum_{j=1}^{l} \{F_t(x_{i,j}) - F_t(x_{i-1,j}) - F_t(x_{i,j-1}) + F_t(x_{i-1,j-1})\}.$$

Benutzt man für jeden Summande dnieser Doppelsumme die oben abgeleitete Abschätzung, so erhält man

$$F_t(x+u+v) - F_t(x+u) - F_t(x+v) + F_t(x)$$
$$\leqq \sum_{i=1}^{k} \sum_{j=1}^{l} \frac{q(t)}{2} \left(\left\| \frac{u}{k} \right\|^2 + \left\| \frac{v}{l} \right\|^2 \right) = \frac{q(t)}{2} \left(\frac{l}{k} ||u||^2 + \frac{k}{l} ||v||^2 \right).$$

Für $v \neq 0$ kann man $\frac{k}{l}$ beliebig nahe an $\frac{||v||}{||u||}$ wählen. Es ergibt sich daher schließlich

$$F_t(x+u+v) - F_t(x+u) - F_t(x+v) + F_t(x) \leqq q(t)\,||u||\,||v||\,.$$

Für $v = 0$ ist diese Abschätzung trivialerweise richtig. In der folgenden Beziehung benutzen wir die gefundene Abschätzung für $u = y - x$ und $v = sz$. Da F_t Potential von U_t ist, gilt

$$(U_t y - U_t x, z) = \lim_{s \to 0} \frac{1}{s} \left(F_t(y + sz) - F_t(y) - F_t(x + sz) + F_t(x) \right)$$
$$\leqq \lim_{s \to 0} \frac{1}{s} q(t)\, ||y - x||\, ||sz|| = q(t)\, ||y - x||\, ||z||.$$

Damit ist Lemma 4.14 bewiesen.

Folgerung 4.5. Der Operator U_t ist unter den Voraussetzungen von Lemma 4.14 kontraktiv, wenn $m > 0$ und $t \in \left(0, \frac{2}{M}\right)$ ist. Für $m \geqq 0$ und $t \in \left(0, \frac{2}{M}\right]$ ist U_t *nichtexpansiv*, d. h., es gilt

$$||U_t x - U_t y|| \leqq ||x - y|| \qquad \forall x, \forall y \in X\,.$$

Beweis. Aus der Definition von $q(t)$ folgt

$$q(t) = \begin{cases} 1 - tm & \text{für} \quad 0 < t \leqq \dfrac{2}{M+m}, \\[2ex] tM - 1 & \text{für} \quad \dfrac{2}{M+m} \leqq t \leqq \dfrac{2}{M}. \end{cases}$$

Also gilt $0 < q(t) \leqq 1$, wenn $m \geqq 0$ und $t \in \left(0, \frac{2}{M}\right]$ ist. Der Fall $q(t) = 1$ tritt dabei lediglich für $m = 0$ oder $t = \frac{2}{M}$ ein.

Ebenso, wie sich die Sätze 3.4 und 3.5 mit Hilfe des Lemmas 3.1 ergeben haben, erhält man unter Benutzung von Lemma 4.14 die zwei folgenden Sätze:

Satz 4.5. *Sei zusätzlich zu den Voraussetzungen von Satz 3.4 A Potentialoperator. Dann konvergiert bei beliebigen* $t \in \left(0, \frac{2}{M}\right)$ *und* $v_0 \in X$ *die durch* (3.5) *definierte Folge* $\{v_i\}$ *in X stark gegen die Lösung u der Gleichung* $Au = f$, *und es gilt die Fehlerabschätzung*

$$||v_i - u|| \leqq \frac{q^i t}{1-q} ||Av_0 - f||_*, \quad q = q(t) = \max\{1 - tm, tM - 1\}\,.$$

Satz 4.6. *Seien die Voraussetzungen von Satz 4.5 erfüllt. Dann konvergiert bei beliebigen* $t \in \left(0, \frac{2}{M}\right)$ *und* $v_{n,0} \in X_n$ *die durch* (3.6) *definierte Folge* $\{v_{n,i}\}$ *in* X *stark gegen die Lösung* u_n *der* GALERKIN-*Gleichung* (3.3), *und es gilt die Fehlerabschätzung*

$$\|v_{n,i} - u_n\| \leqq \frac{q^{i}t}{1-q} \|Av_{n,0} - f\|_* , \quad q = q(t) = \max\{1 - tm, tM - 1\} .$$

Bemerkung 4.16. Die Funktion q nimmt ihr Minimum für $t = t_1 = \frac{2}{M+m}$ an, und zwar gilt $q_1 = q(t_1) = \frac{M-m}{M+m}$. Ohne die Voraussetzung der Potentialität von A wurde im vorigen Paragraphen (vgl. Bemerkung 3.3) die kleinste Kontraktionskonstante k_0 für $t = t_0 = \frac{m}{M^2}$ zu $k_0 = k(t_0) = \left(\frac{M^2 - m^2}{M^2}\right)^{1/2}$ errechnet. Offenbar gilt $q_1 < k_0$ oder genauer $q_1 = k_0 \frac{M}{M+m}\left(\frac{M-m}{M+m}\right)^{1/2}$. Generell gilt, wie man leicht nachrechnet, für $t > 0$ und $M > m > 0$ die Beziehung $k(t) > q(t)$.

Bemerkung 4.17. Man überzeugt sich in Analogie zu Bemerkung 3.5 davon, daß es genügt, die Voraussetzungen von Satz 4.5 innerhalb einer Kugel K zu fordern, die so gewählt ist, daß das Iterationsverfahren (3.5) bzw. (3.6) nicht aus K hinausführt. Speziell für $t = t_1 = \frac{2}{M+m}$ und $v_0 = 0$ kann beispielsweise

$$K = \left\{x \mid x \in X,\ \|x\| \leqq \frac{2}{m} \|A0 - f\|_*\right\}$$

gewählt werden.

Wir haben in den Sätzen 4.2—4.5 die starke Konvergenz verschiedener Näherungsfolgen gegen die Lösung der Gleichung $Au = f$ bewiesen. Im Hinblick auf eine Anwendung im nächsten Abschnitt werden wir zum Abschluß dieses Abschnitts zeigen, daß alle diese Näherungsfolgen auch Minimalfolgen für das Funktional $F(x) = \int_0^1 \langle Atx, x\rangle\, dt - \langle f, x\rangle$ sind.

Lemma 4.15. Sei A ein monotoner Potentialoperator. Ist u eine Lösung der Gleichung $Au = f$ und $\{u_n\} \subset X$ eine Folge mit $u_n \to u$ in X, so gilt

$$F(u_n) = \int_0^1 \langle Atu_n, u_n\rangle\, dt - \langle f, u_n\rangle \to F(u) = \min_{x \in X} F(x) .$$

Beweis. Auf Grund von Folgerung 4.2 realisiert u das Minimum von F auf X. Wegen Lemma 4.10 finden wir daher unter Ausnutzung der lokalen Beschränktheit von A (Lemma 1.2)

$$\begin{aligned} F(u) \leqq F(u_n) &\leqq F(u) + \langle Au_n - f, u_n - u\rangle \\ &\leqq F(u) + (\|Au_n\|_* + \|f\|_*)\, \|u_n - u\| \to F(u) . \end{aligned}$$

Damit ist Lemma 4.15 bewiesen.

5. Dualitätsaussagen und Fehlerabschätzungen

Im vorigen Abschnitt haben wir die Existenz eines äquivalenten Minimumproblems wesentlich benutzt, um die Konvergenz von Näherungsverfahren gegen die Lösung einer vorgegebenen (Potential-)Operatorgleichung zu beweisen. Über das äquivalente Minimumproblem kann man auch zu effektiven Fehlerabschätzungen für die Näherungslösungen gelangen, vorausgesetzt, es lassen sich untere Schranken für den Minimalwert des Funktionals angeben. Wir werden in diesem Abschnitt derartige Schranken mittels sogenannter reziproker oder dualer Variationsprobleme herleiten. Zunächst beweisen wir einige dazu nötige Aussagen der auf FENCHEL zurückgehenden Dualitätstheorie konvexer Funktionale.

Im folgenden sei F stets ein auf dem reflexiven BANACH-Raum X definiertes Funktional, das verabredungsgemäß Werte im Intervall $(-\infty, +\infty]$ annehmen kann.

Definition 4.4. Die Menge $\operatorname{dom} F = \{x | x \in X, F(x) < +\infty\}$ heißt *effektiver Definitionsbereich* des Funktionals F.

Ist F nichttrivial, so bezeichnet man das gemäß der Vorschrift

$$F^*(x^*) = \sup_{x \in X} (\langle x^*, x\rangle - F(x)) \tag{4.11}$$

auf X^* erklärte Funktional F^* als das zu F *konjugierte Funktional.*

Wir werden zeigen (siehe Satz 4.7), daß (4.11) eine umkehrbar eindeutige Beziehung zwischen den auf X und auf X^* definierten schwach unterhalbstetigen konvexen Funktionalen vermittelt. Als Vorbereitung dazu dienen die folgenden Lemmata.

Lemma 4.16. Es gilt

$$F(x) + F^*(x^*) \geqq \langle x^*, x\rangle \qquad \forall x \in X, \quad \forall x^* \in X^* .$$

Beweis. Wegen (4.11) finden wir

$$\begin{aligned} F(x) + F^*(x^*) &= F(x) + \sup_{y \in X} (\langle x^*, y\rangle - F(y)) \\ &\geqq F(x) + \langle x^*, x\rangle - F(x) = \langle x^*, x\rangle . \end{aligned}$$

Damit ist Lemma 4.16 bewiesen.

Lemma 4.17. Das zu einem beliebigen Funktional F konjugierte Funktional F^* ist konvex und schwach unterhalbstetig.

Beweis. 1. Konvexität: Sei $F^*(x^*) \leqq a$, $F^*(y^*) \leqq b$. Dann gilt für $t \in [0, 1]$ und $x_t^* = tx^* + (1-t)\, y^*$

$$\begin{aligned} F^*(x_t^*) &= \sup_{x \in X} (\langle x_t^*, x\rangle - F(x)) \\ &\leqq t \sup_{x \in X} (\langle x^*, x\rangle - F(x)) + (1-t) \sup_{y \in X} (\langle y^*, x\rangle - F(x)) \\ &= tF^*(x^*) + (1-t)\, F^*(y^*) \leqq ta + (1-t)\, b . \end{aligned}$$

2. Schwache Unterhalbstetigkeit: Sei $\{\{x_n^*, d_n\}\} \subset X^* \times R^1$ eine Folge mit

$$F^*(x_n^*) \leqq d_n, \quad x_n^* \rightharpoonup x^* \quad \text{in} \quad X^*, \; d_n \to d \, .$$

Wir müssen zeigen: $F^*(x^*) \leqq d$. Wir nehmen an, es sei $F^*(x^*) = d + \varepsilon, \varepsilon > 0$. Dann existiert ein $x \in X$ mit $\langle x^*, x\rangle - F(x) \geqq d + \frac{\varepsilon}{2}$. Wir finden damit

$$F^*(x_n^*) = \sup_{y \in X} \left(\langle x_n^*, y\rangle - F(y)\right) \geqq \langle x_n^*, x\rangle - F(x)$$

$$= \langle x^*, x\rangle - F(x) + \langle x_n^* - x^*, x\rangle \geqq d + \frac{\varepsilon}{2} + \langle x_n^* - x^*, x\rangle$$

und

$$d = \lim_{n\to\infty} d_n \geqq \overline{\lim_{n\to\infty}}\, F^*(x_n^*) \geqq \lim_{n\to\infty} \left(d + \frac{\varepsilon}{2} + \langle x_n^* - x^*, x\rangle\right) = d + \frac{\varepsilon}{2} \, .$$

Das ist ein Widerspruch. Damit ist Lemma 4.17 bewiesen.

Lemma 4.18. Sei F schwach unterhalbstetig, konvex und nichttrivial. Dann ist F^* nichttrivial.

Beweis. Nach Voraussetzung gibt es ein $x \in X$ mit $F(x) < +\infty$. Wir finden daher

$$F^*(x^*) = \sup_{y \in X} \left(\langle x^*, y\rangle - F(y)\right) \geqq \langle x^*, x\rangle - F(x) > -\infty \qquad \forall x^* \in X^* \, .$$

Nach Lemma 4.7 existiert zu jedem $d > 0$ ein $x^* \in X^*$ mit

$$F(y) \geqq F(x) + \langle x^*, y - x\rangle - d \qquad \forall y \in X \, .$$

Für dieses x^* gilt

$$F^*(x^*) = \sup_{y \in X} \left(\langle x^*, y\rangle - F(y)\right) \leqq \langle x^*, x\rangle - F(x) + d < +\infty \, .$$

Damit ist Lemma 4.18 bewiesen.

Lemma 4.19. Ist F schwach unterhalbstetig, konvex und nichttrivial, so gilt

$$\operatorname{dom} F^{**} \subset \overline{\operatorname{dom} F} \, .$$

Beweis. Sei $x \notin \overline{\operatorname{dom} F}$. Die Menge $\overline{\operatorname{dom} F}$ ist konvex und abgeschlossen. Nach Satz 5.6, Kap. I, existiert deswegen ein $x_0^* \in X^*$ mit

$$\langle x_0^*, x\rangle > \sup_{y \in \overline{\operatorname{dom} F}} \langle x_0^*, y\rangle \, .$$

Da F^* wegen Lemma 4.18 nichttrivial ist, existiert ein x_1^* mit $F^*(x_1^*) < \infty$. Für beliebiges $t > 0$ gilt daher

$$F^*(x_1^* + t x_0^*) = \sup_{y \in X} \left(\langle x_1^* + t x_0^*, y\rangle - F(y)\right) \leqq F^*(x_1^*) + t \sup_{y \in \overline{\operatorname{dom} F}} \langle x_0^*, y\rangle$$

und damit

$$F^{**}(x) \geqq \langle x_1^* + tx_0^*, x\rangle - F^*(x_1^* + tx_0^*)$$
$$\geqq \langle x_1^*, x\rangle - F^*(x_1^*) + t(\langle x_0^*, x\rangle - \sup_{y \in \operatorname{dom} F} \langle x_0^*, y\rangle) \to +\infty$$

für $t \to +\infty$. Daraus folgt $x \notin \operatorname{dom} F^{**}$, also $\operatorname{dom} F^{**} \subset \overline{\operatorname{dom} F}$. Damit ist Lemma 4.19 bewiesen.

Satz 4.7 (Fenchel, Moreau). *Ist F ein nichttriviales Funktional, so sind die folgenden Aussagen äquivalent:*

a) *F ist schwach unterhalbstetig und konvex.*

b) $F = F^{**}$.

Beweis. a) $\Rightarrow$ b): Zunächst erhalten wir auf Grund von Lemma 4.16

$$F^{**}(x) = \sup_{x^* \in X^*} (\langle x^*, x\rangle - F^*(x^*)) \leqq \sup_{x^* \in X^*} F(x) = F(x)\,.$$

Es bleibt also zu zeigen: $F^{**}(x) \geqq F(x)$ für jedes $x \in X$. Für $x \notin \operatorname{dom} F^{**}$ ist diese Relation offensichtlich erfüllt. Sei also $x \in \operatorname{dom} F^{**}$. Angenommen, es gilt $F(x) > F^{**}(x)$. Dann ist $\{x, F^{**}(x)\} \notin \det F$. Folglich existiert nach Satz 5.6, Kap. I, ein Paar $\{x^*, a^*\} \in X^* \times R^1$ mit

$$\langle x^*, x\rangle + a^* F^{**}(x) > \sup_{\{y,a\} \in \det F} (\langle x^*, y\rangle + a^* a)\,.$$

(Die Menge $\det F$ ist wegen a) konvex und abgeschlossen.) Dabei muß $a^* > 0$ sein. Die Annahme $a^* = 0$ führt nämlich zu $\langle x^*, x\rangle > \sup_{y \in \operatorname{dom} F} \langle x^*, y\rangle$ und wegen $x \in \overline{\operatorname{dom} F}$ (Lemma 4.19) zum Widerspruch; die Annahme $a^* > 0$ hat

$$\langle x^*, x\rangle + a^* F^{**}(x) > +\infty$$

und damit wegen $x \in \operatorname{dom} F^{**}$ ebenfalls einen Widerspruch zur Folge. Ohne Beschränkung der Allgemeinheit können wir daher $a^* = -1$ annehmen, d. h.

$$\langle x^*, x\rangle - F^{**}(x) > \sup_{\{y,a\} \in \det F} (\langle x^*, y - a\rangle) = \sup_{y \in \operatorname{dom} F} (\langle x^*, y\rangle - F(y))$$
$$= \sup_{y \in X} (\langle x^*, y\rangle - F(y)) = F^*(x^*)\,.$$

Das kann wegen Lemma 4.16 nicht richtig sein. Also muß gelten $F^{**}(x) \geqq F(x)$ und damit $F^{**}(x) = F(x)$.

b) $\Rightarrow$ a): F^{**} ist als das zu F^* konjugierte Funktional auf Grund von Lemma 4.17 schwach unterhalbstetig und konvex.

Damit ist Satz 4.7 bewiesen.

Satz 4.8. *Sei F ein schwach unterhalbstetiges, konvexes und endliches Funktional. Besitzt der Operator $A \in (X \to X^*)$ einen inversen Operator $A^{-1} \in (X^* \to X)$,* *so sind die folgenden Aussagen äquivalent:*

a) *A ist Gradient von F.*

b) *A ist radialstetig und es gilt für beliebige $x, y \in X$*

$$F(x) + F^*(Ax) = \langle Ax, \quad x\rangle, F(y) \geqq F(x) + \langle Ax, y - x\rangle$$

c) *A^{-1} ist radialstetig und es gilt für beliebige $x^*, y^* \in X^*$*

$$F(A^{-1} x^*) + F^*(x^*) = \langle x^*, A^{-1} x^*\rangle, \quad F^*(y^*) \geqq F^*(x^*) + \langle y^* - x^*, A^{-1} x^*\rangle.$$

d) *A^{-1} ist Gradient von F^*.*

Beweis. a) $\Rightarrow$ b): Auf Grund von Lemma 4.12 ist A radialstetig. Die zweite Beziehung in b) ist identisch mit Aussage d) von Lemma 4.10. Unter Benutzung dieser Beziehung erhalten wir für jedes $x \in X$

$$\begin{aligned} F(x) + F^*(Ax) &= F(x) + \sup_{y \in X} \left(\langle Ax, y\rangle - F(y)\right) \\ &\leqq F(x) + \sup_{y \in X} \left(\langle Ax, x\rangle - F(x)\right) = \langle Ax, x\rangle . \end{aligned}$$

Aus Lemma 4.16 folgt andererseits

$$F(x) + F^*(Ax) \geqq \langle Ax, x\rangle .$$

b) $\Rightarrow$ c): Für beliebige $x, y \in X$ gilt

$$F(y) - F(x) \geqq \langle Ax, y - x\rangle$$

und entsprechend

$$F(x) - F(y) \geqq \langle Ay, x - y\rangle .$$

Durch Addition dieser Ungleichungen erhält man die Monotonie von A und damit zugleich die Monotonie von A^{-1}. Wir beweisen nun die Radialstetigkeit von A^{-1}. Nach Lemma 1.3 genügt es zu zeigen, daß aus

$$\langle x^* - y^*, x - A^{-1} y^*\rangle \geqq 0 \qquad \forall y^* \in X^*$$

die Beziehung $A^{-1} x^* = x$ folgt. Wir setzen $y^* = Ay$ und erhalten

$$\langle x^* - Ay, x - y\rangle \geqq 0 \qquad \forall y \in X .$$

Da A radialstetig und monoton ist, ergibt sich daraus nach Lemma 1.3 $Ax = x^*$ und damit $A^{-1} x^* = x$.

Die erste Beziehung in c) ergibt sich, wenn wir in der ersten Beziehung in b) $x = A^{-1} x^*$ setzen. Zum Beweis der zweiten Beziehung in c) setzen wir $x = A^{-1} x^*$, $y = A^{-1} y^*$ für beliebige $x^*, y^* \in X^*$. Wir finden so

$$\begin{aligned} F^*(y^*) - F^*(x^*) &= - F(y) + F(x) - \langle Ax, x\rangle + \langle Ay, y\rangle \\ &= - F(y) + F(x) - \langle Ay, x - y\rangle + \langle Ay - Ax, x\rangle \\ &\geqq \langle Ay - Ax, x\rangle = \langle y^* - x^*, A^{-1} x^*\rangle . \end{aligned}$$

c) $\Rightarrow$ d): Durch Vertauschen von x^* und y^* in der zweiten Beziehung von c) erhalten wir

$$F^*(x^*) \geqq F^*(y^*) + \langle x^* - y^*, A^{-1} y^* \rangle .$$

Damit gilt

$$\langle y^* - x^*, A^{-1} x^* \rangle \leqq F^*(y^*) - F^*(x^*) \leqq \langle y^* - x^*, A^{-1} y^* \rangle .$$

Wir setzen $y^* = x^* + tz^*$, $t > 0$, $z^* \in X^*$. Dann folgt

$$\langle z^*, A^{-1} x^* \rangle \leqq \frac{F^*(x^* + tz^*) - F^*(x^*)}{t} \leqq \langle z^*, A^{-1} (x^* + tz^*) \rangle .$$

Für $t \to 0$ ergibt sich daraus auf Grund der Radialstetigkeit von A^{-1}, daß A^{-1} Gradient des Funktionals F^* ist.

d) $\Rightarrow$ a): Das Funktional F^* ist als Potential von A^{-1} endlich und nach Lemma 4.17 schwach unterhalbstetig und konvex. Wegen a) $\Rightarrow$ d) folgt daher, daß $A = (A^{-1})^{-1}$ Gradient von F^{**} ist. Auf Grund von Satz 4.7 gilt aber $F = F^{**}$. Also ist A Gradient von F.

Damit ist Satz 4.8 bewiesen.

Folgerung 4.6. Der Operator $A \in (X \to X^*)$ besitze den inversen Operator $A^{-1} \in (X^* \to X)$. Dann sind die folgenden Aussagen äquivalent:

a) A ist monoton und Potentialoperator.

b) A^{-1} ist monoton und Potentialoperator.

Beweis. Wegen der Symmetrie der Aussagen bezüglich A und A^{-1} genügt es zu zeigen: a) $\Rightarrow$ b). Offenbar ist A^{-1} mit A monoton. Das Potential F von A ist endlich und auf Grund von Lemma 4.10 konvex und schwach unterhalbstetig. Wegen Behauptung d) von Satz 4.8 ist A^{-1} daher Gradient von F^*.

Satz 4.9. *Sei $A \in (X \to X^*)$ ein strikt monotoner und koerzitiver Potentialoperator. Dann existiert der zu A inverse Operator $A^{-1} \in (X^* \to X)$. A^{-1} ist ein strikt monotoner Potentialoperator. Ferner ist*

$$F(x) = \int_0^1 \langle Atx, x \rangle \, dt$$

Potential von A, und es gilt für beliebige $x \in X$, $x^* \in X^*$

$$F^*(x^*) = F^*(0) + \int_0^1 \langle x^*, A^{-1} tx^* \rangle \, dt, \quad F^*(0) = -F(A^{-1}0), \tag{4.12}$$

$$F(x) + F^*(x^*) - \langle x^*, x \rangle \geqq 0 , \tag{4.13}$$

$$F(x) + F^*(Ax) - \langle Ax, x \rangle = 0 . \tag{4.14}$$

Beweis. Wegen Lemma 4.12 und Satz 2.2 existiert $A^{-1} \in (X^* \to X)$ und ist radialstetig sowie strikt monoton. A ist Gradient des schwach unterhalbstetigen konvexen und endlichen Funktionals $F(x) = \int_0^1 \langle Atx, x\rangle \, dt$ (vgl. Lemma 4.12, Bemerkung 4.1, Lemma 4.10, Folgerung 4.1). Wegen Satz 4.8 ist A^{-1} daher Gradient des zu F konjugierten Funktionals F^*. Gemäß Bemerkung 4.1 gilt

$$F^*(x^*) = F^*(0) + \int_0^1 \langle x^*, A^{-1} tx^*\rangle \, dt .$$

Die Beziehung (4.13) wurde in Lemma 4.16 bewiesen. Die Gleichung (4.14) gilt wegen Satz 4.8 (Aussage b)). Aus (4.14) folgt schließlich $F^*(0) = -F(A^{-1}0)$. Damit ist Satz 4.9 bewiesen.

Wir wenden uns nun unserem eigentlichen Ziel, der Formulierung einer Dualitätsaussage (Satz 4.10) und der Herleitung auf dieser basierender Fehlerabschätzungen (Satz 4.11) zu. Wir betrachten dazu abermals die Gleichung

$$Ax = f , \quad A = L^* A_0 L , \quad f \in X^* . \tag{4.15}$$

Dabei sei wieder (vgl. Lemma 1.4) $L \in (X \to Y)$ ein linearer Operator mit $\|Lx\|_0 = \|x\|$ für $x \in X$, $L^* \in (Y^* \to X^*)$ der zu L adjungierte Operator und $A_0 \in (Y \to Y^*)$ ein (möglicherweise) nichtlinearer Operator.

Lemma 4.20. Zu jedem $f \in X^*$ existiert ein $g \in Y^*$ mit

$$L^* g = f . \tag{4.16}$$

Beweis. Die Menge $Y_1 = \{y | y = Lx, x \in X\}$ bildet wegen $\|Lx\|_0 = \|x\|$ einen bezüglich der von Y induzierten Topologie abgeschlossenen linearen Teilraum von Y. Auf Y_1 definieren wir durch die Vorschrift

$$\langle g_0, Lx\rangle_{Y_1} = \langle f, x\rangle$$

ein lineares Funktional g_0. Nach dem Satz von Hahn-Banach existiert eine Fortsetzung g von g_0 auf Y. Es gilt dann

$$\langle L^* g, x\rangle = \langle g, Lx\rangle_0 = \langle g_0, Lx\rangle_{Y_1} = \langle f, x\rangle \quad \forall x \in X ,$$

also $L^* g = f$. Damit ist Lemma 4.20 bewiesen.

Bemerkung 4.18. In vielen Fällen ist die effektive Konstruktion eines $g \in Y^*$ zu vorgegebenem $f \in X^*$ hinreichend einfach. Sei beispielsweise (vgl. Kap. II, § 2)

$$X = \overset{0}{W}{}^{1,p}(G) , \quad p \geqq 2 , \quad Y = L_n^p(G) , \quad Y^* = L_n^q(G) , \quad \frac{1}{p} + \frac{1}{q} = 1 ,$$

$$L = \text{grad}, \; L^* = -\text{div} .$$

Für $f \in L^2(G) \subset X^*$ kann unter geeigneten Voraussetzungen über das Gebiet G

$$g = \left\{ -\int_0^{x_1} f(t, x_2, \ldots, x_n) \, dt, 0, \ldots, 0 \right\}$$

gesetzt werden.

Satz 4.10. *Sei A_0 ein strikt monotoner und koerzitiver Potentialoperator. Sei weiter $g \in Y^*$ ein (4.16) genügendes Element und $x_0 \in X$ die (auf Grund von Lemma 4.12, Lemma 1.4 und Satz 2.2 eindeutig bestimmte) Lösung von (4.15). Dann gilt mit den Bezeichnungen*

$$K = \{y \mid y = Lx,\ x \in X\}, \quad K^* = \{y^* \mid L^*y^* = 0\};$$

$$y_0 = Lx_0,\ y_0^* = A_0y_0 - g; \quad \Phi(y) = \int_0^1 \langle A_0ty, y\rangle_0 \, dt - \langle g, y\rangle_0,$$

$$\Psi(y^*) = -\int_0^1 \langle g + y^*, A_0^{-1}t\,(g + y^*)\rangle_0 \, dt + \int_0^1 \langle A_0tA_0^{-1}\,0, A_0^{-1}0\rangle_0 \, dt$$

die Dualitätsaussage

$$\Phi(y_0) = \min_{y\in K} \Phi(y) = \max_{y^*\in K^*} \Psi(y^*) = \Psi(y_0^*)\,. \tag{4.17}$$

Beweis. Wir wenden Satz 4.9 auf A_0 an und benutzen dabei die Beziehung

$$\langle y^*, y\rangle_0 = \langle y^*, Lx\rangle_0 = \langle L^*y^*, x\rangle = 0 \qquad \forall y \in K,\ \forall y^* \in K^*.$$

Sei $F_0(y) = \int_0^1 \langle A_0ty, y\rangle_0 dt$ und F_0^* das dazu konjugierte Funktional. Auf Grund von (4.12) gilt

$$F_0^*(y^*) = \int_0^1 \langle y^*, A_0^{-1}\,ty^*\rangle_0 \, dt - \int_0^1 \langle A_0tA_0^{-1}\,0, A_0^{-1}0\rangle_0 \, dt = -\,\Psi(y^* - g).$$

Mittels (4.13) finden wir daher

$$\begin{aligned}\Phi(y) - \Psi(y^*) &= F_0(y) - \langle g, y\rangle_0 + F_0^*(g + y^*)\\ &= F_0(y) + F_0^*(g + y^*) - \langle g + y^*, y\rangle_0\\ &\geqq 0 \qquad \forall y \in K, \quad \forall y^* \in K^*.\end{aligned}$$

Andererseits folgt aus (4.14)

$$\begin{aligned}\Phi(y_0) - \Psi(y_0^*) &= F_0(y_0) - \langle g, y_0\rangle_0 + F_0^*(g + y_0^*)\\ &= F_0(y_0) + F_0^*(g + y_0^*) - \langle g + y_0^*, y_0\rangle_0\\ &= F_0(y_0) + F_0^*(A_0y_0) - \langle A_0y_0, y_0\rangle_0 = 0\,.\end{aligned}$$

Aus beiden Relationen ergibt sich die Behauptung.

Damit ist Satz 4.10 bewiesen.

Satz 4.11. *Sei zusätzlich zu den Voraussetzungen von Satz 4.10 der Operator A_0 stark monoton mit der Monotoniekonstanten m. Dann gilt mit den in Satz 4.10 eingeführten Bezeichnungen die Fehlerabschätzung*

$$\|x - x_0\| = \|y - y_0\|_0 \leqq \sqrt{\frac{2}{m}\,(\Phi(y) - \Psi(y^*))}\,. \tag{4.18}$$

Dabei sind $x \in X$, $y = Lx \in K$, $y^* \in K^*$ beliebige Näherungen für x_0, y_0 bzw. y_0^*.

Ist darüberhinaus A_0^{-1} stark monoton mit der Monotoniekonstanten m^*, so gilt auch die duale Fehlerabschätzung

$$||y^* - y_0^*||_{0*} \leqq \sqrt{\frac{2}{m^*}(\Phi(y) - \Psi(y^*))} \,. \tag{4.19}$$

Beweis. Es gilt

$$\begin{aligned}
\Phi(y) - \Phi(y_0) &= \int_0^1 \langle A_0\,(y_0 + t(y - y_0)), y - y_0\rangle_0\, dt - \langle f, x - x_0\rangle \\
&= \int_0^1 \langle A_0(y_0 + t(y - y_0)), y - y_0\rangle_0\, dt - \langle A_0 y_0, y - y_0\rangle_0 \\
&= \int_0^1 \langle A_0(y_0 + t(y - y_0)) - A_0 y_0, t(y - y_0)\rangle_0 \frac{dt}{t} \\
&\geqq m\, ||y - y_0||_0^2 \int_0^1 t\, dt = \frac{m}{2}\, ||y - y_0||
\end{aligned}$$

und damit wegen (4.17)

$$||x - x_0|| = ||y - y_0||_0 \leqq \sqrt{\frac{2}{m}(\Phi(y) - \Phi(y_0))} \leqq \sqrt{\frac{2}{m}(\Phi(y) - \Psi(y^*))} \,.$$

Wir beweisen nun (4.19). Es gilt

$$\begin{aligned}
&\Psi(y_0^*) - \Psi(y^*) = F_0^*(g + y^*) - F_0^*(g + y_0^*) \\
&= \int_0^1 \langle y^* - y_0^*, A_0^{-1}(g + y_0^* + t(y^* - y_0^*))\rangle_0\, dt - \int_0^1 \langle y^* - y_0^*, A_0^{-1}(g + y_0^*)\rangle_0\, dt \\
&= \int_0^1 \langle t(y^* - y_0^*), A_0^{-1}(g + y_0^* + t(y^* - y_0^*)) - A_0^{-1}(g + y_0^*)\rangle_0 \frac{dt}{t} \\
&\geqq m^* ||y^* - y_0^*||_{0*}^2 \int_0^1 t\, dt = \frac{m^*}{2} ||y^* - y_0^*||_{0*}^2 \,.
\end{aligned}$$

Daraus folgt wegen (4.17) die Abschätzung (4.19). Damit ist Satz 4.11 bewiesen.

Bemerkung 4.19. In die Fehlerabschätzungen (4.18) und (4.19) geht der zu A_0 inverse Operator A_0^{-1} ein. Dieser ist — im Gegensatz zu A^{-1} — in wichtigen Anwendungen bekannt bzw. relativ einfach zu ermitteln. So erhält man die zu den durch (1.3) und (1.4) bzw. (1.3) und (1.5) definierten Potentialoperatoren A_0 inversen Operatoren A_0^{-1} durch Inversion der Koeffizientenmatrix (b_{ij}) bzw. der Materialfunktion φ.

Bemerkung 4.20. Bei vielen konkreten Randwertproblemen besitzt nicht nur die Lösung x_0 von (4.15) bzw. $y_0 = Lx_0$, sondern auch das Element $y_0^* = A_0 y_0 - g$ selbständige praktische Bedeutung. Übrigens können häufig auch die Funktionale Φ und Ψ sowie die Vergleichsmengen K und K^* physikalisch interpretiert werden. Deswegen ist es sinnvoll, simultan Näherungen y_n für y_0 und y_n^* für y_0^* zu berechnen und diese mittels (4.18) und (4.19) abzuschätzen. Zur numerischen Konstruktion derartiger Näherungen eignen sich die im vorigen Abschnitt behandelten Verfahren. Auf Grund von Lemma 4.15 folgt aus der starken Konvergenz dieser Verfahren die Aussage $\Phi(y_n) - \Psi(y_n^*) \to 0$ für $n \to \infty$.

Bemerkung 4.21. Aus der starken Monotonie des Operators A kann man für eine beliebige Näherung x_n von x_0 sofort die Fehlerabschätzung

$$||x_n - x_0|| \leqq \frac{1}{m} ||Ax_n - f||_* \tag{4.20}$$

ableiten. Die Berechnung des Ausdrucks $||Ax_n - f||_*$ kommt jedoch praktisch auf die Lösung der Gleichung $Ju = Ax_n - f$ hinaus. (Es gilt dann $||Ax_n - f||_* = ||u||$.) Bei der häufig gegebenen Raumkonstellation $X \subset H \subset X^*$ (vgl. Kap. I, § 6 und Kap. II, § 2) kann man, falls $Ax_n - f$ zu H gehört, (4.20) zwar zu

$$||x_n - x_0|| \leqq \frac{c}{m} ||Ax_n - f||_H$$

vergröbern und so zu einer in konkreten Fällen durch Quadraturen zu ermittelnden Fehlerabschätzung kommen; jedoch gilt im allgemeinen auch bei $x_n \to x_0$ in X nicht $||Ax_n - f||_H \to 0$.

Bemerkung 4.22. Sei speziell Y Hilbert-Raum und $Y^* = Y$ sowie A_0 der identische Operator in Y. In diesem Fall kann y_0 offenbar als Lösung des Minimumproblems

$$||g - y_0||_0 = \min_{y \in K} ||g - y||_0$$

und y_0^* als Lösung des Minimumproblems

$$||g + y_0^*||_0 = \min_{y^* \in K^*} ||g + y^*||_0$$

charakterisiert werden. Das bedeutet: y_0 ist die Projektion von g auf K und $-y_0^*$ die Projektion von g auf K^*. Bei Einsetzen Ritzscher Näherungen y_n bzw. y_n^* für y_0 bzw. y_0^* anstelle von y bzw. y^* reduziert sich (4.18) auf die in Zusammenhang mit der *Methode der orthogonalen Projektion* bekannte Fehlerabschätzung ((vgl. Michlin [2]).

Kommentare zu Kapitel III

Der von uns benutzte Monotoniebegriff wurde in Arbeiten von Wainberg-Katschurowski [1], Katschurowski [1], Minty [1, 2], Zarantonello [1] und anderen Autoren eingeführt (vgl. die Übersichtsartikel von Katschurowski [1] und Minty [3]). Eine wesentliche Verallgemeinerung dieses Monotoniebegriffs stammt von Brezis [1]. Nach Brezis [1] heißt ein Operator $A \in (X \to X^*)$ *pseudomonoton*, wenn folgende Bedingungen erfüllt sind:

a) A ist beschränkt;

b) aus $u_n \rightharpoonup u$ in X und $\overline{\lim\limits_{n\to\infty}} \langle Au_n, u_n - u\rangle \leqq 0$ folgt $\underline{\lim\limits_{n\to\infty}} \langle Au_n, u_n - v\rangle \geqq \langle Au, u - v\rangle$ $\forall\, v \in X$.

Als ein Beispiel für pseudomonotone Operatoren nennen wir die Summe $B + T$ eines radialstetigen, monotonen, beschränkten Operators $B \in (X \to X^*)$ und eines verstärkt stetigen Operators $T \in (X \to X^*)$. Konkrete Beispiele für pseudomonotone Operatoren erhält man durch energetische Erweiterung elliptischer Differentialoperatoren, bei denen lediglich die den höchsten Ableitungen entsprechenden Funktionen a_α Monotoniebedingungen genügen (vgl. LERAY-LIONS [1], LIONS [1]). Während Existenzaussagen für Gleichungen mit pseudomonotonen Operatoren mit der gleichen Technik bewiesen werden wie Satz 2.1, lassen sich Einzigkeitsaussagen für derartige Gleichungen im allgemeinen nicht formulieren. Bezüglich weiterer Verallgemeinerungen des Monotoniebegriffs verweisen wir auf die Arbeit von BROWDER-HESS [1].

In Kapitel III spielt die Dualitätsabbildung $J \in (X \to X^*)$ des BANACH-Raums X eine wesentliche Rolle. Dualitätsabbildungen wurden von BEURLING-LIVINGSTON [1] eingeführt und explizit zuerst von BROWDER [7] bei der Untersuchung nichtlinearer Operatorgleichungen benutzt. Wir haben die Dualitätsabbildung J in Kapitel I für BANACH-Räume X definiert, die einen strikt konvexen dualen Raum X^* besitzen. Als im allgemeinen allerdings mehrdeutige Abbildung kann man J für beliebige BANACH-Räume erklären. Im übrigen ist jedoch die Einschränkung auf BANACH-Räume X mit strikt konvexem dualem Raum X^* für uns nicht wesentlich, denn nach ASPLUND [1] kann man in jedem reflexiven BANACH-Raum X eine zur ursprünglichen Norm äquivalente Norm angeben, so daß X strikt konvex bezüglich der neuen Norm und X^* strikt konvex bezüglich der dazu dualen Norm ist.

Lemma 1.1 wurde von KATSCHUROWSKI [1] bewiesen. Lemma 1.2 ist ein Spezialfall eines von ROCKAFELLAR [1] erhaltenen Resultats. Die Äquivalenz der Begriffe Hemistetigkeit und Demistetigkeit bei monotonen Operatoren hat KATO [3] bewiesen. Lemma 1.3 enthält eine Verallgemeinerung dieses Resultats. Operatoren, die der Bedingung c) aus Lemma 1.3 genügen, heißen bei LIONS [1] *Operatoren vom Typ M*. Jeder im oben definierten Sinne pseudomonotone Operator ist vom Typ M (vgl. LIONS [1]).

Wir haben uns (vgl. die Lemmata 1.4—1.6) auf die Angabe weniger, aber typischer Beispiele für monotone Operatoren beschränkt. Weitgehende Anwendungen der Theorie monotoner Operatoren auf nichtlineare elliptische Randwertprobleme findet man beispielsweise bei BROWDER [2, 8] und LIONS [1]. Den an der Anwendung der Theorie monotoner Operatoren auf nichtlineare Integralgleichungen interessierten Leser verweisen wir auf BROWDER [12] und WAINBERG [2] und die dort zitierte Literatur.

Satz 2.1 wurde von BROWDER [2] und MINTY [2] bewiesen. (Bei diesen Autoren wird anstelle der Radialstetigkeit die formal schärfere Voraussetzung der Hemistetigkeit gestellt.) Dem Satz 2.2 ähnliche Resultate findet man beispielsweise bei KATSCHUROWSKI [2]. Maximal monotone Operatoren wurden von MINTY [1] eingeführt, und zwar für den Fall, daß X ein HILBERT-Raum ist. Maximal monotone Operatoren im reflexiven BANACH-Raum wurden zuerst von BROWDER [10] und später von BREZIS [2], BREZIS-CRANDALL-PAZY [1] sowie ROCKAFELLAR [1, 2] betrachtet. Satz 2.3 wurde von BROWDER [10] ohne die Voraussetzungen der Radialstetigkeit von A und der Linearität von $D(A)$ formuliert.

Konvergenzaussagen über das GALERKIN-Verfahren, wie sie die Sätze 3.1—3.3 enthalten, haben verschiedene Autoren bewiesen. Wir verweisen in diesem Zusammenhang auf die Übersichtsartikel von KATSCHUROWSKI [2] und PETRYSHYN [1]. Auch über Iterationsverfahren zur Lösung nichtlinearer Operatorgleichungen im HILBERT-Raum existieren zahlreiche Untersuchungen. Wir verweisen diesbezüglich auf den Übersichtsartikel von BROWDER-PETRYSHYN [1]. Dort findet man auch Lemma 3.1, das den Sätzen 3.4 und 3.5 zugrunde liegt. Lemma 3.2 wurde von GAJEWSKI [1] bewiesen. Literatur zum Projektions-Iterationsverfahren enthält der Übersichtsartikel GAJEWSKI-KLUGE [1]. Satz 3.7 ist eine spezielle Regularisierungsvariante. Eine ausführliche Darstellung verschiedener Regularisierungsmethoden und ihrer Anwendungen findet man bei LIONS [1, 2].

Die Behandlung nichtlinearer Operatorgleichungen mit Variationsmethoden geht auf WAINBERG [1] zurück. Wir verweisen in diesem Zusammenhang auch auf Arbeiten von LANGENBACH [1, 2] und KATSCHUROWSKI [1]. Bei WAINBERG [2] findet man viele der in den ersten vier Abschnitten von § 4 formulierten Aussagen. Ausnahmen bilden die Lemmata 4.3, 4.4, 4.12 und 4.14 sowie die Sätze 4.4, 4.5 und 4.6, die in dieser Form neu sind.

Die Dualitätstheorie konvexer Funktionale geht auf FENCHEL [1] und MOREAU [1] zurück (vgl. auch den Übersichtsartikel von JOFFE-TICHOMIROW [1] und die dort zitierte Literatur). Satz 4.7 wurde für endlichdimensionale Räume von FENCHEL [1] bewiesen und von MOREAU [1] auf den unendlichdimensionalen Fall übertragen. Satz 4.8 ist ein Spezialfall eines allgemeineren Ergebnisses von MOREAU [2] über Subgradienten konvexer Funktionale. Die Sätze 4.9 und 4.10 sind Verallgemeinerungen entsprechender Resultate von BITTNER [1, 2].

In den letzten Jahren ist eine Theorie entstanden, die die Theorie konvexer Funktionale und die Theorie monotoner Operatoren umfaßt. In dieser sogenannten Theorie der *Variationsungleichungen* werden Probleme der folgenden Form (Variationsungleichungen) untersucht: Es ist ein $u \in K$ derart zu finden, daß gilt

$$\langle Au - f, v - u \rangle + F(v) - F(u) \geqq 0 \qquad \forall\, v \in K\,.$$

Dabei ist $K \subset X$ eine beliebige, in der Regel abgeschlossene und konvexe Teilmenge des BANACH-Raums X, $f \in X^*$ ein vorgegebenes Element, $A \in (X \to X^*)$ ein monotoner oder allgemeiner ein pseudomonotoner Operator und F ein in der Regel konvexes Funktional. Da die Anwendung der Ergebnisse dieser Theorie auf den in diesem Buch betrachteten Spezialfall der Operatorgleichungen keine Vereinfachungen mit sich bringt, haben wir darauf verzichtet, näher auf Variationsungleichungen einzugehen. An der Theorie der Variationsungleichungen interessierte Leser verweisen wir auf LIONS [1, 2], KLUGE [1] und die dort zitierte Literatur.

KAPITEL IV

FUNKTIONALANALYTISCHE FORMULIERUNG VON RAND-ANFANGSWERTPROBLEMEN

Dieses Kapitel hat für die Behandlung von Operatordifferentialgleichungen die gleiche Funktion wie Kapitel II für die Behandlung von Operatorgleichungen. Es besteht aus zwei Paragraphen.

In § 1 führen wir die Funktionenräume ein, die bei der Untersuchung instationärer Probleme in den folgenden Kapiteln eine Rolle spielen. Außerdem geben wir in § 1 die später benötigten Eigenschaften dieser Räume an, und zwar im Unterschied zum Vorgehen in Kap. II, § 1 im allgemeinen mit ausführlichen Beweisen, da die hier zur Diskussion stehenden Räume in Lehrbüchern der Funktionalanalysis meist nicht behandelt werden.

In § 2 zeigen wir, wie man Rand-Anfangswertaufgaben für parabolische Differentialgleichungen als Anfangswertaufgaben für Operatordifferentialgleichungen in passend gewählten Banach-Räumen formulieren kann. Darüber hinaus geben wir in § 2 eine Übersicht über die Typen von Operatordifferentialgleichungen, mit denen wir uns in den Kapiteln V, VI und VII befassen werden.

§ 1. Funktionalräume zur Behandlung instationärer Probleme

Will man einen instationären Prozeß, der in einem räumlichen Gebiet G abläuft, im Zeitintervall S beschreiben, so kann man mit zeit- und ortsabhängigen Funktionen arbeiten, d. h. mit Funktionen u, die jedem Paar $\{t, x\} \in S \times G$ eine reelle Zahl oder einen Vektor $u(t, x)$ zuordnen. In dieser Auffassung treten Zeit und Ort völlig gleichberechtigt auf. Es hat sich jedoch herausgestellt, daß eine andere Auffassung zur mathematischen Beschreibung instationärer Prozesse weit besser geeignet ist. Diese Auffassung geht davon aus, daß man es bei instationären Prozessen mit Zeitfunktionen zu tun hat, die jedem Zeitpunkt t eine Funktion $u(t, \cdot)$ des Ortes zuordnen. (Beispielsweise wird jedem Zeitpunkt eine Temperatur- oder Geschwindigkeitsverteilung im Gebiet G zugeordnet.) Man betrachtet also Funktionen, die auf dem Zeitintervall S definiert sind und deren Werte Elemente eines Raums von Ortsfunktionen sind (beispielsweise des Raums $H_0^1(G)$ oder irgendeines anderen in Kap. II, § 1 eingeführten Raums von Ortsfunktionen).

Bis zum Ende dieses Paragraphen sei S ein (beschränktes oder unbeschränktes) Intervall des Raums R^1. Mit $\{X, \|\cdot\|\}$ bezeichnen wir in den ersten vier Abschnitten dieses Paragraphen einen beliebigen Banach-Raum und mit $\{X^*, \|\cdot\|_*\}$ den dazu dualen Raum. Wir benutzen diese Bezeichnungen, ohne in jedem Falle erneut auf ihre Bedeutung hinzuweisen.

Die vorangegangenen Ausführungen lassen erkennen, daß es im Zusammenhang mit der Behandlung zeitabhängiger Probleme zweckmäßig sein wird, Räume von Funktionen aus $(S \to X)$ einzuführen, insbesondere Räume von differenzierbaren und integrierbaren Funktionen.

1. Räume stetig differenzierbarer Funktionen

Definition 1.1. Eine Funktion $u \in (S \to X)$ heißt *differenzierbar im Punkt* $t \in S$, wenn ein Element $x \in X$ existiert, für welches gilt:

$$\lim_{\substack{h \to 0 \\ t+h \in S}} \left\| \frac{u(t+h) - u(t)}{h} - x \right\| = 0 \,.$$

Das Element x bezeichnet man als *Ableitung von u im Punkt t*; man schreibt dafür üblicherweise $u'(t)$.

Eine Funktion $u \in (S \to X)$ heißt *differenzierbar*, wenn sie in jedem Punkt von S differenzierbar ist. Die Funktion $u' \in (S \to X)$, die jedem $t \in S$ die Ableitung von u im Punkt t zuordnet, heißt *Ableitung* von u.

Definition 1.2. Eine Funktion $u \in (S \to X)$ heißt *schwach differenzierbar im Punkt* $t \in S$, wenn ein Element $x \in X$ existiert, für welches gilt:

$$\lim_{\substack{h \to 0 \\ t+h \in S}} \left\langle f, \frac{u(t+h) - u(t)}{h} \right\rangle - x = 0 \quad \forall f \in X^* \,.$$

Das Element x bezeichnet man als *schwache Ableitung von u im Punkt t*; man schreibt dafür üblicherweise $u'(t)$.

Eine Funktion $u \in (S \to X)$ heißt *schwach differenzierbar*, wenn sie in jedem Punkt von S schwach differenzierbar ist. Die Funktion $u' \in (S \to X)$, die jedem $t \in S$ die schwache Ableitung von u im Punkt t zuordnet, heißt *schwache Ableitung* von u.

Bemerkung 1.1. Aus den Definitionen 1.1 und 1.2 geht hervor, daß die Ableitung einer Funktion $u \in (S \to X)$ im Falle ihrer Existenz gleichzeitig schwache Ableitung von u ist. Daß wir sowohl die Ableitung als auch die schwache Ableitung einer Funktion $u \in (S \to X)$ mit u' bezeichnen, wird nicht zu Mißverständnissen führen. Es wird stets aus dem Zusammenhang ersichtlich sein, um welche Ableitung es sich handelt.

Bemerkung 1.2. Aufbauend auf den Definitionen 1.1 und 1.2 kann man in der üblichen Weise induktiv die Begriffe der m-maligen Differenzierbarkeit und der m-maligen schwachen Differenzierbarkeit sowie die Begriffe der m-ten Ableitung und der m-ten schwachen Ableitung einer Funktion $u \in (S \to X)$ definieren.

Definition 1.3. Wir bezeichnen mit $C^m(S; X)$ die Menge aller Funktionen aus $(S \to X)$, die stetige Ableitungen bis zur Ordnung m einschließlich besitzen, und mit $C_w^m(S; X)$ die Menge aller Funktionen aus $(S \to X)$, die demistetige schwache Ableitungen bis zur Ordnung m einschließlich besitzen.

Bemerkung 1.3. Eine Funktion $u \in (S \to X)$ ist nach Definition 5.8, Kap. I, demistetig, wenn für jedes $f \in X^*$ die Funktion $\langle f, u(\cdot)\rangle \in (S \to R^1)$ stetig ist.

Bemerkung 1.4. $C^0(S; X)$ ist die Menge der stetigen Funktionen aus $(S \to X)$ und $C_w^0(S; X)$ die Menge der demistetigen Funktionen aus $(S \to X)$. Wir schreiben für diese Mengen auch $C(S; X)$ bzw. $C_w(S; X)$.

Bemerkung 1.5. Ist $u \in C_w^m(S; X)$, so ist

$$\langle f, u(\cdot)\rangle \in C^m(S) \qquad \forall f \in X^* .$$

Ist X schwach vollständig, so gilt auch die Umkehrung. Dabei ist

$$\langle f, u^{(j)}(\cdot)\rangle = \frac{d^j}{dt^j} \langle f, u(\cdot)\rangle , \qquad j = 0, \dots, m .$$

Wir beweisen nun ein Lemma, von dem wir später an verschiedenen Stellen Gebrauch machen werden.

Lemma 1.1. Für $u \in C_w^1(S; X)$ und beliebige $s, t \in S$, $s < t$, ist $\sup\limits_{s \leq \tau \leq t} \|u'(\tau)\| < \infty$ und

$$\|u(t) - u(s)\| \leq (t - s) \sup_{s \leq \tau \leq t} \|u'(\tau)\| . \tag{1.1}$$

Beweis. Wäre $\sup\limits_{s \leq \tau \leq t} \|u'(\tau)\|$ nicht endlich, so gäbe es eine Folge $\{\tau_i\}$ aus $[s, t]$ mit $\|u'(\tau_i)\| \to \infty$. Die Folge $\{\tau_i\}$ kann wegen der Kompaktheit des Intervalls $[s, t]$ ohne Beschränkung der Allgemeinheit als konvergent angesehen werden. Dann ist die Folge $\{u'(\tau_i)\}$ auf Grund der Demistetigkeit von u' in X schwach konvergent. Schwach konvergente Folgen sind aber nach Satz 5.5, Kap. I, beschränkt. Folglich war die Annahme, $\sup\limits_{s \leq \tau \leq t} \|u'(\tau)\|$ sei nicht endlich, falsch. Für $u \in C_w^1(S; X)$ und $f \in X^*$ ist die reelle Funktion $\langle f, u(\cdot)\rangle$ stetig differenzierbar. Daher gilt:

$$\begin{aligned}
|\langle f, u(t) - u(s)\rangle| &= |\langle f, u(t)\rangle - \langle f, u(s)\rangle| \\
&\leq (t - s) \sup_{s \leq \tau \leq t} \left| \frac{d}{d\sigma} \langle f, u(\sigma)\rangle_{|\sigma=\tau} \right| = (t - s) \sup_{s \leq \tau \leq t} |\langle f, u'(\tau)\rangle| \\
&\leq (t - s) \sup_{s \leq \tau \leq t} \|f\|_* \|u'(\tau)\| .
\end{aligned}$$

Aus dieser Abschätzung folgt die Behauptung (1.1).

Damit ist Lemma 1.1 bewiesen.

Satz 1.1. *Die Menge $C^m(S; X)$, die in natürlicher Weise einen linearen Raum bildet, wird für den Fall, daß S kompakt ist, mit der Norm*

$$\|u\|_{C^m(S;X)} = \sum_{j=0}^{m} \sup_{t \in S} \|u^{(j)}(t)\| \tag{1.2}$$

zu einem BANACH-*Raum.*

Beweis. Satz 1.1 läßt sich im wesentlichen ebenso beweisen wie der entsprechende Satz für Räume reellwertiger Funktionen. Daß bei kompaktem S durch (1.2) auf $C^m(S; X)$ eine Norm definiert wird, ist unmittelbar zu sehen. Zu beweisen bleibt die Vollständigkeit. Es sei $\{u_n\}$ eine Fundamentalfolge in $C^m(S; X)$. Daß die Folge $\{u_n^{(j)}(t)\}$ für feste j und t einen Grenzwert $v_j(t) \in X$ hat, folgt aus der Normdefinition (1.2) und der Vollständigkeit von X. Zu $\varepsilon > 0$ existiert ein $N(\varepsilon)$ derart, daß für $n > N(\varepsilon)$ gilt:

$$\begin{aligned} \|u_n^{(j)}(t) - v_j(t)\| &= \lim_{k\to\infty} \|u_n^{(j)}(t) - u_k^{(j)}(t)\| \\ &\leqq \overline{\lim_{k\to\infty}} \sup_{t\in S} \|u_n^{(j)}(t) - u_k^{(j)}(t)\| < \varepsilon . \end{aligned}$$

Daher konvergiert die Folge $\{u_n^{(j)}\}$ gleichmäßig gegen v_j. Die Stetigkeit der Funktionen $v_j \in (S \to X)$ ergibt sich aus der Abschätzung

$$\|v_j(t) - v_j(s)\| \leqq \|v_j(t) - u_n^{(j)}(t)\| + \|u_n^{(j)}(t) - u_n^{(j)}(s)\| + \|u_n^{(j)}(s) - v_j(s)\| ,$$

aus der Stetigkeit von $u_n^{(j)}$ und aus der soeben gezeigten gleichmäßigen Konvergenz der $u_n^{(j)}$ gegen v_j.

Wir beweisen nun, daß $v_j = v_0^{(j)}$ ist. Nach (1.1) ist

$$\|u_n(t) - u_k(t) - \big(u_n(s) - u_k(s)\big)\| \leqq |t - s| \sup_{\tau\in S} \|u_n'(\tau) - u_k'(\tau)\| .$$

Daraus ergibt sich für $n \to \infty$:

$$\|v_0(t) - v_0(s) - \big(u_k(t) - u_k(s)\big)\| \leqq |t - s| \sup_{\tau\in S} \|v_1(\tau) - u_k'(\tau)\| .$$

Daher ist für beliebiges $s \in S$

$$\begin{aligned} \lim_{t\to s} \left\| \frac{v_0(t) - v_0(s)}{t - s} - v_1(s) \right\| &\leqq \underline{\lim_{k\to\infty}} \lim_{t\to s} \left\{ \left\| \frac{v_0(t) - v_0(s) - (u_k(t) - u_k(s))}{t - s} \right\| \right. \\ &\quad \left. + \left\| \frac{u_k(t) - u_k(s)}{t - s} - v_1(s) \right\| \right\} \\ &\leqq \underline{\lim_{k\to\infty}}\, 2 \sup_{\tau\in S} \|v_1(\tau) - u_k'(\tau)\| = 0 . \end{aligned}$$

Folglich ist v_0 differenzierbar und $v_0' = v_1$. Entsprechend beweist man $v_{j-1}' = v_j$, $j = 2, \ldots, m$. Die Fundamentalfolge $\{u_n\}$ besitzt also die Grenzfunktion $v_0 \in C^m(S; X)$.

Damit ist Satz 1.1 bewiesen.

Satz 1.2. *Erklärt man für kompaktes S in der Menge $C_w^m(S; X)$, die in natürlicher Weise einen linearen Raum bildet, eine Topologie mit Hilfe der Halbnormen*

$$p_{f,j}(u) = \sup_{t\in S} |\langle f, u^{(j)}(t)\rangle|, \; f \in X^*, \; j = 0, \ldots, m , \tag{1.3}$$

so wird $C_w^m(S; X)$ zu einem lokalkonvexen Raum. Ist X schwach vollständig, so ist dieser lokalkonvexe Raum vollständig. (Man vergleiche hierzu die Definitionen 4.1 und 4.2, Kap. I, sowie die Bemerkungen 4.2 und 4.8, Kap. I.)

Beweis. Daß bei kompaktem S durch (1.3) auf $C_w^m(S; X)$ Halbnormen definiert werden, ist unmittelbar zu sehen. Aus $p_{f,0}(u) = 0$ für jedes $f \in X^*$ folgt $u = 0$, und daher ist die Familie der durch (1.3) definierten Halbnormen zur Erklärung einer Topologie in $C_w^m(S; X)$ geeignet. Eine Folge $\{u_n\}$ aus $C_w^m(S; X)$ konvergiert genau dann in diesem Raum gegen eine Funktion u, wenn für jedes $f \in X^*$ die Folge der Funktionen $\langle f, u_n(\cdot)\rangle$ in $C^m(S)$ gegen $\langle f, u(\cdot)\rangle$ konvergiert.

Es sei nun X schwach vollständig und $\{u_n\}$ eine Fundamentalfolge in $C_w^m(S;X)$, d. h. eine Folge, für die gilt:

$$\left.\begin{aligned} &\lim_{n,k\to\infty} \sup_{t\in S} |\langle f, u_n^{(j)}(t) - u_k^{(j)}(t)\rangle| = 0 \\ &\text{für jedes } f \in X^* \text{ und } j = 0, \dots, m. \end{aligned}\right\} \tag{1.4}$$

Dann konvergiert die Folge $\{w_{fn}\}$ der Funktionen $w_{fn} = \langle f, u_n(\cdot)\rangle$ in $C^m(S)$ gegen eine Funktion $w_f \in C^m(S)$. Andererseits folgt aus der schwachen Vollständigkeit von X und aus (1.4), daß für jedes $t \in S$ die Folge $\{u_n(t)\}$ schwach gegen ein Element $u(t) \in X$ konvergiert. Somit ist

$$w_f(t) = \lim_{n\to\infty} w_{fn}(t) = \lim_{n\to\infty} \langle f, u_n(t)\rangle = \langle f, u(t)\rangle .$$

Daraus geht hervor, daß $u \in C_w^m(S; X)$ ist und

$$\langle f, u^{(j)}(\cdot)\rangle = w_f^{(j)} = \lim_{n\to\infty} \langle f, u_n^{(j)}(\cdot)\rangle, \quad j = 1, \dots, m$$

(vgl. Bemerkung 1.5). Damit ist Satz 1.2 bewiesen.

Satz 1.3 (Weierstrassscher Approximationssatz). *Ist S kompakt, so liegt die Menge der Polynome aus $(S \to X)$, d. h. die Menge $\{p \mid p \in (S \to X), p(t) = \sum_{j=0}^{m} a_j t^j, a_j \in X, j = 0, \dots, m\}$, in $C(S; X)$ dicht.*

Dem Beweis von Satz 1.3 stellen wir ein Lemma voran.

Lemma 1.2. Für $t \in R^1$ und beliebiges ganzes n gilt

$$\sum_{k=0}^{n} (k - nt)^2 \binom{n}{k} t^k (1 - t)^{n-k} = nt(1 - t) . \tag{1.5}$$

Beweis. Aus der Identität

$$(t + s)^n = \sum_{k=0}^{n} \binom{n}{k} t^k s^{n-k} \tag{1.6}$$

ergibt sich durch Differentiation nach t und Multiplikation mit t

$$nt(t + s)^{n-1} = \sum_{k=0}^{n} \binom{n}{k} k t^k s^{n-k} . \tag{1.7}$$

Durch zweimalige Differentiation von (1.6) nach t und Multiplikation mit t^2 erhält man weiter

$$n(n - 1)\, t^2 (t + s)^{n-2} = \sum_{k=0}^{n} \binom{n}{k} k(k - 1) t^k s^{n-k} . \tag{1.8}$$

Wir setzen zur Abkürzung $r_k(t) = \binom{n}{k} t^k(1-t)^{n-k}$. Unter Benutzung von (1.6), (1.7) und (1.8) für $s = 1 - t$ ergibt sich

$$\sum_{k=0}^{n} (k - nt)^2 r_k(t) = \sum_{k=0}^{n} \{k(k-1) + (1-2nt)\,k + n^2t^2\} r_k(t)$$
$$= n(n-1)\,t^2 + (1-2nt)\,nt + n^2t^2 = nt(1-t)\,.$$

Damit ist Lemma 1.2 bewiesen.

Beweis von Satz 1.3. Es genügt, den Beweis für $S = [0, 1]$ zu führen, da der Fall eines beliebigen kompakten Intervalls S durch eine einfache Transformation auf diesen Spezialfall zurückgeführt werden kann.

Zu $u \in C([0, 1]; X)$ und $\varepsilon > 0$ sei $\delta > 0$ so gewählt, daß für $|s - t| < \delta$ gilt: $\|u(s) - u(t)\| < \varepsilon$. Wir setzen

$$p_n(t) = \sum_{k=0}^{n} \binom{n}{k} u\left(\frac{k}{n}\right) t^k(1-t)^{n-k}\,. \tag{1.9}$$

Dann erhalten wir unter Benutzung von (1.5)

$$\|p_n(t) - u(t)\| = \left\|\sum_{k=0}^{n} \binom{n}{k}\left(u\left(\frac{n}{k}\right) - u(t)\right) t^k(1-t)^{n-k}\right\|$$
$$\leqq \sum_{\left|\frac{k}{n}-t\right|<\delta} \left\|u\left(\frac{k}{n}\right) - u(t)\right\| \binom{n}{k} t^k(1-t)^{n-k}$$
$$+ \sum_{\left|\frac{k}{n}-t\right|\geqq\delta} \left\|u\left(\frac{k}{n}\right) - u(t)\right\| \binom{n}{k} t^k(1-t)^{n-k}$$
$$\leqq \varepsilon \sum_{k=0}^{n} \binom{n}{k} t^k(1-t)^{n-k}$$
$$+ \frac{2\,\|u\|_{C([0,1];X)}}{n^2\,\delta^2} \sum_{k=0}^{n} (k - nt)^2 \binom{n}{k} t^k(1-t)^{n-k}$$
$$\leqq \varepsilon + \frac{2\,\|u\|_{C([0,1];X)}}{n\delta^2}\, t(1-t)\,.$$

Ist n hinreichend groß, so gilt also für das durch (1.9) definierte Polynom p_n:

$$\|p_n - u\|_{C([0,1];X)} < 2\varepsilon\,.$$

Damit ist Satz 1.3 bewiesen.

2. Das Bochner-Integral

Wir definieren in diesem Abschnitt die Meßbarkeit und die Integrierbarkeit von Funktionen aus $(S \to X)$. Diese Begriffe gehen auf S. Bochner [1] zurück. Wir stellen ohne Beweis diejenigen Eigenschaften des sogenannten Bochner-

Integrals zusammen, die wir im folgenden benötigen. Der an Beweisen interessierte Leser findet diese beispielsweise in YOSIDA [1].

Definition 1.4. Eine Funktion $u \in (S \to X)$ heißt *einfach*, wenn es endlich viele in S enthaltene durchschnittsfremde LEBESGUE-meßbare Mengen B_i ($i = 1, \ldots, n$) mit $\text{mes}(B_i) < \infty$ derart gibt, daß u auf jeder der Mengen B_i einen konstanten Wert x_i annimmt und daß $u(s) = 0$ ist für $s \in S \setminus \bigcup_{i=1}^{n} B_i$. Das BOCHNER-Integral einer solchen einfachen Funktion wird definiert durch

$$\int_S u(s)\, ds = \sum_{i=1}^{n} \text{mes}\,(B_i)\, x_i .$$

Können für eine einfache Funktion $u \in (S \to X)$ die entsprechenden Mengen B_i als Intervalle gewählt werden, so nennt man u *Treppenfunktion*.

Definition 1.5. Eine Funktion $u \in (S \to X)$ heißt BOCHNER-*meßbar*, wenn eine Folge $\{u_n\}$ von einfachen Funktionen existiert, für die folgendes gilt:

$$u_n(s) \to u(s) \quad \text{für fast alle} \quad s \in S . \tag{1.10}$$

Genügt eine solche Folge außerdem der Bedingung

$$\lim_{n \to \infty} \int_S \|u(s) - u_n(s)\|\, ds = 0 , \tag{1.11}$$

so heißt u BOCHNER-*integrierbar*. Das BOCHNER-*Integral* einer BOCHNER-integrierbaren Funktion u über eine LEBESGUE-meßbare Menge $B \subset S$ wird definiert durch

$$\int_B u(s)\, ds = \lim_{n \to \infty} \int_S u_n(s)\, C_B(s)\, ds ; \tag{1.12}$$

dabei bezeichnet C_B die durch

$$C_B(s) = \begin{cases} 1 & \text{für} \quad s \in B , \\ 0 & \text{für} \quad s \notin B \end{cases}$$

definierte charakteristische Funktion der Menge B.

Ist $B = [a, b]$, so schreiben wir für $\int_B u(s)\, ds$, wie üblich, $\int_a^b u(s)\, ds$. Für $b < a$ definieren wir

$$\int_a^b u(s)\, ds = - \int_b^a u(s)\, ds .$$

Bemerkung 1.6. Aus der BOCHNER-Meßbarkeit von u folgt, daß $\|u(\cdot) - u_n(\cdot)\|$ in S LEBESGUE-meßbar ist. Daher hat die Bedingung (1.11) einen Sinn. Der in (1.12) auftretende Grenzwert existiert unter der Voraussetzung (1.11) und ist für alle Folgen einfacher Funktionen mit den Eigenschaften (1.10) und (1.11) der gleiche. Damit ist die Definition 1.5 erst gerechtfertigt.

Satz 1.4. *Ist der Raum X separabel, so ist $u \in (S \to X)$ genau dann* Bochner-*meßbar, wenn für jedes $f \in X^*$ die Funktion $\langle f, u(\cdot)\rangle \in (S \to R^1)$* Lebesgue-*meßbar ist.*

Satz 1.5. *Existiert zu $u \in (S \to X)$ eine Folge $\{u_n\}$ von* Bochner-*meßbaren Funktionen mit der Eigenschaft*

$$u_n(t) \to u(t) \quad \text{in } X \text{ für fast jedes} \quad t \in S\,,$$

so ist u Bochner-*meßbar.*

Satz 1.6. *Eine* Bochner-*meßbare Funktion $u \in (S \to X)$ ist genau dann* Bochner-*integrierbar, wenn die Funktion $||u(\cdot)|| \in (S \to R^1)$* Lebesgue-*integrierbar ist. Für eine* Bochner-*integrierbare Funktion u gilt:*

$$\left\|\int_B u(s)\,\mathrm{d}s\right\| \leqq \int_B ||u(s)||\,\mathrm{d}s \tag{1.13}$$

für jede Lebesgue-*meßbare Menge $B \subset S$.*

Satz 1.7. *Ist $u \in (S \to X)$* Bochner-*integrierbar, so ist die durch*

$$v(t) = \int_{t_0}^{t} u(s)\,\mathrm{d}s\,, \qquad t_0 \in S\,,$$

definierte Funktion $v \in (S \to X)$ in fast allen Punkten von S differenzierbar und es gilt:

$$v'(t) = u(t) \quad \text{für fast alle} \quad t \in S\,.$$

Satz 1.8. *Ist $u \in (S \to X)$* Bochner-*integrierbar und $B \subset S$ meßbar, so gilt für beliebiges $f \in X^*$:*

$$\int_B \langle f, u(s)\rangle\,\mathrm{d}s = \langle f, \int_B u(s)\,\mathrm{d}s\rangle\,. \tag{1.14}$$

Satz 1.9. *Ist S kompakt, so ist jede Funktion $u \in C_w(S; X)$* Bochner-*integrierbar. Ist $u \in C_w(S; X)$ und v die durch*

$$v(t) = \int_{t_0}^{t} u(s)\,\mathrm{d}s\,, \quad t_0 \in S\,,$$

definierte Funktion aus $(S \to X)$, so gilt $v \in C_w^1(S; X)$ und $v' = u$. Ist $u \in C(S; X)$, so ist $v \in C^1(S; X)$.

Satz 1.10. *Jede Funktion $u \in C_w^1(S; X)$ ist für fast jedes $t \in S$ differenzierbar.*

Bemerkung 1.7. Die Sätze 1.9 und 1.10 findet man in dieser Form bei Yosida [1] nicht. Satz 1.9 ergibt sich unter Benutzung der Sätze 1.4 und 1.8 in einfacher Weise aus der Definition der Räume $C_w^m(S; X)$. Man macht dabei davon Gebrauch, daß der Wertebereich von $u \in C_w(S; X)$ in einem separablen Teilraum von X liegt. Satz 1.10 folgt aus Satz 1.7, da sich $u \in C_w^1(S; X)$ als Integral seiner Ableitung darstellen läßt.

3. Räume integrierbarer Funktionen

Die Ausführungen dieses Abschnitts sind denen des entsprechenden Abschnitts von Kap. II, § 1 weitgehend analog.

Definition 1.6. Wir nennen zwei Funktionen u, $v \in (S \to X)$ *äquivalent*, wenn $u(s) = v(s)$ für fast alle $s \in S$ gilt.

Bemerkung 1.8. Wir werden hier ebenso wie bei den Räumen reellwertiger integrierbarer Funktionen häufig zwischen äquivalenten Funktionen nicht unterscheiden, ohne das jedesmal besonders zu betonen.

Definition 1.7. Wir bezeichnen mit $L^p(S; X)$, $1 \leqq p < \infty$, die Menge aller BOCHNER-meßbaren Funktionen $u \in (S \to X)$, für die

$$\int_S \|u(s)\|^p \, ds < \infty$$

ist.

Satz 1.11. *Die Menge $L^p(S; X)$, $1 \leqq p < \infty$, die in natürlicher Weise einen linearen Raum bildet, ist ein* BANACH-*Raum bezüglich der Norm*

$$\|u\|_{L^p(S;X)} = \left(\int_S \|u(s)\|^p \, ds\right)^{1/p}. \tag{1.15}$$

Beweis. Daß durch (1.15) auf $L^p(S; X)$ eine Norm definiert wird, ist (unter Benutzung der Dreiecksungleichung in X und der MINKOWSKIschen Ungleichung) leicht einzusehen. Zu beweisen ist daher nur noch die Vollständigkeit von $L^p(S; X)$.

Es sei $\{u_n\}$ eine Fundamentalfolge in $L^p(S; X)$, d. h., es gelte

$$\lim_{n,k\to\infty} \int_S \|u_n(s) - u_k(s)\|^p ds = 0 .$$

Wir wählen eine wachsende Folge $\{k_j\}$, $j = 1, 2, \ldots$, von natürlichen Zahlen mit der Eigenschaft

$$\int_S \|u_n(s) - u_{k_j}(s)\|^p \, ds < 4^{-j} \quad \text{für} \quad n \geqq k_j . \tag{1.16}$$

Für die Folge $\{v_j\} = \{u_{k_j}\}$, $j = 1, 2, \ldots$, gilt wegen (1.16)

$$\int_S \|v_{j+1}(s) - v_j(s)\|^p \, ds < 4^{-j} . \tag{1.17}$$

Es sei $M_j = \{s \mid s \in S, \|v_{j+1}(s) - v_j(s)\|^p \geqq 2^{-j}\}$ und $N_i = \bigcup_{j \geqq i} M_j$. Aus (1.17) folgt

$$2^{-j} \operatorname{mes}(M_j) \leqq \int_S \|v_{j+1}(s) - v_j(s)\|^p \, ds < 4^{-j} ,$$

d. h., es ist $\operatorname{mes}(M_j) < 2^{-j}$ und daher $\operatorname{mes}(N_i) < \sum_{j \geqq i} 2^{-j} = 2^{1-i}$. Für $N = \bigcap_1^\infty N_i$ folgt daraus wegen $N_1 \supset N_2 \supset \ldots$ die Beziehung $\operatorname{mes}(N) = 0$. Es sei nun $s \notin N$.

Dann existiert ein i mit $s \notin N_i$, d. h., es ist $s \notin M_j$ für alle $j \geqq i$. Folglich ist

$$||v_{j+1}(s) - v_j(s)||^p < 2^{-j} \quad \text{für} \quad j \geqq i\,.$$

Für $s \in S \setminus N$ gilt also

$$\lim_{i,j\to\infty} ||v_j(s) - v_i(s)|| \leqq \lim_{i\to\infty} \sum_{l=i}^{\infty} 2^{-l/p} = 0\,.$$

Wegen der Vollständigkeit von X existiert zu $s \in S \setminus N$ ein Element $u(s) \in X$ mit der Eigenschaft

$$\lim_{j\to\infty} ||v_j(s) - u(s)|| = 0\,.$$

Setzen wir noch $u(s) = 0$ für $s \in N$, so ist u als Grenzfunktion der meßbaren Funktionen v_j (im Sinne der punktweisen Konvergenz fast überall) selbst meßbar (vgl. Satz 1.5). Nach dem Lemma von FATOU gilt

$$\int_S ||v_j(s) - u(s)||^p \, ds \leqq \underline{\lim}_{i\to\infty} \int_S ||v_j(s) - v_i(s)||^p \, ds\,.$$

Da $\{v_j\}$ eine Teilfolge der Fundamentalfolge $\{u_n\}$ ist, wird der letzte Ausdruck für hinreichend großes j beliebig klein. Daher ist $u \in L^p(S; X)$ und

$$\lim_{j\to\infty} \int_S ||v_j(s) - u(s)||^p \, ds = 0\,.$$

Daraus folgt

$$\begin{aligned}
&\overline{\lim_{n\to\infty}} \int_S ||u_n(s) - u(s)||^p \, ds \\
&\leqq \overline{\lim_{n,j\to\infty}} \int_S (||u_n(s) - v_j(s)|| + ||v_j(s) - u(s)||)^p \, ds \\
&\leqq \overline{\lim_{n,j\to\infty}} \int_S 2^p \, (||u_n(s) - u_{k_j}(s)||^p + ||v_j(s) - u(s)||)^p \, ds = 0\,.
\end{aligned}$$

Die Folge $\{u_n\}$ konvergiert also in $L^p(S; X)$, gegen die Funktion $u \in L^p(S; X)$. Damit ist Satz 1.11 bewiesen.

Lemma 1.3. Die Menge der Treppenfunktionen aus $(S \to X)$ (siehe Definition 1.4) ist in $L^p(S; X)$, $1 \leqq p < \infty$, dicht.

Beweis. Es sei $u \in L^p(S; X)$ gegeben. Wegen der Meßbarkeit von u existiert eine Folge $\{u_n\}$ von einfachen Funktionen aus $(S \to X)$ mit der Eigenschaft

$$u_n(s) \to u(s) \quad \text{für fast alle} \quad s \in S\,. \tag{1.18}$$

Wir definieren Funktionen $v_n \in (S \to X)$ durch die Festsetzung

$$v_n(s) = \begin{cases} u_n(s), \text{ falls } ||u_n(s)|| \leqq 2\,||u(s)||\,, \\ 0 \quad \text{sonst.} \end{cases} \tag{1.19}$$

Die Funktionen v_n sind, wie man leicht sieht, ebenfalls einfache Funktionen. Aus (1.18) und (1.19) folgt

$$v_n(s) \to u(s) \quad \text{für fast alle} \quad s \in S\,.$$

Wegen (1.19) ist außerdem

$$\|v_n(s) - u(s)\|^p \leqq (3\,\|u(s)\|)^p\,.$$

Auf Grund des LEBESGUEschen Satzes gilt daher

$$\lim_{n\to\infty} \int_S \|v_n(s) - u(s)\|^p\, ds = 0\,,$$

d. h., die Folge $\{v_n\}$ konvergiert in $L^p(S; X)$ gegen die gegebene Funktion u. Zum Beweis des Lemmas genügt es also festzustellen, daß eine einfache Funktion durch Treppenfunktionen in $L^p(S; X)$ beliebig gut approximiert werden kann. Nun kann eine beliebige beschränkte meßbare Menge $B \subset S$ durch endlich viele durchschnittsfremde Intervalle dem Maße nach beliebig genau approximiert werden, d. h., zu $\varepsilon > 0$ existieren durchschnittsfremde Intervalle S_i, $i = 1, \ldots, m$, derart, daß $\operatorname{mes}\left\{\left(B \setminus \bigcup_{i=1}^m S_i\right) \cup \left(\bigcup_{i=1}^m S_i \setminus B\right)\right\} < \varepsilon$ wird. Ist

$$u(s) = \begin{cases} x & \text{für} \quad s \in B\,, \\ 0 & \text{sonst} \end{cases} \tag{1.20}$$

und

$$u_\varepsilon(s) = \begin{cases} x & \text{für} \quad s \in \bigcup_{i=1}^m S_i\,, \\ 0 & \text{sonst}\,, \end{cases}$$

so gilt

$$\|u - u_\varepsilon\|_{L^p(S;X)} \leqq \|x\|\, \varepsilon^{1/p}\,.$$

Daher können einfache Funktionen — als endliche Summen von Funktionen der Form (1.20) — in $L^p(S; X)$ durch Treppenfunktionen beliebig gut approximiert werden.

Damit ist Lemma 1.3 bewiesen.

Definition 1.8. Eine Funktion $u \in (S \to X)$ heißt *wesentlich beschränkt*, wenn sie einer beschränkten Funktion äquivalent ist, d. h., wenn eine Konstante $M < \infty$ derart existiert, daß für fast alle $s \in S$ gilt: $\|u(s)\| \leqq M$. Das Infimum aller derartigen Konstanten M bezeichnen wir mit $\operatorname{vrai\,max}_{s\in S} \|u(s)\|$. Die Menge aller BOCHNER-meßbaren wesentlich beschränkten Funktionen aus $(S \to X)$ bezeichnen wir mit $L^\infty(S; X)$.

Satz 1.12. *Die Menge $L^\infty(S; X)$ ist ein BANACH-Raum bezüglich der Norm*

$$\|u\|_{L^\infty(S;X)} = \operatorname*{vrai\,max}_{s\in S} \|u(s)\|\,. \tag{1.21}$$

Beweis. Daß durch (1.21) auf $L^\infty(S; X)$ eine Norm definiert wird, ist sofort zu sehen. Zu beweisen ist auch hier nur noch die Vollständigkeit.

Es sei $\{u_n\}$ eine Fundamentalfolge in $L^\infty(S; X)$, d. h., es gelte:

$$\lim_{n,k\to\infty} \operatorname*{vrai\,max}_{s\in S} \|u_n(s) - u_k(s)\| = 0 .$$

Dann existiert zu jeder natürlichen Zahl i ein $n(i)$ derart, daß für $n, k \geqq n(i)$ gilt:

$$\operatorname*{vrai\,max}_{s\in S} \|u_n(s) - u_k(s)\| < \frac{1}{i},$$

d. h.

$$\|u_n(s) - u_k(s)\| < \frac{1}{i} \qquad \text{für} \quad s \in S \setminus N_{nki} ;$$

dabei ist N_{nki} eine im allgemeinen von n, k und i abhängige Menge vom Maß Null. Es sei $N = \bigcup_{\substack{i=1\\ n,k\geqq n(i)}}^{\infty} N_{nki}$. Dann ist mes $(N) = 0$ und

$$\|u_n(s) - u_k(s)\| < \frac{1}{i} \quad \text{für} \quad s \in S \setminus N \text{ und } n, k \geqq n(i).$$

Wegen der Vollständigkeit von X besitzt die Folge $\{u_n(s)\}$, $s \in S \setminus N$, einen Grenzwert $u(s) \in X$. Wir setzen $u(s) = 0$ für $s \in N$. Die so definierte Funktion $u \in (S \to X)$ ist als Grenzfunktion meßbarer Funktionen selbst meßbar und offensichtlich auch wesentlich beschränkt. Für $s \in S \setminus N$ und $n \geqq n(i)$ wird

$$\|u_n(s) - u(s)\| \leqq \overline{\lim_{k\to\infty}} \left(\|u_n(s) - u_k(s)\| + \|u_k(s) - u(s)\|\right) < \frac{1}{i}.$$

Daher gilt:

$$\lim_{n\to\infty} \operatorname*{vrai\,max}_{s\in S} \|u_n(s) - u(s)\| = 0 .$$

Die Folge $\{u_n\}$ konvergiert also in $L^\infty(S; X)$ gegen die Funktion $u \in L^\infty(S; X)$.

Damit ist Satz 1.12 bewiesen.

Lemma 1.4 (Höldersche Ungleichung). Ist $u \in L^p(S; X)$, $1 \leqq p \leqq \infty$, und $v \in L^q(S; X^*)$, $\frac{1}{p} + \frac{1}{q} = 1$, so gilt $\langle v(\cdot), u(\cdot)\rangle \in L^1(S)$ und

$$\int_S \langle v(s), u(s)\rangle \, ds \leqq \|v\|_{L^q(S;X^*)} \|u\|_{L^p(S;X)} .$$

Beweis. Zu $u \in L^p(S; X)$ und $v \in L^q(S; X^*)$ existieren Folgen $\{u_n\}$ und $\{v_n\}$ von einfachen Funktionen mit Werten in X bzw. X^*, die fast überall auf S gegen u bzw. v konvergieren. Dann konvergieren die einfachen Funktionen $\langle v_n(\cdot), u_n(\cdot)\rangle$ aus $(S \to R^1)$ fast überall gegen $\langle v(\cdot), u(\cdot)\rangle$. Daher ist die Funktion $\langle v(\cdot), u(\cdot)\rangle$ Lebesgue-meßbar. Der Rest des Beweises folgt wegen $\langle v(s), u(s)\rangle \leqq \|v(s)\|_* \|u(s)\|$ und $\|u(\cdot)\| \in L^p(S)$, $\|v(\cdot)\|_* \in L^q(S)$ aus der gewöhnlichen Hölderschen Ungleichung (Lemma 1.12, Kap. II).

Satz 1.13. *Ist $\{H, (\cdot,\cdot)\}$ ein* HILBERT-*Raum, so wird der Raum $L^2(S; H)$ mit dem Skalarprodukt*

$$(u, v)_S = \int_S (u(s), v(s))\, ds \qquad \text{für} \qquad u, v \in L^2(S; H) \tag{1.22}$$

zu einem HILBERT-*Raum.*

Beweis. Aus Lemma 1.4 und dem RIESZschen Darstellungssatz (Satz 6.1, Kap. I) folgt, daß die Definition (1.22) sinnvoll ist. Daß $(\cdot,\cdot)_S$ die in Definition 6.1., Kap. I, geforderten Eigenschaften eines Skalarprodukts besitzt, ist evident. Die Vollständigkeit von $L^2(S; H)$ ist bereits in Satz 1.11 bewiesen worden, da die zum Skalarprodukt $(\cdot,\cdot)_S$ gehörige Norm mit der in Satz 1.11 definierten übereinstimmt.

Damit ist Satz 1.13 bewiesen.

Mit dem nächsten Satz wollen wir zeigen, daß man für reflexive und separable Räume X den zu $L^p(S; X)$, $1 < p < \infty$, dualen Raum $(L^p(S; X))^*$ mit $L^q(S; X^*)$, $\frac{1}{p} + \frac{1}{q} = 1$, identifizieren kann.

Satz 1.14. *Ist der Raum X reflexiv und separabel und $1 < p < \infty$, so besitzt jedes $f \in (L^p(S; X))^*$ genau eine Darstellung der Form*

$$f(u) = \int_S \langle v(s), u(s)\rangle\, ds \qquad \textit{für jedes} \qquad u \in L^p(S; X)$$

mit einer Funktion $v \in L^q(S; X^*)$, $\frac{1}{p} + \frac{1}{q} = 1$. Die Zuordnung $f \to v$, $f \in (L^p(S;X))^*$, ist linear, und es gilt

$$\|f\|_{(L^p(S;X))^*} = \|v\|_{L^q(S;X^*)} .$$

Beweis. Der Beweis erfolgt in vier Schritten.

1. Es sei t_0 ein beliebiger Punkt von S. Wir setzen für $t \in S$ und $x \in X$

$$u_{t,x}(s) = \begin{cases} x, & \text{falls } t_0 \leqq t \text{ und } t_0 \leqq s \leqq t\,, \\ -x, & \text{falls } t_0 > t \text{ und } t \leqq s \leqq t_0\,, \\ 0 & \text{sonst}\,. \end{cases} \tag{1.23}$$

Für $f \in (L^p(S; X))^*$ ist $f(u_{t,x})$ in $x \in X$ linear und es gilt

$$f(u_{t,x}) \leqq \|f\|_{(L^p(S;X))^*} \|u_{t,x}\|_{L^p(S;X)} = \|f\|_{(L^p(S;X))^*} \|x\|\, |t - t_0|^{1/p},$$

d. h., $f(u_{t,x})$ ist (bei festen f und t) in x ein stetiges lineares Funktional auf X. Es existiert also eine Darstellung

$$f(u_{t,x}) = \langle g(t), x\rangle, \quad g(t) \in X^*\,. \tag{1.24}$$

Offensichtlich ist $g(t_0) = 0$.

2. Es sei $\{S_1, \ldots, S_m\}$ ein endliches System nichtleerer durchschnittsfremder Teilintervalle von S der Form $S_i = [t_i, t_i + h_i)$, $i = 1, \ldots, m$. Dann gilt für

$x \in X$:

$$\left.\begin{aligned} &\left|\sum_{i=1}^{m}\left\langle g(t_i+h_i)-g(t_i),\, x\right\rangle\right| = \left|f\left(\sum_{i=1}^{m}(u_{t_i+h_i,x}-u_{t_i,x})\right)\right| \\ &\leqq \|f\|_{(L^p(S;X))^*}\left\|\sum_{i=1}^{m}(u_{t_i+h_i,x}-u_{t_i,x})\right\|_{L^p(S;X)} \\ &= \|f\|_{(L^p(S;X))^*}\,\|x\|\left(\sum_{i=1}^{m}h_i\right)^{1/p}. \end{aligned}\right\} \tag{1.25}$$

Wir setzen $z_i = \frac{1}{h_i}\big(g(t_i+h_i)-g(t_i)\big)$. Zu diesen z_i und $\varepsilon > 0$ existieren auf Grund der Definition der Norm linearer Funktionale Elemente $y_i \in X$ mit $\|y_i\| = 1$ und $\langle z_i, y_i\rangle \geqq \|z_i\|_* - \varepsilon$. Wir wählen $x_i = \|z_i\|_*^{q-1} y_i$. Dann ist

$$\langle z_i, x_i\rangle \geqq \|z_i\|_*^q - \varepsilon\,\|z_i\|_*^{q-1}. \tag{1.26}$$

Wir definieren

$$u(t) = \begin{cases} x_i & \text{für } t \in S_i,\ i = 1, \dots, m, \\ 0 & \text{für } t \in S \setminus \bigcup\limits_{i=1}^{m} S_i. \end{cases}$$

Dann ist $u = \sum_{i=1}^{m}(u_{t_i+h_i,x_i} - u_{t_i,x_i})$. Für diese Funktion gilt

$$\|u\|_{L^p(S;X)}^p = \sum_{i=1}^{m}\|x_i\|^p h_i = \sum_{i=1}^{m}\|z_i\|_*^q h_i \tag{1.27}$$

und (vgl. (1.24), (1.26))

$$\begin{aligned} \|f\|_{(L^p(S;X))^*}\|u\|_{L^p(S;X)} &\geqq f(u) = \sum_{i=1}^{m}\langle g(t_i+h_i)-g(t_i),\, x_i\rangle \\ &= \sum_{i=1}^{m}\langle z_i, x_i\rangle h_i \geqq \sum_{i=1}^{m}\left(\|z_i\|_*^q - \varepsilon\,\|z_i\|_*^{q-1}\right) h_i. \end{aligned}$$

Unter Benutzung von (1.27) ergibt sich aus dieser Ungleichung für $\varepsilon \to 0$

$$\|f\|_{(L^pS;X))^*} \geqq \left(\sum_{i=1}^{m}\|z_i\|_*^q\, h_i\right)^{1/q}.$$

Da das Intervallsystem $\{S_1, \dots, S_m\}$ beliebig war, folgt daraus

$$\|f\|_{(L^p(S;X))^*} \geqq \sup\left(\sum_{i=1}^{m}\left\|\frac{1}{h_i}\big(g(t_i+h_i)-g(t_i)\big)\right\|_*^q h_i\right)^{1/q}; \tag{1.28}$$

dabei ist das Supremum über alle endlichen Systeme von nichtleeren durchschnittsfremden Intervallen $[t_i, t_i + h_i)$, $i = 1, \dots, m$, zu erstrecken.

3. Es soll nun nachgewiesen werden, daß eine Funktion $v \in L^q(S; X^*)$ existiert, für die folgendes gilt:

$$g(t) = \int_{t_0}^{t} v(s)\, ds \quad \text{und} \quad \|v\|_{L^q(S;X^*)} \leqq \|f\|_{(L^p(S;X))^*} .$$

Es genügt offenbar, diese Aussage für ein kompaktes Intervall S zu beweisen. Es sei $S = [t_0, t_1]$ und $T = t_1 - t_0$. Wir setzen

$$g_{n,i} = g(t_0 + 2^{-n}Ti) \quad \text{für} \quad i = 0, 1, \ldots, 2^n;\ n = 1, 2, \ldots,$$

und

$$v_n(t) = \frac{1}{2^{-n}T}(g_{n,i+1} - g_{n,i}) \quad \text{für} \quad 2^{-n}\, Ti \leqq t - t_0 < 2^{-n}T(i+1) .$$

Wir stellen zunächst fest, daß auf Grund von (1.28) gilt:

$$\|v_n\|_{L^q(S;X^*)} = \left(\sum_{i=0}^{2^n-1} \left\| \frac{1}{2^{-n}T}(g_{n,i+1} - g_{n,i}) \right\|_*^q 2^{-n}T\right)^{1/q} \leqq \|f\|_{(L^p(S;X))^*} . \tag{1.29}$$

Als nächstes beweisen wir, daß für fast jedes $t \in S$ die Folge $\{\|v_n(t)\|_*\}$ beschränkt ist. Es sei

$$N_0 = \{t \mid t \in S,\ \sup_n \|v_n(t)\|_* = \infty\} \tag{1.30}$$

und

$$S_{r,K} = \{t \mid t \in S,\ \sup_{n \leqq r} \|v_n(t)\|_* \geqq K\},\quad r = 1, 2, \ldots;\ K = 1, 2, \ldots .$$

Dann ist $S_{r,K}$ für festes K in r nichtfallend und $N_0 = \bigcap_{K=1}^{\infty} \bigcup_{r=1}^{\infty} S_{r,K}$. Da v_n stückweise konstant ist, besteht $S_{r,K}$ aus Intervallen der Form $[2^{-n}Ti, 2^{-n}T(i+1))$, $n \leqq r$, in denen $\|v_n(t)\|_* \geqq K$ ist. Sind zwei derartige Intervalle nicht durchschnittsfremd, so ist eins der beiden im andern enthalten. Daher kann $S_{r,K}$ als Vereinigung von durchschnittsfremden Intervallen dieser Form dargestellt werden. Für gegebene feste r und K seien diese Intervalle $[t_i, t_i + h_i)$, $i = 1, \ldots, m$. Unter Benutzung von (1.28) erhalten wir daher

$$K^q \operatorname{mes}(S_{r,K}) \leqq \sum_{i=1}^{m} \left\| \frac{g(t_i + h_i) - g(t_i)}{h_i} \right\|_*^q h_i \leqq \|f\|^q_{(L^p(S;X))^*} .$$

Da $S_{r,K}$ in r wächst, folgt daraus

$$K^q \operatorname{mes}\left(\bigcup_r S_{r,K}\right) \leqq \|f\|^q_{(L^p(S;X))^*}$$

und damit

$$\operatorname{mes}(N_0) = \operatorname{mes}\left(\bigcap_K \bigcup_r S_{r,K}\right) \leqq \inf_K \operatorname{mes}\left(\bigcup_r S_{r,K}\right) = 0 .$$

Es sei $\{z_1, z_2, \ldots\}$ ein abzählbares, in X vollständiges System. Wegen (1.25) sind die durch

$$a_j(t) = \langle g(t), z_j \rangle, \quad t \in S\,,$$

definierten Funktionen a_j, $j = 1, 2, \ldots$, absolut stetig. Daher existiert die Ableitung $a_j'(t)$ für $t \in S \setminus N_j$, wobei N_j eine Teilmenge von S vom Maß Null ist. Für $t \in S \setminus N_j$ sei i_n, $n = 1, 2, \ldots$, so gewählt, daß $2^{-n}Ti_n \leqq t - t_0 < 2^{-n}T(i_n+1)$ gilt. Dann ergibt sich

$$\lim_{n\to\infty} \langle v_n(t), z_j \rangle = \lim_{n\to\infty} \left\langle \frac{1}{2^{-n}T} \left(g_{n,i_n+1} - g_{n,i_n}\right), z_j \right\rangle = a_j'(t)\,. \tag{1.31}$$

Aus (1.30) und (1.31) geht hervor, daß für jedes $t \in S \setminus \bigcup_{j=0}^{\infty} N_j$ die Folge $\{v_n(t)\}$ in X^* schwach gegen ein $v(t) \in X^*$ konvergiert. Für $t \in \bigcup_{j=0}^{\infty} N_j$ setzen wir $v(t) = 0$. Die so definierte Funktion $v \in (S \to X^*)$ ist nach Satz 1.5 Bochner-meßbar und für $t \in S$ gilt $\|v(t)\|_* \leqq \varliminf_{n\to\infty} \|v_n(t)\|_*$ (vgl. Lemma 5.3, Kap. I). Daraus und aus (1.29) folgt unter Benutzung des Lemmas von Fatou

$$\int_S \|v(t)\|_*^q \,dt \leqq \varliminf_{n\to\infty} \int_S \|v_n(t)\|_*^q dt \leqq \|f\|^q_{(L^p(S;X))^*}\,, \tag{1.32}$$

d. h., es ist $v \in L^q(S; X^*)$. Weiter gilt für $j = 1, 2, \ldots$ (vgl. (1.31)):

$$\langle g(t), z_j \rangle = a_j(t) = \int_{t_0}^{t} a_j'(s)\,ds = \int_{t_0}^{t} \lim_{n\to\infty} \langle v_n(s), z_j \rangle\,ds$$
$$= \int_{t_0}^{t} \langle v(s), z_j \rangle\,ds = \left\langle \int_{t_0}^{t} v(s)\,ds, z_j \right\rangle.$$

Daher ist

$$g(t) = \int_{t_0}^{t} v(s)\,ds\,.$$

4. Es sei u eine beliebige Treppenfunktion aus $L^p(S; X)$ (vgl. Definition 1.4). Es gelte etwa

$$u(t) = \begin{cases} x_i & \text{für } s_i < t \leqq t_i, \; i = 1, \ldots, m\,, \\ 0 & \text{sonst}\,. \end{cases}$$

Dann gilt (vgl. (1.23) und (1.24)):

$$f(u) = f\left(\sum_{i=1}^{m} \left(u_{t_i,x_i} - u_{s_i,x_i}\right)\right) = \sum_{i=1}^{m} \langle g(t_i) - g(s_i), x_i \rangle$$
$$= \sum_{i=1}^{m} \left\langle \int_{s_i}^{t_i} v(t)\,dt, x_i \right\rangle = \sum_{i=1}^{m} \int_{s_i}^{t_i} \langle v(t), u(t) \rangle\,dt = \int_S \langle v(t), u(t) \rangle\,dt\,.$$

Da die Treppenfunktionen in $L^p(S; X)$ dicht liegen (Lemma 1.3) und $\int_S \langle v(t), u(t) \rangle\,dt$ auf Grund der Hölderschen Ungleichung in $u \in L^p(S; X)$ stetig ist, gilt die Beziehung

$$f(u) = \int_S \langle v(t), u(t) \rangle \, dt \tag{1.33}$$

für jedes $u \in L^p(S; X)$. Das lineare Funktional f besitzt also eine Darstellung der gewünschten Art. Wegen der HÖLDERschen Ungleichung ist

$$\|f\|_{(L^p(S;X))^*} \leqq \|v\|_{L^q(S;X^*)} . \tag{1.34}$$

Aus (1.32) und (1.34) folgt die behauptete Normgleichheit. Die Eindeutigkeit der Darstellung von f in der Form (1.33) mit $v \in L^q(S; X^*)$ ergibt sich daraus, daß das Nullfunktional infolge der Normgleichheit von f und v nur durch $v = 0$ dargestellt wird. Die Linearität der Zuordnung $f \to v$ ist evident.

Damit ist Satz 1.14 bewiesen.

Bemerkung 1.9. Die Aussage von Satz 1.14 gilt sinngemäß auch für $p = 1$; der Beweis ist in diesem Falle sogar einfacher als für $p > 1$. Wir haben darauf verzichtet, dieses Ergebnis zu beweisen, da wir davon später nicht Gebrauch machen werden.

Bemerkung 1.10. Der Satz 1.14 gilt, wie man zeigen kann (siehe beispielsweise EDWARDS [1]), auch dann, wenn man von dem Raum X nur voraussetzt, daß er reflexiv oder separabel ist.

Bemerkung 1.11. Aus Satz 1.14 geht hervor, daß die Räume $L^p(S; X)$, $1 < p < \infty$, für reflexive und separable Räume X reflexiv sind.

Später benötigen wir noch das

Lemma 1.5. Für jede Funktion $u \in L^p(S; X)$, $1 \leqq p < \infty$, gehört die durch die Vorschrift

$$u_h(t) = \begin{cases} u(t+h) & \text{für} \quad t+h \in S , \\ 0 & \text{für} \quad t+h \notin S \end{cases} \qquad (h \in R^1)$$

definierte Funktion u_h ebenfalls zu $L^p(S; X)$, und es gilt:

$$\lim_{h \to 0} \|u_h - u\|_{L^p(S;X)} = 0 . \tag{1.35}$$

Beweis. Die Zugehörigkeit von u_h zu $L^p(S; X)$ ist evident. Es gilt

$$\|u_h\|_{L^p(S;X)} \leqq \|u\|_{L^p(S;X)} . \tag{1.36}$$

Es sei $\{u_n\}$ eine in $L^p(S; X)$ gegen u konvergierende Folge von Treppenfunktionen (vgl. Lemma 1.3). Dann konvergiert die Folge $\{u_{nh}\}$ wegen (1.36) gleichmäßig in h im Raum $L^p(S; X)$ gegen u_h, d. h., zu jedem $\varepsilon > 0$ existiert ein $N(\varepsilon)$ derart, daß für $n > N(\varepsilon)$ gilt:

$$\|u_h - u\|_{L^p(S;X)} \leqq \|u_h - u_{nh}\|_{L^p(S;X)} + \|u_{nh} - u_n\|_{L^p(S;X)} + \|u_n - u\|_{L^p(S;X)} \leqq \|u_{nh} - u_n\|_{L^p(S;X)} + \varepsilon .$$

Daher genügt es, das Lemma 1.5 für Treppenfunktionen zu beweisen. Wegen $(u+v)_h = u_h + v_h$ folgt die Richtigkeit der Behauptung (1.35) für Treppenfunktionen aus ihrer Richtigkeit für Funktionen folgender Art:

$$u = C_B x, \quad x \in X;$$

dabei bezeichnet C_B die charakteristische Funktion eines beschränkten Intervalls $B \subset S$ (vgl. die Definitionen 1.4 und 1.5). In diesem Fall ist

$$\lim_{h\to 0} \int_S \|u_h(s) - u(s)\|^p \, ds \leqq 2 \, \|x\|^p \lim_{h\to 0} |h| = 0 \, .$$

Damit ist Lemma 1.5 bewiesen.

Der folgende Satz wird in Kapitel VI für die starke Konvergenz des Galerkin-Verfahrens zu bestimmten Evolutionsgleichungen eine Rolle spielen.

Satz 1.15. *Ist der Raum X uniform konvex, so ist für $1 < p < \infty$ auch der Raum $Y = L^p(S; X)$ uniform konvex.*

Dem Beweis von Satz 1.15 stellen wir ein Lemma voran.

Lemma 1.6. Ist X uniform konvex und $1 < p < \infty$, so existiert eine nichtfallende Funktion δ_p mit der Eigenschaft $\delta_p(\xi) > 0$ für $\xi > 0$ derart, daß für beliebige $x, y \in X$ mit $\|x\| + \|y\| > 0$ gilt

$$\left\|\frac{1}{2}(x+y)\right\|^p \leqq \left(1 - \delta_p\left(\frac{\|x-y\|}{\sup(\|x\|, \|y\|)}\right)\right) \frac{\|x\|^p + \|y\|^p}{2}. \tag{1.37}$$

Beweis. Es genügt zu zeigen, daß für $\|x\| = 1$, $\|y\| \leqq 1$ und $\|x-y\| \geqq \varepsilon$ gilt

$$\left\|\frac{1}{2}(x+y)\right\|^p \leqq (1 - \delta_p(\varepsilon)) \frac{1 + \|y\|^p}{2}. \tag{1.38}$$

Den Fall beliebiger x, y kann man nämlich durch Division der Elemente durch $\sup(\|x\|, \|y\|)$ und gegebenenfalls durch Vertauschung von x und y auf den genannten Spezialfall zurückführen.

Für $c \geqq 0$ gilt, wie man elementar beweisen kann,

$$\left.\begin{aligned} &\left(\frac{1}{2}(1+c)\right)^p \leqq \frac{1}{2}(1+c^p)\,, \\ &\left(\frac{1}{2}(1+c)\right)^p = \frac{1}{2}(1+c^p) \qquad \text{nur für } c = 1\,. \end{aligned}\right\} \tag{1.39}$$

Wir nehmen an, (1.38) sei falsch. Dann existieren ein $\varepsilon > 0$ und Folgen $\{x_n\}$, $\{y_n\}$ mit $\|x_n\| = 1$, $\|y_n\| \leqq 1$ und $\|x_n - y_n\| \geqq \varepsilon$ derart, daß

$$\lim_{n\to\infty} \frac{\left\|\frac{1}{2}(x_n + y_n)\right\|^p}{\frac{1}{2}(1 + \|y_n\|^p)} = 1$$

ist. Das ist nach (1.39) nur für $\|y_n\| \to 1$ denkbar. Wir setzen $z_n = \dfrac{y_n}{\|y_n\|}$. Dann gilt $\|z_n - y_n\| \to 0$ und daher $\|x_n - z_n\| > \frac{\varepsilon}{2}$ für hinreichend große n. Ferner gilt

$$\left\|\frac{1}{2}(x_n + z_n)\right\| \geqq \frac{1}{2}\|x_n + y_n\| - \frac{1}{2}\|y_n - z_n\| \to 1.$$

Diese Eigenschaften der Folgen $\{x_n\}$ und $\{z_n\}$ widersprechen der uniformen Konvexität von X (vgl. Definition 5.9, Kap. I).

Damit ist Lemma 1.6 bewiesen.

Beweis von Satz 1.15. Es gelte: $u, v \in Y = L^p(S; X)$, $\|u\|_Y \leqq 1$, $\|v\|_Y \leqq 1$ und $\|u - v\|_Y > \varepsilon$. Wir setzen

$$M = \left\{t \mid t \in S,\ \|u(t) - v(t)\|^p > \frac{\varepsilon^p}{4}(\|u(t)\|^p + \|v(t)\|^p) \right.$$
$$\left. \geqq \frac{\varepsilon^p}{4}\sup(\|u(t)\|^p, \|v(t)\|^p)\right\}.$$

M ist meßbar. Es gilt

$$\int_{S \setminus M} \|u(t) - v(t)\|^p\, dt \leqq \frac{\varepsilon^p}{4}\int_S (\|u(t)\|^p + \|v(t)\|^p)\, dt \leqq \frac{\varepsilon^p}{2}.$$

Wegen $\|u - v\|_Y^p \geqq \varepsilon^p$ folgt daraus

$$\int_M \|u(t) - v(t)\|^p\, dt \geqq \frac{\varepsilon^p}{2}.$$

Also ist $\|u - v\|_{L^p(M;X)} \geqq \frac{\varepsilon}{2^{1/p}}$ und daher

$$\sup(\|u\|_{L^p(M;X)}, \|v\|_{L^p(M;X)}) \geqq \frac{\varepsilon}{2^{(1/p)+1}},$$

d. h.

$$\sup\left(\int_M \|u(t)\|^p\, dt, \int_M \|v(t)\|^p\, dt\right) \geqq \frac{\varepsilon^p}{2^{p+1}}.$$

Unter Benutzung von (1.37) und der Definition von M ergibt sich daraus

$$\int_S \left\{\frac{1}{2}(\|u(t)\|^p + \|v(t)\|^p) - \left(\frac{1}{2}\|u(t) + v(t)\|\right)^p\right\} dt$$
$$\geqq \int_M \left\{\frac{1}{2}(\|u(t)\|^p + \|v(t)\|^p) - \left(\frac{1}{2}\|u(t) + v(t)\|\right)^p\right\} dt$$
$$\geqq \int_M \delta_p\left(\frac{\varepsilon}{4^{1/p}}\right)\frac{\|u(t)\|^p + \|v(t)\|^p}{2}\, dt \geqq \delta_p\left(\frac{\varepsilon}{4^{1/p}}\right)\frac{\varepsilon^p}{2^{p+2}}.$$

Folglich ist

$$\left\|\frac{u+v}{2}\right\|_Y \leqq \left(1 - \delta_p\left(\frac{\varepsilon}{4^{1/p}}\right)\frac{\varepsilon^p}{2^{p+2}}\right)^{1/p} = 1 - \eta(\varepsilon),$$

$$\eta(\varepsilon) > 0 \quad \text{für} \quad \varepsilon > 0.$$

Diese Ungleichung zeigt, daß Y uniform konvex ist.

Damit ist Satz 1.15 bewiesen.

4. Distributionen

Wir führen in diesem Abschnitt Distributionen mit Werten im BANACH-Raum X ein. Mit X_w bezeichnen wir im folgenden den linearen Raum X, versehen mit der schwachen Topologie. X_w ist ein lokalkonvexer Raum (vgl. Bemerkung 4.8, Kap. I). Es sei int S das Innere des Intervalls S. Bei der Definition der Distributionen gehen wir von dem Raum $\mathfrak{D}(\text{int } S)$ aus, der durch Topologisierung aus $C_0^\infty(\text{int } S)$ entsteht (vgl. Lemma 1.21, Kap. II). Zur Vereinfachung der Bezeichnungen schreiben wir für diesen Raum hier und in den folgenden Kapiteln stets $\mathfrak{D}(S)$. Dabei denken wir uns die Funktionen von $\mathfrak{D}(\text{int } S)$ durch 0 von int S auf S fortgesetzt, so daß $\mathfrak{D}(S)$ aus allen auf S definierten, beliebig oft differenzierbaren reellen Funktionen besteht, deren Träger kompakt ist und in int S liegt. Wir weisen darauf hin, daß diese Bezeichnungsweise von der einiger anderer Autoren abweicht, die unter $\mathfrak{D}(S)$ die Menge aller auf S definierten beliebig oft differenzierbaren reellen Funktionen mit kompaktem Träger in S verstehen.

Definition 1.9. Wir bezeichnen den Raum $\mathscr{L}(\mathfrak{D}(S), X_w)$ der stetigen linearen Abbildungen von $\mathfrak{D}(S)$ in den lokalkonvexen Raum X_w mit $\mathfrak{D}^*(S; X)$ und nennen die Elemente dieses Raums *Distributionen auf S mit Werten in X*. Wir fassen $\mathfrak{D}^*(S; X)$ als lokalkonvexen Raum auf, und zwar wählen wir als Topologie dieses Raums die einfache Topologie von $\mathscr{L}(\mathfrak{D}(S), X_w)$ (vgl. Bemerkung 4.4, Kap. I).

Bemerkung 1.12. Die Topologie von $\mathfrak{D}^*(S; X)$ läßt sich mit Hilfe der Halbnormen

$$p_{\varphi,y}(u) = |\langle y, u(\varphi)\rangle| , \quad \varphi \in \mathfrak{D}(S) , \quad y \in X^* , \quad u \in \mathfrak{D}^*(S; X) ,$$

erzeugen. Eine Folge $\{u_n\}$ konvergiert in $\mathfrak{D}^*(S; X)$ genau dann, wenn für beliebige $\varphi \in \mathfrak{D}(S)$ und $y \in X^*$ die Folge $\{\langle y, u_n(\varphi)\rangle\}$ konvergiert. $\mathfrak{D}^*(S; X)$ ist vollständig, wenn X_w vollständig ist, also insbesondere dann, wenn X reflexiv ist (vgl. Bemerkung 4.5 und Satz 5.8, Kap. I).

Bemerkung 1.13. Es ist $\mathfrak{D}^*(S; R^1) = \mathfrak{D}^*(\text{int } S)$, d. h., für $X = R^1$ stimmt der hier definierte Distributionenraum mit dem in Kap. II, § 1 eingeführten Raum der (reellwertigen) Distributionen auf int S überein.

Lemma 1.7. Es sei $u \in (S \to X)$ lokal BOCHNER-integrierbar, d.h., u gehöre für jedes kompakte Teilintervall K von S zu $L^1(K; X)$. Dann kann man u durch die Vorschrift

$$f_u(\varphi) = \int_S \varphi(s)\, u(s)\, \mathrm{d}s , \quad \varphi \in \mathfrak{D}(S) , \tag{1.40}$$

eine Distribution auf S mit Werten in X zuordnen. Das Integral in (1.40) ist als BOCHNER-Integral zu verstehen. Die Zuordnung

$$u \to f_u \tag{1.41}$$

ist eineindeutig, wenn wir, wie üblich, äquivalente lokal BOCHNER-integrierbare Funktionen als gleich ansehen.

Beweis. Daß das in (1.40) auftretende BOCHNER-Integral einen Sinn hat, folgt aus der lokalen BOCHNER-Integrierbarkeit von u und aus der Tatsache, daß φ einen kompakten Träger hat. Unter Benutzung von Lemma 1.22, Kap. II, erkennt man darüber hinaus, daß f_u eine stetige lineare Abbildung von $\mathcal{D}(S)$ in X und damit in X_w ist.

Um die Eineindeutigkeit der Zuordnung (1.41) zu beweisen, zeigen wir, daß aus $f_u = 0$ die Beziehung $u = 0$ folgt. Es sei also jetzt

$$f_u(\varphi) = \int_S \varphi(s)\, u(s)\, ds = 0 \qquad \forall \varphi \in \mathcal{D}(S)\,. \tag{1.42}$$

Zu gegebenen $\varepsilon > 0$ und t_0, $t \in S$ mit $\frac{1}{2}(t - t_0) > \varepsilon$ existiert eine Funktion $\varphi \in \mathcal{D}(S)$ mit folgenden Eigenschaften:

a) $0 \leqq \varphi(s) \leqq 1 \quad \forall s \in S$;

b) $\varphi(s) = 1$ für $t_0 + \varepsilon \leqq s \leqq t - \varepsilon$;

c) $\varphi(s) = 0$ für $s \leqq t_0$ und $s \geqq t$.

Für diese Funktion φ gilt wegen (1.42)

$$\begin{aligned}\left\|\int_{t_0}^{t} u(s)\, ds\right\| &= \left\|\int_{t_0}^{t} u(s)\, ds - \int_S \varphi(s)\, u(s)\, ds\right\| \\ &= \left\|\int_{t_0}^{t_0+\varepsilon} (1 - \varphi(s))\, u(s)\, ds + \int_{t-\varepsilon}^{t} (1 - \varphi(s))\, u(s)\, ds\right\| \\ &\leqq \int_{t_0}^{t_0+\varepsilon} \|u(s)\|\, ds + \int_{t-\varepsilon}^{t} \|u(s)\|\, ds\,.\end{aligned}$$

Für $\varepsilon \to 0$ ergibt sich daraus

$$v(t) = \int_{t_0}^{t} u(s)\, ds = 0\,.$$

Durch Differentiation nach t finden wir unter Benutzung von Satz 1.7:

$$u(t) = v'(t) = 0 \qquad \text{für fast alle} \qquad t \in S\,.$$

Damit ist Lemma 1.7 bewiesen.

Bemerkung 1.14. Auf Grund von Lemma 1.7 kann man jede lokal BOCHNER-integrierbare Funktion u mit der ihr zugeordneten Distribution $f_u \in \mathcal{D}^*(S; X)$ identifizieren und so die Menge der lokal BOCHNER-integrierbaren Funktionen aus $(S \to X)$ als Teilraum von $\mathcal{D}^*(S; X)$ auffassen. Von einer Distribution, die eine Darstellung der Form (1.40) gestattet, werden wir demgemäß sagen, sie sei eine Funktion aus $(S \to X)$.

Definition 1.10. Für jede Distribution $f \in \mathfrak{D}^*(S; X)$ erklären wir eine *Ableitung* $f' \in \mathfrak{D}^*(S; X)$ durch die Vorschrift

$$f'(\varphi) = -f(\varphi') \qquad \forall \varphi \in \mathfrak{D}(S). \tag{1.43}$$

Bemerkung 1.15. Die durch (1.43) erklärte Abbildung f' von $\mathfrak{D}(S)$ in X_w ist, wie man leicht sieht, linear und stetig, d. h., sie gehört tatsächlich — wie wir das schon in der Definition behauptet haben — zu $\mathfrak{D}^*(S; X)$.

Aus $f_n \to f$ in $\mathfrak{D}^*(S; X)$ folgt für $y \in X^*$ und $\varphi \in \mathfrak{D}(S)$

$$\lim_{n\to\infty} \langle y, f_n'(\varphi) - f'(\varphi)\rangle = \lim_{n\to\infty} \langle y, f(\varphi') - f_n(\varphi')\rangle = 0,$$

es gilt also $f_n' \to f'$ in $\mathfrak{D}^*(S; X)$. Folglich ist die Zuordnung $f \to f'$ eine stetige Abbildung von $\mathfrak{D}^*(S; X)$ in sich.

Lemma 1.8. Es sei $t_0 \in S$ fest gegeben und u eine lokal BOCHNER-integrierbare Funktion aus $(S \to X)$. Dann besitzt die durch

$$v(t) = \int_{t_0}^{t} u(s)\, ds$$

definierte Funktion $v \in C(S; X)$, aufgefaßt als Element von $\mathfrak{D}^*(S; X)$, die Ableitung $v' = u$.

Beweis. Für $y \in X^*$ ist die Funktion $\langle y, v(\cdot)\rangle$ absolut stetig. Unter Benutzung der (für absolut stetige Funktionen gültigen) Formel der partiellen Integration erhalten wir für beliebige $y \in X^*$ und $\varphi \in \mathfrak{D}(S)$, wenn wir mit $u(\varphi)$, $v(\varphi)$, $v'(\varphi)$ die Werte von u, v, v', aufgefaßt als Elemente von $\mathfrak{D}^*(S; X)$, für $\varphi \in \mathfrak{D}(S)$ bezeichnen:

$$\begin{aligned}
\langle y, v'(\varphi)\rangle &= \langle y, -v(\varphi')\rangle = \Big\langle y, -\int_S v(t)\,\varphi'(t)\, dt\Big\rangle \\
&= -\int_S \int_{t_0}^{t} \langle y, u(s)\rangle\, ds\, \varphi'(t)\, dt = \int_S \langle y, u(t)\rangle\, \varphi(t)\, dt \\
&= \Big\langle y, \int_S u(t)\,\varphi(t)\, dt\Big\rangle = \langle y, u(\varphi)\rangle .
\end{aligned}$$

Daraus folgt $v' = u$.

Damit ist Lemma 1.8 bewiesen.

Bemerkung 1.16. Aus Lemma 1.8 und Satz 1.9 ist ersichtlich, daß insbesondere für jede Funktion $u \in C_w^1(S; X)$ die schwache Ableitung mit der Ableitung dieser Funktion, aufgefaßt als Element von $\mathfrak{D}^*(S; X)$, übereinstimmt.

Mit dem folgenden Lemma zeigen wir, daß eine Distribution $u \in \mathfrak{D}^*(S; X)$ durch ihre Ableitung bis auf eine additive Konstante eindeutig bestimmt wird.

Lemma 1.9. Gilt für $u \in \mathcal{D}^*(S; X)$ die Beziehung $u' = 0$, so ist u eine konstante Funktion aus $(S \to X)$, d. h., es gilt für geeignetes $x \in X$:

$$u(t) = x \quad \text{für fast alle} \quad t \in S\,.$$

Beweis. Aus $u' = 0$ folgt

$$0 = u'(\varphi) = -\,u(\varphi') \qquad \forall \varphi \in \mathcal{D}(S)\,. \tag{1.44}$$

Elementare Überlegungen zeigen, daß ein Element $\psi \in \mathcal{D}(S)$ genau dann Ableitung einer Funktion $\varphi \in \mathcal{D}(S)$ ist, wenn $\int_S \psi(s)\,ds = 0$ ist. Ist ψ_1 eine spezielle Funktion aus $\mathcal{D}(S)$ mit $\int_S \psi_1(s)\,ds = 1$ und $\chi \in \mathcal{D}(S)$ beliebig, so genügt die Funktion

$$\psi = \chi - \int_S \chi(s)\,ds \cdot \psi_1$$

der Beziehung

$$\int_S \psi(s)\,ds = 0\,.$$

Jedes $\chi \in \mathcal{D}(S)$ läßt sich also folgendermaßen darstellen:

$$\chi = \int_S \chi(s)\,ds \cdot \psi_1 + \varphi', \quad \varphi \in \mathcal{D}(S)\,. \tag{1.45}$$

Aus (1.44) und (1.45) folgt

$$u(\chi) = \int_S \chi(s)\,ds \cdot u(\psi_1)\,.$$

Ist v die durch

$$v(t) = u(\psi_1) \qquad \forall t \in S$$

definierte konstante Funktion, so gilt

$$v(\chi) = \int_S \chi(s)\,v(s)\,ds = \int_S \chi(s)\,ds \cdot u(\psi_1)\,,$$

d. h., es ist $v(\chi) = u(\chi)$ für jedes $\chi \in \mathcal{D}(S)$ und daher $u = v$.

Damit ist Lemma 1.9 bewiesen.

5. Spezielle Räume von Distributionen mit integrierbaren Ableitungen

Wir nehmen in diesem Abschnitt an, daß ein reflexiver und separabler[1]) Banach-Raum $\{V, \|\cdot\|\}$ und ein Hilbert-Raum $\{H, (\cdot,\cdot)\}$ mit der Norm $|\cdot|$ gegeben sind, für die folgendes gilt:

$$\left.\begin{aligned} &V \subset H\,, \ V \text{ liegt in } H \text{ dicht}\,,\\ &|x| \leqq \gamma\,\|x\| \qquad \forall x \in V\,, \qquad \gamma = \text{const.} \end{aligned}\right\} \tag{1.46}$$

Aus (1.46) geht hervor, daß V stetig in H eingebettet ist. Wie wir zum Abschluß von § 6, Kap. I, gezeigt haben, kann man unter der Voraussetzung (1.46) den Raum H mit seinem dualen Raum H^* und H^* mit einem Teilraum des zu

---

[1]) Siehe Fußnote S. 60.

V dualen Raums V^* identifizieren. Man kommt so zu der Beziehung

$$V \subset H \subset V^*; \tag{1.47}$$

dabei ist der Raum H in den Raum V^* stetig eingebettet, und er liegt in diesem dicht. Außerdem ist es möglich, das Skalarprodukt zwischen V^* und V ebenso wie das Skalarprodukt auf H mit $(\cdot,\cdot)$ zu bezeichnen. Wir werden von dieser Möglichkeit Gebrauch machen. Das wird sich später als zweckmäßig erweisen, wenn mit mehreren Skalarprodukten gleichzeitig gearbeitet werden muß.

Bis zum Ende dieses Abschnitts nehmen wir an, daß p und p_0 zwei fest gegebene reelle Zahlen sind, die der Bedingung $1 < p \leqq p_0 < \infty$ genügen. Die Zahlen q und q_0 seien durch $\frac{1}{p} + \frac{1}{q} = \frac{1}{p_0} + \frac{1}{q_0} = 1$ definiert. Wir führen nun Räume ein, die bei der Behandlung von Evolutionsgleichungen in Kapitel VI eine wesentliche Rolle spielen werden. Wir setzen

$$X = L^p(S; V) \cap L^{p_0}(S; H)\,. \tag{1.48}$$

X ist als Durchschnitt zweier BANACH-Räume wieder ein BANACH-Raum. Die Norm in X ist gemäß der in Bemerkung 5.12, Kap. I, getroffenen Verabredung

$$\|u\|_X = \|u\|_{L^p(S;V)} + \|u\|_{L^{p_0}(S;H)}\,. \tag{1.49}$$

Nach Satz 5.13, Kap. I, und Satz 1.14 ist der zu X duale Raum

$$X^* = L^q(S; V^*) + L^{q_0}(S; H) \tag{1.50}$$

mit der Norm (vgl. Bemerkung 5.13, Kap. I)

$$\|f\|_{X^*} = \inf_{\substack{f_1 \in L^q(S;V^*)\\ f_2 \in L^{q_0}(S;H)\\ f_1+f_2=f}} \max\left(\|f_1\|_{L^q(S;V^*)}, \|f_2\|_{L^{q_0}(S;H)}\right). \tag{1.51}$$

Wir erinnern hierbei daran, daß wir die Räume H und H^* identifiziert haben.

Besitzt $f \in X^*$ die Darstellung $f = f_1 + f_2$ mit $f_1 \in L^q(S; V^*)$ und $f_2 \in L^{q_0}(S; H)$, so wird das Skalarprodukt von f mit $u \in X$, das wir im folgenden mit $\langle f, u\rangle$ bezeichnen werden, durch die Beziehung

$$\begin{aligned}\langle f, u\rangle &= \int_S \big(f_1(t), u(t)\big)\, dt + \int_S \big(f_2(t), u(t)\big)\, dt\\ &= \int_S \big(f(t), u(t)\big)\, dt\end{aligned} \tag{1.52}$$

gegeben (vgl. die in Satz 1.14 angegebene Darstellung für stetige lineare Funktionale auf $L^p(S; V)$).

Bemerkung 1.17. Nach Satz 5.13, Kap. I, und Satz 1.14 kann der zu X^* duale Raum mit dem Raum $X = L^p(S; V) \cap L^{p_0}(S; H)$ identifiziert werden. Der Raum X ist also unter den gegebenen Voraussetzungen reflexiv.

Bemerkung 1.18. Ist $p_0 = p$, so ist $X = L^p(S; V)$, wobei die durch (1.49) definierte Norm zu der üblichen Norm von $L^p(S; V)$ äquivalent ist.

Bemerkung 1.19. Wegen (1.48), (1.50) und (1.47) lassen sich sowohl die Funktionen aus X als auch die Funktionen aus X^* als lokal integrierbare Funktionen aus $(S \to V^*)$ und damit als Elemente von $\mathcal{D}^*(S; V^*)$ auffassen (siehe Bemerkung 1.14). Für $u \in X$ werden wir im folgenden mit u' die Ableitung von u im Sinne des Distributionenraums $\mathcal{D}^*(S; V^*)$ bezeichnen.

Lemma 1.10. Ist $\{u_n\}$ eine schwach konvergente Folge aus X bzw. X^* mit dem Grenzelement u, so konvergiert diese Folge auch in $\mathcal{D}^*(S; V^*)$ gegen u.

Beweis. Wir haben für beliebige $x \in V$ und $\varphi \in \mathcal{D}(S)$ zu zeigen, daß die Folge $\left\{\left(\int_S u_n(s)\,\varphi(s)\,ds,\ x\right)\right\}$ gegen $\left(\int_S u(s)\,\varphi(s)\,ds,\ x\right)$ konvergiert (vgl. Bemerkung 1.12). Ist $\{u_n\}$ eine schwach konvergente Folge aus X, so gilt tatsächlich

$$\lim_{n\to\infty}\left(\int_S u_n(s)\,\varphi(s)\,ds,\ x\right) = \lim_{n\to\infty}\int_S \big(x\varphi(s),\ u_n(s)\big)\,ds$$

$$= \lim_{n\to\infty}\langle x\varphi,\ u_n\rangle = \langle x\varphi,\ u\rangle = \left(\int_S u(s)\,\varphi(s)\,ds,\ x\right).$$

Analog läßt sich die gewünschte Konvergenz für den Fall beweisen, daß $\{u_n\}$ eine schwach konvergente Folge aus X^* ist.

Damit ist Lemma 1.10 bewiesen.

Für die Behandlung von Operatordifferentialgleichungen wird neben den Räumen X und X^* ein weiterer Raum eine Rolle spielen, den wir nun definieren und zur Abkürzung mit W bezeichnen wollen. Es sei

$$W = \{u \mid u \in X,\quad u' \in X^*\}\,.$$

Satz 1.16. *Die Menge W, die in natürlicher Weise einen linearen Raum bildet, wird mit der Norm*

$$\|u\|_W = \|u\|_X + \|u'\|_{X^*}\,, \qquad u \in W\,,$$

zu einem BANACH-*Raum.*

Beweis. Die Normeigenschaften von $\|\cdot\|_W$ sind evident. Zu beweisen ist daher nur noch die Vollständigkeit von W bezüglich dieser Norm. Es sei $\{u_n\}$ eine Fundamentalfolge in W. Auf Grund der Vollständigkeit von X besitzt die Folge $\{u_n\}$ in X ein Grenzelement $u \in X$. Entsprechend besitzt die Folge $\{u_n'\}$ in X^* ein Grenzelement $v \in X$. Nach Lemma 1.10 konvergiert die Folge $\{u_n\}$ auch in $\mathcal{D}^*(S; V^*)$ gegen u. Da in $\mathcal{D}^*(S; V^*)$ die Ableitung stetig von der Distribution abhängt, konvergiert die Folge $\{u_n'\}$ in $\mathcal{D}^*(S; V^*)$ gegen die Ableitung u' von u. Folglich ist $u' = v \in X^*$ und daher $u \in W$.

Damit ist Satz 1.16 bewiesen.

Bemerkung 1.20. Die Bezeichnung W bringt die Abhängigkeit dieses Raums von S, V, H, p und p_0 nicht zum Ausdruck. Diese Bezeichnung wird dadurch gerechtfertigt, daß die genannte Abhängigkeit im allgemeinen keine wesentliche Rolle spielt. Lediglich in einem Falle (Lemma 1.12) werden wir gleichzeitig mit den Räumen W zu verschiedenen Intervallen S arbeiten. In diesem Fall kennzeichnen wir die Abhängigkeit der Räume von S durch die Bezeichnung $W(S)$.

Lemma 1.11. Es gilt $W \subset C(S; V^*)$. Für kompaktes S ist die Einbettung von W in $C(S; V^*)$ stetig.

Beweis. Es sei $u \in W$. Dann ist $u' \in (S \to V^*)$ lokal integrierbar. Wir definieren $v \in (S \to V^*)$ durch

$$v(t) = \int_{t_0}^{t} u'(s)\,ds\,, \qquad t_0 \in S\,. \tag{1.53}$$

Die Norm in V^* bezeichnen wir mit $\|\cdot\|_*$. Wegen

$$\|v(t) - v(s)\|_* \leqq \int_s^t \|u'(\tau)\|_*\,d\tau \qquad \text{für} \qquad s \leqq t$$

gilt $v \in C(S; V^*)$. Andererseits ist nach Lemma 1.8 $v' = u'$ und daher nach Lemma 1.9

$$u(t) = v(t) + z\,, \quad z \in V^*\,, \quad \text{für fast alle } t \in S\,. \tag{1.54}$$

Folglich gehört auch u zu $C(S; V^*)$. Aus (1.53) ergibt sich bei kompaktem S unter Benutzung der Hölderschen Ungleichung und der Definition der Norm in X^* (vgl. (1.51))

$$\|v(t)\|_* \leqq \int_S \|u'(s)\|_*\,ds \leqq K_1\|u'\|_{X^*},\ K_1 = \text{const}\,. \tag{1.55}$$

Aus (1.54) und (1.55) folgt wegen der Stetigkeit der Einbettung von V in V^*

$$\begin{aligned}(\operatorname{mes}(S))^{1/p}\,\|z\|_* &= \Big(\int_S \|z\|_*^p\,ds\Big)^{1/p} = \|u - v\|_{L^p(S;V^*)}\\ &\leqq K_2\,(\|u\|_{L^p(S;V)} + \|v\|_{C(S;V^*)}) \leqq K_3(\|u\|_X + \|u'\|_{X^*})\,;\end{aligned} \tag{1.56}$$

dabei sind K_2 und K_3 von u unabhängige Konstanten. Aus (1.54), (1.55) und (1.56) erhalten wir schließlich

$$\sup_{t\in S} \|u(t)\|_* \leqq \sup_{t\in S} \|v(t)\|_* + \|z\|_* \leqq K\,\|u\|_W\,, \quad K = \text{const}\,.$$

Damit ist Lemma 1.11 bewiesen.

Lemma 1.12. Die Menge $C^1(S; V) \cap W$ liegt in W dicht.

Beweis. Wir unterscheiden beim Beweis drei Fälle.

Fall 1. $S = R^1$.

Es sei

$$\varrho(t) = \begin{cases} c e^{\frac{t^2}{t^2-1}} & \text{für } |t| < 1\,,\\ 0 & \text{für } |t| \geqq 1\end{cases}$$

und $\varrho_n(t) = n\varrho(nt)$. Die Konstante c sei so gewählt, daß $\int_{R^1} \varrho(t)\,dt = 1$ ist. Zu

$u \in W$ definieren wir Funktionen u_n, $n = 1, 2, \ldots$, durch die Vorschrift

$$u_n(t) = \int_{R^1} \varrho_n(t - s)\, u(s)\, ds\,. \tag{1.57}$$

Die Funktionen u_n gehören, wie man direkt nachprüfen kann, zu $C^1(R^1; V)$; es ist

$$u_n'(t) = \int_{R^1} \varrho_n'(t - s)\, u(s)\, ds = \int_{R^1} \varrho_n(t - s)\, u'(s)\, ds\,. \tag{1.58}$$

Die letzte Gleichheit gilt auf Grund der Definition der Ableitung von Distributionen aus $\mathcal{D}^*(S; V^*)$.

Daß die Funktionen u_n zu $L^p(R^1; V)$ gehören und in diesem Raum gegen u konvergieren, ergibt sich aus den folgenden Abschätzungen:

$$\begin{aligned}\int_{R^1} \|u_n(t) - u(t)\|^p\, dt &= \int_{R^1} \left\| \int_{t-(1/n)}^{t+(1/n)} \varrho_n(t - s)\, \big(u(s) - u(t)\big)\, ds \right\|^p dt \\ &\leqq \int_{R^1} \left(\int_{-1/n}^{1/n} |\varrho_n(h)|\, \|u(t + h) - u(t)\|\, dh \right)^p dt \\ &\leqq \int_{R^1} \left\{ \left(\int_{-1/n}^{1/n} \|\varrho_n(h)|^q\, dh \right)^{p/q} \int_{-1/n}^{1/n} \|u(t + h) - u(t)\|^p\, dh \right\} dt \\ &\leqq \frac{n}{2}\, (2c)^p \int_{-1/n}^{1/n} \int_{R_1} \| u(t + h) - u(t)\|^p\, dt\, dh\,.\end{aligned}$$

Benutzt man hier Lemma 1.5 und die dort eingeführten Funktionen u_h, so erhält man

$$\lim_{n\to\infty} \int_{R^1} \|u_n(t) - u(t)\|^p\, dt \leqq \lim_{n\to\infty} (2c)^p \sup_{|h|\leqq 1/n} \|u_h - u\|^p_{L^p(R^1; V)} = 0\,.$$

Entsprechend kann man zeigen, daß die Folge $\{u_n\}$ in $L^{p_0}(S; H)$ gegen u konvergiert. Folglich gilt auch

$$\lim_{n\to\infty} \|u_n - u\|_X = 0\,. \tag{1.59}$$

Wir kommen nun zum Konvergenzbeweis für die Ableitungen. Wegen $u' \in X^*$ existiert eine Zerlegung

$$u' = v + w\,, \qquad v \in L^q(S; V^*)\,, \qquad w \in L^{q_0}(S; H)\,.$$

In Analogie zu (1.57) definieren wir

$$v_n(t) = \int_{R^1} \varrho_n(t - s)\, v(s)\, ds$$

und

$$w_n(t) = \int_{R^1} \varrho_n(t - s)\, w(s)\, ds\,.$$

Wegen (1.58) ist $v_n + w_n = u_n'$. Ebenso wie oben die Konvergenz von u_n gegen u in $L^p(R^1; V)$ bewiesen wurde, läßt sich zeigen, daß gilt:

$$v_n \to v \quad \text{in} \quad L^q(S; V^*), \quad w_n \to w \text{ in } L^{q_0}(S; H).$$

Auf Grund der Normdefinition in X^* (vgl. (1.51)) folgt daraus

$$\begin{aligned}&\lim_{n\to\infty} \|u_n' - u'\|_{X^*}\\ &\leqq \lim_{n\to\infty} \max\left(\|v_n - v\|_{L^q(S;V^*)}, \|w_n - w\|_{L^{q_0}(S;H)}\right) = 0.\end{aligned} \tag{1.60}$$

Mit (1.59) und (1.60) ist gezeigt, daß die Folge $\{u_n\}$ zu $C^1(R^1; V) \cap W$ gehört und in W gegen u konvergiert, d. h., das Lemma ist für $S = R^1$ bewiesen.

Fall 2. S ist halbbeschränkt. Ohne Beschränkung der Allgemeinheit sei $S = [0, \infty)$. Für $u \in W$ setzen wir

$$u_h(t) = u(t + h), \quad h > 0.$$

Dann gilt auf Grund von Lemma 1.5

$$u_h \to u \text{ in } L^p(S; V) \text{ und } u_h \to u \text{ in } L^{p_0}(S; H)$$

und damit

$$\lim_{h \downarrow 0} \|u_h - u\|_X = 0.$$

Ist

$$u' = v + w, \quad v \in L^q(S; V^*), \quad w \in L^{q_0}(S; H),$$

so ist offensichtlich

$$u_h' = v_h + w_h,$$

wenn man v_h und w_h in Analogie zu u_h definiert. Nach Lemma 1.5 gilt

$$v_h \to v \text{ in } L^q(S; V^*) \text{ und } w_h \to w \text{ in } L^{q_0}(S; H).$$

Daher erhalten wir (vgl. (1.51))

$$\lim_{h\downarrow 0} \|u_h' - u'\|_{X^*} \leqq \lim_{h\downarrow 0} \max\left(\|v_h - v\|_{L^q(S;V^*)}, \|w_h - w\|_{L^{q_0}(S;H)}\right) = 0.$$

Diese Überlegungen zeigen, daß es genügt, Funktionen der Form u_h (für $u \in W$) bei festem $h > 0$ durch Funktionen aus $C^1(S; V) \cap W$ in W zu approximieren.

Es sei $h > 0$ gegeben und φ eine Funktion aus $C^1(R^1)$ mit folgenden Eigenschaften:

a) $\varphi(t) = 1$ für $t \geqq -\frac{h}{2}$;

b) $\varphi(t) = 0$ für $t < -h$.

Wir setzen

$$v(t) = \begin{cases}\varphi(t)\, u(t+h) & \text{für } t \geqq -h, \\ 0 & \text{für } t < -h.\end{cases}$$

Dann ist $v(t) = u_h(t)$ für alle $t \geqq 0$. Wie man sich an Hand der Definition der Ableitung von Distributionen aus $\mathcal{D}^*(R^1; V^*)$ leicht überlegen kann, ist

$$v'(t) = \begin{cases} \varphi'(t)\, u(t+h) + \varphi(t)\, u'(t+h) & \text{für} \quad t \geqq -h\,, \\ 0 & \text{für} \quad t < -h\,. \end{cases}$$

Wegen $u \in W = W(S)$ und Lemma 1.11 gehört v zu $W(R^1)$ (zur Bezeichnung siehe Bemerkung 1.20). Auf Grund des Ergebnisses für Fall 1 existiert eine Folge $\{v_n\}$ aus $C^1(\mathrm{R}^1; V) \cap W(R^1)$, die in $W(R^1)$ gegen v konvergiert. Bezeichnen wir mit w_n die Einschränkung von v_n auf $S = [0, \infty)$, so gilt $w_n \in C^1(S; V) \cap W(S)$ und

$$w_n \to u_h \quad \text{in} \quad W(S)\,,$$

da die Einschränkung von v auf S gleich u_h ist. Damit ist auch für Fall 2 der Beweis abgeschlossen.

Fall 3. S ist beschränkt. Ohne Beschränkung der Allgemeinheit sei $S = [a, b]$, $a < b$. Wir wählen eine Funktion $\varphi \in C^1(S)$ mit folgenden Eigenschaften:

a) $\varphi(t) = 0$ in einer Umgebung von b;

b) $\varphi(t) = 1$ in einer Umgebung von a.

Für eine beliebige Funktion $u \in W = W(S)$ definieren wir

$$v(t) = \begin{cases} \varphi(t)\, u(t) & \text{für} \quad a \leqq t \leqq b\,, \\ 0 & \text{für} \quad t > b \end{cases}$$

und

$$w(t) = \begin{cases} \big(1 - \varphi(t)\big)\, u(t) & \text{für} \quad a \leqq t \leqq b\,, \\ 0 & \text{für} \quad t < a\,. \end{cases}$$

Dann gilt

$$v \in W\big([a, \infty)\big)\,, \qquad w \in W\big((-\infty, b]\big)\,.$$

Das beweist man ebenso wie in Fall 2 die Aussage $v \in W(R^1)$. Die Funktionen v und w lassen sich gemäß Fall 2 durch Folgen $\{v_n\} \subset C^1\big([a, \infty); V\big) \cap W\big([a, \infty)\big)$ bzw. $\{w_n\} \subset C^1\big((-\infty, b]; V\big) \cap W\big((-\infty, b]\big)$ in $W\big([a, \infty)\big)$ bzw. $W\big((-\infty, b]\big)$ approximieren. Folglich konvergieren die zu $C^1(S; V)$ gehörigen Einschränkungen von $v_n + w_n$ auf $S = [a, b]$ in $W = W(S)$ gegen $v + w$, eingeschränkt auf S, d. h. gegen u.

Damit ist Lemma 1.12 bewiesen.

Bemerkung 1.21. Man kann über das Ergebnis von Lemma 1.12 hinaus beweisen, daß sich die Funktionen von W sogar durch beliebig oft differenzierbare, nur in einem kompakten Intervall nicht verschwindende Funktionen aus $(S \to V)$ approximieren lassen. Davon werden wir jedoch keinen Gebrauch machen.

Satz 1.17. *Es gilt $W \subset C(S; H)$. Für kompaktes S ist die Einbettung von W in $C(S; H)$ stetig. Für beliebige $u, v \in W$ gilt die folgende Formel der partiellen*

Integration:

$$\begin{aligned}&\big(u(t), v(t)\big) - \big(u(s), v(s)\big)\\&= \int_s^t \{\big(u'(\tau), v(\tau)\big) + \big(v'(\tau), u(\tau)\big)\}\, d\tau, \quad s, t \in S\,. \end{aligned} \tag{1.61}$$

Beweis. Da die Zugehörigkeit einer Funktion aus $(S \to H)$ zu $C(S; H)$ eine lokale Eigenschaft ist, genügt es, den Beweis für den Fall eines kompakten Intervalls $S = [a, b]$ zu führen. Daß die Formel (1.61) für $u, v \in C^1(S; V)$ richtig ist, kann man auf elementarem Wege beweisen, indem man die Ableitung der Funktion $\big(u(\cdot), v(\cdot)\big) \in (S \to R^1)$ berechnet.

Es sei $\varphi \in C^1(S)$ und $\varphi(a) = 0$, $\varphi(b) = 1$. Für $u \in C^1(S; V)$ setzen wir

$$v = \varphi u\,, \qquad w = u - \varphi u\,.$$

Dann gilt

$$v' = \varphi' u + \varphi u'\,,$$
$$w' = u' - \varphi' u - \varphi u'\,.$$

Wir benutzen nun die Formel (1.61) für v und u bzw. für w und u:

$$\big(v(t), u(t)\big) = \int_a^t \{\varphi'(s)\,\big(u(s), u(s)\big) + 2\varphi(s)\,\big(u'(s), u(s)\big)\}\, ds\,,$$
$$-\big(w(t), u(t)\big) = \int_t^b \{-\varphi'(s)\,\big(u(s), u(s)\big) + 2\big(1 - \varphi(s)\big)\,\big(u'(s), u(s)\big)\}\, ds\,.$$

Daraus folgt durch Subtraktion:

$$|u(t)|^2 = \int_a^b \{\varphi'(s)\,\big(u(s), u(s)\big) + 2\varphi(s)\,\big(u'(s), u(s)\big)\}\, ds - 2\int_t^b \big(u'(s), u(s)\big)\, ds\,.$$

Folglich ist für geeignete, von u und t unabhängige Konstanten K_1 und K_2:

$$|u(t)|^2 \leqq K_1\,(||u||_{C(S;V^*)}\,||u||_{L^p(S;V)} + ||u'||_{X^*}\,||u||_X) \leqq K_2\,||u||_W^2\,.$$

Wir haben dabei davon Gebrauch gemacht, daß W stetig in $C(S; V^*)$ eingebettet ist (vgl. Lemma 1.11). Für $u \in C^1(S; V)$ gilt also

$$||u||_{C(S;H)} \leqq K\,||u||_W\,, \qquad K = \text{const}\,. \tag{1.62}$$

Es sei nun $u \in W$ beliebig und $\{u_n\}$ eine Folge von Funktionen aus $C^1(S; V)$, die in W gegen u konvergiert. Eine solche Folge existiert nach Lemma 1.12. Wir wenden die Abschätzung (1.62) auf $u_n - u_k$ an und erhalten

$$||u_n - u_k||_{C(S;H)} \leqq K\,||u_n - u_k||_W\,,$$

d. h., die Folge $\{u_n\}$ konvergiert in $C(S; H)$. Da ihr Grenzwert nur u sein kann, gehört u (bis auf Äquivalenz) zu $C(S; H)$. Durch den Grenzübergang $u_n \to u$ ergibt sich außerdem, daß die Abschätzung (1.62) für beliebiges $u \in W$ gilt. Damit ist die Stetigkeit der Einbettung von W in $C(S; H)$ bewiesen.

Die Gültigkeit der Formel (1.61) für beliebige $u, v \in W$ beweist man, indem man u und v in W durch Funktionen aus $C^1(S; V)$ approximiert und zur Grenze übergeht. Der Nachweis, daß der Grenzübergang gestattet ist und das gewünschte Resultat liefert, bereitet wegen der Stetigkeit der Einbettung von W in $C(S;H)$ keine Schwierigkeiten.

Damit ist Satz 1.17 bewiesen.

Bemerkung 1.22. Aus (1.61) ergibt sich für $v = u$ die Beziehung

$$\frac{1}{2}(|u(t)|^2 - |u(s)|^2) = \int_s^t (u'(\tau), u(\tau))\, d\tau$$

$$\text{für } s, t \in S \quad \text{und} \quad u \in W .$$

Von dieser Beziehung werden wir später oft Gebrauch machen.

§ 2. Rand-Anfangswertaufgaben als Operatordifferentialgleichungen in Banach-Räumen

Der vorliegende Paragraph ist der funktionalanalytischen Formulierung klassischer Rand-Anfangswertaufgaben, genauer gesagt, der Überführung klassischer Rand-Anfangswertaufgaben in Anfangswertaufgaben für Operatordifferentialgleichungen gewidmet. Im ersten Abschnitt wird der prinzipielle Zusammenhang zwischen klassischen Rand-Anfangswertproblemen und Anfangswertproblemen für Operatordifferentialgleichungen am Beispiel parabolischer Differentialgleichungen dargestellt. Der zweite Abschnitt enthält eine Übersicht über Anfangswertaufgaben für verschiedene Typen von Operatordifferentialgleichungen, die bei der funktionalanalytischen Formulierung von Rand-Anfangswertaufgaben für konkrete Klassen partieller Differentialgleichungen auftreten.

Der vorliegende Paragraph steht in enger Beziehung zu § 2, Kap. II. Von den dort eingeführten Bezeichnungen und Begriffen werden wir ohne nochmalige Erläuterung Gebrauch machen.

1. Problemstellung

Sei G ein beschränktes Gebiet des R^n, dessen Rand Γ im Sinne von Definition 1.17, Kap. II, regulär ist. Ferner sei $S = [0, T]$, $T > 0$, ein Zeitintervall. Wir betrachten Rand-Anfangswertprobleme

$$\left.\begin{aligned} &\frac{\partial v}{\partial t}(t, x) - \sum_{i,j=1}^{n} \frac{\partial}{\partial x_i}\left(a_{ij} \frac{\partial v}{\partial x_j}(t, x)\right) = g(t, x) \qquad \forall t \in S, \quad \forall x \in G ,\\ &v(0, \cdot) = a , \quad v(t, x)|_\Gamma = 0 \qquad \forall t \in S , \end{aligned}\right\} \tag{2.1}$$

oder allgemeiner

$$\left.\begin{aligned} &\frac{\partial v}{\partial t}(t, x) + (Ev)(t, x) = g(t, x) \qquad \forall t \in S, \quad \forall x \in G ,\\ &v(0, \cdot) = a, \quad v(t, \cdot) \in D(E) \quad \forall t \in S . \end{aligned}\right\} \tag{2.2}$$

Dabei sei E ein Differentialoperator mit dem Definitionsbereich $D(E)$, wie er in Kap. II, § 2.1 betrachtet wurde. Weiter bezeichnet Ev für eine auf $S \times \overline{G}$ erklärte Funktion v mit $v(t, \cdot) \in D(E)$, $t \in S$, die ebenfalls auf $S \times \bar{G}$ erklärte Funktion, die entsteht, wenn man den Operator E in der üblichen Weise, d. h. bei festgehaltenem t auf $v(t, \cdot)$, anwendet. Schließlich seien g und a vorgegebene, auf $S \times G$ bzw. G erklärte Funktionen.

Als klassische Lösung des Rand-Anfangswertproblems (2.2) bezeichnet man gewöhnlich eine auf $S \times \bar{G}$ stetige, nach t stetig differenzierbare Funktion, die den in (2.2) genannten Bedingungen genügt. Die klassische Lösbarkeit von (2.2) hängt von den in Kap. II, § 2.1 angegebenen Eigenschaften der den Differentialoperator E definierenden Funktionen a_α, der rechten Seite g und des Randes Γ von G ab. Zudem muß der Anfangswert a offenbar der Voraussetzung $a \in D(E)$ genügen. Existenzbeweise für klassische Lösungen von Problemen der Form (2.2) erfordern in der Regel eine komplizierte Beweistechnik.

Wir werden im folgenden von klassischen Rand-Anfangswertproblemen (2.2) zu entsprechenden funktionalanalytischen Problemstellungen übergehen, die die erwähnten Voraussetzungen an die a_α, g, Γ und a weitgehend überflüssig machen. Für diese funktionalanalytischen Problemstellungen werden wir im Kapitel VI mit relativ einfacher Technik Aussagen über die Existenz und die Approximation von Lösungen beweisen.

Der in Kap. II, § 2 vollzogene Übergang von klassischen Randwertproblemen zu entsprechenden funktionalanalytischen Fragestellungen, d. h. zu Operatorgleichungen, der sich wegen der Einfachheit der in Kap. III dargestellten Theorie der Operatorgleichungen inzwischen als sehr zweckmäßig erwiesen hat, basiert auf dem Begriff der energetischen Erweiterung von Operatoren. Dieser Begriff spielt auch bei der angestrebten funktionalanalytischen Formulierung von Rand-Anfangswertproblemen die entscheidende Rolle.

Wir treffen folgende Vereinbarung: Ein Anfangswertproblem

$$\left.\begin{aligned} &u'(t) + Au(t) = f(t) \quad \forall t \in S\,, \\ &u(0) = a,\, u \in (S \to V)\,, \quad u' \in (S \to V^*)\,, \end{aligned}\right\} \tag{2.3}$$

mit $f(t) = g(t, \cdot)$, $t \in S$, nennen wir funktionalanalytische Formulierung des Rand-Anfangswertproblems (2.2), wenn der Operator $A \in (V \to V^*)$ energetische Erweiterung des Operators E ist.

Bemerkung 2.1. Die Forderung $u' \in (S \to V^*)$ ist dabei so zu verstehen, daß u eine Ableitung im Sinne des Distributionenraums $\mathcal{D}^*(S; V^*)$ besitzt und daß diese durch eine Funktion aus $(S \to V^*)$ dargestellt wird. Diese Forderung wird später auf verschiedene Weise realisiert, beispielsweise durch die Zugehörigkeit von u zu $C^1_w(S; V^*)$.

Wir werden die eben getroffene Vereinbarung später (Lemma 2.3) rechtfertigen und zeigen, daß ein klassisches Rand-Anfangswertproblem (2.2) und das ihm entsprechende Anfangswertproblem (2.3) in gewissem Sinn äquivalent sind. Zuvor geben wir zwei Lemmata an, die wir zum Äquivalenzbeweis benötigen.

Das nachstehende Lemma präzisiert den zu Beginn des ersten Paragraphen gegebenen Hinweis auf die Beziehungen zwischen auf $S \times \overline{G}$ erklärten Funktionen v und „abstrakten" Funktionen $u \in (S \to C(\overline{G}))$.

Lemma 2.1. Die Vorschrift

$$u(t) = v(t, \cdot) \qquad \forall t \in S \tag{2.4}$$

vermittelt eine umkehrbar eindeutige Zuordnung $v \to u$ zwischen Funktionen $v \in C(S \times \overline{G})$ und Funktionen $u \in C(S;\, C(\overline{G}))$. Eine Funktion $v \in C(S \times \overline{G})$ besitzt genau dann eine partielle Ableitung $\frac{\partial v}{\partial t} \in C(S \times \overline{G})$, wenn die ihr durch (2.4) zugeordnete Funktion u zu $C^1(S; C(\overline{G}))$ gehört. In diesem Fall gilt $\frac{\partial v}{\partial t}(t, \cdot) = u'(t)$ für jedes $t \in S$.

Beweis. Die erste Behauptung ist offensichtlich. Es existiere $\frac{\partial v}{\partial t} \in C(S \times \overline{G})$. Dann gilt auf Grund des Mittelwertsatzes der Differentialrechnung für ein $s = s(x) \in [0, 1]$

$$\begin{aligned}
&\lim_{h\to 0} \left\| \frac{1}{h}\big(u(t+h) - u(t)\big) - \frac{\partial v}{\partial t}(t, \cdot)\right\|_{C(\overline{G})} \\
&= \lim_{h\to 0} \sup_{x\in\overline{G}} \left| \frac{1}{h}\big(v(t+h, x) - v(t, x)\big) - \frac{\partial v}{\partial t}(t, x)\right| \\
&= \lim_{h\to 0} \sup_{x\in\overline{G}} \left| \frac{\partial v}{\partial t}(t+sh, x) - \frac{\partial v}{\partial t}(t, x)\right| = 0.
\end{aligned}$$

Sei umgekehrt $u \in C^1(S; C(\overline{G}))$. Dann gilt

$$\begin{aligned}
&\lim_{h\to 0} \sup_{x\in\overline{G}} \left| \frac{1}{h}\big(v(t+h, x) - v(t, x)\big) - u'(t)(x)\right| \\
&= \lim_{h\to 0} \left\| \frac{1}{h}\big(u(t+h) - u(t)\big) - u'(t)\right\|_{C(\overline{G})} = 0\,.
\end{aligned}$$

Damit ist Lemma 2.1 bewiesen.

Wir haben bei der Definition der energetischen Erweiterung eines Operators gefordert, daß der Raum V in einen HILBERT-Raum H dicht und stetig eingebettet ist (Def. 2.1(c), Kap. II). Für die in Kap. II, § 2.2 angegebenen Beispiele galt stets $H \subset L^2(G)$.

Lemma 2.2. Ist $H \subset L^2(G)$ und $\|u\|_H = \|u\|_{L^2(G)}$ für alle $u \in H$, so gilt

$$(S \to H) \cap C^1(S; L^2(G)) \subset C^1(S; H)\,.$$

Beweis. Sei $u \in (S \to H) \cap C^1(S; L^2(G))$. Offensichtlich gehört u dann zu $C(S; H)$. Wir zeigen: $u' \in C(S; H)$. Wir setzen

$$u_h(t) = \frac{1}{h}\big(u(t+h) - u(t)\big) \in H\,, \qquad t, t+h \in S\,.$$

Wegen $u \in C^1(S; L^2(G))$ gilt

$$\lim_{h \to 0} ||u_h(t) - u'(t)||_{L^2(G)} = 0 .$$

Auf Grund der Vollständigkeit von H folgt daraus $u'(t) \in H$. Daher gilt $u' \in C(S; H)$. Damit ist Lemma 2.2 bewiesen.

Das folgende Lemma gibt an, in welchem Sinn die klassische und die funktionalanalytische Formulierung eines Rand-Anfangswertproblems als äquivalent angesehen werden können.

Lemma 2.3. Sei der Operator A energetische Erweiterung des Operators E. Sei ferner $H \subset L^2(G)$ und $||u||_H = ||u||_{L^2(G)}$, $u \in H$, sowie $g(t, \cdot) = f(t) \in H$ für jedes $t \in S$. Eine Funktion $v \in C(S \times \overline{G})$ ist klassische Lösung des Rand-Anfangswertproblems (2.2) genau dann, wenn für die v nach Lemma 2.1 umkehrbar eindeutig zugeordnete Funktion u die Beziehungen $u \in C^1(S; C(\overline{G}))$ und $u(t) \in M(E)$, $t \in S$, gelten und wenn u Lösung des Anfangswertproblems (2.3) ist.

Beweis. Sei v Lösung von (2.2) und

$$u(t) = v(t, \cdot) \qquad \forall t \in S .$$

Dann gilt $u(0) = a$ und $u(t) \in D(E) \subset V$, $t \in S$, also $u \in (S \to V)$. Auf Grund von Lemma 2.1, Lemma 2.2 und Eigenschaft c) der energetischen Erweiterung A von E (vgl. Kap. II, § 2.1) erhält man $u' \in C(S; H) \subset (S \to V^*)$ und

$$u'(t) + Au(t) = \frac{\partial v}{\partial t}(t, \cdot) + Eu(t) = \frac{\partial v}{\partial t}(t, \cdot) + (Ev)(t, \cdot) = g(t, \cdot) = f(t) \quad \forall t \in S .$$

Sei umgekehrt $u \in C^1(S; C(\overline{G}))$ mit $u(t) \in M(E)$, $t \in S$, Lösung von (2.3). Nach Lemma 2.2 gilt $u' \in C(S; H)$ und damit

$$Au(t) = f(t) - u'(t) \in H \qquad \forall t \in S .$$

Wegen Eigenschaft d) der energetischen Erweiterung folgt daraus $u(t) \in D(E)$, $t \in S$. Schließlich liefern Eigenschaft c) und Lemma 2.1

$$\frac{\partial v}{\partial t}(t, \cdot) + (Ev)(t, \cdot) = u'(t) + Eu(t) = u'(t) + Au(t) = f(t) = g(t, \cdot) \qquad \forall t \in S .$$

Damit ist Lemma 2.3 bewiesen.

Wir betrachten im folgenden Rand-Anfangswertprobleme der Form

$$\left.\begin{aligned} &\frac{\partial v}{\partial t}(t, x) + \big(E(t)v\big)(t, x) = g(t, x) \qquad &&\forall t \in S,\ \forall x \in G ,\\ &v(0, \cdot) = a,\ v(t, \cdot) \in D\big(E(t)\big) &&\forall t \in S . \end{aligned}\right\} \tag{2.5}$$

Dabei sei $\{E(t)\}$ eine Familie elliptischer Differentialoperatoren $E(t)$ mit Definitionsbereichen $D\big(E(t)\big)$, $t \in S$. Wir setzen voraus:

a) Alle Operatoren $E(t)$ besitzen den gleichen natürlichen Definitionsbereich.

b) Alle Operatoren $E(t)$ besitzen energetische Erweiterungen $A(t)$ mit Räumen V und H, die nicht von t abhängen.

Dann können wir (2.5) unter Wahrung der Äquivalenzaussage (Lemma 2.3) in das folgende Anfangswertproblem überführen:

$$u'(t) + A(t)\, u(t) = f(t) \qquad \forall t \in S\,,$$
$$u(0) = a\,, \quad u \in (S \to V)\,, \quad u' \in (S \to V^*)\,.$$

Dabei ist $f(t) = g(t, \cdot)$, $t \in S$.

Die zwei folgenden Beispiele zeigen, daß die eben genannten Voraussetzungen in wichtigen Fällen erfüllt sind bzw. ohne größere Mühe erfüllt werden können.

1. Für $z \in M\big(E(t)\big) = C^2(\overline{G})$, $t \in S$, sei der Operator $E(t)$ aus (2.5) durch die Vorschrift

$$\big(E(t)z\big)\,(x) = -\sum_{i=1}^{n} \frac{\partial}{\partial x_i} a_i\big(t, x, w(x)\big) \quad \forall x \in G\,, \quad w = \operatorname{grad} z\,, \tag{2.6}$$

mit $D\big(E(t)\big) = \{z \mid z \in C^2(\overline{G}),\ z|_\Gamma = \varphi_t\}$, $t \in S$, erklärt. Wir setzen voraus, daß die auf Γ erklärten Funktionen φ_t, $t \in S$, Fortsetzungen $u_{1t} \in C^2(\overline{G})$ derart besitzen, daß die durch die Vorschrift $v_1(t, x) = u_{1t}(x)$ definierte Funktion v_1 auf $S \times \overline{G}$ stetig und nach t stetig differenzierbar ist. Durch den Ansatz

$$v = \bar{v} + v_1$$

reduziert sich das betrachtete Rand-Anfangswertproblem auf das Problem

$$\frac{\partial \bar{v}}{\partial t}(t, x) + \big(E_1(t)\bar{v}\big)\,(t, x) = g(t, x) - \frac{\partial v_1}{\partial t}(t, x) \qquad \forall t \in S\,, \quad \forall x \in G\,,$$
$$\bar{v}(0, \cdot) = a - v_1(0, \cdot)\,,$$
$$\bar{v}(t, \cdot) \in D\big(E_1(t)\big) = D\big(E_1(0)\big) = \{z \mid z \in C^2(\overline{G}),\ z|_\Gamma = 0\}\,, \quad t \in S\,.$$

Dabei ist der Operator $E_1(t)$ durch die Vorschrift

$$\big(E_1(t)z\big)\,(x) = \big(E(t)\,(z + u_{1t})\big)\,(x) \qquad \forall x \in G\,, \quad \forall t \in S\,,$$

erklärt. Genügen nun für jedes feste $t \in S$ die Funktionen $a_{it} = a_i(t, \cdot, \cdot)$ für ein $p \geqq 2$ den Voraussetzungen von Lemma 2.2, Kap. II, so besitzen die Operatoren $E_1(t)$, $t \in S$, energetische Erweiterungen $A(t)$ mit $V = W_0^{1,p}(G)$ und $H = L^2(G)$ (vgl. Kap. II, § 2.2).

2. Für ein Gebiet der Klasse $C^{1,1}$ betrachten wir die durch (2.6) definierte Operatorfamilie, jetzt aber mit

$$D\big(E(t)\big) = \left\{ z \;\middle|\; z \in C^2(\overline{G}),\ |z|^{p-2} z + \frac{\partial z}{\partial \nu_{E(t)}}\bigg|_\Gamma = \varphi_t \right\}.$$

Wir setzen wieder voraus, daß die Funktionen $a_i(t, \cdot, \cdot)$, $t \in S$, für ein $p \geqq 2$ den Bedingungen von Lemma 2.2, Kap. II, genügen. Ferner gehöre die Funktion

φ_t, $t \in S$, zu $L^q(G)$, $\frac{1}{p} + \frac{1}{q} = 1$. Dann besitzen die Operatoren $E(t)$ nach den Ergebnissen von Kap. II, § 2.2 energetische Erweiterungen $A(t)$ mit $V = W^{1,p}(G)$ und $H = L^2(G)$.

2. Einige Typen von Anfangswertaufgaben für Operatordifferentialgleichungen

Wir geben im folgenden eine Übersicht über die Typen von Anfangswertaufgaben für Operatordifferentialgleichungen, die in den Kapiteln V—VII behandelt werden. Auf die Beziehung dieser Anfangswertaufgaben zu entsprechenden klassischen Rand-Anfangswertaufgaben gehen wir dabei jeweils nur kurz ein. Dafür nennen wir zwei Gründe: 1. Den grundsätzlichen Zusammenhang zwischen klassischen Rand-Anfangswertaufgaben und entsprechenden „abstrakten" Anfangswertaufgaben haben wir im vorigen Abschnitt am Beispiel parabolischer Differentialgleichungen ausführlich dargestellt. 2. Der Weg von einer konkreten Fragestellung etwa der Kontinuumsmechanik über ein klassisches Rand-Anfangswertproblem zu einem Anfangswertproblem für eine Operatordifferentialgleichung scheint uns ein historisch bedingter Umweg zu sein; denn man kann bei Kenntnis des in den Kapiteln II und IV dargestellten funktionalanalytischen Apparats das „abstrakte" Anfangswertproblem direkt aus der gegebenen Fragestellung der Mechanik herleiten. Auf diesem direkten Weg werden unnötige und unnatürliche Forderungen an die „Koeffizienten" der Differentialoperatoren, an das Gebiet sowie an die Rand- und Anfangswerte vermieden.

In der folgenden Problemübersicht beschränken wir uns auf die Angabe derjenigen Voraussetzungen über Räume, Operatoren, Funktionen und Elemente, die für die Problemstellung selbst erforderlich sind. Voraussetzungen, die die Existenz und Einzigkeit der Lösungen sowie die Konvergenz von Näherungsverfahren sichern, geben wir erst im Zusammenhang mit den entsprechenden Sätzen in den Kapiteln V—VII an. Allen hier aufgezählten Anfangswertaufgaben liegt ein Zeitintervall $S = [0, T]$, $T > 0$, zugrunde.

Problemtyp I. Gegeben sind ein Hilbert-Raum H, zwei Familien $A = \{A(t)\}$, $t \in S$, und $B = \{B(t)\}$, $t \in S$, von Operatoren aus $(H \to H^*)$ und eine Funktion $f \in (S \to H^*)$. Gesucht wird eine Funktion $u \in (S \to H)$ mit $u' \in (S \to H)$, die der Gleichung

$$A(t)\, u'(t) + B(t)\, u(t) = f(t) \qquad \forall t \in S$$

und der Anfangsbedingung

$$u(0) = a$$

für ein vorgegebenes Element $a \in H$ genügt.

Problemtyp II. Unter den gleichen Voraussetzungen über H, A, B und f wie beim Problemtyp I wird eine Funktion $u \in (S \to H)$ gesucht, die der Gleichung

$$\big(A(t)\, u(t)\big)' + B(t)\, u(t) = f(t) \qquad \forall t \in S$$

und der Anfangsbedingung

$$A(0)\,u(0) = b$$

für ein vorgegebenes Element $b \in H^*$ genügt.

Problemstellungen der Typen I und II ergeben sich bei der funktionalanalytischen Formulierung von Rand-Anfangswertaufgaben für *pseudoparabolische Differentialgleichungen* oder — wie diese auch genannt werden — *Gleichungen vom* SOBOLEW-GALPERN-*Typ*. Auf derartige Problemstellungen führen insbesondere verschiedene Aufgaben der Kontinuumsmechanik. Die Operatorfamilien A und B entstehen dabei durch energetische Erweiterung entsprechender Familien elliptischer Operatoren.

Problemtyp III. Gegeben sind ein HILBERT-Raum H und ein in H dicht und stetig eingebetteter reflexiver BANACH-Raum V sowie eine Familie $A = \{A(t)\}$, $t \in S$, von Operatoren aus $(V \to V^*)$ und eine Funktion $f \in (S \to V^*)$. Gesucht wird eine Funktion $u \in (S \to V)$ mit $u' \in (S \to V^*)$, die der Gleichung

$$u'(t) + A(t)\,u(t) = f(t) \qquad \forall t \in S$$

und der Anfangsbedingung

$$u(0) = a$$

für ein vorgegebenes Element $a \in V$ genügt.

Aufgaben des Typs III haben wir im vorigen Abschnitt durch funktionalanalytische Formulierung von Rand-Anfangswertproblemen für parabolische Differentialgleichungen erhalten.

Problemtyp IV. Gegeben sind Räume V und H wie beim Problemtyp III, zwei Familien $A = \{A(t)\}$, $t \in S$, und $B = \{B(t)\}$, $t \in S$, von Operatoren aus $(V \to V^*)$ und eine Funktion $f \in (S \to V^*)$. Gesucht wird eine Funktion $u \in (S \to V)$ mit $u' \in (S \to V)$ und $u'' \in (S \to V^*)$, die der Gleichung

$$u''(t) + A(t)\,u'(t) + B(t)\,u(t) = f(t) \qquad \forall t \in S$$

und den Anfangsbedingungen

$$u(0) = a_0\,, \quad u'(0) = a_1$$

für vorgegebene Elemente $a_0, a_1 \in V$ genügt.

Aufgaben des Typs IV ergeben sich bei der funktionalanalytischen Formulierung von Rand-Anfangswertproblemen für nichtlineare Wellengleichungen.

Bei den hier formulierten Aufgaben handelt es sich um Grundtypen, die wir in den folgenden Kapiteln in verschiedener Hinsicht modifizieren werden. So werden wir vor allem anstelle der Familien $\{A(t)\}$ und $\{B(t)\}$ von Operatoren aus $(V \to V^*)$ auch Operatoren A bzw. B aus $\big((S \to V) \to (S \to V^*)\big)$ und speziell aus $\big(L^p(S; V) \to L^q(S; V^*)\big)$, $p > 1$, $\frac{1}{p} + \frac{1}{q} = 1$, betrachten. Auf diese Weise gelangen wir zu allgemeineren Fragestellungen, denn jeder Familie $\{A(t)\}$ von Operatoren aus $(V \to V^*)$ kann durch die Vorschrift

$$(Au)(t) = A(t)\,u(t) \qquad \forall t \in S$$

ein Operator $A \in ((S \to V) \to (S \to V^*))$ zugeordnet werden, umgekehrt jedoch besitzt nicht jeder Operator $A \in ((S \to V) \to (S \to V^*))$ eine solche Darstellung. Die letzte Feststellung trifft insbesondere auf sogenannte VOLTERRA-Operatoren $A \in ((S \to V) \to (S \to V^*))$ zu, die im weiteren eine wesentliche Rolle spielen werden. VOLTERRA-Operatoren sind dadurch charakterisiert, daß der Funktionswert $(Au)(t)$ von den Werten der Funktion u im Intervall $[0, t]$, d. h. von der „Vorgeschichte", abhängen kann.

Wir gehen noch auf ein repräsentatives Beispiel einer im eben erwähnten Sinne modifizierten Fragestellung, und zwar des Typs III, ein. Sei V wieder ein reflexiver BANACH-Raum, der in einen HILBERT-Raum H dicht und stetig eingebettet ist, und $a \in H$ ein vorgegebenes Element. Sei ferner A ein VOLTERRA-Operator mit $A \in (L^p(S; V) \to L^q(S; V^*))$, $p > 1$, $\frac{1}{p} + \frac{1}{q} = 1$, und $f \in L^q(S; V^*)$. Dann ist die Aufgabe

$$u' + Au = f\,, \quad u(0) = a\,, \quad u \in L^p(S; V)\,,$$

sinnvoll gestellt. Aus $u \in L^p(S; V)$ folgt nämlich wegen der Einbettungen $V \subset H \subset V^*$ (vgl. Kap. I, § 6) die Beziehung $u \in L^p(S; V^*)$ und damit $u \in \mathcal{D}^*(S; V^*)$. Daher kann die Gleichung $u' + Au = f$ als Gleichung in $\mathcal{D}^*(S; V^*)$ verstanden werden. Genügt $u \in L^p(S; V)$ dieser Gleichung, so ist $u' \in L^q(S; V^*)$ und damit (vgl. Satz 1.17) $u \in C(S; H)$, d. h., auch die Anfangsbedingung $u(0) = a \in H$ hat einen Sinn.

Kommentare zu Kapitel IV

Der Inhalt des ersten Abschnitts von § 1 ist weitgehend elementar. Den Mittelwertsatz (Lemma 1.1) findet man in allgemeinerer Form beispielsweise bei DIEUDONNÉ [1].

Zur Theorie des BOCHNER-Integrals haben wir bereits im Text auf YOSIDA [1] verwiesen; von einem etwas anderen Standpunkt wird der Integralbegriff bei BOURBAKI [2] behandelt. Ergebnisse über die in Abschnitt 3, § 1, eingeführten Räume integrierbarer Funktionen findet man (zum Teil in wesentlich allgemeinerer Form) beispielsweise bei BOURBAKI [2], EDWARDS [1] und DINCULEANU [1]; das betrifft insbesondere den Satz 1.14 über die Dualität zwischen $L^p(S; X)$ und $L^q(S; X^*)$. Der Beweis von Satz 1.15 über die uniforme Konvexität von $L^p(S; X)$ stimmt im wesentlichen mit dem von KÖTHE [1] angegebenen Beweis der uniformen Konvexität von $L^p(S)$ überein.

Die in Abschnitt 4, § 1, gegebene Einführung der Distributionen über S mit Werten in X folgt im wesentlichen L. SCHWARTZ [1].

Die in Abschnitt 5, § 1, eingeführten Räume sind einfache Spezialfälle von „abstrakten" SOBOLEW-Räumen. Ähnliche Räume sind beispielsweise von LIONS-MAGENES [1] benutzt worden. Der Beweis des für den Einbettungssatz 1.17 wichtigen Lemmas 1.12 folgt dem Beweis einer ähnlichen Aussage bei LIONS-MAGENES [1, Kap. I, Satz 2.1].

Die in § 2 angegebene funktionalanalytische Formulierung (2.3) von Rand-Anfangswertproblemen (2.2) ist heute allgemein üblich (vgl. etwa BROWDER [8], DUBINSKI [1], LIONS [1]).

Auf Grund von Lemma 2.3 entspricht jeder klassischen Lösung v eines Rand-Anfangswertproblems (2.2) eine Lösung u der entsprechenden funktionalanalytischen Fragestellung. Umgekehrt ist jedoch die einer Lösung u von (2.3) durch die Vorschrift

$$v(t, x) = u(t)(x) \quad \forall\, t \in S\,, \quad \forall\, x \in G$$

zugeordnete Funktion v nur dann klassische Lösung von (2.2), wenn sie in t und x hinreichend regulär ist. Mit dem Beweis entsprechender Regularitätsaussagen beschäftigen wir uns in diesem Buch nicht. Diesbezüglich unteressierte Leser verweisen wir auf die Monographie LADYSHENSKAJA-SOLONNIKOW-URALZEWA [1] und die dort zitierte Literatur.

Weitere Erläuterungen und Bemerkungen zu den in Abschnitt 2, § 2, aufgeführten Problemtypen finden sich in den Kommentaren zu den Kapiteln, in denen die entsprechenden Aufgaben behandelt werden.

KAPITEL V

GEWÖHNLICHE OPERATORDIFFERENTIAL-GLEICHUNGEN

Wir beschäftigen uns in diesem Kapitel ausführlicher mit den ersten beiden Typen zeitabhängiger Gleichungen der in Kap. IV, § 2 vorgenommenen Klassifizierung. Diese Gleichungen stehen in engem Zusammenhang mit gewöhnlichen Differentialgleichungen für Funktionen, die Werte in BANACH-Räumen annehmen und die wir künftig als gewöhnliche Operatordifferentialgleichungen bezeichnen. Existenz- und Einzigkeitssätze für derartige Gleichungen lassen sich in weitgehender Analogie zu den wohlbekannten klassischen Aussagen für gewöhnliche Differentialgleichungen, deren Lösungen Werte im R^1 bzw. R^n annehmen, beweisen.

Wir werden in § 1 aus der ausgedehnten Theorie der gewöhnlichen Operatordifferentialgleichungen hier nur die von uns benötigten Resultate zusammenstellen, wobei wir Erweiterungen auf sogenannte VOLTERRA-Operatoren vornehmen. Diese Betrachtungen werden sowohl im Rahmen von Räumen stetiger als auch quadratisch integrierbarer Funktionen durchgeführt; wir beschreiben diese Sachlage mit der Abkürzung „C-Theorie“ bzw. „L^2-Theorie“.

In § 2 behandeln wir die pseudoparabolischen Gleichungen vom Typ I und Typ II (vgl. Kap. IV, § 2.2) für den Fall, daß die beteiligten Funktionen Werte in einem reellen separablen HILBERT-Raum annehmen und die auftretenden Operatoren Abbildungen von dem betrachteten HILBERT-Raum in den dazu dualen Raum vermitteln. Es ist dann auf einfachem Wege möglich, pseudoparabolische Gleichungen auf gewöhnliche Operatordifferentialgleichungen zurückzuführen.

In § 3 ziehen wir zur näherungsweisen Lösung pseudoparabolischer Gleichungen das GALERKIN-Verfahren heran. Die Näherungen werden dabei durch Auflösen von Systemen gewöhnlicher, im allgemeinen nichtlinearer Differentialgleichungen erhalten.

In § 4 benutzen wir die Aussagen über die Konvergenz des GALERKIN-Verfahrens als Grundlage für die Anwendung des Projektions-Iterationsverfahrens. Dieses Verfahren erlaubt es, Näherungslösungen auf „linearem“ Wege zu ermitteln, d. h. im wesentlichen durch Quadraturen und Auflösung linearer Gleichungssysteme.

§ 1. Existenz- und Einzigkeitssätze für Gleichungen mit LIPSCHITZ-stetigen Operatoren

Es sei X ein reeller BANACH-Raum mit der Norm $\|\cdot\|$, $S = [0, T]$, $T > 0$, ein kompaktes (Zeit-)Intervall.

1. Differentialgleichungen mit Operatorfamilien $G = \{G(t)\}$

Wir betrachten für Funktionen $u \in (S \to X)$ die Gleichung

$$u'(t) + G(t)\, u(t) = f(t)\,, \quad t \in S\,, \tag{1.1}$$

mit der Anfangsbedingung

$$u(0) = a \in X\,.$$

Dabei sei $G = \{G(t)\}$, $t \in S$, eine Familie von im allgemeinen nichtlinearen Operatoren $G(t) \in (X \to X)$; die rechte Seite f sei eine gegebene Funktion aus $(S \to X)$. Gleichungen der Form (1.1) werden wir unter den in diesem Paragraphen noch zu stellenden Bedingungen als *gewöhnliche Operatordifferentialgleichungen* bezeichnen.

Wir werden in diesem Kapitel von den in Kap. IV eingeführten Räumen stetiger und integrierbarer Funktionen sowie den Distributionenräumen und den entsprechenden Sätzen ohne weitere Erläuterungen Gebrauch machen.

An die Operatorfamilie $G = \{G(t)\}$, $t \in S$, stellen wir folgende Bedingungen:

Die für $t \in S$ definierte Funktion $t \to G(t)\,x$ gehört für jedes $x \in X$ zu $C(S; X)$. (1.2)

Die Operatoren $G(t) \in (X \to X)$ der Familie G sind (bezüglich $t \in S$ gleichmäßig) LIPSCHITZ-stetig, d. h., es existiert eine von t unabhängige LIPSCHITZ-Konstante L, so daß für beliebige $x, y \in X$ die LIPSCHITZ-Bedingung

$$\|G(t)\,x - G(t)\,y\| \leqq L\, \|x - y\|$$

erfüllt ist. (1.3)

Zur Abkürzung bezeichnen wir die durch die Vorschrift $t \to G(t)\, u(t)$ auf S erklärte Funktion im folgenden mit Gu. Wir stellen zunächst einige immer wieder benutzte Hilfsmittel zusammen.

Lemma 1.1. Die Operatorfamilie $G = \{G(t)\}$ genüge den Bedingungen (1.2), (1.3) und es sei $u \in C(S; X)$. Dann gilt

$$Gu \in C(S; X)\,.$$

Beweis. Sei $\{t_n\} \subset S$ eine konvergente Folge mit $t_n \to t_0$ für $n \to \infty$. Wegen der LIPSCHITZ-Bedingung (1.3) gilt

$$\|G(t_n)\, u(t_n) - G(t_0)\, u(t_0)\| \leqq L\, \|u(t_n) - u(t_0)\| + \|G(t_n)\, u(t_0) - G(t_0)\, u(t_0)\|\,.$$

Für $t_n \to t_0$ strebt wegen der Stetigkeit von u der erste Summand der rechten Seite nach Null; der zweite Summand strebt wegen Bedingung (1.2) nach Null. Damit ist Lemma 1.1 bewiesen.

Lemma 1.2. Die durch

$$\|u\|_{C,\,k} = \sup_{t \in S} \{e^{-kt}\, \|u(t)\|\}, \qquad k \geqq 0\,, \tag{1.4}$$

für $u \in C(S; X)$ erklärten (C, k)-Normen sind der Norm

$$\|u\|_{C(S;X)} = \sup_{t \in S} \|u(t)\|$$

äquivalent.

Beweis. Offensichtlich besitzen die Ausdrücke (1.4) für jedes $k \geqq 0$ alle Eigenschaften einer Norm und es gilt

$$\|u\|_{C,k} \leqq \|u\|_{C(S;X)} \leqq e^{kT} \|u\|_{C,k} .$$

Damit ist Lemma 1.2 bewiesen.

Lemma 1.3 (Gronwall). Sei f eine reelle stetige Funktion, g eine reelle nichtfallende Funktion auf S. Falls

$$f(t) \leqq g(t) + c \int_0^t f(s)\, ds \qquad \forall t \in S \tag{1.5}$$

mit einer nichtnegativen Konstanten c, so gilt

$$f(t) \leqq e^{ct} g(t) \qquad \forall t \in S .$$

Gilt insbesondere $g = 0$ und ist f nichtnegativ, so folgt $f = 0$.

Beweis. Aus der Ungleichung (1.5) folgt durch vollständige Induktion

$$f(t) \leqq g(t) \sum_{k=0}^{n} \frac{(ct)^k}{k!} + R_{n+1}(t) ,$$

wobei

$$R_{n+1}(t) = c^{n+1} \int_0^t \int_0^{s_1} \cdots \int_0^{s_n} f(s_{n+1})\, ds_{n+1} \cdots ds_1 .$$

Mit $M = \sup_{t \in S} |f(t)|$ findet man

$$|R_{n+1}(t)| \leqq \frac{M(cT)^{n+1}}{(n+1)!} \qquad \forall t \in S .$$

Da $R_{n+1}(t) \to 0$ für $n \to \infty$ gleichmäßig auf S, so folgt die Behauptung des Lemmas durch Grenzübergang $n \to \infty$. Damit ist Lemma (1.3) bewiesen.

Satz 1.1. *Das Anfangswertproblem*

$$u'(t) + G(t)\, u(t) = f(t) , \qquad t \in S ,$$
$$u(0) = a , \quad u \in C^1(S; X) ,$$

besitzt unter den Voraussetzungen (1.2), (1.3) *über die Operatorfamilie G für beliebige $f \in C(S; X)$ und $a \in X$ genau eine Lösung. Die Zuordnung $\{a, f\} \to u$ ist als Abbildung von $X \times C(S; X)$ in $C^1(S; X)$ stetig.*

Beweis. Wir konstruieren die Lösung u mit Hilfe des Banachschen Fixpunktsatzes (Satz 2.1, Kap. I). Für $u \in C(S; X)$ definieren wir den Integraloperator U durch

$$(Uu)(t) = a - \int_0^t (G(s)\,u(s) - f(s))\,ds\,, \qquad t \in S\,. \tag{1.6}$$

Das Integral ist als BOCHNER-Integral zu verstehen. Wegen Lemma 1.1 und der Differenzierbarkeit unbestimmter BOCHNER-Integrale (Satz 1.9, Kap. IV) gilt offenbar

$$U \in (C(S; X) \to C^1(S; X))\,.$$

Wir zeigen, daß die Abbildung U als Abbildung von $C(S; X)$ in sich für ein geeignetes $k \geqq 0$ in einer der in Lemma 1.2 erklärten (C, k)-Normen von $C(S; X)$ kontraktiv ist. Aus (1.6) folgt für $u, v \in C(S; X)$ wegen (1.3)

$$\begin{aligned} \|(Uu)(t) - (Uv)(t)\| &\leqq \int_0^t \|G(s)\,u(s) - G(s)\,v(s)\|\, e^{-ks}\, e^{ks}\, ds \\ &\leqq L \int_0^t \|u(s) - v(s)\|\, e^{-ks}\, e^{ks}\, ds \\ &\leqq L\, \|u - v\|_{C,k} \frac{e^{kt} - 1}{k} \end{aligned}$$

und damit

$$\begin{aligned} \|(Uu)(t) - (Uv)(t)\|\, e^{-kt} &\leqq \frac{L}{k}(1 - e^{-kt})\, \|u - v\|_{C,k} \\ &\leqq \frac{L}{k}(1 - e^{-kT})\, \|u - v\|_{C,k}\,. \end{aligned}$$

Bildet man auf der linken Seite das Supremum über $t \in S$, so ergibt sich

$$\|Uu - Uv\|_{C,k} \leqq \frac{L}{k}(1 - e^{-kT})\, \|u - v\|_{C,k}\,.$$

Wählt man nun $k \geqq L$, so ist die Abbildung U in der entsprechenden (C, k)-Norm kontraktiv. Es existiert also ein Element $u \in C(S; X)$, das der Fixpunktbedingung $u = Uu$ genügt. Das bedeutet wegen (1.6)

$$u(t) = a - \int_0^t (G(s)\,u(s) - f(s))\,ds \qquad \forall t \in S\,.$$

Da die rechte Seite dieses Ausdrucks eine stetige Ableitung nach t besitzt, ist $u \in C^1(S; X)$ und es gilt

$$u'(t) + G(t)\,u(t) = f(t) \qquad \forall t \in S\,.$$

Die Anfangsbedingung $u(0) = a$ wird trivialerweise erfüllt. Seien u_1, u_2 Lösungen der Anfangswertprobleme

$$\left.\begin{aligned} &u_i'(t) + G(t)\,u_i(t) = f_i(t)\,, \quad t \in S\,, \\ &u_i(0) = a_i \in X\,, \quad u_i \in C^1(S; X) \quad (i = 1, 2) \end{aligned}\right\} \tag{1.7}$$

mit rechten Seiten $f_i \in C(S; X)$. Aus den entsprechenden Integralgleichungen

$$u_1(t) = a_1 - \int_0^t (G(s)\, u_1(s) - f_1(s))\, ds\,,$$

$$u_2(t) = a_2 - \int_0^t (G(s)\, u_2(s) - f_2(s))\, ds$$

folgt wegen der LIPSCHITZ-Bedingung (1.3)

$$\|u_1(t) - u_2(t)\| \leqq \|a_1 - a_2\| + T\|f_1 - f_2\|_{C(S;X)} + L \int_0^t \|u_1(s) - u_2(s)\|\, ds\,.$$

Mit Hilfe des GRONWALLschen Lemmas ergibt sich hieraus

$$\|u_1 - u_2\|_{C(S;X)} \leqq K_1\big(\|a_1 - a_2\| + \|f_1 - f_2\|_{C(S;X)}\big)\,.$$

Aus den Differentialgleichungen (1.7) erhält man mit dieser Abschätzung wiederum wegen der LIPSCHITZ-Stetigkeit

$$\|u_1' - u_2'\|_{C(S;X)} \leqq K_2\big(\|a_1 - a_2\| + \|f_1 - f_2\|_{C(S;X)}\big)\,.$$

Beide Abschätzungen lassen sich in der Beziehung

$$\|u_1 - u_2\|_{C^1(S;X)} \leqq K\big(\|a_1 - a_2\| + \|f_1 - f_2\|_{C(S;X)}\big)$$

zusammenfassen; K ist dabei (wie auch K_1, K_2) eine von T und der LIPSCHITZ-Konstanten L abhängende Konstante. An dieser Beziehung kann man ablesen, daß die Lösung u stetig von den Anfangswerten und den rechten Seiten der Differentialgleichung abhängt. Für $f_1 = f_2$, $a_1 = a_2$ erhält man insbesondere die Einzigkeit der Lösung. Damit ist Satz 1.1 bewiesen.

Bemerkung 1.1. Die Aussagen von Satz 1.1 bedeuten, daß das Anfangswertproblem für die hier betrachteten Operatordifferentialgleichungen korrekt gestellt ist.

Der Satz 1.1 läßt sich auch unter etwas schwächeren Voraussetzungen — beispielsweise LIPSCHITZ-Stetigkeit der Familie G lediglich in einer Umgebung des Anfangselementes — bei etwas abgeschwächten Aussagen über den Definitionsbereich der Lösung beweisen.

Bemerkung 1.2. Für gewöhnliche Differentialgleichungen, deren Lösungen Werte in einem endlichdimensionalen BANACH-Raum X annehmen, kann man einen lokalen Existenzsatz (den Satz von PEANO) schon unter folgenden Voraussetzungen über die Operatoren der Familie G beweisen:

Die Zuordnung $\{t, y\} \to G(t)\, y$ ist auf der Produktmenge $[0, t_0] \times Y$ stetig und beschränkt.

Hierbei ist $Y \subset X$ eine das Anfangselement a enthaltende offene Kugel.

Im unendlichdimensionalen BANACH-Raum jedoch ist der Satz von PEANO im allgemeinen falsch.

2. Differentialgleichungen mit VOLTERRA-Operatoren; C-Theorie

Es ist möglich, die Ergebnisse des vorigen Abschnitts auch für den Fall zu erhalten, daß an die Stelle der Operatoren der Familie $\{G(t)\}$, $t \in S$, sogenannte VOLTERRA-Operatoren treten. Diese Operatoren berücksichtigen in gewissem Sinne die „Vorgeschichte", d. h., für jedes $u \in (S \to X)$ ist der Wert $(Gu)(t)$ im Zeitpunkt $t \in S$ vom Verhalten von u im voraufgegangenen Zeitintervall $[0, t]$ abhängig. Für spätere Verwendungszwecke wollen wir dem Begriff des VOLTERRA-Operators eine möglichst allgemeine Fassung geben.

Definition 1.1. Seien X_1, X_2 lineare Räume, $S = [0, T]$ mit $T > 0$. Eine Abbildung

$$G \in \big(D(G) \to (S \to X_2)\big), \quad D(G) \subset (S \to X_1),$$

heißt VOLTERRA-*Operator*, wenn aus $u(s) = v(s)$ für fast alle $s \in [0, t]$, $t \in S$, die Beziehung $(Gu)(s) = (Gv)(s)$ für fast alle $s \in [0, t]$ folgt.

Wir betrachten zunächst VOLTERRA-Operatoren, die den Raum $C(S; X)$ in sich abbilden. In der oben angegebenen Definition hat man in diesem Falle $X_1 = X_2 = X$ und $D(G) = C(S; X)$ zu setzen; den Ausdruck „fast alle" kann man durch „alle" ersetzen.

Der VOLTERRA-Operator G möge der folgenden ((1.2) und (1.3) verallgemeinernden) Voraussetzung genügen:

$$\left.\begin{aligned} &G \in \big(C(S; X) \to C(S; X)\big) \text{ ist LIPSCHITZ-stetig, d. h.} \\ &\|Gu - Gv\|_{C(S;X)} \leqq L\|u - v\|_{C(S;X)}, \quad L = \text{const.} \end{aligned}\right\} \tag{1.8}$$

Lemma 1.4. Genügt der VOLTERRA-Operator G der Voraussetzung (1.8), so gilt für $u, v \in C(S; X)$ und jedes $t \in S$

$$\|Gu - Gv\|_{C([0,t];X)} \leqq L\|u - v\|_{C([0,t];X)}.$$

Beweis. Sei $t \in S$; wir setzen

$$u_t(s) = \begin{cases} u(s) & \text{für} \quad 0 \leqq s \leqq t, \\ u(t) & \text{für} \quad t < s \leqq T \end{cases}$$

und entsprechend

$$v_t(s) = \begin{cases} v(s) & \text{für} \quad 0 \leqq s \leqq t, \\ v(t) & \text{für} \quad t < s \leqq T. \end{cases}$$

Offenbar gilt $u_t, v_t \in C(S;X)$. Da G VOLTERRA-Operator ist, folgt

$$\|Gu - Gv\|_{C([0,t];X)} \leqq \|Gu_t - Gv_t\|_{C(S;X)} \leqq L\|u_t - v_t\|_{C(S;X)} = L\|u - v\|_{C([0,t];X)}.$$

Damit ist Lemma 1.4 bewiesen.

Wir geben einige Beispiele von VOLTERRA-Operatoren an, die der Voraussetzung (1.8) genügen.

1. Sei $h \in C(S)$ und $0 \leqq h(t) \leqq t$ für alle $t \in S$; ferner sei $\{G(t)\}$ eine Familie von Operatoren aus $(X \to X)$, die den Voraussetzungen (1.2) und (1.3) genügt.

Setzt man

$$(Gu)(t) = G(t)\, u(h(t)) ,$$

so ist G ein LIPSCHITZ-stetiger VOLTERRA-Operator aus $(C(S; X) \to C(S; X))$.

2. Sei H ein der Voraussetzung (1.8) genügender VOLTERRA-Operator. Dann ist auch der durch

$$(Gu)(t) = \int_0^t g(t, s)\, (Hu)(s)\, ds , \quad g \in C^1 (S \times S) , \quad t \in S ,$$

für $u \in C(S; X)$ erklärte Operator ein VOLTERRA-Operator, der (1.8) genügt.

3. Seien G, H VOLTERRA-Operatoren, die (1.8) genügen. Dann haben ihre (im natürlichen Sinn verstandenen) Linearkombinationen und ihre (als Hintereinanderausführung aufgefaßte) Komposition $G \circ H$ die gleichen Eigenschaften. Diese Operatoren bilden also eine Algebra, wenn man die Komposition als Multiplikation auffaßt.

Satz 1.2. *Der* VOLTERRA-*Operator G genüge der Voraussetzung* (1.8). *Dann besitzt das Anfangswertproblem*

$$u'(t) + (Gu)(t) = f(t) \qquad \forall t \in S ,$$
$$u(0) = a , \quad u \in C^1(S; X) ,$$

für beliebige $f \in C(S; X)$ und $a \in X$ genau eine Lösung. Die Zuordnung $\{a, f\} \to u$ ist als Abbildung von $X \times C(S; X)$ in $C^1(S; X)$ stetig.

Beweis. Wie im Beweis von Satz 1.1 betrachten wir eine Abbildung U, definiert durch

$$(Uu)(t) = a - \int_0^t \big((Gu)(s) - f(s)\big)\, ds, \; t \in S , \quad u \in C(S; X) . \tag{1.9}$$

Wegen $f \in C(S; X)$ und $G \in (C(S; X) \to C(S; X))$ gilt offenbar

$$U \in (C(S; X) \to C^1(S; X)) .$$

Aus (1.9) folgt für $u, v \in C(S; X)$ wegen der Voraussetzung (1.8) und Lemma 1.4

$$\begin{aligned} ||(Uu)(t) - (Uv)(t)|| &\leqq \int_0^t ||(Gu)(s) - (Gv)(s)||\, ds \\ &\leqq \int_0^t ||Gu - Gv||_{C([0,s]; X)}\, ds \leqq L \int_0^t ||u - v||_{C([0,s]; X)}\, ds \\ &= L \int_0^t \sup_{0 \leqq r \leqq s} \{||u(r) - v(r)||\, e^{-ks}\}\, e^{ks}\, ds \\ &\leqq L \int_0^t \sup_{0 \leqq r \leqq s} \{e^{-kr} ||u(r) - v(r)||\}\, e^{ks}\, ds . \end{aligned}$$

Alle auftretenden Integrale existieren, da für $w \in C(S; X)$ die Funktion $t \to ||w||_{C([0,t]; X)}$ auf S stetig ist. Verwendet man die in Lemma 1.2 erklärte

(C, k)-Norm, so ergibt sich wie im Beweis von Satz 1.1

$$||Uu - Uv||_{C,k} \leqq \frac{L}{k}(1 - e^{-kT})\,||u - v||_{C,k}\,.$$

Die Abbildung U ist also für $k \geqq L$ auf dem mit der (C, k)-Norm versehenen Raum $C(S; X)$ kontraktiv. Die weiteren Überlegungen lassen sich wie im Beweis von Satz 1.1 führen. Damit ist Satz 1.2 bewiesen.

Bemerkung 1.3. Offenbar ist Satz 1.1 ein Spezialfall von Satz 1.2, man hat lediglich für $u \in C(S; X)$ den Operator G durch

$$(Gu)(t) = G(t)\,u(t)\,, \qquad t \in S\,,$$

zu definieren.

3. Differentialgleichungen mit VOLTERRA-Operatoren; L²-Theorie

Der Existenzsatz von Abschnitt 2 läßt sich in natürlicher Weise verallgemeinern auf den Fall, daß die beteiligten VOLTERRA-Operatoren Abbildungen zwischen gewissen Räumen (BOCHNER-)integrierbarer Funktionen vermitteln.

Wir machen folgende Voraussetzung:

$$\left.\begin{array}{l} G \in \big(L^2(S; X) \to L^2(S; X)\big) \text{ ist LIPSCHITZ-stetig, d. h.,} \\ ||Gu - Gv||_{L^2(S;X)} \leqq L\,||u - v||_{L^2(S;X)}; \quad L = \text{const.} \end{array}\right\} \tag{1.10}$$

Lemma 1.5. Genügt der VOLTERRA-Operator G der Voraussetzung (1.10), so gilt für $u, v \in L^2(S; X)$ und jedes $t \in S$

$$||Gu - Gv||_{L^2([0,t];X)} \leqq L\,||u - v||_{L^2([0,t];X)}\,.$$

Beweis. Sei $t \in S$; wir setzen

$$u_t(s) = \begin{cases} u(s) & \text{für} \quad 0 \leqq s \leqq t\,, \\ 0 & \text{für} \quad t < s \leqq T \end{cases}$$

und entsprechend

$$v_t(s) = \begin{cases} v(s) & \text{für} \quad 0 \leqq s \leqq t\,, \\ 0 & \text{für} \quad t < s \leqq T\,. \end{cases}$$

Offenbar gilt $u_t, v_t \in L^2(S; X)$. Da G VOLTERRA-Operator ist, folgt

$$||Gu - Gv||_{L^2([0,t];X)} = ||Gu_t - Gv_t||_{L^2(S;X)} \leqq L\,||u_t - v_t||_{L^2(S;X)} = L\,||u - v||_{L^2([0,t];X)}\,.$$

Damit ist Lemma 1.5 bewiesen.

Wir betrachten die folgende Aufgabenstellung

$$u' + Gu = f\,, \quad u(0) = a\,, \quad u \in L^2(S; X)\,, \tag{1.11}$$

für $f \in L^2(S; X)$ und $a \in X$. Hierbei ist u' als Ableitung im Sinne des Distributionenraumes $\mathcal{D}^*(S; X)$ zu verstehen (vgl. Kap. IV, § 1).

Bemerkung 1.4. Genügt $u \in L^2(S; X)$ der Gleichung $u' + Gu = f$ für $G \in \big(L^2(S; X) \to L^2(S; X)\big)$ und $f \in L^2(S; X)$, so ist $u' = f - Gu \in L^2(S; X)$

Daraus ergibt sich unter Benutzung der Sätze 1.6, 1.7, Kap. IV:

1. $u \in (S \to X)$ ist stetig und fast überall (stark) differenzierbar.
2. Die Aufgabe (1.11) ist zur Integralgleichung
$$u(t) = a - \int_0^t \left((Gu)(s) - f(s)\right) \mathrm{d}s \qquad \forall t \in S$$
äquivalent.
3. Für fast alle $t \in S$ gilt
$$u'(t) + (Gu)(t) = f(t).$$

Wir werden diese Eigenschaften der Lösungen von Aufgaben des Typs (1.11) im folgenden ohne weitere Erläuterungen benutzen.

Satz 1.3. *Der* VOLTERRA-*Operator G genüge der Voraussetzung* (1.10). *Dann existiert zu jedem $a \in X$ und $f \in L^2(S; X)$ genau eine Lösung u des Anfangswertproblems* (1.11). *Die Zuordnung $\{a, f\} \to \{u, u'\}$ ist als Abbildung von $X \times L^2(S;X)$ in $C(S; X) \times L^2(S; X)$ stetig.*

Beweis. Wir definieren für $u \in C(S; X)$ die Abbildung U durch
$$(Uu)(t) = a - \int_0^t \left((Gu)(s) - f(s)\right) \mathrm{d}s, \qquad t \in S.$$

Wegen der Stetigkeit unbestimmter BOCHNER-Integrale integrierbarer Funktionen (vgl. Satz 1.9, Kap. IV) gilt offenbar
$$U \in (C(S; X) \to C(S; X)).$$

Für $u, v \in C(S; X)$ ist wegen Lemma 1.5
$$\begin{aligned}
||(Uu)(t) - (Uv)(t)|| &\leqq \int_0^t ||(Gu)(s) - (Gv)(s)|| \,\mathrm{d}s \\
&\leqq \sqrt{T}\left(\int_0^t ||(Gu)(s) - (Gv)(s)||^2 \mathrm{d}s\right)^{1/2} = \sqrt{T}\, ||Gu - Gv||_{L^2([0,t];X)} \\
&\leqq L\sqrt{T}\left(\int_0^t ||u(s) - v(s)||^2 \,\mathrm{d}s\right)^{1/2} = L\sqrt{T}\left(\int_0^t ||u(s) - v(s)||^2\, e^{-2ks} e^{2ks} \,\mathrm{d}s\right)^{1/2} \\
&\leqq L\sqrt{T}\, ||u - v||_{C,k} \left(\int_0^t e^{2ks} \,\mathrm{d}s\right)^{1/2} = L\sqrt{T}\, ||u - v||_{C,k} \left(\frac{e^{2kt} - 1}{2k}\right)^{1/2}
\end{aligned}$$

Hieraus folgt für alle $t \in S$
$$||(Uu)(t) - (Uv)(t)||\, e^{-kt} \leqq L\sqrt{\frac{T}{2k}}\,(1 - e^{-2kT})^{1/2}\, ||u - v||_{C,k}.$$

Bildet man auf der linken Seite das Supremum über $t \in S$ und wählt man k derart, daß
$$k \geqq \frac{L^2 T}{2},$$

so ergibt sich

$$\|Uu - Uv\|_{C,k} \leqq \lambda \|u - v\|_{C,k}$$

mit $0 < \lambda < 1$. Nach dem BANACHschen Fixpunktsatz existiert genau ein Element $u \in C(S; X)$ mit der Eigenschaft $u = Uu$, d. h., es ist

$$u(t) = a - \int_0^t \big((Gu)(s) - f(s)\big)\, ds \qquad \forall t \in S$$

und damit u Lösung der Aufgabe (1.11).

Seien $u_i \in C(S; X)$ $(i = 1, 2)$ Funktionen, die den Beziehungen

$$\left.\begin{aligned} u_1(t) &= a_1 - \int_0^t \big((Gu_1)(s) - f_1(s)\big)\, ds\,, \\ u_2(t) &= a_2 - \int_0^t \big((Gu_2)(s) - f_2(s)\big)\, ds \end{aligned}\right\} \tag{1.12}$$

mit $f_1, f_2 \in L^2(S; X)$ für alle $t \in S$ genügen. Wegen (1.10) folgt nach einfacher Abschätzung unter Beachtung von Lemma 1.5

$$\|u_1(t) - u_2(t)\|^2 \leqq K_1(\|a_1 - a_2\| + \|f_1 - f_2\|_{L^2(S;X)})^2 + 2L^2T \int_0^t \|u_1(s) - u_2(s)\|^2\, ds$$

mit einer von T abhängenden Konstanten K_1. Mit Hilfe des GRONWALLschen Lemmas erhält man hieraus

$$\|u_1 - u_2\|_{C(S;X)} \leqq K_2(\|a_1 - a_2\| + \|f_1 - f_2\|_{L^2(S;X)})\,. \tag{1.13}$$

Aus (1.12) folgt, daß fast überall auf S

$$\|u_1'(t) - u_2'(t)\| \leqq \|f_1(t) - f_2(t)\| + \|(Gu_1)(t) - (Gu_2)(t)\|$$

gilt. Durch einfache Abschätzungen erhält man hieraus

$$\|u_1' - u_2'\|_{L^2(S;X)} \leqq K_3(\|f_1 - f_2\|_{L^2(S;X)} + \|u_1 - u_2\|_{C(S;X)})\,.$$

Berücksichtigt man (1.13), so ergibt sich

$$\|u_1 - u_2\|_{C(S;X)} + \|u_1' - u_2'\|_{L^2(S;X)} \leqq K(\|a_1 - a_2\| + \|f_1 - f_2\|_{L^2(S;X)})\,.$$

Diese Ungleichung präzisiert die in Satz 1.3 angegebene Stetigkeitsaussage. Damit ist Satz 1.3 bewiesen.

§ 2. Existenz und Einzigkeit für pseudoparabolische Gleichungen

Als pseudoparabolisch bezeichnen wir die ersten beiden Typen von Evolutionsgleichungen in der Aufzählung von Kap. IV, § 2, wenn die dabei beteiligten Operatoren Voraussetzungen erfüllen, die wir im folgenden noch präzisieren werden. Von diesem Paragraphen ab bis zum Schluß des Kapitels tritt an die

Stelle des BANACH-Raumes X ein reeller separabler HILBERT-Raum H. Es sei H^* der zu H duale Raum; die Norm und das Skalarprodukt in H bezeichnen wir wie üblich mit $\|\cdot\|$ und $(\cdot,\cdot)$; den Wert eines linearen Funktionals $l \in H^*$ im Element $h \in H$ mit $\langle l, h\rangle$, die Norm in H^* mit $\|\cdot\|_*$. Die gewünschten Existenz- und Einzigkeitssätze erhalten wir, in dem wir die pseudoparabolischen Gleichungen auf die in § 1 behandelten gewöhnlichen Operatordifferentialgleichungen zurückführen.

1. Pseudoparabolische Gleichungen; C-Theorie

Wir betrachten auf dem kompakten Zeitintervall $S = [0, T]$ die Differentialgleichungen

$$A(t)\, u'(t) + (Bu)(t) = f(t) \tag{2.1}$$

bzw.

$$\big(A(t)\, u(t)\big)' + (Bu)(t) = f(t) \tag{2.2}$$

unter der Anfangsbedingung

$$u(0) = a \in H \quad \text{bzw.} \quad A(0)\, u(0) = b \in H^* . \tag{2.3}$$

Wir bezeichnen (2.1) bzw. (2.2) als *pseudoparabolische Gleichungen* vom Typ I bzw. Typ II.

Die Operatoren der Familie $A = \{A(t)\}$ seien (im allgemeinen nichtlineare) Abbildungen von H in H^*, die folgenden Bedingungen genügen:

Die Operatoren $A(t) \in (H \to H^*)$, $t \in S$, sind radialstetig. (2.4)

Für jedes $x \in H$ gehört die auf S erklärte Funktion $t \to A(t)\, x$ zu $C(S; H^*)$. (2.5)

Die Operatoren $A(t) \in (H \to H^*)$ sind (bezüglich $t \in S$ gleichmäßig) stark monoton, d. h., mit einer von t unabhängigen Monotoniekonstanten $m > 0$ gilt

$$\langle A(t)\, x - A(t)\, y, x - y\rangle \geqq m\|x - y\|^2$$

für beliebige $x, y \in H$. (2.6)

Der im allgemeinen nichtlineare VOLTERRA-Operator B möge folgender Bedingung genügen:

$B \in \big(C(S; H) \to C(S; H^*)\big)$ ist LIPSCHITZ-stetig, d. h., $\|Bu - Bv\|_{C(S;H^*)} \leqq L\, \|u - v\|_{C(S;H)}$. (2.7)

Lemma 2.1. Unter den Voraussetzungen (2.4)—(2.6) existieren die Operatoren $A^{-1}(t) \in (H^* \to H)$ für jedes $t \in S$ und es gilt

a) $\|A^{-1}(t)\, x - A^{-1}(t)\, y\| \leqq \dfrac{1}{m}\, \|x - y\|_*$ für beliebige $x, y \in H^*$;

b) die Funktion $t \to A^{-1}(t)\, x$ ist für jedes $x \in H^*$ auf S stetig.

Beweis. Die Existenz der inversen Abbildung $A^{-1}(t) \in (H^* \to H)$ und die Behauptung a) ergeben sich aus Folgerung 2.3, Kap. III. Zum Beweis von b) bemerken wir, daß wegen a) und der Eigenschaft (2.5) der Operatoren $A(t)$ für $s \to t$ gilt:

$$||A^{-1}(t)\, x - A^{-1}(s)\, x|| = ||A^{-1}(s)\, A(s)\, A^{-1}(t)\, x - A^{-1}(s)\, x||$$
$$\leqq \frac{1}{m}\, ||A(s)\, A^{-1}(t)\, x - x||_* = \frac{1}{m}\, ||A(s)\, A^{-1}(t)\, x - A(t)\, A^{-1}(t)\, x||_* \to 0\,.$$

Damit ist Lemma 2.1 bewiesen.

Satz 2.1. *Es seien die Voraussetzungen* (2.4)—(2.7) *erfüllt. Dann besitzt das Anfangswertproblem*

$$\left.\begin{aligned} A(t)\, u'(t) + (Bu)(t) &= f(t) \quad \forall t \in S\,, \\ u(0) = a\,, \quad u &\in C^1(S; H), \end{aligned}\right\} \tag{2.8}$$

für beliebige $f \in C(S; H^*)$ und $a \in H$ genau eine Lösung.

Beweis. Neben dem Anfangswertproblem (2.8) betrachten wir das dazu äquivalente Problem

$$u'(t) + (Gu)(t) = 0 \quad \forall t \in S\,,$$
$$u(0) = a, \; u \in C^1(S; H);$$

dabei ist G der durch

$$(Gu)(t) = -A^{-1}(t)\,\big(-(Bu)(t) + f(t)\big)\,, \quad t \in S\,, \quad u \in C(S; H)\,,$$

definierte Operator. Zum Beweis von Satz 2.1 genügt es zu zeigen, daß G die Voraussetzungen von Satz 1.2 erfüllt. Mit B ist offensichtlich auch G VOLTERRA-Operator. Wegen Lemma 2.1 ist für $t, t_0 \in S$, wenn man noch $v_0 = f(t_0) - (Bu)(t_0)$ setzt,

$$\lim_{t\to t_0} ||(Gu)(t) - (Gu)(t_0)|| \leqq \frac{1}{m} \lim_{t\to t_0} \big(||(Bu)(t) - (Bu)(t_0)||_* + ||f(t) - f(t_0)||_*\big)$$
$$+ \lim_{t\to t_0} ||A^{-1}(t)\, v_0 - A^{-1}(t_0)\, v_0|| = 0\,.$$

Es gilt also $G \in \big(C(S; H) \to C(S; H)\big)$.

Für $u, v \in C(S; H)$ erhält man unter Benutzung von Lemma 2.1

$$||(Gu)(t) - (Gv)(t)|| \leqq \frac{1}{m}\, ||(Bu)(t) - (Bv)(t)||_*$$
$$\leqq \frac{1}{m}\, ||Bu - Bv||_{C(S;H^*)} \leqq \frac{L}{m}\, ||u - v||_{C(S;H)}\,.$$

und somit

$$||Gu - Gv||_{C(S;H)} \leqq \frac{L}{m}\, ||u - v||_{C(S;H)}\,.$$

Damit ist Satz 2.1 bewiesen.

Satz 2.2. *Es seien die Voraussetzungen* (2.4)—(2.7) *erfüllt. Dann besitzt das Anfangswertproblem*

$$\left.\begin{aligned}&\big(A(t)\,u(t)\big)' + (Bu)(t) = f(t) \quad \forall t \in S\,,\\ &A(0)\,u(0) = b\,,\ \ u \in C(S;H)\,,\ \ Au \in C^1(S;H^*)\,,\end{aligned}\right\} \tag{2.9}$$

für beliebige $f \in C(S;H^*)$ *und* $b \in H^*$ *genau eine Lösung. (Dabei bezeichnet* Au, *wie üblich, die durch* $t \to A(t)\,u(t)$ *auf* S *definierte Funktion.)*

Beweis. Neben dem Anfangswertproblem (2.9) betrachten wir das Problem

$$\left.\begin{aligned}&v'(t) + (Gv)(t) = f(t) \qquad \forall t \in S\,,\\ &v(0) = b \in H^*,\ \ v \in C^1(S;H^*)\,,\end{aligned}\right\} \tag{2.10}$$

wobei der Operator G für $v \in C(S;H^*)$ durch

$$Gv = BA^{-1}v$$

erklärt ist. Offenbar ist v genau dann Lösung von (2.10), wenn $u = A^{-1}v$ Lösung von (2.9) ist. Zum Beweis von Satz 2.2 genügt es daher zu zeigen, daß G die Voraussetzungen von Satz 1.2 erfüllt. Mit B ist offensichtlich auch G Volterra-Operator. Wegen Lemma 2.1 ist $A^{-1}v \in C(S;H)$ für $v \in C(S;H^*)$ (vgl. Lemma 1.1). Daraus und aus (2.7) folgt

$$G \in \big(C(S;H^*) \to C(S;H^*)\big)\,.$$

Für $v, w \in C(S;H^*)$ erhält man unter Benutzung von Lemma 2.1

$$\|Gv - Gw\|_{C(S;H^*)} \leqq L\|A^{-1}\,v - A^{-1}w\|_{C(S;H)} \leqq \frac{L}{m}\,\|v - w\|_{C(S;H^*)}\,.$$

Damit ist Satz 2.2 bewiesen.

Bemerkung 2.1. Analog zu den Überlegungen von § 1 ist es möglich, für pseudoparabolische Gleichungen beider Typen Aussagen über die stetige Abhängigkeit der Lösungen von den rechten Seiten und Anfangswerten zu machen. Wir verzichten darauf, Einzelheiten anzugeben.

2. Pseudoparabolische Gleichungen; L^2-Theorie

Ähnlich wie bei gewöhnlichen Operatordifferentialgleichungen ist es auch bei pseudoparabolischen Gleichungen möglich, die Betrachtungen auf den Fall auszudehnen, daß Räume quadratisch (Bochner-)integrierbarer Funktionen beteiligt sind. Zu diesem Zweck behandeln wir die Gleichungen

$$Au' + Bu = f \qquad \text{(Typ I)}\,,$$

$$(Au)' + Bu = f \qquad \text{(Typ II)}$$

mit Operatoren A und B, die folgenden Bedingungen genügen:

$$\left.\begin{array}{l}\text{Der Operator } A \in \big(L^2(S;H) \to L^2(S;H^*)\big) \text{ besitzt die Darstellung} \\ (Au)(t) = A(t)\,u(t) \quad \forall u \in L^2(S;H), \quad \forall t \in S\,, \\ \text{mit } A(t) \in (H \to H^*)\,.\end{array}\right\} \tag{2.11}$$

$$\left.\begin{array}{l}\text{Die Operatoren } A(t) \in (H \to H^*),\ t \in S, \text{ sind radialstetig.} \\ \text{Für eine Konstante } C \text{ und eine Funktion } g \in L^2(S) \text{ gilt} \\ \|A(t)\,x\|_* \leqq C\|x\| + g(t) \quad \forall t \in S\,, \quad \forall x \in H\,.\end{array}\right\} \tag{2.12}$$

$$\left.\begin{array}{l}\text{Die Operatoren } A(t) \in (H \to H^*) \text{ sind (bezüglich } t \in S \text{ gleichmäßig)} \\ \text{stark monoton, d. h., mit einer von } t \text{ unabhängigen Monotoniekon-} \\ \text{stanten } m > 0 \text{ gilt} \\ \qquad \langle A(t)x - A(t)y,\, x - y\rangle \geqq m\|x - y\|^2 \\ \text{für beliebige } x,\, y \in H.\end{array}\right\} \tag{2.13}$$

$$\left.\begin{array}{l}B \in (L^2(S;H) \to L^2(S;H^*)) \text{ ist VOLTERRA-Operator und genügt der} \\ \text{LIPSCHITZ-Bedingung} \\ \qquad \|Bu - Bv\|_{L^2(S;H^*)} \leqq L\|u - v\|_{L^2(S;H)},\ L = \text{const.}\end{array}\right\} \tag{2.14}$$

Bemerkung 2.2. Die Forderung $A \in \big(L^2(S;H) \to L^2(S;H^*)\big)$ ist erfüllt, wenn die Operatorfamilie $\{A(t)\}$, durch die A dargestellt wird, den Bedingungen (2.12), (2.13) genügt (vgl. Lemma 1.3, Kap. III) und für beliebige x, $y \in H$ die Funktion $t \to \langle A(t)\,x, y\rangle$ auf S meßbar ist.

Lemma 2.2. Der Operator A genüge den Voraussetzungen (2.11)—(2.13). Dann ist A radialstetig und stark monoton. Der inverse Operator $A^{-1} \in \big(L^2(S;H^*) \to L^2(S;H)\big)$ existiert und ist LIPSCHITZ-stetig. A^{-1} besitzt die Darstellung

$$(A^{-1}f)(t) = A^{-1}(t)f(t) \quad \forall t \in S\,, \quad \forall f \in L^2(S;H^*)\,,$$

wobei $A^{-1}(t) \in (H^* \to H)$ der zu $A(t)$, $t \in S$, inverse Operator ist.

Beweis. Zunächst bemerken wir, daß der Raum $L^2(S;H^*)$ zu $L^2(S;H)$ dual ist und daß das Skalarprodukt von $f \in L^2(S;H^*)$ und $u \in L^2(S;H)$ durch

$$\int_S \langle f(t), u(t)\rangle\, dt$$

gegeben wird (vgl. Satz 1.14, Kap. IV). Wegen (2.12) ist für $t \in S$, $h \in [0, 1]$

$$\begin{aligned} |\langle A(t)\big(u(t) + hv(t)\big), v(t)\rangle| &\leqq \|A(t)\big(u(t) + hv(t)\big)\|_*\,\|v(t)\| \\ &\leqq \big(C\|u(t) + hv(t)\| + g(t)\big)\|v(t)\| \\ &\leqq K\big(\|u(t)\|^2 + \|v(t)\|^2 + |g(t)|^2\big) \end{aligned}$$

und

$$\lim_{h \to 0} \langle A(t)\big(u(t) + hv(t)\big), v(t)\rangle = \langle A(t)\,u(t), v(t)\rangle\,.$$

Daraus ergibt sich unter Benutzung das Satzes von LEBESGUE

$$\lim_{h\to 0} \int_S \langle A(t)\,(u(t) + hv(t)), v(t)\rangle\, dt = \int_S \langle A(t)\, u(t), v(t)\rangle\, dt .$$

Damit ist die Radialstetigkeit von A bewiesen. Die starke Monotonie von A folgt unmittelbar aus (2.13). Die Existenz und LIPSCHITZ-Stetigkeit von A^{-1} ergibt sich nunmehr aus Folgerung 2.3, Kap. III. Man sieht sofort, daß A^{-1} die behauptete Darstellung hat; die Existenz der Operatoren $A^{-1}(t)$, $t \in S$, ist wegen des soeben zitierten Resultates gesichert. Damit ist Lemma 2.2 bewiesen.

Wir formulieren nun die Hauptergebnisse dieses Abschnitts.

Satz 2.3. *Es seien die Voraussetzungen* (2.11)—(2.14) *erfüllt. Dann besitzt das Anfangswertproblem*

$$\left.\begin{aligned} &Au' + Bu = f\,, \\ &u(0) = a\,, \quad u \in C(S; H)\,, \quad u' \in L^2(S; H)\,, \end{aligned}\right\} \tag{2.15}$$

für beliebige $f \in L^2(S; H^*)$ und $a \in H$ genau eine Lösung.

Satz 2.4. *Es seien die Voraussetzungen* (2.11)—(2.14) *erfüllt. Dann besitzt das Anfangswertproblem*

$$\left.\begin{aligned} &(Au)' + Bu = f\,, \\ &(Au)(0) = b,\ u \in L^2(S; H)\,, \\ &Au \in C(S; H^*)\,, \quad (Au)' \in L^2(S; H^*)\,, \end{aligned}\right\} \tag{2.16}$$

für beliebige $f \in L^2(S; H^*)$ und $b \in H^*$ genau eine Lösung.

Beweis von Satz 2.3. Neben dem Anfangswertproblem (2.15) betrachten wir das dazu äquivalente Problem

$$u' + Gu = 0\,, \quad u(0) = a\,, \quad u \in L^2(S; H);$$

wobei für $u \in L^2(S; H)$ die Abbildung G durch

$$Gu = -A^{-1}\,(-Bu + f)$$

erklärt ist. Zum Beweis von Satz 2.3 genügt es zu zeigen, daß G die Voraussetzungen von Satz 1.3 erfüllt. Nach Lemma 2.2 ist $A^{-1} \in \big(L^2(S; H^*) \to L^2(S;H)\big)$ LIPSCHITZ-stetig und wegen der dort angegebenen Darstellung trivialerweise VOLTERRA-Operator. Folglich ist $G \in \big(L^2(S; H) \to L^2(S; H)\big)$ als Komposition zweier LIPSCHITZ-stetiger VOLTERRA-Operatoren selbst ein LIPSCHITZ-stetiger VOLTERRA-Operator. Damit ist Satz 2.3 bewiesen.

Beweis von Satz 2.4. Neben dem Anfangswertproblem (2.16) betrachten wir die Aufgabe

$$v' + Gv = f\,, \quad v(0) = b\,, \quad v \in L^2(S; H^*)\,, \tag{2.77}$$

wobei $G = BA^{-1} \in \big(L^2(S; H^*) \to L^2(S; H^*)\big)$ ist. Offensichtlich ist v genau dann Lösung von (2.17), wenn $u = A^{-1}v$ Lösung von (2.16) ist. Da G als Komposition LIPSCHITZ-stetiger VOLTERRA-Operatoren den Voraussetzungen von Satz 1.3 genügt, ist damit Satz 2.4 bewiesen.

§ 3. Das GALERKIN-Verfahren für pseudoparabolische Gleichungen mit LIPSCHITZ-stetigen Operatoren

Mit Hilfe des GALERKIN-Verfahrens werden wir Näherungslösungen für pseudoparabolische Gleichungen durch Auflösen von Systemen gewöhnlicher Differentialgleichungen gewinnen; d. h. wir approximieren Funktionen, die Werte in unendlichdimensionalen Räumen annehmen, durch Funktionen mit Werten in endlichdimensionalen Räumen. Die Wahl der approximierenden Funktionen geschieht dabei in der Weise, daß der „Defekt" der Gleichung — gemäß der klassischen Vorschrift des GALERKIN-Verfahrens (vgl. Kap. III) — zu dem betrachteten endlichdimensionalen Raum orthogonal ist.

Es sei $\{h_1, h_2, \ldots\}$ ein vollständiges System linear unabhängiger Elemente im HILBERT-Raum H. Wir bezeichnen für $n = 1, 2, \ldots$ mit H_n die lineare Hülle von $\{h_1, \ldots, h_n\}$; H_n ist (endlichdimensionaler) HILBERT-Raum bezüglich des von H induzierten Skalarproduktes. P_n sei der (orthogonale) Projektionsoperator von H auf H_n und $I_n \in (H_n \to H)$ der Einbettungsoperator von H_n in H. $P_n^* \in (H_n^* \to H^*)$ und $I_n^* \in (H^* \to H_n^*)$ seien die dazu adjungierten Operatoren. Definitionsgemäß gilt

$$\langle P_n^* h, g\rangle = \langle h, P_n g\rangle \quad \text{für} \quad h \in H_n^*, \quad g \in H$$

und

$$\langle I_n^* h, g\rangle = \langle h, I_n g\rangle = \langle h, g\rangle \quad \text{für} \quad h \in H^*, \quad g \in H_n .$$

Hierbei haben wir zur Bezeichnung des Skalarprodukts zwischen H^* und H bzw. zwischen H_n^* und H_n das gleiche Symbol $\langle \cdot, \cdot \rangle$ benutzt. Wir merken noch an, daß

$$||I_n^* h||_{H_n^*} \leqq ||h||_* \quad \text{für} \quad h \in H^*$$

gilt.

1. Das GALERKIN-Verfahren für pseudoparabolische Gleichungen; C-Theorie

In den pseudoparabolischen Gleichungen vom Typ I bzw. Typ II

$$A(t)\, u'(t) + (Bu)(t) = f(t) ,$$

$$\big(A(t)\, u(t)\big)' + (Bu)(t) = f(t)$$

stellen wir im Hinblick auf das GALERKIN-Verfahren an die Operatoren der Familie $\{A(t)\}$ etwas stärkere Forderungen. So verlangen wir statt der Radialstetigkeit (Voraussetzung (2.4)) in diesem Abschnitt:

Die Operatoren $A(t) \in (H \to H^*)$, $t \in S$, sind (bezüglich $t \in S$ gleichmäßig) LIPSCHITZ-stetig, d. h.

$$||A(t)\, x - A(t)\, y||_* \leqq M ||x - y|| , \quad M = \text{const} ,$$

für beliebige $x, y \in H$. (3.1)

Die weiteren Voraussetzungen (2.5) und (2.6) über die Operatoren $A(t)$ und die Voraussetzung (2.7) über den VOLTERRA-Operator B bleiben in Kraft.

Zu den Operatoren $A(t) \in (H \to H^*)$, $t \in S$, erklären wir für $n = 1, 2, \ldots$ Operatoren $A_n(t) \in (H \to H_n^*)$ durch die Vorschrift

$$A_n(t) = I_n^* A(t)\,, \quad t \in S\,. \tag{3.2}$$

Entsprechend erklären wir für $v \in C(S; H)$ die VOLTERRA-Operatoren B_n $(n = 1, 2, \ldots)$ durch

$$(B_n v)(t) = I_n^*(Bv)(t)\,, \quad t \in S\,, \tag{3.3}$$

und schließlich für $f \in C(S; H^*)$ die Funktionen $f_n \in (S \to H_n^*)$ durch

$$f_n(t) = I_n^* f(t)\,, \quad t \in S\,. \tag{3.4}$$

Bemerkung 3.1. Aus den angegebenen Definitionen folgt sofort, daß die Operatoren $A_n(t)$, $t \in S$, $n = 1, 2, \ldots$, in bezug auf H_n und H_n^* denselben Bedingungen genügen wie die Operatoren $A(t)$ in bezug auf H und H^*. Ebenso findet man, daß $B_n \in \big(C(S; H_n) \to C(S; H_n^*)\big)$ für jedes $n = 1, 2, \ldots$ ein LIPSCHITZ-stetiger VOLTERRA-Operator mit der in Voraussetzung (2.7) angegebenen LIPSCHITZ-Konstanten L ist. Die Voraussetzung $f \in C(S; H^*)$ hat zur Folge $f_n \in C(S; H_n^*)$. Alle diese Feststellungen ergeben sich aus den Eigenschaften des oben eingeführten Operators I_n^*.

Als GALERKIN-*Gleichungen* zu den pseudoparabolischen Gleichungen vom Typ I bzw. Typ II bezeichnen wir für $n = 1, 2, \ldots$ die Aufgaben

$$\left.\begin{aligned} &A_n(t)\, u_n'(t) + (B_n u_n)(t) = f_n(t)\,, \\ &u_n(0) = a_n \in H_n\,, \quad u_n \in C^1(S; H_n)\,, \end{aligned}\right\} \tag{3.5}$$

bzw.

$$\left.\begin{aligned} &\big(A_n(t)\, u_n(t)\big)' + (B_n u_n)(t) = f_n(t)\,, \\ &A_n(0)\, u_n(0) = b_n\,, \quad u_n \in C(S; H_n)\,, \quad A_n\, u_n \in C^1(S; H_n^*)\,. \end{aligned}\right\} \tag{3.6}$$

Die Lösungen u_n, $n = 1, 2, \ldots$, dieser Aufgaben nennen wir GALERKIN-*Näherungen* zu den Lösungen der pseudoparabolischen Gleichungen. Die Anfangselemente $a_n \in H_n$ bzw. $b_n \in H_n^*$ seien dabei so gewählt, daß

$$\|a_n - a\| \to 0 \ \text{bzw.}\ \|b_n - I_n^* b\|_{H_n^*} \to 0 \tag{3.7}$$

für $n \to \infty$, wobei $a = u(0) \in H$, $b = A(0)\, u(0) \in H^*$ die Anfangswerte in den Ausgangsgleichungen sind. Wir werden im folgenden der Einfachheit der Beweise halber stets annehmen, daß

$$a_n = P_n a \quad \text{und} \quad b_n = I_n^* b \quad (n = 1, 2, \ldots)$$

ist. Wegen der Vollständigkeit des Systems $\{h_1, h_2, \ldots\}$ in H sind bei dieser Festlegung die Forderungen (3.7) erfüllt.

Wir formulieren zunächst

Lemma 3.1. Sei $v \in (S \to H)$ und seien v_n, $n = 1, 2, \ldots$, die durch $t \to v_n(t) = P_n v(t)$ auf S definierten Funktionen mit Werten in $H_n \subset H$. Dann gilt für die Folge $\{v_n\}$:

a) Falls $v \in C(S; H)$, so $v_n \in C(S; H_n)$ und

$$\|v_n - v\|_{C(S;H)} \to 0 \ \text{für}\ n \to \infty\,.$$

b) Falls $v \in C^1(S; H)$, so $v_n \in C^1(S; H_n)$ und

$$||v_n - v||_{C^1(S;H)} \to 0 \quad \text{für} \quad n \to \infty .$$

Beweis. Offenbar gilt $v_n \in C(S; H_n)$. Da das System $\{h_1, h_2, \ldots\}$ in H vollständig ist, gilt für jedes $t \in S$

$$||v_n(t) - v(t)|| = ||P_n v(t) - v(t)|| \to 0 \qquad \text{für} \qquad n \to \infty .$$

Wegen $H_n \subset H_{n+1}$ folgt aus bekannten Eigenschaften von Projektionsoperatoren im HILBERT-Raum

$$||v_{n+1}(t) - v(t)|| \leqq ||v_n(t) - v(t)|| \qquad \forall t \in S .$$

Nach dem Satz von DINI (angewendet auf die reellen Funktionen $||v_n(\cdot) - v(\cdot)||$) erhält man aus den angegebenen Beziehungen die Behauptung a).

Zum Beweis von b) bemerken wir, daß für $v \in C^1(S; H)$

$$P_n v'(t) = \big(P_n v(t)\big)' = v_n'(t) , \qquad t \in S ,$$

gilt. Denn für jedes $t \in S$ und beliebiges $h \in H$ ist wegen der Symmetrie des Projektionsoperators P_n und der Stetigkeit des Skalarproduktes im HILBERT-Raum

$$\big(P_n v'(t), h\big) = \big(v'(t), P_n h\big) = \frac{\mathrm{d}}{\mathrm{d}t} \big(v(t), P_n h\big)$$

$$= \frac{\mathrm{d}}{\mathrm{d}t} \big(P_n v(t), h\big) = \left(\frac{\mathrm{d}}{\mathrm{d}t} P_n v(t), h\right) = \big(v_n'(t), h\big) .$$

Die Aussage b) folgt nunmehr aus a), wenn man dort v_n bzw. v durch v_n' bzw. v' ersetzt. Damit ist Lemma 3.1 bewiesen.

Lemma 3.2. Sei $w \in C(S; H^*)$. Dann gehören auch die durch

$$t \to w_n(t) = P_n^* I_n^* w(t) , \qquad t \in S ,$$

definierten Funktionen w_n, $n = 1, 2, \ldots$, zu $C(S; H^*)$ und es gilt

$$||w_n - w||_{C(S;H^*)} \to 0 \qquad \text{für} \qquad n \to \infty .$$

Beweis. Für $x \in H^*$ und $y \in H$ gilt

$$\langle P_n^* I_n^* x - x, y\rangle = \langle I_n^* x, P_n y\rangle - \langle x, y\rangle = \langle x, P_n y\rangle - \langle x, y\rangle$$

$$= (Rx, P_n y) - (Rx, y) = (P_n Rx - Rx, y) \leqq ||P_n Rx - Rx|| \, ||y|| ;$$

dabei bezeichnet $R \in (H^* \to H)$ den RIESZschen Operator von H (vgl. Bemerkung 6.3, Kap. I) und $(\cdot,\cdot)$ das Skalarprodukt in H. Daher ist

$$||P_n^* I_n^* x - x||_* \leqq ||P_n Rx - Rx|| \qquad \forall x \in H^* .$$

Unter Benutzung dieser Abschätzung ergibt sich die Behauptung durch Anwendung von Lemma 3.1 a) auf die durch $t \to v(t) = Rw(t)$ definierte Funktion $v \in C(S; H)$. Damit ist Lemma 3.2 bewiesen.

Wir stellen nun die Hauptergebnisse dieses Abschnitts zusammen.

Satz 3.1. *Unter den Voraussetzungen* (3.1), (2.5)—(2.7) *besitzen die* GALERKIN-*Gleichungen* (3.5) *zu der Gleichung* (2.8) *für jedes* $n = 1, 2, \ldots$ *genau eine Lösung* u_n. *Für die Folge* $\{u_n\}$ *der* GALERKIN-*Näherungen gilt, wenn* u *die Lösung des Anfangswertproblems* (2.8) *bezeichnet,*

$$||u_n - u||_{C^1(S;H)} \to 0 \quad \textit{für} \quad n \to \infty .$$

Satz 3.2. *Unter den Voraussetzungen* (3.1), (2.5)—(2.7) *besitzen die* GALERKIN-*Gleichungen* (3.6) *zu der Gleichung* (2.9) *für jedes* $n = 1, 2, \ldots$ *genau eine Lösung* u_n. *Für die Folge* $\{u_n\}$ *der* GALERKIN-*Näherungen gilt, wenn* u *die Lösung des Anfangswertproblems* (2.9) *bezeichnet,*

$$||u_n - u||_{C(S;H)} \to 0 , \tag{3.8}$$

$$||\bar{A}_n u_n - Au||_{C^1(S;H^*)} \to 0 \quad \textit{für} \quad n \to \infty . \tag{3.9}$$

Dabei ist $\bar{A}_n v$, $v \in C(S; H)$, durch *die Vorschrift*

$$t \to \bar{A}_n(t)\, v(t) = P_n^* A_n(t)\, v(t) , \qquad t \in S ,$$

erklärt.

Beweis von Satz 3.1. Wegen Bemerkung 3.1 folgt die Existenz der GALERKIN-Näherungen $u_n \in C^1(S; H_n)$ $(n = 1, 2, \ldots)$ durch Anwendung von Satz 2.1 auf die GALERKIN-Gleichungen (3.5).

Sei $\{v_n\}$ eine Folge von Funktionen $v_n \in C^1(S; H_n)$ mit der Eigenschaft

$$||v_n - u||_{C^1(S;H)} \to 0 \quad \text{für} \quad n \to \infty .$$

Wegen Lemma 3.1 b) existiert eine solche Folge. Aus der Gleichung

$$A(t)\, u'(t) + (Bu)(t) = f(t)$$

erhält man durch Anwendung von $I_n^* \in (H^* \to H_n^*)$ unter Beachtung von (3.2)—(3.4)

$$A_n(t)\, u'(t) + (B_n u)(t) = f_n(t) .$$

Subtrahiert man diese Beziehung von der GALERKIN-Gleichung

$$A_n(t)\, u_n'(t) + (B_n u_n)(t) = f_n(t)$$

und bildet das Skalarprodukt mit $u_n'(t) - v_n'(t) \in H_n$ (im Sinne der Dualität von H_n und H_n^*), so folgt unter Berücksichtigung der Eigenschaften von I_n und I_n^* nach einigen Umformungen (das Argument t werde vorübergehend weggelassen)

$$\begin{aligned} &\langle Au_n' - Av_n', u_n' - v_n'\rangle + \langle Av_n' - Au', u_n' - v_n'\rangle \\ &\quad + \langle Bu_n - Bv_n, u_n' - v_n'\rangle + \langle Bv_n - Bu, u_n' - v_n'\rangle = 0 . \end{aligned}$$

Aus den Voraussetzungen (2.6) und (2.7) ergibt sich hiermit

$$\begin{aligned} m||u_n'(t) - v_n'(t)|| &\leq ||A(t)\, v_n'(t) - A(t)\, u'(t)||_* \\ &\quad + L||u_n - v_n||_{C([0,t];H)} + L||v_n - u||_{C(S;H)} \end{aligned}$$

und wegen der LIPSCHITZ-Bedingung (3.1)

$$m\|u_n'(t) - v_n'(t)\| \leqq K_1\|v_n - u\|_{C^1(S;H)} + L\|u_n - v_n\|_{C([0,t];H)} \,. \tag{3.10}$$

Nun gilt für $t \to w_n(t) = u_n(t) - v_n(t)$ wegen $u_n(0) = v_n(0) = a_n$:

$$\|w_n\|_{C([0,t];H)} = \sup_{0\leqq s\leqq t} \left\| \int_0^s w_n'(\tau)\, d\tau \right\| \leqq \int_0^t \|w_n'(\tau)\|\, d\tau$$

$$= \int_0^t \|w_n'(\tau)\| e^{-k\tau} e^{k\tau}\, d\tau \leqq \frac{e^{kt}}{k} \sup_{t\in S} \{\|w_n'(t)\| e^{-kt}\} \,.$$

Verwendet man die Abkürzung

$$\varrho_k(v, w) = \sup_{t\in S} \{e^{-kt}\|v'(t) - w'(t)\|\} \tag{3.11}$$

für $v, w \in C^1(S; H)$, so folgt aus der obigen Kette von Abschätzungen

$$\|u_n - v_n\|_{C([0,t];H)} \leqq \frac{e^{kt}}{k} \varrho_k(u_n, v_n) \,. \tag{3.12}$$

Berücksichtigt man diese Abschätzung in (3.10), so erhält man

$$m\|u_n'(t) - v_n'(t)\|\, e^{-kt} \leqq K_1\|v_n - u\|_{C^1(S;H)} + \frac{L}{k} \varrho_k(u_n, v_n) \,, \qquad t \in S \,.$$

Bildet man auf der linken Seite das Supremum über $t \in S$, so folgt für $km > L$ mit der Abkürzung (3.11)

$$\varrho_k(u_n, v_n) \leqq K_2\|v_n - u\|_{C^1(S;H)} \,.$$

Nun beweist man sehr leicht die Abschätzung

$$\|u_n - v_n\|_{C^1(S;H)} \leqq K_3 \varrho_k(u_n, v_n) \,.$$

Damit ergibt sich

$$\|u_n - v_n\|_{C^1(S;H)} \leqq K_4\|v_n - u\|_{C^1(S;H)}$$

und mit der Dreiecksungleichung schließlich

$$\|u_n - u\|_{C^1(S;H)} \leqq K\|v_n - u\|_{C^1(S;H)} \,. \tag{3.13}$$

Die Konstanten K_1, K_2, K_3, K_4, K sind von n und u unabhängig. An der Abschätzung (3.13) ist wegen der am Anfang des Beweises getroffenen Wahl der Vergleichsfolge $\{v_n\}$ die Konvergenz der Folge $\{u_n\}$ gegen die Lösung u abzulesen. Damit ist Satz 3.1 bewiesen.

Beweis von Satz 3.2. Wegen Bemerkung 3.1 folgt die Existenz von GALERKIN-Näherungen u_n mit den Eigenschaften $u_n \in C(S; H_n)$, $A_n u_n \in C^1(S; H_n^*)$ für $n = 1, 2, \ldots$ aus Satz 2.2.

Sei $\{v_n\}$ eine Folge von Funktionen $v_n \in C(S; H_n)$ mit der Eigenschaft

$$\|v_n - u\|_{C(S;H)} \to 0 \quad \text{für} \quad n \to \infty \,.$$

Nach Lemma 3.1 a) existiert eine solche Folge. Die Lösung $u \in C(S; H)$ des Anfangswertproblems (2.9) genügt offenbar der Integralgleichung

$$b - A(t)\,u(t) - \int_0^t \big((Bu)(s) - f(s)\big)\,ds = 0 \qquad \forall t \in S\,.$$

Wir wenden hierauf $I_n^* \in (H^* \to H_n^*)$ an und erhalten wegen (3.2)—(3.4)

$$b_n - A_n(t)\,u(t) - \int_0^t \big((B_n\,u)(s) - f_n(s)\big)\,ds = 0 \qquad \forall t \in S\,.$$

Die GALERKIN-Näherungen genügen entsprechenden Integralgleichungen:

$$b_n - A_n(t)\,u_n(t) - \int_0^t \big((B_n u_n)(s) - f_n(s)\big)\,ds = 0\,.$$

Subtraktion dieser Integralgleichungen und skalare Multiplikation mit $u_n(t) - v_n(t)$ (im Sinne der Dualität von H_n und H_n^*) ergibt wegen der Eigenschaften von I_n und I_n^* (das Argument t werde vorübergehend weggelassen)

$$\langle Au_n - Av_n, u_n - v_n\rangle + \langle Av_n - Au, u_n - v_n\rangle$$
$$= -\left\langle \int_0^t (Bu_n - Bv_n)\,ds, u_n - v_n\right\rangle - \left\langle \int_0^t (Bv_n - Bu)\,ds, u_n - v_n\right\rangle.$$

Wegen der Monotonie und LIPSCHITZ-Stetigkeit der beteiligten Operatoren folgt die Abschätzung

$$m\|u_n(t) - v_n(t)\| \leqq (M + LT)\,\|v_n - u\|_{C(S;H)} + L\int_0^t \|v_n - u_n\|_{C([0,s];H)}\,ds\,.$$

Da die rechte Seite eine monoton wachsende Funktion von $t \in S$ ist, erhält man hieraus

$$m\|u_n - v_n\|_{C([0,t];H)} \leqq K_1\|v_n - u\|_{C(S;H)} + L\int_0^t \|v_n - u_n\|_{C([0,s];H)}\,ds\,.$$

Mit Hilfe des GRONWALLschen Lemmas folgt

$$\|u_n - v_n\|_{C(S;H)} \leqq K_2\|v_n - u\|_{C(S;H)}$$

und wegen der Dreiecksungleichung somit auch

$$\|u_n - u\|_{C(S;H)} \leqq K\|v_n - u\|_{C(S;H)}\,.$$

(K_1, K_2, K sind von n und u unabhängige Konstanten.) Nach der oben getroffenen Wahl der Folge $\{v_n\}$ ist damit die Aussage (3.8) bewiesen.

Die lineare und stetige Abbildung $P_n^* \in (H_n^* \to H^*)$ ist offensichtlich mit der Differentiation vertauschbar. Man erhält also aus der GALERKIN-Gleichung

$$\big(A_n(t)\,u_n(t)\big)' + (B_n u_n)(t) = f_n(t)$$

durch Anwendung von P_n^*

$$\big(\bar{A}_n(t)\,u_n(t)\big)' + P_n^*(B_n u_n)(t) = P_n^* f_n(t)\,, \qquad t \in S\,.$$

Subtrahiert man hiervon die Gleichung

$$\big(A(t)\,u(t)\big)' + (Bu)(t) = f(t)\,,$$

so ergibt sich nach naheliegender Abschätzung:

$$\begin{aligned}
&\|\big(\bar{A}_n(t)\,u_n(t)\big)' - \big(A(t)\,u(t)\big)'\|_* \\
&\quad\leqq \|P_n^*(B_nu_n)(t) - (Bu)(t) - P_n^*f_n(t) + f(t)\|_* \\
&\quad\leqq \|P_n^*(B_nu_n)(t) - P_n^*(B_nu)(t)\|_* \\
&\qquad + \|P_n^*\,I_n^*\big((Bu)(t) - f(t)\big) - \big((Bu)(t) - f(t)\big)\|_* \\
&\quad\leqq L\|u_n - u\|_{C(S;H)} + \varepsilon_n
\end{aligned}$$

mit

$$\varepsilon_n = \sup_{t\in S} \|P_n^*I_n^*\big((Bu)(t) - f(t)\big) - \big((Bu)(t) - f(t)\big)\|_*\,.$$

Aus dieser Beziehung folgt durch Integration wegen $A(0)\,u(0) = b$ und $A_n(0)\,u_n(0) = I_n^*\,b$:

$$\|\bar{A}_nu_n - Au\|_{C(S;H^*)} \leqq \|P_n^*I_n^*\,b - b\|_* + LT\|u_n - u\|_{C(S;H)} + T\varepsilon_n\,.$$

Unter Benutzung von (3.8) und Lemma 3.2 ergibt sich aus den letzten Abschätzungen die Behauptung (3.9) . Damit ist Satz 3.2 bewiesen.

2. Das GALERKIN-Verfahren für pseudoparabolische Gleichungen; L^2-Theorie

Wir werden — ähnlich wie im vorigen Abschnitt — auch in der L^2-Theorie an die den Operator A darstellende Operatorfamilie $\{A(t)\}$ stärkere Forderungen stellen. So verlangen wir, daß die Operatoren $A(t)$ der in (3.1) formulierten LIPSCHITZ-Bedingung genügen. Es ist leicht zu sehen, daß damit die früher gemachte Voraussetzung (2.12) automatisch erfüllt ist. Die weiteren Voraussetzungen (2.11), (2.13)—(2.14) bleiben in Kraft.

Wir definieren die Operatoren A_n, $B_n \in \big(L^2(S;H) \to L^2(S;H_n^*)\big)$ für $n = 1, 2, \ldots$ durch

$$\left.\begin{aligned}
(A_nu)(t) &= A_n(t)\,u(t) \quad \text{mit} \quad A_n(t) = I_n^*A(t)\,, \\
(B_nu)(t) &= I_n^*(Bu)(t), \quad t \in S\,,
\end{aligned}\right\} \tag{3.14}$$

und für $f \in L^2(S;H^*)$ die Funktion $f_n \in (S \to H_n^*)$ durch

$$f_n(t) = I_n^*f(t)\,. \tag{3.15}$$

Bemerkung 3.2. Die Operatoren A_n $(n = 1, 2, \ldots)$, aufgefaßt als Abbildungen aus $\big(L^2(S;H_n) \to L^2(S;H_n^*)\big)$, genügen offensichtlich denselben Voraussetzungen wie der Operator $A \in \big(L^2(S;H) \to L^2(S;H^*)\big)$. Die VOLTERRA-Operatoren $B_n \in \big(L^2(S;H) \to L^2(S;H_n^*)\big)$ $(n = 1, 2, \ldots)$ sind LIPSCHITZ-stetig mit derselben LIPSCHITZ-Konstanten L wie B. Die Voraussetzung $f \in L^2(S;H^*)$ hat zur Folge $f_n \in L^2(S;H_n^*)$. Alle diese Feststellungen ergeben sich aus den am Anfang dieses Paragraphen erwähnten Eigenschaften der Abbildungen $I_n^* \in (H^* \to H_n^*)$.

Wir bezeichnen als GALERKIN-*Gleichungen* zu den pseudoparabolischen Gleichungen vom Typ I für $n = 1, 2, \ldots$ die Anfangswertprobleme

$$\left.\begin{array}{l} A_n u_n' + B_n u_n = f_n\,, \\ u_n(0) = a_n \in H_n\,, \quad u_n \in C(S; H_n)\,, \quad u_n' \in L^2(S; H_n) \end{array}\right\} \tag{3.16}$$

und entsprechend für die Gleichungen vom Typ II

$$\left.\begin{array}{l} (A_n u_n)' + B_n u_n = f_n\,, \\ (A_n u_n)(0) = b_n \in H_n^*,\ u_n \in L^2(S; H_n)\,, \\ A_n u_n \in C(S; H_n^*)\,;\ (A_n u_n)' \in L^2(S; H_n^*)\,. \end{array}\right\} \tag{3.17}$$

Wie im ersten Abschnitt wählen wir für die Anfangselemente

$$a_n = P_n a \in H_n,\ b_n = I_n^* b \in H_n^* \qquad (n = 1, 2, \ldots)\,. \tag{3.18}$$

Bevor wir die Hauptergebnisse dieses Abschnitts formulieren, schicken wir einige Hilfsbetrachtungen voraus.

Lemma 3.3. Sei $v \in (S \to H)$ und seien v_n $(n = 1, 2, \ldots)$ die durch $t \to v_n(t) = P_n v(t)$ auf S definierten Funktionen.
a) Falls $v \in L^2(S; H)$, so gilt $v_n \in L^2(S; H_n)$ und

$$\|v_n - v\|_{L^2(S;H)} \to 0 \quad \text{für} \quad n \to \infty\,.$$

b) Falls $v \in C(S; H)$, $v' \in L^2(S; H)$, so gilt $v_n \in C(S; H_n)$, $v_n' \in L^2(S; H_n)$ und

$$\|v_n - v\|_{C(S;H)} \to 0\,, \quad \|v_n' - v'\|_{L^2(S;H)} \to 0 \quad \text{für} \quad n \to \infty\,.$$

Beweis. a) Die Aussage $v_n \in L^2(S; H_n)$ folgt aus der Linearität und Stetigkeit der Projektionsoperatoren P_n $(n = 1, 2, \ldots)$. Wegen der Vollständigkeit des Systems $\{h_1, h_2, \ldots\}$ in H gilt für fast alle $t \in S$

$$\|v_n(t) - v(t)\| \to 0 \quad \text{für} \quad n \to \infty$$

und

$$\|v_n(t)\| = \|P_n v(t)\| \leqq \|v(t)\|\,.$$

Der LEBESGUEsche Satz liefert die Konvergenzaussage von a).

b) Ein Teil der Behauptungen fällt mit Aussage a) von Lemma 3.1 zusammen. Wegen $v' \in L^2(S; H)$ ist v auf S fast überall differenzierbar. Nach den Überlegungen von Lemma 3.1, Teil b), gilt in allen Differenzierbarkeitspunkten von v, d. h. fast überall auf S,

$$v_n'(t) = P_n v'(t)\,.$$

Die weiteren Behauptungen folgen hieraus durch Anwendung des unter a) Gezeigten. Damit ist Lemma 3.3 bewiesen.

Lemma 3.4. Sei $w \in L^2(S; H^*)$. Dann gehören auch die durch $t \to w_n(t) = P_n^* I_n^* w(t)$, $t \in S$, definierten Funktionen w_n $(n = 1, 2, \ldots)$ zu $L^2(S; H^*)$ und es gilt

$$\|w_n - w\|_{L^2(S;H^*)} \to 0 \quad \text{für} \quad n \to \infty\,.$$

Beweis. Wegen der in Lemma 3.2 angegebenen Rechnung gilt

$$\|P_n^* I_n^* x - x\|_* \leqq \|P_n Rx - Rx\| \qquad \forall x \in H^* .$$

($R \in (H^* \to H)$ ist der RIESZsche Operator.) Wendet man nun das Lemma 3.3a) auf die durch $t \to v(t) = Rw(t)$ definierte Funktion $v \in L^2(S; H)$ an, so folgt die Behauptung. Damit ist Lemma 3.4 bewiesen.

Wir geben nun die Hauptergebnisse dieses Abschnitts an.

Satz 3.3. *Unter den Voraussetzungen* (2.11), (2.13), (2.14) *und* (3.1) *besitzen die* GALERKIN-*Gleichungen* (3.16) *für jedes* $n = 1, 2, \ldots$ *genau eine Lösung* u_n. *Für die Folge* $\{u_n\}$ *der* GALERKIN-*Näherungen gilt, wenn* u *die Lösung des Anfangswertproblems* (2.15) *bezeichnet,*

$$\|u_n - u\|_{C(S;H)} + \|u_n' - u'\|_{L^2(S;H)} \to 0 \quad \text{für} \quad n \to \infty .$$

Satz 3.4. *Unter den Voraussetzungen* (2.11), (2.13), (2.14) *und* (3.1) *besitzen die* GALERKIN-*Gleichungen* (3.17) *für jedes* $n = 1, 2, \ldots$ *genau eine Lösung* u_n. *Für die Folge* $\{u_n\}$ *der* GALERKIN-*Näherungen gilt, wenn* u *die Lösung des Anfangswertproblems* (2.16) *bezeichnet,*

$$\|u_n - u\|_{L^2(S;H)} \to 0 ,$$

$$\|\bar{A}_n u_n - Au\|_{C(S;H^*)} + \|(\bar{A}_n u_n)' - (Au)'\|_{L^2(S;H^*)} \to 0$$

für $n \to \infty$. *Dabei ist* $\bar{A}_n v$, $v \in L^2(S; H)$, *durch die Vorschrift* $t \to \bar{A}_n(t)\, v(t) = P_n^* A_n(t)\, v(t)$, $t \in S$, *erklärt.*

Beweis von Satz 3.3. Die Existenz der GALERKIN-Näherungen u_n ($n = 1, 2, \ldots$) folgt wegen Bemerkung 3.2 aus Satz 2.3. Für die Folge $\{v_n\}$, definiert für $t \in S$ durch

$$v_n(t) = P_n u(t) , \qquad n = 1, 2, \ldots,$$

gilt wegen Lemma 3.3 b)

$$\|v_n - u\|_{C(S;H)} + \|v_n' - u'\|_{L^2(S;H)} \to 0 \quad \text{für} \quad n \to \infty .$$

Aus der für fast alle $t \in S$ gültigen Gleichung

$$(Au')(t) + (Bu)(t) = f(t)$$

folgt durch Anwendung des Operators $I_n^* \in (H^* \to H_n^*)$ wegen (3.14), (3.15)

$$(A_n u')(t) + (B_n u)(t) = f_n(t) .$$

Subtrahiert man diese Beziehung von der GALERKIN-Gleichung

$$(A_n u_n')(t) + (B_n u_n)(t) = f_n(t) ,$$

so ergibt sich nach skalarer Multiplikation mit

$$r_n(t) = u_n'(t) - v_n'(t) \in H_n$$

(im Sinne der Dualität zwischen H_n und H_n^*) nach einfachen Umformungen unter Berücksichtigung der Darstellung von A_n für $s \in S$

$$\int_0^s \langle A_n(t)\, u_n'(t) - A_n(t)\, v_n'(t),\, u_n'(t) - v_n'(t)\rangle \,\mathrm{d}t + \int_0^s \langle A_n(t)\, v_n'(t) - A_n(t)\, u'(t),\, r_n(t)\rangle \,\mathrm{d}t$$

$$+ \int_0^s \langle (B_n u_n)(t) - (B_n v_n)(t),\, r_n(t)\rangle \,\mathrm{d}t + \int_0^s \langle (B_n v_n)(t) - (B_n u)(t),\, r_n(t)\rangle \,\mathrm{d}t = 0\,.$$

Hieraus folgt unter Beachtung der Eigenschaften des Operators I_n^*

$$\int_0^s \langle A(t)\, u_n'(t) - A(t)\, v_n'(t),\, u_n'(t) - v_n'(t)\rangle \,\mathrm{d}t$$

$$\leqq \int_0^s \|A(t)\, v_n'(t) - A(t)\, u'(t)\|_* \, \|r_n(t)\| \,\mathrm{d}t$$

$$+ \int_0^s \|(Bu_n)(t) - (Bv_n)(t)\|_* \, \|r_n(t)\| \,\mathrm{d}t$$

$$+ \int_0^s \|(Bv_n)(t) - (Bu)(t)\|_* \, \|r_n(t)\| \,\mathrm{d}t\,.$$

Wegen der Monotonie der Operatoren $A(t)$ und der LIPSCHITZ-Stetigkeit von $A = \{A(t)\}$ und B erhält man mit der SCHWARZschen Ungleichung

$$m \int_0^s \|r_n(t)\|^2 \,\mathrm{d}t \leqq \left(M \|v_n' - u'\|_{L^2(S;H)} + L\, \|v_n - u\|_{L^2(S;H)}\right) \left(\int_0^s \|r_n(t)\|^2 \,\mathrm{d}t\right)^{1/2}$$

$$+ L \left(\int_0^s \|u_n(t) - v_n(t)\|^2 \,\mathrm{d}t\right)^{1/2} \left(\int_0^s \|r_n(t)\|^2 \,\mathrm{d}t\right)^{1/2}$$

und hieraus

$$\int_0^s \|r_n(t)\|^2 \,\mathrm{d}t \leqq K_1 \left(\|v_n' - u'\|_{L^2(S;H)} + \|v_n - u\|_{L^2(S;H)}\right)^2$$

$$+ K_2 \int_0^s \|u_n(t) - v_n(t)\|^2 \,\mathrm{d}t\,. \tag{3.19}$$

Aus $v_n,\, u \in C(S;H)$ folgt

$$\|v_n - u\|_{L^2(S;H)} \leqq \sqrt{T}\, \|v_n - u\|_{C(S;H)}\,. \tag{3.20}$$

Wegen Satz 1.7, Kap. IV, und $v_n(0) = u_n(0) = a_n$ (vgl. (3.18)) gilt

$$u_n(t) - v_n(t) = \int_0^t r_n(\tau)\,\mathrm{d}\tau$$

und somit

$$\|u_n(t) - v_n(t)\|^2 \leqq T \int_0^t \|r_n(\tau)\|^2 \,\mathrm{d}\tau\,. \tag{3.21}$$

Berücksichtigt man in (3.19) die Abschätzungen (3.20) und (3.21), so ergibt sich mit der Abkürzung

$$F(s) = \int_0^s \|r_n(t)\|^2 \,dt$$

schließlich

$$F(s) \leqq K_3(\|v_n - u\|_{C(S;H)} + \|v_n' - u'\|_{L^2(S;H)})^2 + K_4 \int_0^s F(t)\,dt .$$

Mit dem Gronwallschen Lemma findet man hieraus

$$\|r_n\|_{L^2(S;H)} \leqq K_5(\|v_n - u\|_{C(S;H)} + \|v_n' - u'\|_{L^2(S;H)}) .$$

Beachtet man noch (3.21) und die Dreiecksungleichung, so folgt

$$\|u_n - u\|_{C(S;H)} + \|u_n' - u'\|_{L^2(S;H)} \leqq K(\|v_n - u\|_{C(S;H)} + \|v_n' - u'\|_{L^2(S;H)}) .$$

($K_1, \ldots, K_4$, K sind von n und u unabhängige Konstanten.) Damit ist Satz 3.3 bewiesen.

Beweis von Satz 3.4. Die Existenz der Galerkin-Näherungen u_n für $n = 1, 2, \ldots$ folgt wegen Bemerkung 3.2 aus Satz 2.4.

Für die Folge $\{v_n\}$, definiert durch $t \to v_n(t) = P_n u(t)$, $t \in S$, gilt wegen Lemma 3.3 a)

$$\|v_n - u\|_{L^2(S;H)} \to 0 \quad \text{für} \quad n \to \infty .$$

Die Lösung u des Anfangswertproblems (2.16) und die Galerkin-Näherungen u_n genügen den Beziehungen

$$A(t)\, u(t) = b - \int_0^t \big((Bu)(\tau) - f(\tau)\big)\, d\tau , \tag{3.22}$$

$$A_n(t)\, u_n(t) = b_n - \int_0^t \big((B_n u_n)(\tau) - f_n(\tau)\big)\, d\tau . \tag{3.23}$$

Wendet man auf (3.22) den Operator I_n^* an, so folgt

$$A_n(t)\, u(t) = b_n - \int_0^t \big((B_n u)(\tau) - f_n(\tau)\big)\, d\tau . \tag{3.24}$$

Subtraktion dieses Ausdrucks von (3.23) ergibt nach skalarer Multiplikation mit $r_n(t) = u_n(t) - v_n(t) \in H_n$ und einigen Umformungen

$$\begin{aligned} \langle A_n(t)\, u_n(t) - A_n(t)\, v_n(t),\, u_n(t) - v_n(t)\rangle + \langle A_n(t)\, v_n(t) - A_n(t)\, u(t),\, r_n(t)\rangle \\ = - \left\langle \int_0^t \big((B_n u_n)(\tau) - (B_n v_n)(\tau)\big)\, d\tau,\, r_n(t) \right\rangle \\ - \left\langle \int_0^t \big((B_n v_n)(\tau) - (B_n u)(\tau)\big)\, d\tau,\, r_n(t) \right\rangle . \end{aligned}$$

Integriert man diese Beziehung über das Intervall $[0, s]$, $s \in S$, so erhält man wegen der Eigenschaften des Operators I_n^* unter Beachtung der Monotonie und

LIPSCHITZ-Stetigkeit der auftretenden Operatoren

$$m \int_0^s \|r_n(t)\|^2 \, dt \leqq K_1 \|v_n - u\|_{L^2(S;H)} \left(\int_0^s \|r_n(t)\|^2 \, dt \right)^{1/2}$$
$$+ K_2 \left[\int_0^s \left(\int_0^t \|r_n(\tau)\|^2 \, d\tau \right) dt \right]^{1/2} \left(\int_0^s \|r_n(t)\|^2 \, dt \right)^{1/2}$$

und hieraus mit der Abkürzung

$$F(s) = \int_0^s \|r_n(t)\|^2 \, dt$$

schließlich

$$F(s) \leqq K_3 \|v_n - u\|^2_{L^2(S;H)} + K_4 \int_0^s F(t) \, dt \, .$$

Nach Anwendung des GRONWALLschen Lemmas findet man

$$\|u_n - v_n\|_{L^2(S;H)} \leqq K_5 \|v_n - u\|_{L^2(S;H)}$$

und über die Dreiecksungleichung

$$\|u_n - u\|_{L^2(S;H)} \leqq K \|v_n - u\|_{L^2(S;H)} \, . \tag{3.25}$$

($K_1, \ldots, K_5$, K sind von n und u unabhängige Konstanten.) Aus der Beziehung (3.23) erhält man durch Anwendung von $P_n^* \in (H_n^* \to H^*)$

$$\overline{A}_n(t) \, u_n(t) = P_n^* b_n - \int_0^t \left(P_n^*(B_n u_n)(s) - P_n^* f_n(s) \right) ds \, , \qquad t \in S \, .$$

Subtrahiert man hiervon die Gleichung (3.22), so folgt, wenn man noch die Abkürzungen

$$w_n(s) = P_n^* I_n^* \left((Bu)(s) - f(s) \right) \qquad \text{und} \qquad w(s) = (Bu)(s) - f(s)$$

verwendet,

$$\|\overline{A}_n(t) \, u_n(t) - A(t) \, u(t)\|_* \leqq \|P_n^* I_n^* \, b - b\|_*$$
$$+ \int_S \|P_n^*(B_n u_n)(s) - P_n^*(B_n u)(s)\|_* \, ds$$
$$+ \int_S \|w_n(s) - w(s)\|_* \, ds$$
$$\leqq \|P_n^* I_n^* b - b\| + \sqrt{T} (L \|u_n - u\|_{L^2(S;H)}$$
$$+ \|w_n - w\|_{L^2(S;H^*)}) \, .$$

Unter Benutzung von (3.25) und Lemma 3.4 folgt hieraus

$$\|\overline{A}_n u_n - Au\|_{C(S;H^*)} \to 0 \quad \text{für} \quad n \to \infty \, . \tag{3.26}$$

Durch ähnliche Überlegungen findet man aus der Gleichung

$$(Au)' + Bu = f$$

und aus

$$(A_n u_n)' + B_n u_n = f_n$$

nach Anwendung von P_n^* mit den oben eingeführten Abkürzungen, wenn man noch von der Vertauschbarkeit von P_n^* mit der Differentiation Gebrauch macht,

$$||(\bar{A}_n u_n)' - (Au)'||_{L^2(S;H^*)} \leqq L||u_n - u||_{L^2(S;H)} + ||w_n - w||_{L^2(S;H^*)} \,. \tag{3.27}$$

In den Beziehungen (3.25)—(3.27) sind die behaupteten Konvergenzeigenschaften der GALERKIN-Folge enthalten. Damit ist Satz 3.4 bewiesen.

§4. Das Projektions-Iterationsverfahren für pseudoparabolische Gleichungen

Wir haben in den Sätzen des vorigen Paragraphen die Konvergenz der GALERKIN-Näherungen gegen die Lösungen der pseudoparabolischen Gleichungen gezeigt. Stellt man mit der Basis $\{h_1, ..., h_n\}$ des endlichdimensionalen Teilraumes $H_n \subset H$ die GALERKIN-Näherungen in der Form

$$u_n(t) = \sum_{k=1}^{n} c_{nk}(t)\, h_k \,, \qquad t \in S \,,$$

dar, so erweisen sich die GALERKIN-Gleichungen als Systeme im allgemeinen nichtlinearer gewöhnlicher Differentialgleichungen für die Koeffizienten c_{nk} $(k = 1, 2, ..., n)$. Wir werden in diesem Paragraphen zeigen, wie man allein durch lineare Verfahren — nämlich durch Quadraturen, Auflösung linearer Gleichungssysteme und Berechnung von Skalarprodukten — Näherungslösungen für pseudoparabolische Gleichungen gewinnen kann. Wir benutzen zu diesem Zweck das in Kap. III, § 3 dargestellte Projektions-Iterationsverfahren.

Es sei $R_n \in (H_n^* \to H_n)$ der RIESZsche Operator des Raumes H_n (vgl. Bemerkung 6.3, Kap. I), d. h. $R_n = J_n^{-1}$, wenn $J_n \in (H_n \to H_n^*)$ die (lineare) Dualitätsabbildung von H_n bezeichnet. R_n ist ein linearer (isometrischer) Isomorphismus; es gilt für $g \in H_n^*$

$$||R_n g|| = ||g||_H \tag{4.1}$$

und für $g \in H_n^*$, $h \in H_n$

$$(R_n g, h) = \langle g, h \rangle \,. \tag{4.2}$$

Wir formulieren zunächst ein mehrfach benutztes Lemma.

Lemma 4.1. Die Operatoren $A(t) \in (H \to H^*)$ seien stark monoton und LIPSCHITZ-stetig im Sinne der Voraussetzungen (2.13) und (3.1). Dann sind für $n = 1, 2, ...$ die Abbildungen $K_n(t) \in (H_n \to H_n)$, $t \in S$, definiert durch

$$K_n(t)\, x = x - \lambda R_n A_n(t)\, x \,, \qquad x \in H_n \,,$$

für $0 < \lambda < \frac{2m}{M^2}$ kontraktiv mit der von n unabhängigen Kontraktionskonstanten

$$r(\lambda) = \sqrt{1 - 2\lambda m + \lambda^2 M^2} \,.$$

Beweis. Wegen $A_n(t) = I_n^* A(t)$ folgt aus (4.1) und der Lipschitz-Stetigkeit der Operatoren $A(t)$ für jedes $t \in S$ und beliebige $x, y \in H_n$

$$||R_n A_n(t)\, x - R_n A_n(t)\, y|| = ||A_n(t)\, x - A_n(t)\, y||_{H_n^*}$$
$$\leqq ||A(t)\, x - A(t)\, y||_* \leqq M\, ||x - y|| \,.$$

Aus der Monotonie von $A(t)$ erhält man mit (4.2)

$$(R_n A_n(t)\, x - R_n A_n(t)\, y, x - y) = \langle A_n(t)\, x - A_n(t)\, y, x - y\rangle$$
$$= \langle A(t)\, x - A(t)\, y, x - y\rangle \geqq m||x - y||^2.$$

Die Behauptung ergibt sich nun sofort aus Lemma 3.1, Kap. III. Damit ist Lemma 4.1 bewiesen.

1. Das Projektions-Iterationsverfahren; C-Theorie

Wir behandeln zunächst pseudoparabolische Gleichungen vom Typ I.

Wir setzen für $v, w \in C^1(S; H)$ (wie schon in (3.11))

$$\varrho_k(v, w) = \sup_{t \in S} \{e^{-kt}||v'(t) - w'(t)||\} \,.$$

Weiter definieren wir mit $a_n = P_n a$

$$X_n = \{v \mid v \in C^1(S; H_n),\ v(0) = a_n\} \,.$$

Es ist leicht zu sehen, daß X_n eine abgeschlossene Teilmenge von $C^1(S; H_n)$ ist, die mit der soeben erklärten Funktion ϱ_k als Metrik ein vollständiger metrischer Raum ist. Über den reellen Parameter k, der in die Definition von ϱ_k eingeht, werden wir später noch verfügen.

Lemma 4.2. Sei $v \in X_n$, $w \in X_l$. Dann gilt

$$||v - w||_{C([0,t];H)} \leqq ||a_n - a_l|| + \frac{e^{kt}}{k} \varrho_k(v, w) \,, \quad t \in S \,.$$

Beweis. Aus der Darstellung

$$v(s) - w(s) = a_n - a_l + \int_0^s \big(v'(\tau) - w'(\tau)\big)\, d\tau$$

folgt

$$||v - w||_{C([0,t];H)} \leqq ||a_n - a_l|| + \sup_{s \in [0,t]} \left\|\int_0^s \big(v'(\tau) - w'(\tau)\big)\, d\tau\right\|$$
$$\leqq ||a_n - a_l|| + \int_0^t ||v'(\tau) - w'(\tau)||\, e^{-k\tau} e^{k\tau}\, d\tau$$
$$\leqq ||a_n - a_l|| + \varrho_k(v, w) \int_0^t e^{k\tau}\, d\tau \,.$$

Damit ist Lemma 4.2 bewiesen.

Satz 4.1. *Es seien die Voraussetzungen von Satz 3.1 erfüllt und es sei $u \in C^1(S;H)$ die Lösung der pseudoparabolischen Gleichung*

$$A(t)\,u'(t) + (Bu)(t) = f(t)\,, \quad u(0) = a\,.$$

Wir definieren die Folge $\{v_n\}$ von Funktionen $v_n \in X_n$, $n = 1, 2, \ldots$, durch

$$v_n(t) = (U_n v_{n-1})(t)\,, \qquad t \in S\;; \tag{4.3}$$

$v_0 \in X_1$ ist ein beliebiges Startelement. Dabei sei für $v \in X_l$, $l \leqq n$:

$$\begin{aligned}(U_n v)(t) = a_n &+ \int_0^t \big(v'(s) - \lambda R_n A_n(t)\,v'(s)\big)\,ds \\ &- \int_0^t \big(\lambda R_n(B_n v)(s) - \lambda R_n f_n(s)\big)\,ds\end{aligned} \tag{4.4}$$

mit $0 < \lambda < \frac{2m}{M^2}$. Dann gilt

$$\|v_n - u\|_{C^1(S;H)} \to 0 \qquad \text{für} \qquad n \to \infty\,.$$

Beweis. Aus der Definition (4.4) und den Eigenschaften des Rieszschen Operators R_n folgt sofort, daß die Galerkin-Näherung $u_n \in C^1(S; H_n)$ Fixpunkt der Abbildung U_n auf X_n ist ($n = 1, 2, \ldots$).

Seien $v, w \in X_l$, $l \leqq n$. Mit der Bezeichnung von Lemma 4.1 hat man, da offenbar $U_n v$, $U_n w \in X_n$,

$$\begin{aligned}(U_n v)'(t) - (U_n w)'(t) = K_n(t)\,v'(t) &- K_n(t)\,w'(t) \\ &- \lambda\big(R_n(B_n v)(t) - R_n(B_n w)(t)\big)\,.\end{aligned}$$

Hieraus folgt mit Lemma 4.1, wenn man noch die Eigenschaft (4.1) des Rieszschen Operators R_n und die Definition (3.3) des Volterra-Operators B_n beachtet,

$$\begin{aligned}\|(U_n v)'(t) - (U_n w)'(t)\| \leqq r(\lambda)\,&\|v'(t) - w'(t)\| \\ &+ \lambda\,\|(Bv)(t) - (Bw)(t)\|_*\,.\end{aligned}$$

Mit der Lipschitz-Stetigkeit des Volterra-Operators B erhält man weiter

$$\begin{aligned}\|(U_n v)'(t) - (U_n w)'(t)\| \leqq r(\lambda)\,&\|v'(t) - w'(t)\| \\ &+ \lambda L\,\|v - w\|_{C([0,t];H)}\end{aligned} \tag{4.5}$$

und mit Lemma 4.2

$$\|(U_n v)'(t) - (U_n w)'(t)\|\,e^{-kt} \leqq r(\lambda)\|\,v'(t) - w'(t)\|e^{-kt} + \frac{\lambda L}{k}\,\varrho_k(v, w)\,.$$

Geht man zur ϱ_k-Metrik über, so findet man

$$\varrho_k(U_n v, U_n w) \leqq \left(r(\lambda) + \frac{\lambda L}{k}\right)\varrho_k(v, w)\,.$$

Wegen der Voraussetzung $0 < \lambda < \frac{2m}{M^2}$ gilt (vgl. Lemma 4.1) $0 < r(\lambda) < 1$. Wählt man nun

$$k > \frac{L\lambda}{1 - r(\lambda)},$$

so erhält man für $\mu = r(\lambda) + \frac{\lambda L}{k}$ die Beziehung

$$0 < \mu < 1 .$$

Die somit gefundene Abschätzung

$$\varrho_k(U_n v, U_n w) \leqq \mu \varrho_k(v, w) \qquad v, w \in X_l, \qquad l \leqq n, \tag{4.6}$$

ist der Ausgangspunkt der weiteren Überlegungen. Aus dieser Beziehung folgt insbesondere, daß U_n auf X_n eine kontraktive Abbildung ist.

Für die Folge der GALERKIN-Näherungen $\{u_n\}$ haben wir in Satz 3.1 die Konvergenzaussage

$$||u_n - u||_{C^1(S;H)} \to 0 \quad \text{für} \quad n \to \infty$$

bewiesen. Wegen

$$||v_n - u||_{C^1(S;H)} \leqq ||v_n - u_n||_{C^1(S;H)} + ||u_n - u||_{C^1(S;H)}$$

genügt es für den Beweis des vorliegenden Satzes,

$$||v_n - u_n||_{C^1(S;H)} \to 0 \quad \text{für} \quad n \to \infty$$

zu zeigen. Da offenbar $v_n(0) = u_n(0) = a_n$ ist, gilt mit einer geeigneten, von n unabhängigen Konstanten K

$$||v_n - u_n||_{C^1(S;H)} \leqq K \varrho_k(v_n, u_n) .$$

Wir können uns also auf den Nachweis von

$$\varrho_k(u_n, v_n) \to 0 \quad \text{für} \quad n \to \infty \tag{4.7}$$

beschränken.

Durch vollständige Induktion beweisen wir zunächst

$$\begin{aligned} \varrho_k(v_n, u_n) \leqq\ & \mu^n \varrho_k(v_0, u_1) \\ & + \sum_{\nu=1}^{n-1} \mu^{n-\nu-1} \big(\mu \varrho_k(u_{\nu+1}, u_\nu) + \lambda L\, ||a_{\nu+1} - a_\nu||\big) . \end{aligned} \tag{4.8}$$

Wegen $u_1, v_0 \in X_1$ erhält man

$$\varrho_k(v_1, u_1) = \varrho_k(U_1 v_0, U_1 u_1) \leqq \mu \varrho_k(v_0, u_1);$$

d. h., (4.8) gilt für $n = 1$. Nun ist

$$\begin{aligned} \varrho_k(v_{n+1}, u_{n+1}) &= \varrho_k(U_{n+1} v_n, U_{n+1} u_{n+1}) \\ &\leqq \varrho_k(U_{n+1} v_n, U_{n+1} u_n) + \varrho_k(U_{n+1} u_n, U_{n+1} u_{n+1}) \\ &\leqq \mu \varrho_k(v_n, u_n) + \varrho_k(U_{n+1} u_n, U_{n+1} u_{n+1}) . \end{aligned}$$

Zur Abschätzung von $\varrho_k(U_{n+1}u_n, U_{n+1}u_{n+1})$ bemerken wir, daß wegen (4.5)

$$\|(U_{n+1}u_n)'(t) - (U_{n+1}u_{n+1})'(t)\| \leqq r(\lambda)\|u_n'(t) - u_{n+1}'(t)\| + \lambda L \|u_n - u_{n+1}\|_{C([0,t];H)}$$

gilt. Mit Lemma 4.2 folgt nach Übergang zur ϱ_k-Metrik

$$\varrho_k(U_{n+1}u_n, U_{n+1}u_{n+1}) \leqq \mu\varrho_k(u_{n+1}, u_n) + \lambda L \|a_{n+1} - a_n\| .$$

Damit wird

$$\varrho_k(v_{n+1}, u_{n+1}) \leqq \mu\varrho_k(u_{n+1}, u_n) + \lambda L \|a_{n+1} - a_n\| + \mu\varrho_k(v_n, u_n) .$$

Benutzt man nun die Induktionsvoraussetzung (4.8), so folgt

$$\varrho_k(v_{n+1}, u_{n+1}) \leqq \mu^{n+1} \varrho_k(v_0, u_1) + \sum_{\nu=1}^{n} \mu^{n-\nu} (\mu\varrho_k(u_{\nu+1}, u_\nu) + \lambda L \|a_{\nu+1} - a_\nu\|) .$$

Der Induktionsbeweis ist damit abgeschlossen.

Nach diesen Vorbereitungen können wir (4.7) beweisen. Sei $\varepsilon > 0$ vorgegeben. Wegen $0 < \mu < 1$ existiert ein $n_1 = n_1(\varepsilon)$, so daß

$$\mu^n\varrho_k(v_0, u_1) \leqq \frac{\varepsilon}{4} \qquad \text{für} \quad n \geqq n_1 .$$

Da $\|a_n - a\| \to 0$ und $\varrho_k(u_n, u) \to 0$ für $n \to \infty$, so existiert ein $n_2 = n_2(\varepsilon)$ derart, daß

$$\mu\varrho_k(u_{\nu+1}, u_\nu) + \lambda L \|a_{\nu+1} - a_\nu\| \leqq (1 - \mu)\frac{\varepsilon}{4} \qquad \text{für} \quad \nu \geqq n_2;$$

überdies gilt

$$\sup_\nu \{\mu\varrho_k(u_{\nu+1}, u_\nu) + \lambda L \|a_{\nu+1} - a_\nu\|\} = K < +\infty .$$

Man erhält nach diesen Überlegungen aus (4.8) für $n \geqq \max(n_1, n_2)$

$$\begin{aligned}\varrho_k(v_n, u_n) &\leqq \frac{\varepsilon}{4} + K \sum_{\nu=1}^{n_2-1} \mu^{n-\nu-1} + (1 - \mu)\frac{\varepsilon}{4} \sum_{\nu=n_2}^{n-1} \mu^{n-\nu-1} \\ &\leqq \frac{\varepsilon}{2} + K(n_2 - 1)\,\mu^{n-n_2} .\end{aligned}$$

Wählt man $n_0 = n_0(\varepsilon)$, $n_0 > \max(n_1, n_2)$, derart, daß

$$K(n_2 - 1)\,\mu^{n_0-n_2} \leqq \frac{\varepsilon}{2},$$

so ist für $n > n_0$ offenbar

$$\varrho_k(v_n, u_n) \leqq \varepsilon .$$

Damit ist Satz 4.1 bewiesen.

Bemerkung 4.1. Der Beweis von Satz 4.1 enthält eine geringfügige Modifikation von Lemma 3.2, Kap. III. Die dort auftretende Folge von Banach-Räumen ist hier durch eine Folge metrischer Räume ersetzt.

Bemerkung 4.2. Die Näherung v_n $(n = 1, 2, \ldots)$ besitzt die Darstellung

$$v_n(t) = \sum_{j=1}^{n} a_{nj}(t)\, h_j$$

mit Koeffizienten $a_{nj} \in C^1(S)$, $j = 1, \ldots, n$. Diese sind aus der Vorschrift (4.3) oder den dazu äquivalenten Gleichungen

$$\big(v_n(t), h_k\big) = \big((U_n v_{n-1})(t), h_k\big), \qquad k = 1, \ldots, n,$$

zu bestimmen. Ausführlicher lauten diese Beziehungen, wenn man noch von den Eigenschaften der Abbildungen R_n und I_n^* Gebrauch macht,

$$\sum_{j=1}^{n} a_{nj}(t)\,(h_j, h_k) = (a_n - a_{n-1}, h_k) + \sum_{j=1}^{n-1} a_{n-1j}(t)\,(h_j, h_k) - \lambda \int_0^t \langle A(s)\, v_{n-1}'(s) + (Bv_{n-1})(s) - f(s), h_k\rangle\, ds \quad (k = 1, \ldots, n,\ t \in S). \tag{4.9}$$

Das ist ein lineares Gleichungssystem für die Funktionen a_{nj}, $j = 1, \ldots, n$. Die von t unabhängige Koeffizientenmatrix dieses Systems ist gerade die Gramsche Matrix der Basis $\{h_1, \ldots, h_n\}$

$$G = (g_{jk}), \qquad j, k = 1, \ldots, n$$

mit den Elementen $g_{jk} = (h_j, h_k)$. Die Matrix G ist wegen der linearen Unabhängigkeit der Basiselemente $h_1, \ldots, h_n$ positiv definit und symmetrisch. Wie aus (4.9) zu ersehen ist, wird die Ermittlung einer Näherung v_n aus der vorangegangenen Näherung v_{n-1} durch die Berechnung von Skalarprodukten, Quadraturen und die Auflösung linearer Gleichungen bewerkstelligt. Besonders einfache Beziehungen erhält man, wenn die Basis $\{h_1, \ldots, h_n\}$ aus orthonormierten Elementen besteht. Dann reduziert sich die Gramsche Matrix G auf die Einheitsmatrix und die Formeln (4.9) lauten in diesem Sonderfall

$$a_{nj}(t) = a_{n-1j}(t) + R_j(t) \qquad j = 1, \ldots, n-1$$
$$a_{nn}(t) = (a_n, h_n) + R_n(t);$$

dabei ist

$$R_j(t) = -\lambda \int_0^t \langle A(s)\, v_{n-1}'(s) + (Bv_{n-1})(s) - f(s), h_j\rangle\, ds \qquad (j = 1, \ldots, n).$$

Gelegentlich ist es zweckmäßig (vgl. Kap. III, § 3), von der Vorschrift (4.3) durch Anwendung der Dualitätsabbildung $J_n = I_n^* J I_n \in (H_n \to H_n^*)$ zu Gleichungen der Form

$$\langle J v_n(t), h_k\rangle = \langle J(U_n v_{n-1})(t), h_k\rangle \qquad k = 1, \ldots, n, \qquad t \in S,$$

überzugehen. Das (4.9) entsprechende System lautet in dieser Darstellung

$$\sum_{j=1}^{n} a_{nj}(t)\,\langle Jh_j, h_k\rangle = \langle Ja_n - Ja_{n-1}, h_k\rangle + \sum_{j=1}^{n-1} a_{n-1j}(t)\,\langle Jh_j, h_k\rangle - \lambda \int_0^t \langle A(s)\, v_{n-1}'(s) + (Bv_{n-1})(s) - f(s), h_k\rangle\, ds \quad (k = 1, \ldots, n;\ t \in S).$$

Wir untersuchen nun die pseudoparabolischen Gleichungen vom Typ II.

Satz 4.2. *Es seien die Voraussetzungen von Satz 3.2 erfüllt und es sei $u \in C(S;H)$ die Lösung der pseudoparabolischen Gleichung*

$$\big(A(t)\,u(t)\big)' + (Bu)(t) = f(t)\,, \qquad A(0)\,u(0) = b \in H^*\,.$$

Wir definieren die Folge $\{v_n\}$ von Funktionen $v_n \in C(S; H_n)$, $n = 1, 2, \ldots$ durch

$$v_n(t) = (U_n v_{n-1})(t), \qquad t \in S; \tag{4.10}$$

$v_0 \in C(S; H_1)$ ist ein beliebiges Startelement. Dabei sei für $v \in C(S; H_n)$

$$(U_n v)(t) = \lambda R_n b_n + v(t) - \lambda R_n A_n(t)\,v(t) - \lambda \int_0^t \big(R_n(B_n v)(s) - R_n f_n(s)\big)\,ds \tag{4.11}$$

mit $0 < \lambda < \frac{2m}{M^2}$. Dann gilt

$$\|v_n - u\|_{C(S;H)} \to 0 \quad \textit{für} \quad n \to \infty\,.$$

Beweis. Es gilt offenbar $U_n \in \big(C(S; H_n) \to C(S; H_n)\big)$ und

$$u_n = U_n u_n;$$

d. h., die Galerkin-Näherungen u_n der Lösung u sind Fixpunkte der Abbildungen U_n $(n = 1, 2, \ldots)$. Aus (4.11) folgt für $v, w \in C(S; H_n)$ wegen Lemma 4.1 unter Verwendung der (C, k)-Norm

$$\|v\|_{C,k} = \sup_{t \in S} \{e^{-kt}\|v(t)\|\}$$

von $C(S; H)$ die Abschätzung

$$\begin{aligned}
\|(U_n v)(t) - (U_n w)(t)\| &\leq \|K_n(t)\,v(t) - K_n(t)\,w(t)\| + \lambda \int_0^t \|(B_n v)(s) \\
&\quad - (B_n w)(s)\|_{H_n^*}\,ds \leq r(\lambda)\,\|v(t) - w(t)\| \\
&\quad + \lambda \int_0^t \sup_{0 \leq \tau \leq s} \|(Bv)(\tau) - (Bw)(\tau)\|_*\,ds \\
&\leq r(\lambda)\,\|v(t) - w(t)\| \\
&\quad + \lambda L \int_0^t \sup_{0 \leq \tau \leq s} \{\|v(\tau) - w(\tau)\|\,e^{-k\tau}\}\,e^{ks}\,ds \\
&\leq r(\lambda)\|v(t) - w(t)\| + \frac{\lambda L}{k}\,\|v - w\|_{C,k}\,e^{kt}\,.
\end{aligned}$$

Bildet man die (C, k)-Norm, so ergibt sich

$$\|U_n v - U_n w\|_{C,k} \leq \left(r(\lambda) + \frac{\lambda L}{k}\right)\|v - w\|_{C,k}\,.$$

Wählt man

$$k > \frac{\lambda L}{1 - r(\lambda)}\,,$$

so ist die Abbildung U_n auf $C(S; H_n)$ bezüglich der (C, k)-Norm Kontraktion mit einer von n unabhängigen Kontraktionskonstanten. Da die Fixpunkte der Kontraktionen U_n $(n = 1, 2, \ldots)$ — die GALERKIN-Näherungen u_n — nach Satz 3.2 in $C(S; H)$ gegen die Lösung u konvergieren und da offensichtlich $C(S; H_n) \subset C(S; H_{n+1}) \subset \cdots \subset C(S; H)$ gilt, so ergibt Lemma 3.2, Kap. III, die Behauptung

$$||v_n - u||_{C(H;S)} \to 0 \quad \text{für} \quad n \to \infty\,.$$

Damit ist Satz 4.2 bewiesen.

Bemerkung 4.3. Ähnliche Überlegungen wie in Bemerkung 4.2 zeigen, daß die Ermittlung von Näherungslösungen v_n gemäß der Vorschrift (4.10), (4.11) auch bei pseudoparabolischen Gleichungen vom Typ II auf „linearem" Wege möglich ist.

2. Das Projektions-Iterationsverfahren; L^2-Theorie

Für die pseudoparabolischen Gleichungen vom Typ I ersetzen wir die Voraussetzung (2.14) über den VOLTERRA-Operator B durch die folgende stärkere Forderung:

Die Abbildung $B \in \big(L^2(S; H) \to L^2(S; H^*)\big)$ hat die Darstellung
$(Bv)(t) = B(t)\, v(t)$ für $v \in L^2(S; H)$, $t \in S$,
wobei $B(t) \in (H \to H^*)$ (bezüglich $t \in S$ gleichmäßig) LIPSCHITZ-stetig ist, d. h.
$||B(t)\, x - B(t)\, y||_* \leqq L||x - y||$ für beliebige $x, y \in H$. (4.12)

Für $v, w \in C(S; H)$ mit $v', w' \in L^2(S; H)$ setzen wir

$$d_k(v, w) = \Big(\int_S ||v'(t) - w'(t)||^2\, e^{-2kt}\, \mathrm{d}t\Big)^{1/2}.$$

Weiter definieren wir mit $a_n = P_n a$

$$Y_n = \{v \mid v \in C(S; H_n),\ v' \in L^2(S; H_n),\ v(0) = a_n\}\,.$$

Es ist leicht zu sehen, daß Y_n $(n = 1, 2, \ldots)$ mit obiger Funktion d_k als Metrik ein vollständiger metrischer Raum ist. Über k wird — ähnlich wie im Beweis von Satz 4.1 — später noch verfügt.

Lemma 4.3. Sei $v \in Y_n$, $w \in Y_l$. Dann gilt

$$\Big(\int_S ||v(t) - w(t)||^2 e^{-2kt}\, \mathrm{d}t\Big)^{1/2} \leqq \frac{1}{\sqrt{2k}}\, ||a_n - a_l|| + \frac{\sqrt{T}}{\sqrt{2k}}\, d_k(v, w)\,.$$

Beweis. Wegen $v, w \in C(S; H)$ und $v', w' \in L^2(S; H)$ gilt die Darstellung

$$v(t) - w(t) = a_n - a_l + \int_0^t \big(v'(\tau) - w'(\tau)\big)\, \mathrm{d}\tau\,.$$

Hieraus folgt

$$\Big(\int_S \|v(t) - w(t)\|^2 e^{-2kt}\, dt\Big)^{1/2} \leqq \|a_n - a_l\| \Big(\int_S e^{-2kt}\, dt\Big)^{1/2}$$

$$+ \Big(\int_S e^{-2kt} \Big\|\int_0^t \big(v'(\tau) - w'(\tau)\big)\, d\tau\Big\|^2 dt\Big)^{1/2}$$

$$\leqq \frac{1}{\sqrt{2k}} \|a_n - a_l\|$$

$$+ \sqrt{T} \Big(\int_S e^{-2kt} \Big(\int_0^t \|v'(\tau) - w'(\tau)\|^2\, d\tau\Big) dt\Big)^{1/2}.$$

Durch partielle Integration findet man

$$\int_S e^{-2kt}\Big(\int_0^t \|v'(\tau) - w'(\tau)\|^2 d\tau\Big) dt = -\frac{1}{2k} e^{-2kT} \int_0^T \|v'(\tau) - w'(\tau)\|^2\, d\tau$$

$$+ \frac{1}{2k} \int_S e^{-2kt} \|v'(t) - w'(t)\|^2\, dt$$

$$\leqq \frac{1}{2k} d_k^2\, (v, w)\,.$$

Damit ist Lemma 4.3 bewiesen.

Satz 4.3. *Es seien die Voraussetzungen* (2.11), (2.13), (3.1) *und* (4.12) *erfüllt und es sei* $u \in (S \to H)$ *die Lösung der pseudoparabolischen Gleichung*

$$Au' + Bu = f\,, \qquad u(0) = a$$

mit $u \in C(S; H)$, $u' \in L^2(S; H)$.
Wir definieren die Folge $\{v_n\}$ *von Funktionen* $v_n \in Y_n$, $n = 1, 2, \ldots$, *durch*

$$v_n(t) = (U_n v_{n-1})(t), \qquad t \in S;$$

$v_0 \in Y_1$ *ist ein beliebiges Startelement. Dabei sei für* $v \in Y_l$, $l \leqq n$:

$$(U_n v)(t) = a_n + \int_0^t \big(v'(s) - \lambda R_n A_n(s)\, v'(s)\big)\, ds$$

$$- \lambda \int_0^t \big(R_n\, B_n(s)\, v(s) - R_n f_n(s)\big)\, ds \tag{4.13}$$

mit $0 < \lambda < \dfrac{2m}{M^2}$. *Dann gilt*

$$\|v_n - u\|_{C(S;H)} + \|v_n' - u'\|_{L^2(S;H)} \to 0 \quad \text{für} \quad n \to \infty\,.$$

Beweis. Aus der Definition (4.13) ersieht man sofort, daß die GALERKIN-Näherungen u_n (vgl. Satz 3.3) für $n = 1, 2, \ldots$ Fixpunkte der Abbildungen U_n auf den Räumen Y_n sind. Für $v, w \in Y_l$, $l \leqq n$, gilt offenbar $U_n v$, $U_n w \in Y_n$ und

$$\big((U_n v)'(t) - (U_n w)'(t)\big)\, e^{-kt} = \big(K_n(t)\, v'(t) - K_n(t)\, w'(t)\big)\, e^{-kt}$$

$$- \lambda\big(R_n B_n(t)\, v(t) - R_n B_n(t)\, w(t)\big)\, e^{-kt}$$

für fast alle $t \in S$. Wegen der Dreiecksungleichung und Lemma 4.1 sowie Voraussetzung (4.12) folgt hieraus

$$
\begin{aligned}
d_k(U_n v, U_n w) &\leqq r(\lambda)\, d_k(v, w) \\
&\quad + \lambda \left(\int_S \|B(t)\, v(t) - B(t)\, w(t)\|_*^2\, e^{-2kt}\, \mathrm{d}t \right)^{1/2} \\
&\leqq r(\lambda)\, d_k(v, w) \\
&\quad + \lambda L \left(\int_S \|v(t) - w(t)\|^2\, e^{-2kt}\, \mathrm{d}t \right)^{1/2}
\end{aligned}
$$

und weiter mit Lemma 4.3

$$
d_k(U_n v, U_n w) \leqq \left(r(\lambda) + \frac{\lambda L \sqrt{T}}{\sqrt{2k}} \right) d_k(v, w) . \tag{4.14}
$$

Wegen $0 < r(\lambda) < 1$ kann man für genügend großes k erreichen, daß

$$
\mu = r(\lambda) + \frac{\lambda L \sqrt{T}}{\sqrt{2k}}
$$

der Bedingung $0 < \mu < 1$ genügt. U_n ist somit auf Y_n Kontraktion.

Durch ähnliche Überlegungen wie im Beweis von Satz 4.1 überzeugt man sich, daß es genügt

$$
d_k(v_n, u_n) \to 0 \quad \text{für} \quad n \to \infty
$$

zu beweisen.

Wir zeigen durch vollständige Induktion die Gültigkeit der Abschätzung

$$
\begin{aligned}
d_k(v_n, u_n) &\leqq \mu^n\, d_k(v_0, u_1) \\
&\quad + \sum_{\nu=1}^{n-1} \mu^{n-\nu-1} \left(\mu d_k(u_{\nu+1}, u_\nu) + \frac{\lambda L}{\sqrt{2k}} \|a_{\nu+1} - a_\nu\| \right).
\end{aligned} \tag{4.15}
$$

Offenbar gilt diese Beziehung für $n = 1$, denn wegen $v_0 \in Y_1$, $u_1 \in Y_1$ hat man

$$
d_k(v_1, u_1) = d_k(U_1 v_0, U_1 u_1) \leqq \mu d_k(v_0, u_1)
$$

als Folge von (4.14). Ähnlich findet man

$$
\begin{aligned}
d_k(v_{n+1}, u_{n+1}) &= d_k(U_{n+1} v_n, U_{n+1} u_{n+1}) \\
&\leqq d_k(U_{n+1} v_n, U_{n+1} u_n) + d_k(U_{n+1} u_n, U_{n+1} u_{n+1}) \\
&\leqq \mu d_k(v_n, u_n) + d_k(U_{n+1} u_n, U_{n+1} u_{n+1}) .
\end{aligned}
$$

Zur Abschätzung von $d_k(U_{n+1} u_n, U_{n+1} u_{n+1})$ bemerken wir, daß aus der für fast alle $t \in S$ gültigen Beziehung

$$
\begin{aligned}
(U_{n+1} u_n)'(t) - (U_{n+1} u_{n+1})'(t) &= K_{n+1}(t)\, u_n'(t) - K_{n+1}(t)\, u_{n+1}'(t) \\
&\quad - \lambda \big(R_{n+1} B_{n+1}(t)\, u_n(t) - R_{n+1} B_{n+1}(t)\, u_{n+1}(t) \big)
\end{aligned}
$$

mit der Dreiecksungleichung wegen Lemma 4.1 und Lemma 4.3 die nachstehende Kette von Abschätzungen folgt:

$$\begin{aligned} d_k(U_{n+1}u_n, U_{n+1}u_{n+1}) &\leqq r(\lambda)\, d_k(u_{n+1}, u_n) \\ &\quad + \lambda L \left(\int_S \|u_n(t) - u_{n+1}(t)\|^2 e^{-2kt}\, dt \right)^{1/2} \\ &\leqq r(\lambda)\, d_k(u_{n+1}, u_n) + \frac{\lambda L}{\sqrt{2k}} \|a_{n+1} - a_n\| \\ &\quad + \frac{\lambda L \sqrt{T}}{\sqrt{2k}} d_k(u_{n+1}, u_n) \\ &= \mu d_k(u_{n+1}, u_n) + \frac{\lambda L}{\sqrt{2k}} \|a_{n+1} - a_n\| . \end{aligned}$$

Damit wird

$$d_k(v_{n+1}, u_{n+1}) \leqq \mu d_k\,(u_{n+1}, u_n) + \frac{\lambda L}{\sqrt{2k}} \|a_{n+1} - a_n\| + \mu d_k(v_n, u_n) .$$

Mit der Induktionsvoraussetzung (4.15) ist nun der Induktionsschluß leicht zu vollziehen. Aus (4.15) folgt

$$d_k(v_n, u_n) \to 0 \quad \text{für} \quad n \to \infty$$

durch analoge Überlegungen wie im Beweis von Satz 4.1. Damit ist Satz 4.3 bewiesen.

Wir betrachten nun pseudoparabolische Gleichungen vom Typ II.

Satz 4.4. *Es seien die Voraussetzungen von Satz 3.4 erfüllt und es sei $u \in L^2(S;H)$ die Lösung der pseudoparabolischen Gleichung*

$$(Au)' + Bu = f \ , \qquad A(0)\, u(0) = b \in H^* .$$

Wir definieren die Folge $\{v_n\}$ von Funktionen $v_n \in L^2(S; H_n)$, $n = 1, 2, \ldots$, durch

$$v_n(t) = (U_n v_{n-1})(t), \qquad t \in S;$$

$v_0 \in L^2(S; H_1)$ ist ein beliebiges Startelement. Dabei sei für $v \in L^2(S; H_n)$

$$(U_n v)(t) = \lambda R_n b_n + v(t) - \lambda R_n A_n(t)' v(t) - \lambda \int_0^t \big(R_n(B_n v)\,(s) - R_n f_n(s)\big)\, ds \tag{4.16}$$

mit $0 < \lambda < \frac{2m}{M^2}$. Dann gilt

$$\|v_n - u\|_{L^2(S;H)} \to 0 \quad \textit{für} \quad n \to \infty .$$

Beweis. Die Galerkin-Näherungen genügen offenbar der Fixpunktbedingung

$$u_n = U_n u_n \ , \qquad n = 1, 2, \ldots;$$

zudem gilt $U_n \in \big(L^2(S; H_n) \to L^2(S; H_n)\big)$. Wir setzen für $v \in L^2(S; H)$

$$\|v\|_{L^2,k} = \left(\int_S \|v(t)\|^2 e^{-2kt}\, \mathrm{d}t \right)^{1/2}$$

und bezeichnen die so definierte Norm als (L^2, k)-Norm von $L^2(S; H)$. Die Normen $\|\cdot\|_{L^2(S;H)}$ und $\|\cdot\|_{L^2,k}$ sind offenbar äquivalent. Wir zeigen, daß U_n auf $L^2(S; H_n)$ bezüglich einer passenden (L^2, k)-Norm kontraktiv ist. Für $v, w \in L^2(S; H_n)$ folgt aus

$$(U_n v)(t) - (U_n w)(t) = K_n(t)\, v(t) - K_n(t)\, w(t) - \lambda \int_0^t \big(R_n(B_n v)(s) - R_n(B_n w)(s)\big)\, ds$$

mit Lemma 4.1 wegen der LIPSCHITZ-Stetigkeit von B die Abschätzung

$$\|U_n v - U_n w\|_{L^2,k} \leqq r(\lambda)\, \|v - w\|_{L^2,k} + \lambda L \sqrt{T} \left(\int_S e^{-2kt}\left(\int_0^t \|v(s) - w(s)\|^2\, ds\right) dt\right)^{1/2}.$$

Durch partielle Integration findet man

$$\int_S e^{-2kt}\left(\int_0^t \|v(s) - w(s)\|^2\, ds\right) dt = -\frac{1}{2k} e^{-2kT} \int_S \|v(s) - w(s)\|^2\, ds + \frac{1}{2k} \|v - w\|^2_{L^2,k} \leqq \frac{1}{2k} \|v - w\|^2_{L^2,k}$$

und somit

$$\|U_n v - U_n w\|_{L^2,k} \leqq \left(r(\lambda) + \frac{\lambda L \sqrt{T}}{\sqrt{2k}}\right) \|v - w\|_{L^2,k}\,.$$

Für genügend großes k sind folglich die Abbildungen U_n $(n = 1, 2, \ldots)$ auf $L^2(S; H_n)$ kontraktiv mit einer von n unabhängigen Kontraktionskonstanten. Da die zugehörigen Fixpunkte u_n nach Satz 3.4 in $L^2(S; H)$ gegen die Lösung u konvergieren und $L^2(S; H_n) \subset L^2(S; H_{n+1}) \subset \cdots \subset L^2(S; H)$ gilt, so folgt die Behauptung des Satzes aus Lemma 3.2, Kap. III. Damit ist Satz 4.4 bewiesen.

Im Hinblick auf Kapitel VI und Kapitel VII formulieren wir noch ein Resultat über das Projektions-Iterationsverfahren für Gleichungen mit Operatoren aus $\big(L^2(S; H) \to L^2(S; H)\big)$. Wir machen die Voraussetzung

$$\left.\begin{array}{l} D \in \big(L^2(S; H) \to L^2(S; H)\big) \text{ ist LIPSCHITZ-} \\ \text{stetiger VOLTERRA-Operator, d. h.} \\ \|Du - Dv\|_{L^2(S;H)} \leqq L\|u - v\|_{L^2(S;H)} \end{array}\right\} \tag{4.17}$$

und betrachten das Anfangswertproblem

$$\left.\begin{array}{l} u' + Du = f\,, \\ u(0) = a\,,\ u \in C(S; H),\ u' \in L^2(S; H) \end{array}\right\} \tag{4.18}$$

und die zugehörigen GALERKIN-Gleichungen

$$\left.\begin{array}{l} u_n' + D_n u_n = f_n\,, \\ u_n(0) = a_n = P_n a\,,\ u_n \in C(S; H_n)\,,\ u_n' \in L^2(S; H_n)\,. \end{array}\right\} \tag{4.19}$$

Dabei sei $D_n \in (L^2(S; H) \to L^2(S; H_n))$ definiert durch

$$(D_n v)(t) = P_n(Dv)(t) , \quad v \in L^2(S; H) , \quad t \in S ,$$

und $f_n \in (S \to H_n)$ für $f \in L^2(S; H)$ durch

$$f_n(t) = P_n f(t) , \quad t \in S .$$

Satz 4.5. *Unter der Voraussetzung* (4.17) *besitzt die Gleichung* (4.18) *für jedes* $f \in L^2(S; H)$ *und* $a \in H$ *genau eine Lösung* u. *Die zugehörigen* GALERKIN-*Gleichungen* (4.19) *besitzen für jedes* $n = 1, 2, \ldots$ *genau eine Lösung* u_n *und es gilt*

$$\|u_n - u\|_{C(S;H)} \to 0 \quad \text{für} \quad n \to \infty .$$

Wir definieren die Folge $\{v_n\}$ *von Funktionen* $v_n \in C(S; H_n)$ *mit* $v_n' \in L^2(S; H_n)$ *für* $n = 1, 2, \ldots$ *durch*

$$v_n(t) = (U_n v_{n-1})(t) , \quad t \in S;$$

$v_0 \in C(S; H_1)$ *ist ein beliebiges Startelement. Dabei sei für* $v \in C(S; H_n)$

$$(U_n v)(t) = a_n - \int_0^t ((D_n v)(s) - f_n(s)) \, ds . \tag{4.20}$$

Dann gilt

$$\|v_n - u\|_{C(S;H)} + \|v_n' - u'\|_{L^2(S;H)} \to 0 \quad \text{für} \quad n \to \infty .$$

Beweis. Die Existenz einer Lösung u und der GALERKIN-Näherungen u_n folgt aus Satz 1.3. Sei $\{w_n\}$ eine Folge von Funktionen $w_n \in C(S; H_n)$, $n = 1, 2, \ldots$, mit $\|w_n - u\|_{C(S;H)} \to 0$ für $n \to \infty$. Nach Lemma 3.1 a) existiert eine solche Folge. Aus den Darstellungen

$$u(t) = a - \int_0^t ((Du)(s) - f(s)) \, ds$$

$$u_n(t) = a_n - \int_0^t ((D_n u_n)(s) - f_n(s)) \, ds$$

folgt nach Subtraktion und skalarer Multiplikation mit $u_n(t) - w_n(t) \in H_n$ wegen der Symmetrie des Projektors P_n

$$\begin{aligned} &(u_n(t) - w_n(t), u_n(t) - w_n(t)) + (w_n(t) - u(t), u_n(t) - w_n(t)) \\ &= -\left(\int_0^t ((Du_n)(s) - (Dw_n)(s)) \, ds, u_n(t) - w_n(t)\right) \\ &\quad - \left(\int_0^t ((Dw_n)(s) - (Du)(s)) \, ds, u_n(t) - w_n(t)\right) . \end{aligned}$$

Hieraus erhält man die Abschätzung

$$\|u_n(t) - w_n(t)\| \leqq K_1 \|w_n - u\|_{C(S;H)} + K_2 \left(\int_0^t \|u_n(s) - w_n(s)\|^2 \, ds\right)^{1/2}$$

und nach einigen Umformungen mit Hilfe des GRONWALLschen Lemmas und der Dreiecksungleichung schließlich

$$\|u_n - u\|_{C(S;H)} \leqq K \|w_n - u\|_{C(S;H)}$$

(K_1, K_2, K sind von n und u unabhängige Konstanten). Wegen der Konvergenz der Folge $\{w_n\}$ folgt hieraus die Konvergenz der GALERKIN-Näherungen u_n gegen u. Offenbar sind die u_n Fixpunkte der Abbildungen U_n ($n = 1, 2, \ldots$). Aus einer im Beweis von Satz 1.3 vorgeführten Rechnung ersieht man unmittelbar, daß U_n auf dem mit der (C, k)-Norm versehenen BANACH-Raum $C(S; H_n)$ bei passend gewähltem k mit einer von n unabhängigen Kontraktionskonstanten kontraktiv ist. Da zudem $C(S; H_n) \subset C(S; H_{n+1}) \subset \cdots \subset C(S; H)$ gilt, ergibt sich aus Lemma 3.2, Kap. III, die Aussage

$$\|v_n - u\|_{C(S;H)} \to 0 \quad \text{für} \quad n \to \infty . \tag{4.21}$$

Aus (4.20) folgt $v_n' \in L^2(S; H_n)$ für $n = 1, 2, \ldots$ und

$$v_n' = - D_n v_{n-1} + f_n .$$

Mit der Differentialgleichung

$$u' = - Du + f$$

ergibt sich

$$\|u' - v_n'\|_{L^2(S;H)} \leqq \|Du - D_n v_{n-1}\|_{L^2(S;H)} + \|f_n - f\|_{L^2(S;H)} .$$

Wegen der LIPSCHITZ-Stetigkeit von D erhält man

$$\begin{aligned}\|Du - D_n v_{n-1}\|_{L^2(S;H)} &\leqq \|Du - D_n u\|_{L^2(S;H)} + \|D_n u - D_n v_{n-1}\|_{L^2(S;H)}\\ &\leqq \|Du - D_n u\|_{L^2(S;H)} + L\|u - v_{n-1}\|_{L^2(S;H)}\\ &\leqq \|Du - D_n u\|_{L^2(S;H)} + L\sqrt{T}\,\|u - v_{n-1}\|_{C(S;H)}\end{aligned}$$

und somit

$$\begin{aligned}\|v_n' - u'\|_{L^2(S;H)} \leqq \|f_n - f\|_{L^2(S;H)} &+ \|Du - D_n u\|_{L^2(S;H)}\\ &+ L\sqrt{T}\,\|u - v_{n-1}\|_{C(S;H)} .\end{aligned}$$

Mit Lemma 3.3 a) und der bereits bewiesenen Beziehung (4.21) folgt

$$\|v_n' - u'\|_{L^2(S;H)} \to 0 \quad \text{für} \quad n \to \infty .$$

Damit ist Satz 4.5 bewiesen.

Kommentare zu Kapitel V

Die in § 1 lediglich angedeutete Behandlung von gewöhnlichen Operatordifferentialgleichungen läßt sich in weitreichender Analogie zur Theorie der Differentialgleichungen reeller Funktionen durchführen. Lehrbuchmäßige Darstellungen findet man beispielsweise in BOURBAKI [1], DIEUDONNÉ [1] (hier sind auch Beispiele für das Versagen des Satzes von PEANO im unendlichdimensionalen Fall angegeben) und CARTAN [1]. Für gewisse Abschwächungen hinsichtlich der t-Abhängigkeit der Operatoren $G(t)$ vgl. KATO [1]. Die Benutzung der (C, k)-Norm beim Beweis von Satz 1.1 (und an mehreren anderen Stellen in diesem Kapitel) geschieht nach dem Vorbild von Bielecki [1]. Die im zweiten Abschnitt eingeführten Volterra-Operatoren kann man als Verallgemeinerungen des üblichen Volterraschen Integraloperators ansehen. Lineare und spezielle nichtlineare Operatoren der hier betrachteten Art sind von Artola [1] behandelt worden; sie heißen dort Operatoren vom lokalen Typ. Nichtlineare Volterra-Operatoren wurden von Gröger [1] benutzt.

Für die in § 2 untersuchten Typen von Gleichungen haben wir die Bezeichnung „pseudoparabolisch" in Anlehnung an die Terminologie bei gewissen Klassen partieller Differentialgleichungen gewählt. Lineare pseudoparabolische Gleichungen behandeln Showalter [1], Ting [2] und Showalter-Ting [1]. Diese Gleichungen gehören zu den sogenannten Gleichungen vom Sobolew-Galpern-Typ; man vergleiche etwa Galpern [1], Kostjutschenko-Eskin [1] und die dort angegebene Literatur. Sobolew-Galpern-Gleichungen mit gewissen Nichtlinearitäten betrachtet Showalter [2]. Auf nichtlineare Gleichungen der in diesem Kapitel betrachteten Art hat Lions [1] aufmerksam gemacht. Derartige Gleichungen spielen bei der Beschreibung rheologischer Vorgänge eine Rolle, vgl. Ting [1], Truesdell [1] und Langenbach [3]. Zum Zusammenhang von linearen parabolischen und pseudoparabolischen Gleichungen siehe Ting [2]; für den nichtlinearen Fall vgl. Gajewski [5]. Die Konvergenzaussagen für das Galerkin-Verfahren in § 3 sind Verallgemeinerungen der Resultate von Gajewski-Zacharias [1, 3, 4] auf Volterra-Operatoren bzw. auf die L^2-Theorie. Wesentliches Beweismittel ist die Einführung einer die Lösung approximierenden Vergleichsfolge $\{v_n\}$. Wir haben durchweg für v_n die Projektion $P_n u$ der exakten Lösung gewählt. Andere Möglichkeiten zur Konstruktion von Vergleichsfolgen mit den gewünschten Eigenschaften bietet die Verallgemeinerung des Weierstrassschen Approximationssatzes (vgl. Kap. IV) auf den Raum $C(S; H)$. Das Projektions-Iterationsverfahren in § 4 läßt sich für die Gleichungen vom Typ I etwas modifizieren, wenn man die Gleichung zunächst homogenisiert. Man kann dann direkt von Lemma 3.2, Kap. III, Gebrauch machen, um die Konvergenz der Projektions-Iterationsfolge zu beweisen.

KAPITEL VI

EVOLUTIONSGLEICHUNGEN

Sei V ein separabler[1]), reflexiver BANACH-Raum, der in einen HILBERT-Raum H stetig eingebettet ist und in diesem dicht liegt. Identifiziert man H mit seinem dualen Raum H^* und H^* mit einem Teilraum des zu V dualen Raums V^* (vgl. Kap. I, § 6), so gilt

$$V \subset H \subset V^* .$$

Die Normen in V, H und V^* bezeichnen wir mit $\|\cdot\|$, $|\cdot|$ und $\|\cdot\|_*$. Für das Skalarprodukt von $f \in V^*$ und $x \in V$ schreiben wir (f, x). Ist speziell $f \in H$, so stimmt (f, x) auf Grund der vorgenommenen Identifizierungen mit dem Skalarprodukt dieser Elemente in H überein. Daher bezeichnen wir das Skalarprodukt in H ebenfalls mit $(\cdot\,,\cdot)$. $S = [0, T]$ sei in diesem Kapitel ein endliches (Zeit-)Intervall. Von den Eigenschaften von V und H sowie den hier eingeführten Bezeichnungen werden wir in den Sätzen dieses Kapitels ohne nochmalige Erläuterung Gebrauch machen.

Wir befassen uns mit Gleichungen der Form

$$u' + Au = f$$

für VOLTERRA-Operatoren A, die einen Funktionenraum $X = L^p(S; V) \cap L^{p_0}(S; H)$, $1 < p \leqq p_0 < \infty$, in dessen dualen Raum X^* abbilden. Hierbei bezeichnet u' die Ableitung von $u \in X$ im Sinne des Distributionenraums $\mathcal{D}^*(S; V^*)$. Gleichungen der angegebenen Art werden wir *Evolutionsgleichungen* nennen. Den Zusammenhang zwischen Evolutionsgleichungen und parabolischen Differentialgleichungen haben wir bereits in Kap. IV, § 2 erläutert. Wir behandeln in der Hauptsache Anfangswertaufgaben für Evolutionsgleichungen, wir gehen aber auch auf die Frage nach periodischen Lösungen derartiger Gleichungen ein.

In § 1 beweisen wir unter relativ schwachen Monotonie- und Stetigkeitsvoraussetzungen bezüglich A Aussagen über die Existenz und Einzigkeit von Lösungen der untersuchten Aufgaben sowie über die Konvergenz des GALERKIN-Verfahrens. Am Schluß dieses Paragraphen geben wir einige Realisierungsmöglichkeiten für die in den Sätzen benutzten Voraussetzungen an.

In § 2 zeigen wir, daß die Ergebnisse von § 1 verschärft werden können, wenn man an den Operator A stärkere Voraussetzungen in bezug auf die Zeitabhängigkeit stellt.

---

[1]) Siehe Fußnote S. 60.

In § 3 setzen wir voraus, daß V ein HILBERT-Raum ist, und geben ein Verfahren zur Approximation von Evolutionsgleichungen und deren Lösungen an, das eine brauchbare Grundlage für die numerische Bestimmung von Lösungen darstellt.

§ 1. Existenz- und Einzigkeitssätze; GALERKIN-Verfahren

Es seien reelle Zahlen p und p_0 mit der Eigenschaft $1 < p \leqq p_0 < \infty$ gegeben. Wir setzen $X = L^p(S; V) \cap L^{p_0}(S; H)$ und $\|u\|_X = \|u\|_{L^p(S;V)} + \|u\|_{L^{p_0}(S;H)}$ für $u \in X$. Der zu X duale Raum X^* ist dann $L^q(S; V^*) + L^{q_0}(S; H)$, $\frac{1}{p} + \frac{1}{q} = 1$, $\frac{1}{p_0} + \frac{1}{q_0} = 1$, mit der für die Summe von BANACH-Räumen üblichen Norm (vgl. Bemerkung 5.13, Kap. I). Weiter setzen wir $W = \{u \mid u \in X, u' \in X^*\}$ und $\|u\|_W = \|u\|_X + \|u'\|_{X^*}$ für $u \in W$. Wir erinnern daran, daß wir die Räume X, X^* und W bereits in Kap. IV, § 1.5 eingeführt haben. Dort haben wir gezeigt, daß das Skalarprodukt $\langle f, u\rangle$ von $f \in X^*$ und $u \in X$ durch

$$\langle f, u\rangle = \int_S (f(s), u(s))\, ds$$

gegeben wird und daß der Raum W in den Raum $C(S; H)$ stetig eingebettet ist.

1. Anfangswertaufgaben

Satz 1.1. *Sei $A \in (X \to X^*)$ ein radialstetiger, monotoner und koerzitiver* VOLTERRA-*Operator. Dann besitzt die Aufgabe*

$$u' + Au = f\,, \quad u(0) = a\,, \quad u \in X\,, \tag{1.1}$$

für beliebige $f \in X^*$ und $a \in H$ genau eine Lösung u. Es ist $u \in W \subset C(S; H)$, und die Zuordnung $a \to u$ ist als Abbildung von H in $C(S; H)$ stetig.

Bemerkung 1.1. Da u' als Ableitung von u im Sinne von $\mathcal{D}^*(S; V^*)$ aufgefaßt wird, hat die Gleichung $u' + Au = f$ in $\mathcal{D}^*(S; V^*)$ einen Sinn. Genügt $u \in X$ dieser Gleichung, so ist $u' = f - Au \in X^*$ und damit $u \in W \subset C(S; H)$. Das rechtfertigt die gestellte Anfangsbedingung $u(0) = a \in H$.

Definition 1.1. Mit X_t bezeichnen wir den Raum, den man erhält, wenn man in der Definition von X das Intervall S durch $[0, t]$ ersetzt, d. h., es ist $X_t = L^p([0, t]; V) \cap L^{p_0}([0, t]; H)$ mit der entsprechenden Norm.

Für den Beweis von Satz 1.1 ist das folgende einfache Lemma nützlich.

Lemma 1.1. Ist $A \in (X \to X^*)$ ein monotoner und koerzitiver VOLTERRA-Operator, so gilt für jedes $t \in S$:

$$\lim_{\|u\|_{X_t} \to \infty} \frac{1}{\|u\|_{X_t}} \int_0^t ((Au)(s), u(s))\, ds = +\infty\,, \tag{1.2}$$

$$\int_0^t ((Au)(s) - (Av)(s), u(s) - v(s))\, ds \geqq 0 \quad \text{für} \quad u, v \in X. \tag{1.3}$$

Beweis. Es sei

$$u_t(s) = \begin{cases} u(s) & \text{für} \quad 0 \leqq s \leqq t\,, \\ 0 & \text{für} \quad t < s \leqq T\,. \end{cases}$$

Da A VOLTERRA-Operator ist, gilt $(Au)(s) = (Au_t)(s)$ für fast alle $s \in [0, t]$. Außerdem ist $\|u_t\|_X = \|u\|_{X_t}$. Daher folgt die Behauptung (1.2) direkt aus der Koerzitivität von A. Analog folgt die Behauptung (1.3) aus der Monotonie von A. Damit ist Lemma 1.1 bewiesen.

Den Beweis von Satz 1.1 führen wir mit Hilfe des GALERKIN-Verfahrens. Bevor wir zum eigentlichen Beweis kommen, definieren wir das GALERKIN-Verfahren für die Aufgabe (1.1) und beweisen einige Lemmata über die Lösungen der GALERKIN-Gleichungen.

Es sei $\{h_1, h_2, \ldots\}$ ein in V und damit auch in H vollständiges System linear unabhängiger Elemente. H_n sei die lineare Hülle von $\{h_1, \ldots, h_n\}$, versehen mit dem von H induzierten Skalarprodukt. Wir identifizieren H_n mit seinem dualen Raum H_n^*. Weiter sei $X_n = L^{p_0}(S; H_n)$ und $X_n^* = L^{q_0}(S; H_n)$. Das Skalarprodukt von $f \in X_n^*$ und $u \in X_n$ wird durch $\int\limits_S (f(s), u(s))\, ds$ gegeben. Es kann daher ebenfalls mit $\langle f, u\rangle$ bezeichnet werden. Jedem Operator $A \in (X \to X^*)$ können wir durch die Vorschrift

$$\langle A_n u, v\rangle = \langle Au, v\rangle \qquad \forall v \in X_n \tag{1.4}$$

einen Operator $A_n \in (X_n \to X_n^*)$ zuordnen.

Es sei $\{a_n\}$, $n = 1, 2, \ldots$, eine in H gegen a konvergierende Folge mit der Eigenschaft $a_n \in H_n$. Schließlich sei $f_n \in X_n^*$ erklärt durch die Beziehung

$$\langle f_n, v\rangle = \langle f, v\rangle \qquad \forall v \in X_n\,. \tag{1.5}$$

Der Aufgabe (1.1) entsprechen für $n = 1, 2, \ldots$ die folgenden GALERKIN-*Gleichungen*:

$$u_n' + A_n u_n = f_n\,, \quad u_n(0) = a_n\,, \quad u_n \in X_n\,. \tag{1.6}$$

Lemma 1.2. Unter den Voraussetzungen von Satz 1.1 besitzt die Aufgabe (1.6) für jedes n genau eine Lösung $u_n \in W$. Die Folge $\{u_n\}$ ist in $C(S; H)$ und in X beschränkt und die Folge $\{Au_n\}$ in X^*.

Bemerkung 1.2. Wird $A \in (X \to X^*)$ durch eine Familie von Operatoren $A(t) \in (V \to V^*)$ gegeben, d. h., gilt $(Au)(t) = A(t)\, u(t)$, so handelt es sich bei den GALERKIN-Gleichungen (1.6) um ein Anfangswertproblem für ein System gewöhnlicher Differentialgleichungen. Die Existenz einer Lösung folgt dann aus dem bekannten Existenzsatz von CARATHÉODORY.

Für den Existenzbeweis im allgemeinen Fall benötigen wir das

Lemma 1.3. Es sei $b \in H_n$, $S_0 = [t_0, T]$ und C_b die in $C(S_0; H_n)$ abgeschlossene Teilmenge derjenigen $v \in C(S_0; H_n)$, für die $v(t_0) = b$ ist. B sei ein demistetiger VOLTERRA-Operator aus $(C_b \to L^{q_0}(S_0; H_n))$, der der Voraussetzung

$$\|Bv\|_{L^{q_0}(S_0; H_n)} \leqq M \qquad \forall v \in C_b,\ M = \text{const}\,, \tag{1.7}$$

genügt. Dann besitzt die Aufgabe

$$v(t) = b - \int_{t_0}^{t} (Bv)(s)\, ds \qquad \forall t \in S_0$$

eine Lösung $v \in C_b$.

Bemerkung 1.3. Lemma 1.3 ist eine Verallgemeinerung des Satzes von CARATHÉODORY auf Differentialgleichungen mit VOLTERRA-Operatoren.

Beweis von Lemma 1.3. Für jede natürliche Zahl m setzen wir

$$\delta_m = \frac{T - t_0}{m} \text{ und } t_{i,m} = t_0 + i\delta_m\,, \qquad i = 0\,, \ldots, m\,.$$

Wir definieren eine Funktion $v_m \in C_b$ nacheinander in den Intervallen $[t_{i,m}, t_{i+1,m}]$ durch folgende rekursiv zu verstehende Vorschrift:

$$v_m(t) = b \qquad \text{für} \quad t_0 \leqq t \leqq t_{1,m}\,,$$

$$v_m(t) = v_m(t_{i,m}) - \int_{t_{i-1,m}}^{t-\delta_m} (Bv_{i,m})(s)\, ds$$

$$\text{für } t_{i,m} < t \leqq t_{i+1,m}\,,\ i = 1, \ldots, m-1;$$

dabei sei

$$v_{i,m}(s) = \begin{cases} v_m(s) & \text{für} \quad t_0 \leqq s \leqq t_{i,m}\,, \\ v_m(t_{i,m}) & \text{für} \quad t_{i,m} < s \leqq T\,. \end{cases}$$

Da B VOLTERRA-Operator ist, folgt aus dieser Definition

$$v_m(t) = \begin{cases} b & \text{für} \quad t_0 \leqq t \leqq t_{1,m}\,, \\ b - \int_{t_0}^{t-\delta_m} (Bv_m)(s)\, ds & \text{für} \quad t_{1,m} < t \leqq T\,. \end{cases} \tag{1.8}$$

Es soll nun gezeigt werden, daß die Folge $\{v_m\}$, $m = 1, 2, \ldots$, in C_b kompakt ist. Für $t_1, t_2 \in S_0$ und gegebenes m setzen wir

$$s_i = \max(t_0, t_i - \delta_m)\,, \quad i = 1, 2\,.$$

Aus (1.8) und (1.7) folgt für $t_2 \geqq t_1$:

$$|v_m(t_2) - v_m(t_1)| = \left| \int_{s_1}^{s_2} (Bv_m)(s)\, ds \right|$$

$$\leqq \left(\int_{s_1}^{s_2} ds \right)^{1/p_0} \left(\int_{s_1}^{s_2} |(Bv_m)(s)|^{q_0}\, ds \right)^{1/q_0}$$

$$\leqq (s_2 - s_1)^{1/p_0} M \leqq (t_2 - t_1)^{1/p_0} M\,.$$

Für alle m ist $v_m(t_0) = b$. Daher folgt aus der letzten Abschätzung sowohl die gleichgradige Stetigkeit als auch die gleichmäßige Beschränktheit der Funktionen v_m und damit die Kompaktheit der Folge $\{v_m\}$ in C_b.

Es sei $\{v_{m_j}\}$, $j = 1, 2, \ldots$, eine in C_b konvergente Teilfolge von $\{v_m\}$ und v der Grenzwert dieser Folge. Nach (1.8) ist

$$v_{m_j}(t) = b - \int_{t_0}^{t} (Bv_{m_j})(s)\,\mathrm{d}s + \int_{t-\delta_{m_j}}^{t} (Bv_{m_j})(s)\,\mathrm{d}s\,, \tag{1.9}$$

falls $t > t_{1,m_j}$ ist, und das ist bei gegebenem t für hinreichend großes j der Fall. Wegen (1.7) gilt

$$\left|\int_{t-\delta_{m_j}}^{t} (Bv_{m_j})(s)\,\mathrm{d}s\right| \leqq \delta_{m_j}^{1/p_0} M\,,$$

d. h., das zweite Integral in (1.9) konvergiert für $j \to \infty$ gegen 0. Für $t \in S_0$ und $x \in H_n$ ist

$$l(w) = \left(\int_{t_0}^{t} w(s)\,\mathrm{d}s, x\right), \qquad w \in L^{q_0}(S_0; H_n)\,,$$

ein stetiges lineares Funktional auf $L^{q_0}(S_0; H_n)$. Auf Grund der Demistetigkeit von B gilt also für jedes $x \in H_n$

$$\lim_{j\to\infty} \left(\int_{t_0}^{t} (Bv_{m_j})(s)\,\mathrm{d}s, x\right) = \left(\int_{t_0}^{t} (Bv)(s)\,\mathrm{d}s, x\right),$$

d. h.

$$\lim_{j\to\infty} \int_{t_0}^{t} (Bv_{m_j})(s)\,\mathrm{d}s = \int_{t_0}^{t} (Bv)(s)\,\mathrm{d}s\,.$$

Aus (1.9) ergibt sich folglich durch den Grenzübergang $j \to \infty$:

$$v(t) = b - \int_{t_0}^{t} (Bv)(s)\,\mathrm{d}s\,.$$

Damit ist Lemma 1.3 bewiesen.

Beweis von Lemma 1.2. Wir nehmen zunächst einmal an, zu $t_1 \in S$ und jedem n sei eine Funktion $u_n \in L^{p_0}([0, t_1]; H_n)$ mit $u_n' \in L^{q_0}([0, t_1]; H_n)$ gegeben, für die folgendes gilt:

$$\left.\begin{aligned} u_n'(t) + (A_n u_n)(t) &= f_n(t) \quad \text{für fast alle} \quad t \in [0, t_1]\,,\\ u_n(0) &= a_n. \end{aligned}\right\} \tag{1.10}$$

Aus (1.10) folgt für $t \in [0, t_1]$:

$$\begin{aligned} \frac{1}{2}\left(|u_n(t)|^2 - |a_n|^2\right) &= \int_0^t \big(u_n'(s), u_n(s)\big)\,\mathrm{d}s \\ &= \int_0^t \big(f(s) - (Au_n)(s), u_n(s)\big)\,\mathrm{d}s\,. \end{aligned}$$

Folglich ist

$$\begin{aligned} &\frac{1}{2}|u_n(t)|^2 + \int_0^t \big((Au_n)(s) - (A0)(s),\ u_n(s)\big)\,\mathrm{d}s \\ &\leqq \frac{1}{2}|a_n|^2 + ||f - A0||_{X^*}\,||u_n||_{X_t}\,. \end{aligned} \tag{1.11}$$

Daraus ergibt sich wegen der Koerzitivität von A (vgl. (1.2))

$$\|u_n\|_{X_{t_1}} \leqq K_1 \tag{1.12}$$

und

$$\|u_n\|_{C([0,t_1];H)} \leqq K_2; \tag{1.13}$$

dabei sind K_1 und K_2 von n und t_1 unabhängige Konstanten. Aus (1.11) und (1.12) folgt unter Benutzung von Folgerung 1.2, Kap. III, die Abschätzung

$$\|Au_n\|_{X^*_{t_1}} \leqq K_3\,, \tag{1.14}$$

wobei auch K_3 nicht von n und t_1 abhängt.

Wir beweisen nun, daß die Lösung $u_n \in L^{p_0}([0, t_1]; H_n)$ von (1.10) eindeutig bestimmt ist. Genügt auch $v_n \in L^{p_0}([0, t_1]; H_n)$ den Gleichungen (1.10), so gilt

$$\begin{aligned}\frac{1}{2}\,|u_n(t) - v_n\,(t)|^2 &= \int_0^t \big(u_n'(s) - v_n'(s),\, u_n(s) - v_n(s)\big)\,ds\\ &= -\int_0^t \big((Au_n)(s) - (Av_n)(s),\, u_n(s) - v_n(s)\big)\,ds \leqq 0\end{aligned}$$

für $t \in [0, t_1]$. Daraus folgt $u_n = v_n$.

Wir kommen zum Beweis der Existenz einer Lösung der Aufgabe (1.6) für gegebenes n. Es sei S_1 die Menge aller $t_1 \in S$, für die die Aufgabe (1.10) eine zu $L^{p_0}([0, t_1]; H_n)$ gehörige Lösung besitzt. Wir schließen dabei zunächst nicht aus, daß S_1 allein aus dem Punkt $t = 0$ besteht. S_1 ist offenbar von der Form $[0, t_0)$ oder von der Form $[0, t_0]$. Wir werden zeigen, daß der erste Fall nicht eintreten kann, d. h., daß t_0 stets zu S_1 gehört. Da für jedes $t_1 \in [0, t_0)$ genau eine Lösung der Aufgabe (1.10) existiert, können wir davon ausgehen, daß uns eine im Intervall $[0, t_0]$ definierte Funktion u_n gegeben ist, die den Gleichungen (1.10) mit t_0 anstelle von t_1 genügt und die für jedes $t_1 \in [0, t_0)$ zu $L^{p_0}([0, t_1]; H_n)$ gehört. Aus (1.12) folgt $\|u_n\|_{X_{t_0}} \leqq K_1$ und damit $u_n \in L^{p_0}([0, t_0]; H_n)$. Daher ist, wie behauptet, $t_0 \in S_1$.

Wir führen nun die Annahme $t_0 < T$ zum Widerspruch. Es sei $b = u_n(t_0)$ und

$$w(t) = \begin{cases} u_n(t) & \text{für} \quad 0 \leqq t \leqq t_0\,, \\ b & \text{für} \quad t_0 < t \leqq T\,. \end{cases}$$

$A \in (X \to X^*)$ ist nach Lemma 1.2, Kap. III, lokal beschränkt. Folglich ist auch A_n, aufgefaßt als Abbildung von $C(S; H_n)$ in $X_n^* = L^{q_0}(S; H_n)$, lokal beschränkt. Daher existieren Zahlen $r > 0$ und M derart, daß gilt:

$$\|A_n u - f_n\|_{X_n^*} \leqq M \quad \text{für} \quad \|u - w\|_{C(S;H_n)} \leqq r\,. \tag{1.15}$$

Für beliebiges $v \in C_b$ (vgl. Lemma 1.3) definieren wir $u \in C(S; H_n)$ durch

$$u(t) = \begin{cases} u_n(t) & \text{für} \quad 0 \leqq t \leqq t_0\,, \\ v(t) & \text{für} \quad t_0 < t \leqq T\,, \quad |v(t) - b| \leqq r\,, \\ b + r\,\dfrac{v(t) - b}{|v(t) - b|} & \text{für} \quad t_0 < t \leqq T,\ |v(t) - b| > r\,. \end{cases} \tag{1.16}$$

Ferner erklären wir $B \in (C_b \to L^{q_0}(S_0; H_n))$, $S_0 = [t_0, T]$, durch

$$(Bv)(t) = (A_n u - f_n)(t)\,, \quad t_0 \leqq t \leqq T\,. \tag{1.17}$$

Die Zuordnung $v \to u$ ist als Abbildung von C_b in $C(S; H_n)$ stetig. Außerdem ist A_n, aufgefaßt als Abbildung von $C(S; H_n)$ in $L^{q_0}(S; H_n)$, demistetig. Daher ist B ein demistetiger VOLTERRA-Operator. Aus (1.17), (1.16) und (1.15) folgt

$$\|Bv\|_{L^{q_0}(S_0;H_n)} \leqq \|A_n u - f_n\|_{L^{q_0}(S;H_n)} \leqq M \qquad \forall v \in C_b\,.$$

Der Operator B genügt also den Voraussetzungen von Lemma 1.3. Folglich besitzt die Aufgabe

$$v(t) = b - \int_{t_0}^{t} (Bv)(s)\, ds$$

eine Lösung $v \in C_b$. Wegen $v(t_0) = b$ gilt in einem hinreichend kleinen Intervall $t_0 \leqq t \leqq t_0 + \delta$, $\delta > 0$,

$$|v(t) - b| \leqq r\,.$$

Wir setzen die im Intervall $[0, t_0]$ definierte Funktion u_n folgendermaßen fort:

$$u_n(t) = v(t) \qquad \text{für} \qquad t_0 < t \leqq t_0 + \delta\,.$$

Dann ist für $t \in [t_0, t_0 + \delta]$

$$(Bv)(t) = (A_n u_n - f_n)(t)$$

und

$$\begin{aligned} u_n(t) &= b - \int_{t_0}^{t} (Bv)(s)\, ds \\ &= u_n(t_0) - \int_{t_0}^{t} (A_n u_n - f_n)(s)\, ds \\ &= a_n - \int_{0}^{t} (A_n u_n - f_n)(s)\, ds\,. \end{aligned}$$

Es existiert also eine zu $L^{p_0}([0, t_0 + \delta]; H_n)$ gehörige Lösung der Aufgabe (1.10) für $t_1 = t_0 + \delta$. Das widerspricht der Definition von t_0. Folglich war die Annahme $t_0 < T$ falsch, d. h., die Aufgabe (1.10) besitzt für $t_1 = T$ eine Lösung $u_n \in L^{p_0}(S; H_n)$. Diese Funktion u_n ist Lösung der Aufgabe (1.6).

Die Beschränktheit der Folge $\{u_n\}$ in $C(S; H)$ und X folgt aus (1.13) und (1.12) und die Beschränktheit der Folge $\{Au_n\}$ in X^* aus (1.14).

Damit ist Lemma 1.2 bewiesen.

Lemma 1.4. Die nach Lemma 1.2 existierende Folge $\{u_n\}$ von GALERKIN-Lösungen besitzt eine Teilfolge $\{u_{n_j}\}$, $j = 1, 2, \ldots$, mit folgenden Eigenschaften:

a) $\{u_{n_j}\}$ konvergiert in X schwach gegen ein $u \in X$.

b) $\{u_{n_j}(T)\}$ konvergiert in H schwach gegen ein $z \in H$.

c) $\{Au_{n_j}\}$ konvergiert in X^* schwach gegen ein $v \in X^*$.

d) Für die Grenzwerte gilt $u \in W$, $u(0) = a$, $u(T) = z$ und

$$u' + v = f. \tag{1.18}$$

Beweis. Die Existenz einer Teilfolge $\{u_{n_j}\}$ mit den Eigenschaften a), b) und c) folgt wegen Satz 5.9, Kap. I, aus den Aussagen von Lemma 1.2. Auf Grund von (1.6) gilt für $\varphi \in \mathcal{D}(S)$ und $x \in H_n$

$$\left.\begin{aligned}&\Big(\int_S \varphi(t)\,\big(u'_{n_j}(t) + (A_{n_j}u)(t)\big)\,\mathrm{d}t, x\Big) = \langle u'_{n_j} + Au_{n_j}, \varphi x\rangle\\ &= \langle f, \varphi x\rangle = \Big(\int_S \varphi(t)\,f(t)\,\mathrm{d}t, x\Big)\,, \quad \text{falls} \quad n_{n_j} \geqq n\,.\end{aligned}\right\} \tag{1.19}$$

Wir haben dabei von Satz 1.8, Kap. IV, Gebrauch gemacht. Da die Folge $\{u'_{n_j}\}$ nach Bemerkung 1.15, Kap. IV, in $\mathcal{D}^*(S; V^*)$ gegen u' konvergiert, ergibt sich aus (1.19) für $j \to \infty$ (wenn wir mit $u'(\varphi)$ den Wert der Distribution u' für $\varphi \in \mathcal{D}(S)$ bezeichnen):

$$\big(u'(\varphi), x\big) = \Big(\int_S \varphi(t)\,\big(f(t) - v(t)\big)\,\mathrm{d}t, x\Big) \qquad \forall x \in \bigcup_n H_n\,. \tag{1.20}$$

Da $\bigcup_n H_n$ in V dicht liegt, folgt aus (1.20)

$$u'(\varphi) = \int_S \varphi(t)\,\big(f(t) - v(t)\big)\,\mathrm{d}t\,.$$

Das bedeutet, daß u' als Element von X^* aufgefaßt werden kann und daß die Beziehung (1.18) gilt. Folglich ist $u \in W$. Für beliebiges $x \in \bigcup_n H_n$ gilt wegen (1.18) und (1.6)

$$\begin{aligned}\int_S \big(u'(t), (T-t)\,x\big)\,\mathrm{d}t &= \int_S \big(f(t) - v(t), (T-t)\,x\big)\,\mathrm{d}t\\ &= \lim_{j\to\infty} \int_S \big(f(t) - (Au_{n_j})(t), (T-t)\,x\big)\,\mathrm{d}t\\ &= \lim_{j\to\infty} \int_S \big(u'_{n_j}(t), (T-t)\,x\big)\,\mathrm{d}t\\ &= \lim_{j\to\infty} \Big\{\int_S (u_{n_j}(t), x)\,\mathrm{d}t - (a_{n_j}, Tx)\Big\}\\ &= \int_S \big(u(t), x\big)\,\mathrm{d}t - (a, Tx)\\ &= \int_S \big(u'(t), (T-t)\,x\big)\,\mathrm{d}t + \big(u(0) - a, Tx\big)\,.\end{aligned}$$

Da $\bigcup_n H_n$ in H dicht liegt, folgt daraus $u(0) = a$. Entsprechend gilt für $x \in \bigcup_n H_n$:

$$\begin{aligned}\big(u(T) - a, x\big) &= \int_S \big(u'(t), x\big)\,\mathrm{d}t = \lim_{j\to\infty} \int_S \big(u'_{n_j}(t), x\big)\,\mathrm{d}t\\ &= \lim_{j\to\infty} \big(u_{n_j}(T) - a_{n_j}, x\big) = (z - a, x)\,.\end{aligned}$$

Daher ist $u(T) = z$.

Damit ist Lemma 1.4 bewiesen.

Beweis von Satz 1.1. Aus (1.6) und (1.18) folgt unter Benutzung von Lemma 5.3, Kap. I:

$$\begin{aligned}\overline{\lim_{j\to\infty}}\langle Au_{n_j}, u_{n_j}\rangle &= \overline{\lim_{j\to\infty}}\langle f - u'_{n_j}, u_{n_j}\rangle \\ &= \overline{\lim_{j\to\infty}}\left\{\langle f, u_{n_j}\rangle + \frac{1}{2}\left(|a_{n_j}|^2 - |u_{n_j}(T)|^2\right)\right\} \\ &\leqq \langle f, u\rangle + \frac{1}{2}\left(|a|^2 - |u(T)|^2\right) \\ &= \langle f, u\rangle - \langle u', u\rangle = \langle v, u\rangle .\end{aligned}$$

Diese Abschätzung und die Aussagen a) und c) von Lemma 1.4 zeigen, daß hier Lemma 1.3, Kap. III, angewendet werden kann. Nach diesem Lemma ist $Au = v$. Setzt man dieses Ergebnis in (1.18) ein, so erhält man

$$u' + Au = f .$$

Da außerdem $u \in W$ und $u(0) = a$ ist (siehe Lemma 1.4), ist damit bewiesen, daß u Lösung der Aufgabe (1.1) ist.

Sind $u_1, u_2 \in X$ zwei Lösungen der Gleichung $u' + Au = f$, so gilt:

$$\begin{aligned}&\frac{1}{2}\left(|u_1(t) - u_2(t)|^2 - |u_1(0) - u_2(0)|^2\right) \\ &= \int_0^t \left(u_1'(s) - u_2'(s), u_1(s) - u_2(s)\right) ds \\ &= -\int_0^t \left((Au_1)(s) - (Au_2)(s), u_1(s) - u_2(s)\right) ds \leqq 0 .\end{aligned}$$

Daraus folgt die Einzigkeit der Lösung der Aufgabe (1.1) und die behauptete stetige Abhängigkeit der Lösung vom Anfangswert.

Damit ist Satz 1.1 bewiesen.

Satz 1.2. *Seien die Voraussetzungen von Satz* 1.1 *erfüllt. Bezeichnen wir mit* u_n *die Lösungen der* Galerkin-*Gleichungen* (1.6) *und mit* u *die Lösung der Aufgabe* (1.1), *so gilt:*

a) $u_n \to u$ *in* $C(S; H)$;

b) $u_n \rightharpoonup u$ *in* X;

c) $Au_n \rightharpoonup Au$ *in* X^*;

d) $\int_0^t \left((Au_n)(s) - (Au)(s), u_n(s) - u(s)\right) ds \to 0 \quad \forall t \in S$.

Bemerkung 1.4. Es gibt Operatoren $A \in (X \to X^*)$, für die aus den Eigenschaften a) — d) die starke Konvergenz der Folge $\{u_n\}$ gegen u in X folgt. Dazu gehören insbesondere die Operatoren mit der (S)-Eigenschaft (siehe Definition 1.4, Kap. III). Im dritten Abschnitt werden wir darauf zurückkommen.

Dem Beweis von Satz 1.2 stellen wir ein Lemma voran.

Lemma 1.5. Die Menge $\bigcup_n C^1(S; H_n)$ liegt im Raum W dicht.

Beweis. Auf Grund von Lemma 1.12, Kap. IV, genügt es zu zeigen, daß $\bigcup_n C^1(S; H_n)$ in $C^1(S; V)$ dicht liegt. Es sei $u \in C^1(S; V)$ gegeben. Nach dem WEIERSTRASSschen Approximationssatz (Satz 1.3, Kap. IV) existiert zu gegebenem $\varepsilon > 0$ ein Polynom

$$p(t) = \sum_{j=0}^{m} a_j t^j, \qquad a_j \in V,$$

mit der Eigenschaft

$$\|u' - p\|_{C(S;V)} < \varepsilon.$$

Da $\bigcup_n H_n$ in V dicht liegt, kann man ein n und Koeffizienten $a_{jn} \in H_n$ finden, für die gilt:

$$\|a_j - a_{jn}\| \leqq \varepsilon \left(\sum_{j=0}^{m} T^j\right)^{-1},$$

Wir wählen n außerdem so groß, daß ein $b_n \in H_n$ mit $\|u(0) - b_n\| < \varepsilon$ existiert. Es sei

$$p_n(t) = \sum_{j=0}^{m} a_{jn}\, t^j.$$

Dann ist $p_n \in C(S; H_n)$ und

$$\begin{aligned} \|u' - p_n\|_{C(S;V)} &\leqq \|u' - p\|_{C(S;V)} + \|p - p_n\|_{C(S;V)} \\ &< \varepsilon + \sum_{j=0}^{m} \|a_j - a_{jn}\|\, T^j < 2\varepsilon. \end{aligned}$$

Wir setzen

$$v_n(t) = b_n + \int_0^t p_n(s)\, ds.$$

Dann ist $v_n \in C^1(S; H_n)$ und

$$\|u(t) - v_n(t)\| \leqq \|u(0) - b_n\| + \left\| \int_0^t (u'(s) - p_n(s))\, ds \right\|.$$

Folglich ist

$$\|u - v_n\|_{C^1(S;V)} = \|u - v_n\|_{C(S;V)} + \|u' - p_n\|_{C(S;V)} < \varepsilon\,(2T + 3).$$

Da $\varepsilon > 0$ beliebig war, ist damit Lemma 1.5 bewiesen.

Beweis von Satz 1.2. Die Folge $\{u_n\}$ ist nach Lemma 1.2 in X beschränkt. Aus dem Beweis von Satz 1.1 und Lemma 1.4 geht hervor, daß als Grenzwert der in X schwach konvergenten Teilfolgen von $\{u_n\}$ nur die eindeutig bestimmte Lösung der Aufgabe (1.1) in Frage kommt. Daher konvergiert die gesamte Folge $\{u_n\}$ in X schwach gegen u (vgl. Lemma 5.4, Kap. I). Analog beweist man, daß die gesamte Folge $\{Au_n\}$ in X^* schwach gegen Au konvergiert.

Zum Beweis der Aussage $u_n \to u$ in $C(S; H)$ wählen wir eine in W gegen die Lösung u konvergierende Folge $\{v_n\}$ mit $v_n \in C^1(S; H_n)$. Eine solche Folge existiert nach Lemma 1.5. Dann gilt für $t \in S$:

$$\begin{aligned}
&\frac{1}{2}\left(|u_n(t) - v_n(t)|^2 - |u_n(0) - v_n(0)|^2\right) \\
&= \int_0^t \left(u_n'(s) - v_n'(s), u_n(s) - v_n(s)\right) ds \\
&= \int_0^t \left(-(Au_n)(s) + (Au)(s) + u'(s) - v_n'(s), u_n(s) - v_n(s)\right) ds \\
&= \int_0^t \{(-(Au_n)(s) + (Au)(s), u_n(s) - u(s)) \\
&\quad + (-(Au_n)(s) + (Au)(s), u(s) - v_n(s)) \\
&\quad + \left(u'(s) - v_n'(s), u_n(s) - v_n(s)\right)\} ds \\
&\leqq -\int_0^t ((Au_n)(s) - (Au)(s), u_n(s) - u(s)) ds \\
&\quad + ||Au_n - Au||_{X^*} ||u - v_n||_X + ||u' - v_n'||_{X^*} ||u_n - v_n||_X \\
&\leqq -\int_0^t ((Au_n)(s) - (Au)(s), u_n(s) - u(s)) ds + K||u - v_n||_W ,
\end{aligned}$$

$K = \text{const.}$

Dabei haben wir erneut von der Beschränktheit der Folgen $\{u_n\}$ und $\{Au_n\}$ in X bzw. X^* Gebrauch gemacht. Wegen der Stetigkeit der Einbettung von W in $C(S; H)$ gilt

$$\lim_{n\to\infty} |u_n(0) - v_n(0)| \leqq \lim_{n\to\infty} (|a_n - a| + |u(0) - v_n(0)|) = 0 .$$

Daher folgt aus der obigen Abschätzung auf Grund der Wahl der Folge $\{v_n\}$:

$$\lim_{n\to\infty} ||u - u_n||_{C(S;H)} \leqq \lim_{n\to\infty} (||u - v_n||_{C(S;H)} + ||v_n - u_n||_{C(S;H)}) = 0 .$$

Außerdem ergibt sich

$$\lim_{n\to\infty} \int_0^t ((Au_n)(s) - (Au)(s), u_n(s) - u(s)) ds = 0 .$$

Damit ist Satz 1.3 bewiesen.

Bemerkung 1.5. Die Sätze 1.1 und 1.2 bleiben auch dann richtig, wenn man die Forderung der Koerzitivität von $A \in (X \to X^*)$ durch die etwas schwächere Forderung

$$\lim_{\substack{||u||_{L^p(s;SV)}\to\infty \\ u\in X}} \frac{1}{||u||_{L^p(S;V)}} \langle Au, u\rangle = +\infty$$

ersetzt. Das kann man durch eine leichte Modifikation des ersten Teils des Beweises von Lemma 1.2 zeigen.

Bemerkung 1.6. Ist $p_0 \geqq 2$, so ist

$$X = L^p(S; V) \cap L^{p_0}(S; H) \subset L^2(S; H) \subset L^q(S; V^*) + L^{q_0}(S; H) = X^* .$$

Dabei ist X in $L^2(S; H)$ und $L^2(S; H)$ in X^* stetig eingebettet. Wir bezeichnen in diesem Falle mit I die (stetige) Einbettung von X in X^*.

Satz 1.3. *Es sei $p_0 \geqq 2$ und $A \in (X \to X^*)$ ein radialstetiger* VOLTERRA-*Operator. Für ein $\lambda \geqq 0$ und beliebige $u, v \in X$ gelte:*

$$\int_S e^{-2\lambda t}\big((Au_n)(t) - (Av)(t) + \lambda\big(u(t) - v(t)\big),\, u(t) - v(t)\big)\, dt \geqq 0 \qquad (1.21)$$

und

$$\lim_{\|u\|_X \to \infty} \frac{1}{\|u\|_X} \int_S e^{-2\lambda t}\big((Au)(t) + \lambda u(t), u(t)\big)\, dt = +\infty \cdot \qquad (1.22)$$

Dann besitzt die Aufgabe

$$u' + Au = f, \quad u(0) = a, \quad u \in X, \qquad (1.23)$$

für beliebige $f \in X^*$ und $a \in H$ genau eine Lösung u. Es ist $u \in W \subset C(S; H)$, und die Zuordnung $a \to u$ ist als Abbildung von H in $C(S; H)$ stetig.

Konvergiert die Folge $\{a_n\}$, $a_n \in H_n$, in H gegen a, so besitzen die GALERKIN-*Gleichungen* (1.6) *für jedes n genau eine Lösung u_n, und für die Folge $\{u_n\}$ der* GALERKIN-*Näherungen gilt:*

a) $u_n \to u$ *in* $C(S; H)$;

b) $u_n \rightharpoonup u$ *in* X;

c) $Au_n \rightharpoonup Au$ *in* X^*;

d) $\int_0^t \big((Au_n)(s) - (Au)(s),\, u_n(s) - u(s)\big)\, ds \to 0 \quad \forall t \in S$.

Folgerung. Ist $p_0 \geqq 2$ und $A + \lambda I$, $\lambda \geqq 0$, ein radialstetiger, monotoner und koerzitiver VOLTERRA-Operator aus $(X \to X^*)$, so gelten sämtliche Aussagen von Satz 1.3.

Zum Beweis dieser Folgerung genügt es zu zeigen, daß unter den gegebenen Voraussetzungen die Beziehungen (1.21) und (1.22) gelten. Diese Beziehungen ergeben sich aus der Monotonie und der Koerzitivität von $A + \lambda I$, wenn man das folgende Lemma auf

$$g(s) = \big((Au)(s) - (Av)(s) + \lambda\big(u(s) - v(s)\big),\, u(s) - v(s)\big)$$

bzw. auf

$$g(s) = \big((Au)(s) - (A0)(s) + \lambda u(s), u(s)\big)$$

anwendet.

Lemma 1.6. Aus $g \in L^1(S)$ und

$$\int_0^t g(s)\, ds \geqq 0 \qquad \forall t \in S$$

folgt für $\lambda \geqq 0$:

$$\int_0^t e^{-2\lambda s} g(s)\, ds \geqq e^{-2\lambda T} \int_0^t g(s)\, ds \geqq 0 \qquad \forall t \in S.$$

Beweis. Durch partielle Integration ergibt sich

$$\int_0^t e^{-2\lambda s} g(s)\, ds = \int_0^t 2\lambda e^{-2\lambda s} \int_0^s g(\sigma)\, d\sigma\, ds + e^{-2\lambda t} \int_0^t g(s)\, ds$$
$$\geqq e^{-2\lambda T} \int_0^t g(s)\, ds \geqq 0\,.$$

Damit ist Lemma 1.6 bewiesen.

Beweis von Satz 1.3. Wir führen den vorliegenden Fall auf den in den Sätzen 1.1 und 1.2 behandelten durch eine Transformation zurück. Wir setzen

$$u_\lambda(t) = e^{-\lambda t}\, u(t)\,, \quad f_\lambda(t) = e^{-\lambda t} f(t)$$

und

$$(A_\lambda u_\lambda)(t) = e^{-\lambda t}(Au)(t) + \lambda u_\lambda(t)\,. \tag{1.24}$$

Der so definierte VOLTERRA-Operator A_λ gehört offensichtlich zu $(X \to X^*)$. Außerdem sieht man, daß u genau dann Lösung der Aufgabe (1.23) ist, wenn u_λ Lösung der Aufgabe

$$u_\lambda' + A_\lambda u_\lambda = f_\lambda\,, \quad u_\lambda(0) = a\,, \quad u_\lambda \in X\,, \tag{1.25}$$

ist. Wir beweisen nun, daß $A_\lambda \in (X \to X^*)$ radialstetig, monoton und koerzitiv ist. Die Radialstetigkeit von A_λ folgt unter Benutzung von (1.24) aus der Radialstetigkeit von A. Weiter gilt auf Grund von (1.21)

$$\langle A_\lambda u_\lambda - A_\lambda v_\lambda, u_\lambda - v_\lambda \rangle$$
$$= \int_S \big(e^{-\lambda t}(Au)(t) + \lambda u_\lambda(t) - e^{-\lambda t}(Av)(t) - \lambda v_\lambda(t),\ u_\lambda(t) - v_\lambda(t)\big)\, dt$$
$$= \int_S e^{-2\lambda t}\big((Au)(t) - (Av)(t) + \lambda\big(u(t) - v(t)\big),\ u(t) - v(t)\big)\, dt \geqq 0\,,$$

d. h., A_λ ist monoton. Wegen $\|u_\lambda\|_X \leqq \|u\|_X$ folgt aus (1.22):

$$\lim_{\|u_\lambda\|_X \to \infty} \frac{1}{\|u_\lambda\|_X} \langle A_\lambda u_\lambda, u_\lambda \rangle$$
$$\geqq \lim_{\|u\|_X \to \infty} \frac{1}{\|u\|_X} \int_S e^{-2\lambda t}\big((Au)(t) + \lambda u(t), u(t)\big)\, dt = +\infty\,,$$

d. h., A_λ ist koerzitiv. Daher folgt der erste Teil von Satz 1.3 aus Satz 1.1.

Die GALERKIN-Gleichungen zu (1.25) lauten

$$u_{\lambda n}' + A_{\lambda n} u_{\lambda n} = f_{\lambda n}\,, \quad u_{\lambda n}(0) = a_n\,, \quad u_{\lambda n} \in X_n; \tag{1.26}$$

dabei sind $A_{\lambda n} \in (X_n \to X_n^*)$ und $f_{\lambda n} \in X_n^*$ in Analogie zu (1.4) und (1.5) durch

$$\langle A_{\lambda n} u, v \rangle = \langle A_\lambda u, v \rangle,\ \langle f_{\lambda n}, v \rangle = \langle f_\lambda, v \rangle \qquad \forall v \in X_n$$

zu definieren. Nun kann man direkt nachrechnen, daß eine Funktion $u_n \in X_n$ genau dann Lösung der Aufgabe (1.6) ist, wenn $u_{\lambda n}(t) = e^{-\lambda t}\, u_n(t)$ Lösung der Aufgabe (1.26) ist. Aus Lemma 1.2 und Satz 1.2 folgt daher, daß die GALERKIN-Gleichungen (1.6) eindeutig lösbar sind und daß für die Funktionen $u_{\lambda n}$ folgendes gilt:

$$u_{\lambda n} \to u_\lambda \text{ in } C(S; H)$$
$$u_{\lambda n} \rightharpoonup u_\lambda \text{ in } X;$$
$$A_\lambda u_{\lambda n} \rightharpoonup A_\lambda u_\lambda \text{ in } X^*;$$
$$\int_0^t \big((A_\lambda u_{\lambda n})(s) - (A_\lambda u_\lambda)(s),\ u_{\lambda n}(s) - u_\lambda(s)\big)\, ds \to 0 \qquad \forall t \in S;$$

dabei bezeichnet u_λ die Lösung der Aufgabe (1.25). Folglich gilt

$$\lim_{n\to\infty} \|u - u_n\|_{C(S;H)} \leqq e^{\lambda T} \lim_{n\to\infty} \|u_\lambda - u_{\lambda n}\|_{C(S;H)} = 0\,,$$

$$\lim_{n\to\infty} \langle w, u - u_n\rangle = \lim_{n\to\infty} \int_S \big(e^{\lambda t}\, w(t), u_\lambda(t) - u_{\lambda n}(t)\big)\, dt = 0$$

für jedes $w \in X^*$ und

$$\lim_{n\to\infty} \langle Au - Au_n, v\rangle$$
$$= \lim_{n\to\infty} \int_S \Big((A_\lambda u_\lambda)(t) - (A_\lambda u_{\lambda n})(t) - \lambda\big(u_\lambda(t) - u_{\lambda n}(t)\big), e^{\lambda t} v(t)\Big)\, dt = 0$$

für jedes $v \in X$. Ferner ist

$$\lim_{n\to\infty} \int_0^t \big((Au_n)(s) - (Au)(s), u_n(s) - u(s)\big)\, ds$$
$$= \lim_{n\to\infty} \int_0^t e^{2\lambda s}\Big((A_\lambda u_{\lambda n})(s) - (A_\lambda u_\lambda)(s) - \lambda\big(u_{\lambda n}(s) - u_\lambda(s)\big), u_{\lambda n}(s) - u_\lambda(s)\Big)\, ds$$
$$= \lim_{n\to\infty} \int_0^t e^{2\lambda s}\, \big((A_\lambda u_{\lambda n})(s) - (A_\lambda u_\lambda)(s), u_{\lambda n}(s) - u_\lambda(s)\big)\, ds$$
$$= \lim_{n\to\infty} \Big\{- 2\lambda \int_0^t e^{2\lambda s} \int_0^s \big((A_\lambda u_{\lambda n})(\sigma) - (A_\lambda u_\lambda)(\sigma), u_{\lambda n}(\sigma) - u_\lambda(\sigma)\big)\, d\sigma\, ds$$
$$+ e^{2\lambda t} \int_0^t \big((A_\lambda u_{\lambda n})(s) - (A_\lambda u_\lambda)(s), u_{\lambda n}(s) - u_\lambda(s)\big)\, ds\Big\} = 0\,.$$

Damit ist Satz 1.3 bewiesen.

Bemerkung 1.7. Eine einfache Realisierung der Voraussetzungen von Satz 1.3 ist bereits in der Folgerung zu diesem Satz angegeben worden. Die in Satz 1.3 benutzten Voraussetzungen werden sich im nächsten Kapitel als sehr zweckmäßig für die Behandlung von Operatordifferentialgleichungen zweiter Ordnung erweisen.

2. Periodische Lösungen

Wir benutzen auch in diesem Abschnitt die zu Beginn von § 1 eingeführten abkürzenden Bezeichnungen X, X^* und W.

Satz 1.4. *Ist $A \in (X \to X^*)$ ein radialstetiger, monotoner und koerzitiver Operator, so besitzt die Aufgabe*

$$u' + Au = f\,, \quad u(0) = u(T)\,, \quad u \in X\,, \tag{1.27}$$

für beliebiges $f \in X^*$ eine Lösung. Ist A darüberhinaus strikt monoton, so hat die Aufgabe (1.27) genau eine Lösung.

Bemerkung 1.8. Für jede Funktion $v \in (R^1 \to V)$, für die die durch

$$v_k(t) = v(t + kT)\,, \quad t \in S\,, \quad k = 0,\ \pm 1,\ \pm 2, \ldots,$$

definierten Funktionen v_k zu X gehören, setzen wir

$$(A_p v)\,(t + kT) = (Av_k)(t)\,, \quad t \in S,\ k = 0\,,\ \pm 1,\ \pm 2, \ldots .$$

Ferner sei

$$\left.\begin{aligned} f_p(t + kT) &= f(t) \\ u_p(t + kT) &= u(t) \end{aligned}\right\} \quad \text{für } t \in S \text{ und } k = 0,\ \pm 1,\ \pm 2, \ldots .$$

Ist u eine Lösung der Aufgabe (1.27), so ist u_p eine periodische Lösung der Gleichung

$$u_p' + A_p u_p = f_p\,.$$

Hierbei ist u_p' als Ableitung von u_p im Sinne von $\mathcal{D}^*(R^1; V^*)$ zu verstehen.

Dem Beweis von Satz 1.4 stellen wir ein Lemma voran.

Lemma 1.7. Ist $W_p = \{u \mid u \in W,\ u(0) = u(T)\}$, so ist der durch

$$\Lambda u = u', \quad u \in W_p\,,$$

definierte Operator $\Lambda \in (W_p \to X^*)$ als Abbildung aus X in X^* radialstetig und maximal monoton.

Beweis. 1. Für $u, v \in W_p$ und $h \in R^1$ ist

$$\Lambda(u + hv) = \Lambda u + h\Lambda v\,.$$

Daraus folgt die Radialstetigkeit von Λ.

2. Für $u \in W_p$ ist

$$\langle \Lambda u, u\rangle = \int_S \big(u'(s), u(s)\big)\,ds = \frac{1}{2}\,(|u(T)|^2 - |u(0)|^2) = 0\,,$$

d. h., der lineare Operator Λ ist monoton.

3. Für gegebene $v \in X$ und $w \in X^*$ gelte

$$\langle w - \Lambda u, v - u\rangle \geqq 0 \qquad \forall u \in W_p\,. \tag{1.28}$$

Zu zeigen ist, daß $v \in W_p$ und $w = v'$ ist. Wir wählen zunächst $u = \varphi x$ für $\varphi \in \mathcal{D}(S)$ und $x \in V$. Dann ist $u \in W_p$ und

$$\begin{aligned} 0 \leqq \langle w - \varphi' x, v - \varphi x\rangle &= \langle w, v\rangle - \Big(\int_S \big(\varphi'(s)\,v(s) + \varphi(s)\,w(s)\big)\,ds, x\Big) + \langle \varphi' x, \varphi x\rangle \\ &= \langle w, v\rangle + \big(v'(\varphi) - w(\varphi), x\big)\,, \end{aligned}$$

wenn wir mit $v'(\varphi)$ bzw. $w(\varphi)$ den Wert der Distributionen v' bzw. w für $\varphi \in \mathfrak{D}(S)$ bezeichnen. Die letzte Abschätzung zeigt, daß $(v'(\varphi) - w(\varphi), x)$ eine von x unabhängige untere Schranke besitzt. Das ist nur für $v'(\varphi) = w(\varphi)$ möglich. Folglich ist $v' = w \in X^*$. Aus (1.28) ergibt sich daher für $u \in W_p$

$$0 \leqq \langle v' - u', v - u \rangle = \frac{1}{2} (|v(T) - u(T)|^2 - |v(0) - u(0)|^2)$$
$$= \big(u(0), v(0) - v(T)\big) + \frac{1}{2} (|v(T)|^2 - |v(0)|^2) .$$

Da $u(0)$ ein beliebiges Element von V sein kann und V in H dicht liegt, kann diese Ungleichung nur dann gelten, wenn $v(0) = v(T)$, d. h. $v \in W_p$, ist.

Damit ist die maximale Monotonie von Λ gezeigt und Lemma 1.7 bewiesen.

Beweis von Satz 1.4. Mit dem in Lemma 1.7 definierten Operator Λ kann die Aufgabe (1.27) in der Form

$$\Lambda u + Au = f \;, \quad u \in W_p \,, \tag{1.29}$$

geschrieben werden. Die Voraussetzungen von Satz 1.4 über A und Lemma 1.7 zeigen, daß auf die Aufgabe (1.29) der Satz 2.3, Kap. III, anwendbar ist. Aus diesem Satz folgen die Behauptungen von Satz 1.4.

Bemerkung 1.9. Ist in Satz 1.4 A VOLTERRA-Operator und

$$\langle Au - Av, u - v \rangle \geqq \lambda \int_S |u(s) - v(s)|^2 \, ds \;, \; \lambda > 0, \text{ für } u, v \in X \,,$$

so gilt für zwei Lösungen u_1, u_2 der Gleichung

$$u' + Au = f \;, \quad u \in X \,, \tag{1.30}$$

wie man zeigen kann,

$$|u_1(T) - u_2(T)| \leqq e^{-\lambda T} \, |u_1(0) - u_2(0)| \,,$$

d. h., die Zuordnung $u(0) \to u(T)$, die dem Anfangswert $u(0)$ den Wert der entsprechenden Lösung der Gleichung (1.30) für $t = T$ zuordnet, ist in H eine Kontraktion. Ist a der Fixpunkt dieser Kontraktion, so ist die zum Anfangswert a gehörige Lösung u der Gleichung (1.30) die in diesem Falle eindeutig bestimmte Lösung der Aufgabe (1.27). Diese Feststellung ermöglicht die Berechnung der Lösung der Aufgabe (1.27) durch sukzessive Lösung von Anfangswertaufgaben.

3. Beispiele

1. Es sei $\{A(t)\}$, $t \in S$, eine Familie von radialstetigen und monotonen Operatoren aus $(V \to V^*)$, für die folgendes gilt:

$$\left.\begin{array}{l} (A(t)\, x, y) \text{ ist für feste } x, y \in V \text{ in } t \text{ meßbar;} \\ (A(t) x, x) \geqq c \, \|x\|^p - d \,,\; c > 0 ,\; 1 < p < \infty \,; \\ \|A(t)\, x\|_* \leqq C(\|x\|^{p-1} + 1) \,. \end{array}\right\} \tag{1.31}$$

Die Konstanten c, d und C sollen dabei nicht von t abhängen. Man kann zeigen, daß Au, d. h., die Funktion mit den Werten $A(t)\,u(t)$, für $u \in L^p(S;\,V)$ BOCHNER-meßbar ist und zu $L^q(S;\,V^*)$ gehört. Wir wählen $p_0 = p$. Dann ist $X = L^p(S;\,V) \cap L^{p_0}(S;\,H) = L^p(S;\,V)$ und $X^* = L^q(S;\,V^*)$. A genügt, aufgefaßt als Abbildung von X in X^*, den Voraussetzungen der Sätze 1.1 und 1.2.

2. Konkrete Beispiele für Operatorfamilien mit den Eigenschaften (1.31) ergeben sich, wenn man $V = \overset{\circ}{W}{}^{1,p}(G)$ und $H = L^2(G)$ wählt und $A(t)$ durch die Beziehung

$$(A(t)\,u,\,v) = \int_G \varphi(t,\,|\operatorname{grad} u|^{p-1})\,|\operatorname{grad} u|^{p-2} \operatorname{grad} u \operatorname{grad} v\,dx, \quad v \in \overset{\circ}{W}{}^{1,p}(G)\,,$$

definiert. Dabei soll φ eine in $S \times [0,\infty)$ stetige Funktion bezeichnen, für die folgendes gilt:

a) $\varphi(t,\xi)\,\xi$ ist in ξ monoton wachsend;
b) $0 < c \leqq \varphi(t,\xi) \leqq C$ für alle $\{t,\xi\} \in S \times [0,\infty)$.

3. Genügt die Operatorfamilie $A = \{A(t)\}$, $t \in S$, neben (1.31) der Bedingung

$$\left.\begin{array}{l}(A(t)\,x - A(t)\,y,\,x-y) \geqq c(\|x\|^{p-1} - \|y\|^{p-1})(\|x\| - \|y\|)\\ \text{für beliebige } x, y \in V \text{ und } t \in S\,,\end{array}\right\} \quad (1.32)$$

so gilt, wie man unter Benutzung der HÖLDERschen Ungleichung beweisen kann,

$$\langle Au - Av,\,u - v\rangle \geqq c\,(\|u\|^{p-1}_{L^p(S;V)} - \|v\|^{p-1}_{L^p(S;V)})\,(\|u\|_{L^p(S;V)} - \|v\|_{L^p(S;V)})\,,$$

d. h., A ist, aufgefaßt als Element von $\big(L^p(S;\,V) \to L^q(S;\,V^*)\big)$, d-monoton (vgl. Definition 1.2, Kap. III). Ist zudem V und damit nach Satz 1.15, Kap. IV, auch $L^p(S;\,V)$ uniform konvex, so besitzt A die (S)-Eigenschaft. Das hat die starke Konvergenz des GALERKIN-Verfahrens für die A entsprechenden Anfangswertaufgaben der Form (1.1) in $X = L^p(S;\,V)$ zur Folge (vgl. Bemerkung 1.4).

Wir erinnern in diesem Zusammenhang daran, daß die in Beispiel 2 auftretenden Operatoren $A(t)$ der Bedingung (1.32) genügen, wenn für die Funktion φ gilt:

$$\varphi(t,\xi)\,\xi - \varphi(t,\eta)\,\eta \geqq c(\xi - \eta) \quad \text{für} \quad \xi \geqq \eta$$

(vgl. Lemma 1.6 d), Kap. III).

4. Es sei

a) $p_0 \geqq 2$ und $X = L^p(S;V) \cap L^{p_0}(S;\,H)$;
b) $B \in (X \to X^*)$ ein radialstetiger, monotoner und koerzitiver VOLTERRA-Operator;
c) $C \in \big(L^2(S;\,H) \to L^2(S;\,H)\big)$ ein LIPSCHITZ-stetiger VOLTERRA-Operator.

Dann genügt $A = B + C \in (X \to X^*)$ den Voraussetzungen der Folgerung von Satz 1.3. Der Beweis dieser Aussage ist elementar.

Wir verweisen in diesem Zusammenhang auf die in Kap. V, § 1 angegebenen Beispiele für VOLTERRA-Operatoren.

§ 2. Regularitätsaussagen

Wir behalten die im vorigen Paragraphen eingeführten abkürzenden Bezeichnungen $X = L^p(S; V) \cap L^{p_0}(S; H)$ und $X^* = L^q(S; V^*) + L^{q_0}(S; H)$, $1 < p \leqq p_0 < \infty, \frac{1}{p} + \frac{1}{q} = 1, \frac{1}{p_0} + \frac{1}{q_0} = 1$, bei. Außerdem setzen wir wieder $W = \{u \mid u \in X,\ u' \in X^*\}$.

Wir befassen uns in diesem Paragraphen mit Evolutionsgleichungen der Form

$$u' + Au = 0 ,$$

für die der Operator $A \in (X \to X^*)$ folgende Darstellung besitzt:

$$(Au)(t) = A(t)\, u(t) \quad \forall u \in X, \quad \forall t \in S; \tag{2.1}$$

dabei bezeichnet $\{A(t)\}$, $t \in S$, eine Familie von Operatoren aus $(V \to V^*)$. Wir beweisen unter geeigneten Voraussetzungen über die t-Abhängigkeit von $A(t)$ Regularitätsaussagen über die t-Abhängigkeit der Lösungen, die über die in § 1 erhaltenen Ergebnisse hinausgehen.

1. Regularität bei speziellen Anfangselementen

Satz 2.1. *Der Operator $A \in (X \to X^*)$ besitze die Darstellung* (2.1). *Es sei entweder A radialstetig, monoton und koerzitiv oder $p_0 \geqq 2$ und $A + \lambda I \in (X \to X^*)$ radialstetig, monoton und koerzitiv für ein $\lambda \geqq 0$. Außerdem gelte für eine auf* $[0, \infty)$ *definierte stetige nichtfallende Funktion ϱ:*

$$\left.\begin{array}{l} |(A(t)\,x - A(s)x, y)| \leqq |t-s|\, \varrho(\|x\|)\, (\|y\| + |(A(s)x, y)|) \\ \text{für beliebige } s, t \in S \text{ und } x, y \in V . \end{array}\right\} \tag{2.2}$$

Dann existiert zu jedem $a \in V$ mit $A(0)\, a \in H$ genau eine Lösung u der Aufgabe

$$\left.\begin{array}{l} u'(t) + A(t)\, u(t) = 0 \quad \forall t \in S , \\ u(0) = a, \ u \in C^1_w(S; H) \cap C_w(S; V) . \end{array}\right\} \tag{2.3}$$

Diese Lösung u gehört zu $C(S; V)$, falls jeder der Operatoren $A(t) \in (V \to V^*)$, $t \in S$, die (S)-Eigenschaft besitzt (vgl. Definition 1.4, *Kap.* III).

Wir beweisen Satz 2.1 mit Hilfe des Galerkin-Verfahrens. Auf Grund der Voraussetzungen des Satzes können wir dabei von den Ergebnissen von § 1 Gebrauch machen.

Wie früher sei $\{h_1, h_2, \ldots\}$ ein in V und damit in H vollständiges System linear unabhängiger Elemente und H_n die lineare Hülle von $\{h_1, \ldots, h_n\}$. Aus beweistechnischen Gründen nehmen wir an, daß $a \in H_1$ ist. Unter den Voraussetzungen von Satz 2.1 lassen sich die Galerkin-Gleichungen (für $a_n = a$) folgendermaßen schreiben:

$$\left.\begin{array}{l} (u_n'(t) + A(t)\, u_n(t), h_i) = 0 , \quad i = 1, \ldots, n , \\ u_n(0) = a . \end{array}\right\} \tag{2.4}$$

15*

Dem Beweis von Satz 2.1 stellen wir einige Lemmata voran. Wir befassen uns zunächst mit dem Zusammenhang zwischen den Eigenschaften des Operators $A \in (X \to X^*)$ und den Eigenschaften der entsprechenden Operatoren $A(t) \in (V \to V^*)$. Im Hinblick auf eine spätere Wiederverwendung der Ergebnisse setzen wir hier nur voraus, daß A ein Operator mit der Darstellung (2.1) ist, dessen Operatoren $A(t)$ für eine reelle Funktion η der Voraussetzung

$$\left.\begin{array}{l} \|A(t)\,x - A(s)x\|_* \leqq |t-s|\,\eta\big(\|x\|, \|A(s)\,x\|_*\big) \\ \text{für beliebige } s,\, t \in S \text{ und } x \in V \end{array}\right\} \qquad (2.5)$$

genügen. Die Voraussetzung (2.5) ist schwächer als die in Satz 2.1 benutzte Voraussetzung (2.2).

Lemma 2.1. Ist $A \in (X \to X^*)$ ein monotoner Operator, der den Voraussetzungen (2.1) und (2.5) genügt, so sind die Operatoren $A(t) \in (V \to V^*)$, $t \in S$, monoton.

Beweis. Es sei $t \in [0, T)$, $t + h \in S$, $h > 0$. Wir setzen

$$u(s) = \begin{cases} x & \text{für} \quad t \leqq s \leqq t + h\,, \\ 0 & \text{sonst} \end{cases}$$

und

$$v(s) = \begin{cases} y & \text{für} \quad t \leqq s \leqq t + h\,, \\ 0 & \text{sonst;} \end{cases}$$

dabei bezeichnen x und y gegebene Elemente aus V. Dann gilt:

$$\begin{aligned} 0 &\leqq \langle Au - Av, u - v\rangle = \int_t^{t+h} \big(A(s)\,x - A(s)\,y, x - y\big)\,ds \\ &= \int_t^{t+h} \big(A(s)\,x - A(t)\,x - A(s)\,y + A(t)\,y, x - y\big)\,ds \\ &\quad + h\big(A(t)\,x - A(t)\,y, x - y\big) \leqq h^2\,\{\eta\big(\|x\|, \|A(t)\,x\|_*\big) \\ &\quad + \eta\big(\|y\|, \|A(t)\,y\|_*\big)\}\,\|x - y\| + h\big(A(t)\,x - A(t)\,y, x - y\big)\,. \end{aligned}$$

Aus dieser Ungleichung erhält man die Beziehung

$$0 \leqq \big(A(t)\,x - A(t)\,y, x - y\big)\,,$$

indem man durch h dividiert und den Grenzübergang $h \to 0$ ausführt. Für $t = T$ kann man die entsprechende Aussage mit Hilfe von $h < 0$ beweisen.

Damit ist Lemma 2.1 bewiesen.

Lemma 2.2. Besitzt der Operator $A \in \big(L^2(S; V) \to L^2(S; V^*)\big)$ die Darstellung (2.1) mit Operatoren $A(t) \in (V \to V^*)$, die der Voraussetzung (2.5) genügen, und ist

$$\langle Au - Av, u - v\rangle \geqq m\|u - v\|^2_{L^2(S;V)} \qquad \text{für} \quad u, v \in L^2(S; V)\,,$$

so gilt für jedes $t \in S$ und beliebige $x, y \in V$:

$$\big(A(t)\,x - A(t)\,y, x - y\big) \geqq m\|x - y\|^2\,.$$

Beweis. Definiert man u und v wie beim Beweis von Lemma 2.1, so erhält man ähnlich wie oben

$$\begin{aligned} mh\|x - y\|^2 &= m\|u - v\|^2_{L^2(S;V)} \leqq \langle Au - Av, u - v\rangle \\ &\leqq h^2 \{\eta(\|x\|, \|A(t)\,x\|_*) + \eta(\|y\|, \|A(t)\,y\|_*)\}\, \|x - y\| \\ &\quad + h(A(t)\,x - A(t)y, x - y)\,. \end{aligned}$$

Daraus folgt die Behauptung nach Division durch h und Ausführung des Grenzübergangs $h \to 0$.

Lemma 2.3. Ist $A \in (X \to X^*)$ ein demistetiger Operator, der den Voraussetzungen (2.1) und (2.2) genügt, so sind die Operatoren $A(t) \in (V \to V^*)$, $t \in S$, demistetig.

Beweis. Es sei $x \in V$ und $\{x_i\}$ eine in V gegen x konvergierende Folge. Wir setzen

$$v(s) = x\,, \quad v_i(s) = x_i \quad \forall s \in S\,.$$

Dann ist

$$\lim_{i\to\infty} \|v_i - v\|_X = 0\,.$$

Weiter setzen wir für gegebene $y \in V$ und $t, t + h \in S, h > 0$:

$$w_h(s) = \begin{cases} y & \text{für} \quad t \leqq s \leqq t + h\,, \\ 0 & \text{sonst}\,. \end{cases}$$

Dann gilt

$$\begin{aligned} &|(A(t)\,x_i - A(t)\,x, y)| \\ &= \left|\frac{1}{h}\int_t^{t+h} (A(t)\,x_i - A(s)\,x_i + A(s)\,x_i - A(s)\,x + A(s)\,x - A(t)\,x, y)\,ds\right| \\ &\leqq \int_S \{\varrho(|x_i|)\big(|w_h(s)| + |(A(s)\,v_i(s), w_h(s))|\big) \\ &\qquad + \varrho(|x|)\,\big(|w_h(s)| + |(A(s)\,v(s), w_h(s))|\big)\}\,ds + \frac{1}{h}\,|\langle Av_i - Av, w_h\rangle| \\ &\leqq K\,(1 + \|Av_i\|_{X^*} + \|Av\|_{X^*})\,\|w_h\|_X + \frac{1}{h}\,|\langle Av_i - Av, w_h\rangle| \end{aligned}$$

für eine von i und h unabhängige Konstante K. Da A demistetig ist und die Beziehung

$$\|w_h\|_X = \|y\|\, h^{1/p} + |y|\, h^{1/p_0}$$

gilt, läßt sich die rechte Seite der letzten Ungleichung durch geeignete Wahl von h für hinreichend große i beliebig klein machen.

Für $t = T$ läßt sich der Beweis entsprechend mit $h < 0$ führen. Damit ist Lemma 2.3 bewiesen.

Lemma 2.4. Unter den Voraussetzungen von Satz 2.1 gehört die Lösung u_n der GALERKIN-Gleichungen (2.4) zu $C^1(S; H_n)$, und die Folge $\{u_n\}$ ist in $C^1(S; H)$ und in $C(S; V)$ beschränkt.

Beweis. Wir wissen bereits aus § 1, daß die GALERKIN-Gleichungen (2.4) genau eine Lösung $u_n \in W \subset C(S; H)$ besitzen. Nach Lemma 2.3 sind die Operatoren $A(t) \in (V \to V^*)$ unter den gegebenen Voraussetzungen demistetig. Daraus und aus (2.2) folgt, wie man mühelos einsieht, daß $(A(t)\, x, y)$ bei festem $y \in V$ in $\{t, x\} \in S \times V$ stetig ist. Das Differentialgleichungssystem (2.4) erfüllt also die Voraussetzungen des Existenzsatzes von PEANO. Folglich gehört die Lösung u_n zu $C^1(S; H_n)$. Die Beschränktheit der Folge $\{u_n\}$ in $C(S; H)$ ist bereits bekannt (vgl. die Sätze 1.2 und 1.3). Zum Beweis der Beschränktheit der Folge $\{u_n'\}$ in $C(S; H)$ betrachten wir die durch

$$w_n(t) = u_n(t + h) - u_n(t)\,, \quad h > 0\,,$$

definierte Funktion w_n. Für diese gilt unter den gegebenen Voraussetzungen

$$\begin{aligned}\frac{1}{2}\left(|w_n(t)|^2 - |w_n(0)|^2\right) &= \int_0^t \left(w_n'(s), w_n(s)\right) ds \\ &= -\int_0^t \left(A(s+h)\, u_n(s+h) - A(s)\, u_n(s), u_n(s+h) - u_n(s)\right) ds \\ &\leqq -\int_0^t \left(A(s+h)\, u_n(s) - A(s)\, u_n(s) - \lambda w_n(s), w_n(s)\right) ds \\ &\leqq \int_0^t \{h\varrho(|u_n(s)|)\left(|w_n(s)| + |(A(s)\, u_n(s), w_n(s))|\right) \\ &\qquad + \lambda\, |w_n(s)|^2\}\, ds \\ &\leqq K \int_0^t h\left(1 + |u_n'(s)| + \frac{1}{h}\, |w_n(s)|\right) |w_n(s)|\, ds\,;\end{aligned}$$

dabei ist K eine von n und t unabhängige Konstante. Wir haben hierbei von Lemma 2.1 für $A + \lambda I \in (X \to X^*)$ Gebrauch gemacht. Ist A monoton, so ist hier und später $\lambda = 0$ zu setzen. Wir dividieren die erhaltene Ungleichung durch h^2 und führen den Grenzübergang $h \to 0$ aus. Es ergibt sich

$$\frac{1}{2}\left(|u_n'(t)|^2 - |u_n'(0)|^2\right) \leqq K \int_0^t \left(1 + 2\, |u_n'(s)|\right) |u_n'(s)|\, ds \leqq K \int_0^t \left(1 + 3\, |u_n'(s)|^2\right) ds.$$

Durch Anwendung des GRONWALLschen Lemmas finden wir

$$|u_n'(t)| \leqq K_0\left(|u_n'(0)| + 1\right)\,, \quad K_0 = \text{const}\,. \tag{2.6}$$

Für $x \in H_n$ ist

$$|(u_n'(0), x)| = |(A(0)\, a, x)| \leqq |A(0)\, a| \cdot |x| .$$

Daher folgt aus (2.6) die Beschränktheit der Folge $\{u_n'\}$ in $C(S; H)$.

Wir wählen nun $t \in S$ und eine natürliche Zahl n und setzen

$$v(s) = u_n(t) \qquad \forall s \in S .$$

Dann gilt auf Grund des bereits Bewiesenen

$$\begin{aligned}\langle Av + \lambda v, v\rangle &= \int_S \big(A(s)\, u_n(t) - A(t)\, u_n(t) - u_n'(t) + \lambda u_n(t), u_n(t)\big)\, ds \\ &\leqq \int_S \{T\varrho\,(|u_n(t)|)\,\big(|u_n(t)| + |(u_n'(t), u_n(t))|\big) \\ &\qquad - \big(u_n'(t), u_n(t)\big) + \lambda |u_n(t)|^2\}\, ds \leqq K_1\end{aligned}$$

für eine von n und t unabhängige Konstante K_1. Daraus folgt wegen der Koerzitivität von $A + \lambda I$

$$||v||_X = ||u_n(t)||\, T^{1/p} + |u_n(t)|\, T^{1/p_0} \leqq K_2 , \quad K_2 = \text{const} .$$

Also ist die Folge $\{u_n\}$ in $C(S; V)$ beschränkt.

Damit ist Lemma 2.4 bewiesen.

Beweis von Satz 2.1. 1. Es sei $z \in V^*$ und $\{z_i\}$ eine Folge aus H, die in V^* gegen z konvergiert. Wegen der Beschränktheit der Folge $\{u_n\}$ in $C(S; V)$ gilt:

$$\begin{aligned}|(z, u_n(t) - u_m(t))| &\leqq |(z - z_i, u_n(t) - u_m(t))| + |(z_i, u_n(t) - u_m(t))| \\ &\leqq K||z - z_i||_* + |(z_i, u_n(t) - u_m(t))| .\end{aligned}$$

Aus der Konvergenz der Folge $\{u_n\}$ in $C(S; H)$ folgt, daß die rechte Seite dieser Ungleichung bei geeigneter Wahl von i für hinreichend große n und m unabhängig von t beliebig klein wird. Damit ist die Konvergenz der Folge $\{u_n\}$ in $C_w(S; V)$ bewiesen. Ihr Grenzwert kann nur die nach Satz 1.1 bzw. Satz 1.3 existierende Lösung u der Aufgabe

$$u' + Au = 0 , \quad u(0) = a , \quad u \in X ,$$

sein. Folglich ist $u \in C_w(S; V)$.

2. Für gegebenes $t \in S$ können wir aus der Folge $\{u_n'(t)\}$ auf Grund ihrer Beschränktheit in H eine Teilfolge $\{u_{n_j}'(t)\}$, $j = 1, 2, \ldots.$, auswählen, die in H schwach gegen ein $y \in H$ konvergiert. Für diese Folge und beliebiges $x \in \bigcup_n H_n$ finden wir unter Benutzung der Monotonie von $A(t) + \lambda I \in (V \to V^*)$ (vgl. Lemma (2.1):

$$\begin{aligned}0 &\leqq \lim_{j\to\infty} \big(A(t)\, x - A(t)\, u_{n_j}(t) + \lambda(x - u_{n_j}(t)), x - u_{n_j}(t)\big) \\ &= \lim_{j\to\infty} \big(A(t)\, x + u_{n_j}'(t) + \lambda(x - u_{n_j}(t)), x - u_{n_j}(t)\big) \\ &= \big(A(t)\, x + y + \lambda(x - u(t)), x - u(t)\big) .\end{aligned}$$

Nach Lemma 1.3, Kap. III, folgt daraus

$$-y + \lambda u(t) = A(t)\,u(t) + \lambda u(t)\,,$$

d. h.

$$y = -A(t)\,u(t)\,.$$

Alle in H schwach konvergenten Teilfolgen von $\{u_n'(t)\}$ haben also das Grenzelement $-A(t)\,u(t)$. Daraus geht hervor, daß die gesamte Folge $\{u_n'(t)\}$ in H schwach gegen $-A(t)\,u(t)$ konvergiert.

3. Aus dem soeben Bewiesenen und der Beschränktheit der Folge $\{u_n'\}$ in $C(S;H)$ ergibt sich

$$\sup_{t\in S} |A(t)\,u(t)| < \infty\,. \tag{2.7}$$

Es sei nun $t \in S$ beliebig und $\{t_i\}$ eine gegen t konvergierende Folge von Punkten aus S. Nach (2.2) ist für beliebiges $x \in V$

$$|(A(t)\,u(t_i) - A(t_i)\,u(t_i), x)| \leqq |t - t_i|\,\varrho(|u(t_i)|)\,(|x| + |(A(t_i)\,u(t_i), x)|)\,.$$

Wegen (2.7) folgt daraus $A(t)\,u(t_i) \in H$ und

$$|A(t)\,u(t_i)| \leqq K_1 \tag{2.8}$$

für eine von i und t unabhängige Konstante K_1 sowie

$$\lim_{i\to\infty} |A(t)\,u(t_i) - A(t_i)\,u(t_i)| = 0\,. \tag{2.9}$$

Auf Grund von (2.8) gibt es eine Teilfolge $\{A(t)\,u(t_{i_j})\}$, $j = 1, 2, \ldots$, der Folge $\{A(t)\,u(t_i)\}$, die in H schwach gegen ein $y \in H$ konvergiert. Für diese Teilfolge und beliebiges $x \in V$ gilt

$$\begin{aligned} 0 &\leqq \lim_{j\to\infty} \big(A(t)\,x - A(t)\,u(t_{i_j}) + \lambda(x - u(t_{i_j})), x - u(t_{i_j})\big) \\ &= \big(A(t)\,x - y + \lambda(x - u(t)), x - u(t)\big)\,. \end{aligned}$$

Daraus folgt ähnlich wie oben $y = A(t)\,u(t)$ und

$$A(t)\,u(t_i) \rightharpoonup A(t)\,u(t) \quad \text{in} \quad H\,. \tag{2.10}$$

Aus (2.9) und (2.10) ergibt sich schließlich

$$Au \in C_w(S;H)\,. \tag{2.11}$$

4. Für beliebiges $x \in H$ gilt auf Grund der vorangegangenen Ergebnisse

$$(u(t) - a, x) = \lim_{n\to\infty} (u_n(t) - a, x) = \lim_{n\to\infty} \int_0^t (u_n'(s), x)\,ds = -\int_0^t (A(s)\,u(s), x)\,ds\,.$$

Aus dieser Beziehung folgt wegen der Stetigkeit des Integranden (vgl. (2.11)) die Zugehörigkeit von u zu $C_w^1(S;H)$ und die Gültigkeit der Beziehung

$$u'(t) + A(t)\,u(t) = 0 \qquad \forall t \in S\,.$$

5. Wir setzen nun voraus, daß die Operatoren $A(t) \in (V \to V^*)$, $t \in S$, die (S)-Eigenschaft besitzen.

Für gegebenes $t \in S$ und eine gegen t konvergierende Folge $\{t_i\}$ von Punkten aus S gilt

$$|A(t)\, u(t_i)| \leqq K_1$$

für eine von i und t unabhängige Konstante K_1 (vgl. (2.8)). Daher ist

$$2K_1 |u(t) - u(t_i)| \geqq \big(A(t)\, u(t) - A(t)\, u(t_i),\, u(t) - u(t_i)\big) \geqq -\lambda |u(t) - u(t_i)|^2 .$$

Daraus folgt wegen $u \in C(S; H)$

$$\lim_{i\to\infty} \big(A(t)\, u(t) - A(t)\, u(t_i),\, u(t) - u(t_i)\big) = 0 . \tag{2.12}$$

Außerdem ist $u \in C_w(S; V)$. Folglich gilt

$$u(t_i) \rightharpoonup u(t) \quad \text{in} \quad V . \tag{2.13}$$

Aus (2.12) und (2.13) ergibt sich auf Grund der (S)-Eigenschaft des Operators $A(t)$

$$\lim_{i\to\infty} ||u(t_i) - u(t)|| = 0 ,$$

d. h., es ist $u \in C(S; V)$.

Damit ist Satz 2.1 bewiesen.

Bemerkung 2.1. Nach Satz 1.10, Kap. IV, ist die Lösung u der Aufgabe (2.3) als Funktion aus $C^1_w(S; H)$ fast überall in S bezüglich H stark differenzierbar.

Bemerkung 2.2. Unter den Voraussetzungen von Satz 2.1 lassen sich die in Satz 1.2 zusammengestellten Konvergenzaussagen für das GALERKIN-Verfahren noch ergänzen, beispielsweise durch die Aussage

$$u_n \rightharpoonup u \quad \text{in} \quad C_w(S; V) .$$

Man muß dabei allerdings die Anfangswerte a_n der GALERKIN-Näherungen so wählen, daß $\sup_n |A(0)\, a_n| < \infty$ ist.

2. Regularität bei beliebigen Anfangselementen

Satz 2.1 beruht auf der Voraussetzung $A(0)\, a \in H$. Wir beweisen in diesem Abschnitt einen ähnlichen Satz für beliebige Anfangselemente $a \in H$ unter Voraussetzungen bezüglich des Operators A, die stärker sind als diejenigen von Satz 2.1.

Satz 2.2. *Der Operator $A \in (X \to X^*)$ besitze die Darstellung* (2.1). *Es sei $p_0 \geqq 2$ und $A + \lambda I$ radialstetig, monoton und koerzitiv für ein $\lambda \geqq 0$. Ferner gelte*

$$\left.\begin{array}{l} A = B + C; \\ (Bu)(t) = B_0 u(t) \text{ für } u \in X,\ t \in S \text{ und einen monotonen koerzitiven Poten-} \\ \text{tialoperator } B_0 \in (V \to V^*);\ C \in \big(X \to L^2(S; H)\big) \text{ überführt beschränkte} \\ \text{Mengen von } X \text{ in beschränkte Mengen von } L^2(S; H); \\ (Cu)(t) = C(t)\, u(t),\quad C(t) \in (V \to H),\quad \text{für } u \in X,\ t \in S; \\ |C(t)\, x - C(s)\, x| \leqq |t - s|\, \varrho(|x|) \quad \text{für } s, t \in S,\ x \in V \\ \text{und eine stetige nichtfallende Funktion } \varrho. \end{array}\right\} \tag{2.14}$$

Dann besitzt die Aufgabe

$$\left.\begin{array}{l} u'(t) + A(t)\,u(t) = 0 \quad \text{für} \quad 0 < t \leqq T\,,\ u(0) = a\,, \\ u \in C_w^1([\delta, T]; H) \cap C_w([\delta, T]; V) \cap W \qquad \forall \delta \in (0, T] \end{array}\right\} \tag{2.15}$$

zu jedem $a \in H$ genau eine Lösung.

Beweis. Wir führen den Fall $a \in H$ auf den Fall $A(0)\,a \in H$ zurück. Die Zurückführung wird durch eine a-priori-Abschätzung der GALERKIN-Näherungen u_n möglich, die auf der Voraussetzung (2.14) beruht.

Im weiteren sei $\{a_n\}$, $a_n \in H_n$, eine Folge, die in H gegen a konvergiert. Unter den gegebenen Voraussetzungen gehört die Lösung u_n der Aufgabe

$$\left.\begin{array}{r} (u_n'(t) + A(t)\,u_n(t), h_i) = 0,\ i = 1, \ldots, n, \\ u_n(0) = a_n \end{array}\right\} \tag{2.16}$$

zu $C^1(S; H_n)$. Das kann man ebenso beweisen wie die entsprechende Aussage von Lemma 2.4.

Ist F ein Potential von B_0, so gilt (siehe die Lemmata 4.1 und 4.10, Kap. III):

$$F(u_n(t)) - F(a_n) = \int_0^t (B_0 u_n(s), u_n'(s))\, ds$$

und

$$F(u_n(t)) - F(0) \leqq (B_0 u_n(t), u_n(t))\,.$$

Außerdem ist F nach unten beschränkt (vgl. Folgerung 4.3, Kap. III).

Wir setzen in die Gleichungen (2.16) anstelle von h_i den zu H_n gehörigen Wert $tu_n'(t)$ ein und integrieren über das Intervall S. Auf diese Weise erhalten wir unter Berücksichtigung von (2.14) und Lemma 1.2:

$$\begin{aligned} 0 &= \int_S (u_n'(t) + B_0 u_n(t) + C(t)\,u_n(t), tu_n'(t))\, dt \\ &\leqq \int_S \Big\{ t|u_n'(t)|^2 - \int_0^t (B_0 u_n(s), u_n'(s))\, ds + T(B_0 u_n(t), u_n'(t)) \\ &\qquad - \frac{t}{2}\,|C(t)\,u_n(t)|^2 - \frac{t}{2}\,|u_n'(t)|^2 \Big\} dt \\ &\geqq \int_S \Big\{ \frac{t}{2}\,|u_n'(t)|^2 - F(u_n(t)) + F(a_n) \Big\} dt + T\big(F(u_n(T)) - F(a_n)\big) - K_1 \\ &\geqq \int_S \Big\{ \frac{t}{2}\,|u_n'(t)|^2 - F(0) - (B_0 u_n(t), u(t)) \Big\} dt - K_2 \\ &\geqq \int_S \Big\{ \frac{t}{2}\,|u_n'(t)|^2 - (A(t)\,u_n(t), u_n(t)) + (C(t)\,u_n(t), u_n(t)) \Big\} dt - K_3 \\ &\geqq \int_S \frac{t}{2}\,|u_n'(t)|^2\, dt - K_4\,; \end{aligned}$$

dabei sind K_1, K_2, K_3 und K_4 von n unabhängige Konstanten. Aus dieser Ungleichung erhält man mit Hilfe des Lemmas von FATOU:

$$\int_S \underline{\lim}_{n\to\infty} t|u_n'(t)|^2 \,dt \leqq \underline{\lim}_{n\to\infty} \int_S t\,|u_n'(t)|^2 \,dt \leqq 2K_4 .$$

Daraus folgt

$$\underline{\lim}_{n\to\infty} t|u_n'(t)|^2 < \infty \qquad \text{für fast jedes} \qquad t \in S .$$

Daher besitzt für fast jedes $t \in (0, T]$ die Folge $\{|u_n'(t)|\}$ eine beschränkte Teilfolge.

Es sei $\delta \in (0, T]$. Zu δ existieren nach dem soeben Bewiesenen ein $t_0 \in (0, \delta]$ und eine Teilfolge $\{n_j\}$ der natürlichen Zahlen derart, daß die Folge $\{|u_{n_j}'(t_0)|\}$ beschränkt ist. Der Nachweis der Beschränktheit der Folge $\{|u_n'(0)|\}$ war die einzige Stelle des Beweises von Satz 2.1, an der die Voraussetzung $A(0)\,a \in H$ benutzt wurde. Betrachtet man das Intervall $[t_0, T]$ anstelle von S, so kann man von der Beschränktheit der Folge $\{|u_{n_j}'(t_0)|\}$ ausgehen und die weiteren Überlegungen ebenso ausführen wie beim Beweis von Satz 2.1, wenn man überall mit der Teilfolge $\{u_{n_j}\}$ anstelle von $\{u_n\}$ arbeitet. Auf diese Weise ergibt sich die Behauptung von Satz 2.2.

Bemerkung 2.3. Unter den Voraussetzungen von Satz 2.2 ist $A(\delta)\,u(\delta) \in H$ für jedes $\delta \in (0, T]$ und daher nach Satz 2.1 $u \in C([\delta, T]; V)$, $\delta \in (0, T]$, falls die Operatoren $A(t)$, $t \in S$, die (S)-Eigenschaft besitzen.

Satz 2.3. *Sind die Voraussetzungen von Satz 2.2 erfüllt und gilt außerdem $C(0) = C(T)$, so gehört jede Lösung der Aufgabe*

$$u' + Au = 0 , \quad u(0) = u(T) , \quad u \in X , \tag{2.17}$$

zu $C_w^1(S; H) \cap C_w(S; V)$. Besitzen die Operatoren $A(t)$, $t \in S$, zusätzlich die (S)-Eigenschaft, so gilt $u \in C_w^1(S; H) \cap C(S; V)$.

Beweis. Wir setzen $X_1 = L^p([0, 2T]; V) \cap L^{p_0}([0, 2T]; H)$ und definieren einen Operator $A_1 \in (X_1 \to X_1^*)$ durch

$$(A_1 v)(t) = \begin{cases} A(t)\,v(t) & \text{für} \quad 0 \leqq t \leqq T , \\ A(t-T)\,v(t) & \text{für} \quad T < t \leqq 2T . \end{cases}$$

Ist u Lösung der Aufgabe (2.17), so setzen wir

$$u_1(t) = \begin{cases} u(t) & \text{für} \quad 0 \leqq t \leqq T , \\ u(t-T) & \text{für} \quad T < t \leqq 2T . \end{cases}$$

Die Funktion u_1 ist offenbar Lösung der Aufgabe

$$u_1' + A_1 u_1 = 0 , \quad u_1(0) = u(0) , \quad u_1 \in X_1 \tag{2.18}$$

(vgl. Bemerkung 1.8). Der Operator $A_1 \in (X_1 \to X_1^*)$ erfüllt, wie man leicht sieht, sinngemäß die Voraussetzungen von Satz 2.2. Daher gilt insbesondere

$$u_1 \in C_w^1([T, 2T]; H) \cap C_w([T, 2T]; V)$$

bzw. — falls die Operatoren $A(t)$ die (S)-Eigenschaft besitzen

$$u_1 \in C^1_w([T, 2T]; H) \cap C([T, 2T]; V) .$$

Daraus folgt unmittelbar die Behauptung von Satz 2.3.

Bemerkung 2.4. Wir erinnern daran, daß hinreichende Bedingungen für die Lösbarkeit der Aufgabe (2.17) bereits in Satz 1.4 angegeben worden sind.

§ 3. Weitere Approximationsaussagen

Für die numerische Lösung von Aufgaben der Form

$$u' + Au = 0 , \quad u(0) = a , \quad u \in X ,$$

ist es von Interesse, daß die Lösungen solcher Aufgaben nicht nur mit Hilfe des GALERKIN-Verfahrens, sondern auch in anderer Weise approximiert werden können, falls der Raum V ein HILBERT-Raum ist. In diesem Paragraphen geben wir eine Approximation durch Lösungen von Aufgaben an, wie wir sie in Kap. V, § 1 betrachtet haben.

Vorbereitend führen wir einige Bezeichnungen ein. Es sei J die Dualitätsabbildung von V auf V^* und I die Einbettung von V in V^*. Da V nach Voraussetzung ein HILBERT-Raum ist, ist J linear. Für das Skalarprodukt in V, das wir mit $(\cdot,\cdot)$ bezeichnen, gilt

$$(x, y) = (Jx, y) \quad \text{für} \quad x, y \in V$$

(vgl. Lemma 6.2, Kap. I). Für beliebiges $\varepsilon > 0$ ist die Abbildung $J_\varepsilon = I + \varepsilon^2 J \in (V \to V^*)$ stark monoton und stetig und daher eine eineindeutige Abbildung von V auf V^*. Es erweist sich als zweckmäßig, für jedes $\varepsilon > 0$ auf V das folgende Skalarprodukt einzuführen:

$$(x, y)_\varepsilon = (x, y) + \varepsilon^2(x, y) = (J_\varepsilon x, y) . \tag{3.1}$$

Den HILBERT-Raum $\{V, (\cdot,\cdot)_\varepsilon\}$, d. h. den linearen Raum V, versehen mit dem Skalarprodukt $(\cdot,\cdot)_\varepsilon$, bezeichnen wir mit V_ε und die zugehörige Norm mit $|\cdot|_\varepsilon$. Auf Grund der Stetigkeit der Einbettung von V in H existiert eine Konstante γ mit der Eigenschaft

$$|x| \leqq \gamma \, \|x\| \quad \forall x \in V . \tag{3.2}$$

Aus (3.1) und (3.2) folgt für $x \in V$

$$|x| \leqq |x|_\varepsilon \leqq \sqrt{\gamma^2 + \varepsilon^2} \, \|x\| \quad \text{und} \quad \varepsilon \, \|x\| \leqq |x|_\varepsilon . \tag{3.3}$$

Die Norm $|\cdot|_\varepsilon$ ist also zur Norm $\|\cdot\|$ äquivalent.

In diesem Paragraphen sei $X = L^2(S; V)$, $X^* = L^2(S; V^*)$, $W = \{u \mid u \in X, u' \in X^*\}$ und $X_\varepsilon = L^2(S; V_\varepsilon)$.

Zu einem VOLTERRA-Operator $A \in (X \to X^*)$ und $\varepsilon > 0$ definieren wir einen VOLTERRA-Operator $A_\varepsilon \in (X_\varepsilon \to X_\varepsilon)$ durch die Vorschrift

$$(A_\varepsilon u)(t) = J_\varepsilon^{-1}(Au)(t) . \tag{3.4}$$

Diese Definition ist wegen (3.1) gleichwertig zu

$$((A_\varepsilon u)(t), x)_\varepsilon = ((Au)(t), x) \qquad \forall x \in V . \tag{3.5}$$

Wegen (3.5) und (3.3) ist

$$|(A_\varepsilon u)(t)|_\varepsilon \leqq \frac{1}{\varepsilon} ||(Au)(t)||_* ,$$

und daher ist A_ε tatsächlich eine Abbildung von $L^2(S; V_\varepsilon)$ in sich. (Die BOCHNER-Meßbarkeit von $A_\varepsilon u$ folgt wegen der Stetigkeit von J_ε^{-1} aus der BOCHNER-Meßbarkeit von Au.) Wir betrachten neben der Aufgabe

$$u' + Au = 0 , \quad u(0) = a \in H , \quad u \in X , \tag{3.6}$$

die „approximierende" Aufgabe

$$u_\varepsilon' + A_\varepsilon u_\varepsilon = 0 , \quad u_\varepsilon(0) = a_\varepsilon \in V_\varepsilon , \quad u_\varepsilon \in X_\varepsilon . \tag{3.7}$$

Wir werden in diesem Paragraphen Voraussetzungen über A und a_ε formulieren, unter denen folgendes gilt:

1. Die Aufgabe (3.7) ist eindeutig lösbar.
2. Für $\varepsilon \to 0$ konvergieren die Lösungen u_ε in X und in $C(S; H)$ gegen die Lösung u der Aufgabe (3.6).
3. Für $u_\varepsilon - u$ lassen sich Fehlerabschätzungen angeben.

Außerdem werden wir darauf hinweisen, wie die Näherungslösungen u_ε praktisch bestimmt werden können. Wir setzen in diesem Paragraphen voraus, daß $A + \lambda I \in (X \to X^*)$ für ein gegebenes $\lambda \geqq 0$ stark monoton und daß $A \in (X \to X^*)$ LIPSCHITZ-stetig ist. Diese starken Forderungen an A stellen wir vornehmlich im Hinblick auf die Fehlerabschätzungen für $u_\varepsilon - u$ und die Angabe praktikabler Näherungsverfahren. Der Nachweis der eindeutigen Lösbarkeit der Aufgabe (3.7) und der Konvergenz der u_ε gegen u kann auch unter schwächeren Voraussetzungen geführt werden.

1. Approximation ohne zusätzliche Regularitätsvoraussetzungen

Lemma 3.1. Ist $A \in (X \to X^*)$ ein LIPSCHITZ-stetiger VOLTERRA-Operator, so besitzt die Aufgabe (3.7) für beliebiges $a_\varepsilon \in V_\varepsilon$ genau eine Lösung $u_\varepsilon \in C(S; V_\varepsilon)$ mit der Eigenschaft $u_\varepsilon' \in X_\varepsilon$.

Beweis. Unter Benutzung von (3.5) und (3.3) ergibt sich für $u, v, w \in X_\varepsilon$:

$$\int_S ((A_\varepsilon u)(t) - (A_\varepsilon v)(t), w(t))_\varepsilon \, dt = \int_S ((Au)(t) - (Av)(t), w(t)) \, dt$$

$$\leqq M ||u - v||_X \, ||w||_X \leqq \frac{M}{\varepsilon^2} ||u - v||_{X_\varepsilon} \, ||w||_{X_\varepsilon} ;$$

dabei bezeichnet M die LIPSCHITZ-Konstante von A. Folglich gilt

$$||A_\varepsilon u - A_\varepsilon v||_{X_\varepsilon} \leqq \frac{M}{\varepsilon^2} ||u - v||_{X_\varepsilon} ,$$

d. h., A_ε ist ein LIPSCHITZ-stetiger VOLTERRA-Operator aus $(X_\varepsilon \to X_\varepsilon)$. Die Behauptung von Lemma 3.1 folgt daher aus Satz 1.3, Kap. V.

Bemerkung 3.1. Ist $A \in (X \to X^*)$ ein LIPSCHITZ-stetiger VOLTERRA-Operator und $A + \lambda I$ für gegebenes $\lambda \geqq 0$ stark monoton, so sind die Voraussetzungen der Folgerung aus Satz 1.3 für $p = p_0 = 2$ erfüllt. Daher können wir im folgenden Satz davon ausgehen, daß die Aufgabe (3.6) für beliebiges $a \in H$ genau eine Lösung $u \in W$ besitzt.

Satz 3.1. *Es sei $A \in (X \to X^*)$ ein* LIPSCHITZ-*stetiger* VOLTERRA-*Operator und $A + \lambda I$ für gegebenes $\lambda \geqq 0$ stark monoton. Ferner sei zu $\varepsilon > 0$ ein Element $a_\varepsilon \in V_\varepsilon$ derart gewählt, daß gilt:*

$$\lim_{\varepsilon \to 0} |a_\varepsilon - a| = 0\,, \quad \lim_{\varepsilon \to 0} \varepsilon \|a_\varepsilon\| = 0\,. \tag{3.8}$$

Dann approximieren die Lösungen u_ε der Aufgabe (3.7) *für $\varepsilon \to 0$ die Lösung u der Aufgabe* (3.6) *in $C(S; H)$ und X, d. h., es gilt:*

$$\lim_{\varepsilon \to 0} \left(\|u_\varepsilon - u\|_{C(S;H)} + \|u_\varepsilon - u\|_X\right) = 0\,.$$

Bemerkung 3.2. Man kann beweisen, daß die Bedingung (3.8) erfüllt ist, wenn man $a_\varepsilon = J_\varepsilon^{-1} a$ setzt, d. h., wenn man a_ε durch

$$(a_\varepsilon, x)_\varepsilon = (a, x) \qquad \forall x \in V$$

bestimmt.

Ist $a \in V$, so kann man $a_\varepsilon = a$ für jedes $\varepsilon > 0$ wählen. Bei der Realisierung der Approximation kann man zu einer beliebigen Folge $\{a_i\}$ aus V, die in H gegen a konvergiert, die Folge $\{\varepsilon_i\}$ so bestimmen, daß $\lim\limits_{i \to \infty} \varepsilon_i \|a_i\| = 0$ wird. Das Ergebnis von Satz 3.1 wird dann speziell für die Folge $\{\varepsilon_i\}$ benutzt.

Dem Beweis von Satz 3.1 stellen wir ein Lemma voran.

Lemma 3.2. Unter den Voraussetzungen von Satz 3.1 gilt für geeignetes $\delta > 0$:

$$\sup_{0 < \varepsilon < \delta} \left(\|u_\varepsilon\|_{C(S; V_\varepsilon)} + \|u_\varepsilon\|_X\right) < \infty\,. \tag{3.9}$$

Beweis. Wir bezeichnen mit m die Monotoniekonstante von $A + \lambda I$. Unter den gegebenen Voraussetzungen ist

$$\begin{aligned}
\frac{1}{2}\left(|u_\varepsilon(t)|_\varepsilon^2 - |a_\varepsilon|_\varepsilon^2\right) &= \int_0^t \left(u_\varepsilon'(s), u_\varepsilon(s)\right)_\varepsilon \mathrm{d}s \\
&= -\int_0^t \left((A_\varepsilon u_\varepsilon)(s), u_\varepsilon(s)\right)_\varepsilon \mathrm{d}s = -\int_0^t \left((A u_\varepsilon)(s), u_\varepsilon(s)\right) \mathrm{d}s \\
&= -\int_0^t \left((A u_\varepsilon)(s) - (A0)(s) + (A0)(s), u_\varepsilon(s)\right) \mathrm{d}s \\
&\leqq \int_0^t \left\{-m\|u_\varepsilon(s)\|^2 + \lambda |u_\varepsilon(s)|^2 + \frac{1}{2m}\|(A0)(s)\|_*^2 + \frac{m}{2}\|u_\varepsilon(s)\|^2\right\} \mathrm{d}s\,.
\end{aligned}$$

Folglich gilt

$$|u_\varepsilon(t)|_\varepsilon^2 + m\int_0^t ||u_\varepsilon(s)||^2\,ds \leqq |a_\varepsilon|_\varepsilon^2 + \frac{1}{m}||A0||_{X^*}^2 + 2\lambda\int_0^t |u_\varepsilon(s)|_\varepsilon^2\,ds\,.$$

Mit Hilfe des GRONWALLschen Lemmas erhalten wir aus dieser Ungleichung

$$|u_\varepsilon(t)|_\varepsilon^2 + m\int_0^t ||u_\varepsilon(s)||^2\,ds \leqq K(|a_\varepsilon|_\varepsilon^2 + 1)\,; \tag{3.10}$$

dabei bezeichnet K eine von ε und t unabhängige Konstante. Wir wählen $\delta > 0$ so, daß

$$\sup_{0<\varepsilon<\delta} |a_\varepsilon|_\varepsilon^2 = \sup_{0<\varepsilon<\delta} (|a_\varepsilon|^2 + \varepsilon^2\,||a_\varepsilon||^2) < \infty \tag{3.11}$$

ist. Das ist auf Grund der Voraussetzung (3.8) möglich. Aus (3.10) und (3.11) folgt die Behauptung (3.9).

Damit ist Lemma 3.2 bewiesen.

Beweis von Satz 3.1. Für beliebiges $v \in C^1(S; V)$ gilt unter den gegebenen Voraussetzungen

$$\frac{1}{4}|u_\varepsilon(t) - u(t)|^2 \leqq \frac{1}{4}\big(|u_\varepsilon(t) - v(t)| + |v(t) - u(t)|\big)^2$$

$$\leqq \frac{1}{2}|u_\varepsilon(t) - v(t)|_\varepsilon^2 + \frac{1}{2}|v(t) - u(t)|^2 = \int_0^t \big(u_\varepsilon'(s) - v'(s), u_\varepsilon(s) - v(s)\big)_\varepsilon\,ds$$

$$+ \frac{1}{2}|a_\varepsilon - v(0)|_\varepsilon^2 + \frac{1}{2}|v(t) - u(t)|^2 = \int_0^t \big\{\big(-(A_\varepsilon u_\varepsilon)(s) - v'(s), u_\varepsilon(s) - v(s)\big)_\varepsilon$$

$$+ \big((Au)(s) + u'(s), u_\varepsilon(s) - v(s)\big)\big\}\,ds$$

$$+ \frac{1}{2}|a_\varepsilon - v(0)|_\varepsilon^2 + \frac{1}{2}|v(t) - u(t)|^2 = \int_0^t \big\{\big(-(Au_\varepsilon)(s) + (Au)(s), u_\varepsilon(s) - u(s)\big)$$

$$+ \big((Au_\varepsilon)(s) - (Au)(s), v(s) - u(s)\big) + \big(u'(s) - v'(s), u_\varepsilon(s) - v(s)\big)$$

$$- \varepsilon^2\big(v'(s), u_\varepsilon(s) - v(s)\big)\big\}\,ds + \frac{1}{2}|a_\varepsilon - v(0)|_\varepsilon^2 + \frac{1}{2}|v(t) - u(t)|^2$$

$$\leqq \int_0^t \{-m||u_\varepsilon(s) - u(s)||^2 + \lambda\,|u_\varepsilon(s) - u(s)|^2\}\,ds$$

$$+ ||Au_\varepsilon - Au||_{X^*}\,||v - u||_X + (||u' - v'||_{X^*} + \varepsilon^2||v'||_X)\,||u_\varepsilon - v||_X$$

$$+ \frac{1}{2}|a_\varepsilon - v(0)|_\varepsilon^2 + \frac{1}{2}||v - u||_{C(S;H)}^2\,.$$

Unter Benutzung des GRONWALLschen Lemmas, der LIPSCHITZ-Stetigkeit von A und der Formel (3.9) ergibt sich daraus für $0 < \varepsilon < \delta$:

$$||u_\varepsilon - u||_{C(S;H)}^2 + ||u_\varepsilon - u||_X^2$$
$$\leqq K\,\{||v - u||_X + (||u' - v'||_{X^*} + \varepsilon^2\,||v'||_X)\,(||v||_X + 1)$$
$$+ |a_\varepsilon - v(0)|^2 + \varepsilon^2\,||a_\varepsilon - v(0)||^2 + ||v - u||_{C(S;H)}^2\}\;;$$

dabei ist K eine von ε und v unabhängige Konstante. Durch Ausführung des Grenzübergangs $\varepsilon \to 0$ erhalten wir:

$$\overline{\lim_{\varepsilon\to 0}} \, (||u_\varepsilon - u||^2_{C(S;H)} + ||u_\varepsilon - u||^2_X)$$
$$\leqq K\{||v - u||_X + ||u' - v'||_{X^*} (||v||_X + 1) + |a - v(0)|^2 + ||v - u||^2_{C(S;H)}\} \,.$$

Nach Lemma 1.12, Kap. IV, kann man die Funktion $u \in W$ durch Funktionen $v \in C^1(S; V)$ in W und damit auch in $C(S; H)$ beliebig gut approximieren. Durch geeignete Wahl von v kann man also erreichen, daß die rechte Seite der letzten Ungleichung beliebig klein wird. Da die linke Seite der Ungleichung nicht von v abhängt, folgt aus dieser Feststellung:

$$\lim_{\varepsilon\to 0} (||u_\varepsilon - u||^2_{C(S;H)} + ||u_\varepsilon - u||^2_X) = 0 \,.$$

Damit ist Satz 3.1 bewiesen.

2. Approximation unter zusätzlichen Regularitätsvoraussetzungen

Satz 3.2. *Es sei $A \in (X \to X^*)$ ein* LIPSCHITZ-*stetiger* VOLTERRA-*Operator und $A + \lambda I$ für ein $\lambda \geqq 0$ stark monoton. Der Operator A besitze die Darstellung*

$$(Au)(t) = A(t)\, u(t) \,, \quad A(t) \in (V \to V^*) \,, \quad \forall t \in S \,. \tag{3.12}$$

Für eine stetige nichtfallende Funktion ϱ gelte

$$\left.\begin{array}{l} ||A(t)x - A(s)x||_* \leqq |t - s|\, \varrho(|x|)\, (1 + ||x||) \\ \textit{für beliebige } s,\, t \in S \textit{ und } x \in V \,. \end{array}\right\} \tag{3.13}$$

Dann besitzt die Aufgabe

$$\left.\begin{array}{l} u'(t) + A(t)\, u(t) = 0 \quad \forall t \in S \,, \\ u(0) = a, \;\; u \in C(S; V) \cap C^1_w(S; H) \cap C^1(S; V^*) \,, \end{array}\right\} \tag{3.14}$$

zu jedem $a \in V$ mit $A(0)\, a \in H$ genau eine Lösung. Für diese Lösung u und die Lösung u_ε der Aufgabe (3.7) für $a_\varepsilon = a$ gilt (wenn wir uns auf $0 < \varepsilon \leqq 1$ beschränken):

a) $||u_\varepsilon - u||_{C(S;H)} + ||u_\varepsilon - u||_X \leqq M_1 \varepsilon$;

b) $||u_\varepsilon - u||_{C(S;V)} \leqq M_2 \sqrt{\varepsilon}$;

c) $||u'_\varepsilon - u'||_{C(S;V^*)} \leqq M_3 \sqrt{\varepsilon}$;

d) $\lim_{\varepsilon\to 0} u'_\varepsilon = u'$ *in* $C_w(S; H)$.

Dabei sind M_1, M_2 und M_3 explizit angebbare Konstanten.

Bemerkung 3.3. Die Voraussetzung (3.13) ist schwächer als die in § 2 benutzte Voraussetzung (2.2). Diese Abschwächung wird durch die hier gegebene Voraussetzung der starken Monotonie von A ermöglicht. Die Existenz einer Lösung der Aufgabe (3.14) werden wir mit Hilfe des in diesem Paragraphen betrachteten Approximationsverfahrens beweisen. Der Existenzbeweis könnte jedoch unter den gleichen Voraussetzungen auch mit Hilfe des GALERKIN-Verfahrens geführt werden.

Dem Beweis von Satz 3.2 schicken wir zwei Lemmata voraus.

Lemma 3.3. Ist $A \in (X \to X^*)$ ein LIPSCHITZ-stetiger VOLTERRA-Operator, der den Voraussetzungen (3.12) und (2.5) genügt, so gilt für beliebige $x, y \in V$ und $t \in S$

$$\|A(t)\, x - A(t)\, y\|_* \leqq M \|x - y\|;$$

dabei bezeichnet M die LIPSCHITZ-Konstante von A.

Beweis. Wir setzen für $t, t + h \in S$, $h > 0$,

$$v(s) = \begin{cases} x & \text{für} \quad t \leqq s \leqq t + h\,, \\ 0 & \text{sonst} \end{cases}$$

und

$$w(s) = \begin{cases} y & \text{für} \quad t \leqq s \leqq t + h\,, \\ 0 & \text{sonst}\,. \end{cases}$$

Dann gilt:

$$\|A(t)\, x - A(t)\, y\|_*^2$$

$$= \frac{1}{h} \int\limits_t^{t+h} \|A(t)\, x - A(s)\, x + A(s)\, x - A(s)\, y + A(s)\, y - A(t)\, y\|_*^2\, ds$$

$$\leqq \frac{1}{h} \int\limits_t^{t+h} \Big\{ \|A(t)\, x - A(s) x + A(s)\, y - A(t)\, y\|_*^2 \left(1 + \frac{1}{h}\right)$$

$$+ \|A(s)\, v(s) - A(s)\, w(s)\|_*^2 (1 + h) \Big\}\, ds$$

$$\leqq h^2 \big(\eta(\|x\|, \|A(t)\, x\|_*) + \eta(\|y\|, \|A(t)\, y\|_*)\big)^2 \left(1 + \frac{1}{h}\right) + \frac{1 + h}{h} M^2 \|v - w\|_X^2$$

$$= h \big(\eta(\|x\|, \|A(t)\, x\|_*) + \eta\, (\|y\|, \|A(t)\, y\|_*)\big)^2 (h + 1) + (1 + h)\, M^2 \|x - y\|^2\,.$$

Für $h \to 0$ ergibt sich daraus die Behauptung von Lenmma 3.3.

Lemma 3.4. Unter den Voraussetzungen von Satz 3.2 gehört die Lösung u_ε der Aufgabe (3.7) zu $C^1(S; V_\varepsilon)$, und für eine von ε unabhängige Konstante K_0 gilt:

$$\|u_\varepsilon'\|_{C(S; V_\varepsilon)} \leqq K_0\,. \tag{3.15}$$

Beweis. Wir bezeichnen mit M die LIPSCHITZ--Konstante und mit m die Monotoniekonstante von A. Die Lösung u_ε der Aufgabe (3.7) gehört, wie wir bereits aus Lemma 3.1 wissen, zu $C(S; V_\varepsilon)$. Die Beziehung $u_\varepsilon' \in C(S; V_\varepsilon)$ folgt aus $u'_\varepsilon = -A_\varepsilon u_\varepsilon$ und der für beliebiges $x \in V_\varepsilon$ gültigen Abschätzung

$$\begin{aligned}&\big(A_\varepsilon(t)\, u_\varepsilon(t) - A_\varepsilon(s)\, u_\varepsilon(s), x\big)_\varepsilon \\ &= \big(A(t)\, u_\varepsilon(t) - A(t)\, u_\varepsilon(s) + A(t)\, u_\varepsilon(s) - A(s)\, u_\varepsilon(s), x\big) \\ &\leqq \{M\, \|u_\varepsilon(t) - u_\varepsilon(s)\| + |t-s|\, \varrho\big(|u_\varepsilon(s)|\big)\, \big(1 + \|u_\varepsilon(s)\|\big)\}\, |x|_\varepsilon \cdot \frac{1}{\varepsilon}\end{aligned}$$

(siehe auch Lemma 3.3).

Wir kommen zum Beweis der Abschätzung (3.15). Für

$$w_\varepsilon(t) = u_\varepsilon(t+h) - u_\varepsilon(t)\,, \quad h > 0\,,$$

erhalten wir unter Beachtung von (3.13) und (3.9) (mit $\delta = \infty$ wegen $a_\varepsilon = a$):

$$\begin{aligned}\frac{1}{2}\big(|w_\varepsilon(t)|_\varepsilon^2 - |w_\varepsilon(0)|_\varepsilon^2\big) &= \int_0^t \big(w'_\varepsilon(s), w_\varepsilon(s)\big)_\varepsilon\, ds \\ &= \int_0^t \big(-A(s+h)\, u_\varepsilon(s+h) + A(s+h)\, u_\varepsilon(s) \\ &\quad - A(s+h)\, u_\varepsilon(s) + A(s)\, u_\varepsilon(s), w_\varepsilon(s)\big)\, ds \\ &\leqq \int_0^t \{-m\, \|w_\varepsilon(s)\|^2 + \lambda\, |w_\varepsilon(s)|^2 \\ &\quad + h\varrho\big(|u_\varepsilon(s)|\big)\, \big(1 + \|u_\varepsilon(s)\|\big)\, \|w_\varepsilon(s)\|\}\, ds \\ &\leqq \int_0^t \Big\{\lambda |w_\varepsilon(s)|^2 + \frac{1}{4m}\big(h\varrho\big(|u_\varepsilon(s)|\big)\, \big(1 + \|u_\varepsilon(s)\|\big)\big)^2\Big\}\, ds \\ &\leqq \int_0^t \lambda |w_\varepsilon(s)|_\varepsilon^2\, ds + h^2 K\,;\end{aligned}$$

dabei ist K eine von ε und t unabhängige Konstante. Bei der Ableitung dieser Ungleichung haben wir von Lemma 2.2 Gebrauch gemacht. Durch Anwendung des Gronwallschen Lemmas ergibt sich weiter

$$|w_\varepsilon(t)|_\varepsilon^2 \leqq K_1\big(|w_\varepsilon(0)|_\varepsilon^2 + h^2\big) \tag{3.16}$$

für eine von ε und t unabhängige Konstante K_1. Aus (3.16) erhalten wir durch Ausführung des Grenzübergangs $h \to 0$:

$$|u'_\varepsilon(t)|_\varepsilon^2 \leqq K_1\big(|u'_\varepsilon(0)|_\varepsilon^2 + 1\big)\,.$$

Für $x \in V$ ist

$$\big(A_\varepsilon(0)\, a, x\big)_\varepsilon = \big(A(0)\, a, x\big) \leqq |A(0)\, a| \cdot |x| \leqq |A(0)\, a| \cdot |x|_\varepsilon$$

und daher

$$|u'_\varepsilon(0)|_\varepsilon = |A_\varepsilon(0)\, a|_\varepsilon \leqq |A(0)\, a|\,.$$

Folglich gilt

$$\|u'_\varepsilon\|^2_{C(S; V_\varepsilon)} \leqq K_1\big(|A(0)\, a|^2 + 1\big)\,.$$

Damit ist Lemma 3.4 bewiesen.

Beweis von Satz 3.2. Unter den gegebenen Voraussetzungen können wir von den Ergebnissen von Satz 3.1 Gebrauch machen. Wir wissen daher, daß die Aufgabe (3.6) eine Lösung $u \in W$ besitzt. Die folgenden Beweise der Aussagen a) — d) zeigen, daß u Lösung der Aufgabe (3.14) ist.

Beweis von a). Unter Benutzung von (3.15) und Lemma 2.2 erhalten wir

$$\frac{1}{2}|u_\varepsilon(t) - u(t)|^2 = \int_0^t \big(u_\varepsilon'(s) - u'(s), u_\varepsilon(s) - u(s)\big)\,ds$$

$$= -\int_0^t \big(A_\varepsilon(s)\,u_\varepsilon(s) - A(s)\,u(s), u_\varepsilon(s) - u(s)\big)\,ds$$

$$= -\int_0^t \{\big(A(s)\,u_\varepsilon(s) - A(s)\,u(s), u_\varepsilon(s) - u(s)\big)$$

$$- \varepsilon^2\big(A_\varepsilon(s)\,u_\varepsilon(s), u_\varepsilon(s) - u(s)\big)\}\,ds$$

$$\leqq \int_0^t \{-m\|u_\varepsilon(s) - u(s)\|^2 + \lambda|u_\varepsilon(s) - u(s)|^2$$

$$+ \varepsilon|A_\varepsilon(s)\,u_\varepsilon(s)|_\varepsilon\,\|u_\varepsilon(s) - u(s)\|\}\,ds$$

$$\leqq \int_0^t \left\{-\frac{m}{2}\|u_\varepsilon(s) - u(s)\|^2 + \lambda|u_\varepsilon(s) - u(s)|^2\right\}ds + \varepsilon^2\frac{TK_0^2}{2m}.$$

Aus dieser Abschätzung ergibt sich durch Anwendung des GRONWALLschen Lemmas zunächst

$$|u_\varepsilon(t) - u(t)|^2 \leqq \varepsilon^2 K_1,\quad K_1 = \text{const}.$$

Daraus und aus der letzten Ungleichung für $t = T$ folgt

$$\|u_\varepsilon - u\|_X^2 \leqq \varepsilon^2 K_2,\quad K_2 = \text{const}.$$

Daher ist, wie behauptet,

$$\|u_\varepsilon - u\|_{C(S;H)} + \|u_\varepsilon - u\|_X \leqq M_1\,\varepsilon,\quad M_1 = \text{const}.$$

Aus den Beweisen der Lemmata 3.2 und 3.4 sowie aus der eben durchgeführten Abschätzung folgt, daß man die Konstante M_1 explizit angeben kann, ohne zuvor die Lösung u zu kennen.

Beweis von b). Für $\varepsilon > 0, \delta > 0$ und beliebiges $t \in S$ gilt (vgl. Lemma 2.2):

$$0 = \big(u_\varepsilon'(t) - u_\delta'(t) + A_\varepsilon(t)\,u_\varepsilon(t) - A_\delta(t)\,u_\delta(t), u_\varepsilon(t) - u_\delta(t)\big)$$

$$= \big(u_\varepsilon'(t) - u_\delta'(t) + A(t)\,u_\varepsilon(t) - A(t)\,u_\delta(t), u_\varepsilon(t) - u_\delta(t)\big)$$

$$+ \big(-\varepsilon^2 A_\varepsilon(t)\,u_\varepsilon(t) + \delta^2 A_\delta(t)\,u_\delta(t), u_\varepsilon(t) - u_\delta(t)\big)$$

$$\geqq -2K_0\|u_\varepsilon - u_\delta\|_{C(S;H)} + m\,\|u_\varepsilon(t) - u_\delta(t)\|^2$$

$$-\lambda\|u_\varepsilon - u_\delta\|_{C(S;H)}^2 - (\varepsilon + \delta)\,K_0\|u_\varepsilon(t) - u_\delta(t)\|$$

$$\geqq -2K_0\,\|u_\varepsilon - u_\delta\|_{C(S;H)} + \frac{m}{2}\|u_\varepsilon(t) - u_\delta(t)\|^2$$

$$-\lambda\|u_\varepsilon - u_\delta\|_{C(S;H)}^2 - \frac{K_0^2}{2m}(\varepsilon + \delta)^2.$$

Aus dieser Abschätzung folgt, daß $||u_\varepsilon - u_\delta||_{C(S;V)}$ für hinreichend kleine ε und δ beliebig klein wird. Damit ist zunächst gezeigt, daß die Lösung u der Aufgabe (3.6) zu $C(S; V)$ gehört. Führen wir in der letzten Ungleichung den Grenzübergang $\delta \to 0$ aus, so ergibt sich unter Benutzung von a) (für $0 < \varepsilon \leqq 1$):

$$\frac{m}{2} ||u_\varepsilon - u||^2_{C(S;V)} \leqq 2K_0||u_\varepsilon - u||_{C(S;H)} + \lambda||u_\varepsilon - u||^2_{C(S;H)} + \frac{K_0^2}{2m}\varepsilon^2$$
$$\leqq \left(2K_0M_1 + \lambda M_1^2 + \frac{K_0^2}{2m}\right)\varepsilon .$$

Damit ist b) bewiesen.

Beweis von c). Aus der Abschätzung

$$||u'(t) - u'(s)||_* = ||A(s)\,u(s) - A(t)\,u(t)||_*$$
$$\leqq ||A(s)\,u(s) - A(s)\,u(t)||_* + ||A(s)\,u(t) - A(t)\,u(t)||_*$$
$$\leqq M||u(s) - u(t)|| + |s - t|\,\varrho(|u(t)|)\,(1 + ||u(t)||)$$

folgt $u' \in C(S; V^*)$. Für $x \in V$ und $t \in S$ gilt

$$|(u_\varepsilon'(t) - u'(t), x)| = |(A_\varepsilon(t)\,u_\varepsilon(t) - A(t)\,u(t), x)|$$
$$= |(A(t)\,u_\varepsilon(t) - A(t)\,u(t), x) - \varepsilon^2(A_\varepsilon(t)\,u_\varepsilon(t), x)|$$
$$\leqq (M||u_\varepsilon(t) - u(t)|| + \varepsilon|A_\varepsilon(t)\,u_\varepsilon(t)|_\varepsilon)\,||x|| .$$

Folglich ist (für $0 < \varepsilon \leqq 1$):

$$||u_\varepsilon' - u'||_{C(S;V^*)} \leqq (MM_2 + K_0)\sqrt{\varepsilon} .$$

Damit ist c) bewiesen.

Beweis von d). Es sei $x \in H$ und $\{x_i\}$ eine Folge aus V, die in H gegen x konvergiert. Dann gilt für $\varepsilon > 0, \delta > 0$ und $t \in S$:

$$|(u_\varepsilon'(t) - u_\delta'(t), x)| \leqq |(u_\varepsilon'(t) - u_\delta'(t), x - x_i)|$$
$$+ |(u_\varepsilon'(t) - u'(t) + u'(t) - u_\delta'(t), x_i)|$$
$$\leqq 2K_0|x - x_i| + M_3(\sqrt{\varepsilon} + \sqrt{\delta})\,||x_i|| .$$

Die rechte Seite dieser Ungleichung hängt nicht von t ab. Sie wird für geeignetes i und hinreichend kleine ε und δ beliebig klein. Folglich existiert $\lim_{\varepsilon\to 0} u_\varepsilon'$ in $C_w(S; H)$, und dieser Grenzwert kann wegen c) nur u' sein. Damit ist d) bewiesen.

Bemerkung 3.4. Die Sätze von § 3 zeigen, wie man Anfangswertaufgaben für Evolutionsgleichungen mit Operatoren $A \in (X \to X^*)$ auf Anfangswertaufgaben für Gleichungen mit Operatoren $A_\varepsilon \in (X_\varepsilon \to X_\varepsilon)$ zurückführen kann. Ist A LIPSCHITZ-stetig mit der LIPSCHITZ-Konstanten M, so ist A_ε, wie wir beim Beweis von Lemma 3.1 gezeigt haben, LIPSCHITZ-stetig mit der LIPSCHITZ-Konstanten

$\frac{M}{\varepsilon^2}$. Die Aufgabe (3.7) läßt sich daher mit Hilfe des in Satz 4.5, Kap. V, angegebenen Projektions-Iterationsverfahrens numerisch lösen. Die in diesem Paragraphen beschriebene Approximationsmethode kann somit als Grundlage für die numerische Lösung von Anfangswertaufgaben zu Evolutionsgleichungen angesehen werden.

Kommentare zu Kapitel VI

Nichtlineare Evolutionsgleichungen mit monotonen Operatoren sind zuerst von BROWDER [3, 4] und LIONS-STRAUSS [1] behandelt worden. Die Ergebnisse der genannten Arbeiten von BROWDER sind auch in einem Übersichtsartikel von KATSCHUROWSKI [1] enthalten (vgl. auch DUBINSKI [1] und WAINBERG [2]). Eine vereinfachte Darstellung der Arbeit von LIONS-STRAUSS sowie Verallgemeinerungen und andere Möglichkeiten der Behandlung von Evolutionsgleichungen findet man bei LIONS [1] (siehe auch die entsprechenden Kommentare und Literaturhinweise dieses Buches). Für konkrete nichtlineare parabolische Differentialgleichungen wurden ähnliche Ergebnisse ohne explizite Benutzung der Monotonie bereits von WISCHIK [2] erzielt. Die hier gewählte Darstellung der Theorie nichtlinearer Evolutionsgleichungen unterscheidet sich in drei Punkten von der anderer Autoren:

1. Es werden Konvergenzaussagen für das GALERKIN-Verfahren bewiesen, die es gestatten, dieses Verfahren nicht nur als Hilfsmittel für den Beweis von Existenzaussagen anzusehen, sondern als Möglichkeit zur numerischen Bestimmung von Näherungslösungen.

2. Es werden weitgehend Evolutionsgleichungen mit VOLTERRA-Operatoren behandelt (zum Begriff des VOLTERRA-Operators siehe auch die Kommentare zu Kapitel V).

3. Neben dem GALERKIN-Verfahren wird ein weiteres Verfahren angegeben, das in vielen Fällen zur approximativen Lösung von Evolutionsgleichungen geeignet ist.

Die Sätze 1.1, 1.2, 1.3 und 2.1 sind in der hier angegebenen Form in einer Arbeit von GRÖGER [2] enthalten. Der Beweis der Existenzsatzes 1.1 folgt im wesentlichen dem Vorgehen von LIONS-STRAUSS [1]; lediglich beim Nachweis der Existenz von GALERKIN-Näherungen macht sich durch die Verwendung von VOLTERRA-Operatoren eine Modifikation notwendig (Lemma 1.3 als Verallgemeinerung des Existenzsatzes von CARATHÉODORY für Systeme gewöhnlicher Differentialgleichungen). Der Existenzsatz 1.1 hätte auch ohne Benutzung des GALERKIN-Verfahrens mit Hilfe der Theorie maximal monotoner Operatoren bewiesen werden können. Bei LIONS [1, Kap. III, 2.1] ist das für den Fall gezeigt, daß das Anfangselement a das Nullelement ist. Die Behandlung beliebiger Anfangselemente ist beispielsweise unter Benutzung eines Satzes von ROCKAFELLAR [1] möglich, der über den von uns angegebenen Satz 2.3, Kap. III, hinausgeht. In Satz 1.2 sind Konvergenzaussagen für das GALERKIN-Verfahren zusammengefaßt. Das GALERKIN-Verfahren für lineare Gleichungen behandelt DESCLOUX [1]. Konvergenzaussagen für das GALERKIN-Verfahren auch bei nichtlinearen parabolischen Differentialgleichungen findet man bei DOUGLAS-DUPONT [1], allerdings unter starken Regularitätsvoraussetzungen über die Lösung. Die Existenz periodischer Lösungen von Evolutionsgleichungen ist zuerst von BROWDER [5, 6] unter Zuhilfenahme eines Fixpunktsatzes für nichtexpansive Abbildungen bewiesen worden. Unser Vorgehen beim Beweis von Satz 1.4 folgt im wesentlichen dem bei LIONS [1, Kap. III, 2.2] angegebenen.

Der Beweis der Regularitätsaussagen von Satz 2.1 benutzt zur Abschätzung der GALERKIN-Näherungen eine Idee, die von KATO [2] zur Abschätzung der sogenannten YOSIDA-Approximationen angegeben worden ist. Eine ähnliche Regularitätsaussage ist bereits von BROWDER [9] formuliert worden. Unter den Voraussetzungen von Satz 2.1 lassen sich die Konvergenzaussagen für das GALERKIN-Verfahren gegenüber denen von Satz 1.2 bzw. Satz 1.3 verschärfen. Entsprechende Ergebnisse findet man bei GRÖGER [2]. Unter spezielleren Voraussetzungen sind Sätze über die starke Konvergenz des GALERKIN-Verfahrens zuvor von GAJEWSKI [3] bewiesen worden. Der Beweis von Satz 2.2 bedient sich einer Abschätzungstechnik, die von BREZIS [3] für die YOSIDA-Approximationen angegeben worden ist, und überträgt diese auf die GALERKIN-Näherungen.

Die in § 3 behandelte Approximation von Evolutionsgleichungen stammt von GAJEWSKI [2]. Satz 3.1 ist in der hier angegebenen Form neu. Die in Satz 3.2 formulierten Fehlerabschätzungen findet man etwas ausführlicher bei GAJEWSKI [5]. Diese Arbeit enthält außerdem ein Projektions-Iterationsverfahren zur Bestimmung von Lösungen der approximierenden Gleichungen. Dieses Verfahren basiert auf der starken Monotonie des in der Gleichung auftretenden Operators; es unterscheidet sich dadurch von dem in Satz 4.5, Kap. V, angegebenen Projektions-Iterationsverfahren.

Folgende Problemkreise sind bei der von uns gewählten Darstellung der Evolutionsgleichungen unberücksichtigt geblieben:

1. Evolutionsgleichungen mit pseudomonotonen Operatoren. Existenzsätze für derartige Gleichungen findet man beispielsweise bei LIONS [1, Kap. III] und BREZIS [4].

2. Evolutionsungleichungen. Eine Darstellung der mit Evolutionsungleichungen verbundenen Probleme und Lösungsmethoden findet man in einem Übersichtsartikel von LIONS [2] und in dessen bereits mehrfach zitiertem Buch [1]. Darüber hinaus verweisen wir auf BREZIS [4] und die dort zitierten Arbeiten.

3. Theorie der Halbgruppen. Einen kurzen Hinweis auf diese Theorie findet man bei LIONS [1, Kap. II, 10.1]. Bezüglich neuerer Ergebnisse siehe beispielsweise CRANDALL-LIGGETT [1] und BREZIS-PAZY [1].

KAPITEL VII

OPERATORDIFFERENTIALGLEICHUNGEN ZWEITER ORDNUNG

Sei V ein separabler[1]) HILBERT-Raum, der in einen weiteren HILBERT-Raum H stetig eingebettet ist und in diesem dicht liegt. Identifiziert man H mit seinem dualen Raum H^* und H^* mit einem Teilraum des zu V dualen Raums V^* (vgl. Kap. I, § 6), so gilt

$$V \subset H \subset V^* .$$

Wie früher bezeichnen wir mit $\|\cdot\|$, $|\cdot|$, $\|\cdot\|_*$ die Normen in V, H und V^* und mit $(\cdot,\cdot)$ das Skalarprodukt auf H bzw. das Skalarprodukt zwischen V^* und V. $S = [0, T]$ sei auch in diesem Kapitel ein endliches (Zeit-)Intervall. Von den Eigenschaften von V und H sowie den hier eingeführten Bezeichnungen machen wir in den Sätzen dieses Kapitels ohne nochmalige Erläuterung Gebrauch.

Wir befassen uns mit Operatordifferentialgleichungen der Form

$$u'' + Au' + Bu = f \tag{0.1}$$

für VOLTERRA-Operatoren A und B, die einen Funktionenraum $X = L^p(S; V)$, $2 \leqq p < \infty$, in dessen dualen Raum X^* abbilden. Hierbei bezeichnet u' die erste und u'' die zweite Ableitung von $u \in L^p(S; V)$ im Sinne des Distributionenraums $\mathcal{D}^*(S; V^*)$. Hinsichtlich der genauen Voraussetzungen über A und B unterscheiden wir zwei Fälle (vgl. die Voraussetzungen der Sätze 1.1 und 1.2).

Wir behandeln in der Hauptsache Anfangswertaufgaben für Gleichungen der Form (0.1). Wir weisen noch einmal darauf hin, daß es sich bei derartigen Anfangswertaufgaben um Verallgemeinerungen bzw. Erweiterungen von klassischen Rand-Anfangswertaufgaben handelt (vgl. Kap. IV, § 2). In einem Fall gehen wir auch auf die Frage nach periodischen Lösungen von Gleichungen der Form (0.1) ein.

In § 1 zeigen wir, wie man Aussagen über die Existenz und Einzigkeit von Lösungen der untersuchten Aufgaben auf entsprechende Aussagen für Evolutionsgleichungen zurückführen kann.

In § 2 beweisen wir Sätze über die Konvergenz des GALERKIN-Verfahrens für Anfangswertaufgaben zu Gleichungen der Form (0.1).

In § 3 zeigen wir, daß die Aussagen von §1 verschärft werden können, wenn man an die Operatoren A und B stärkere Voraussetzungen in bezug auf die Zeitabhängigkeit stellt.

In § 4 geben wir ein Verfahren zur Approximation von Operatordifferentialgleichungen zweiter Ordnung und deren Lösungen an, das eine brauchbare Grundlage für die numerische Bestimmung von Lösungen darstellt.

---

[1]) Siehe Fußnote S. 60

Sowohl in den Ergebnissen als auch in den Beweismethoden besteht zwischen den Operatordifferentialgleichungen zweiter Ordnung und den im vorigen Kapitel behandelten Evolutionsgleichungen eine weitgehende Analogie. Wir weisen jedoch darauf hin, daß wir in diesem Kapitel im Unterschied zum vorangegangenen von vornherein vorausgesetzt haben, daß der Raum V ein HILBERT-Raum ist. Diese Voraussetzung hängt mit den von A und B zu fordernden Eigenschaften zusammen.

§ 1. Existenz- und Einzigkeitssätze

Wir werden in diesem Paragraphen die folgenden abkürzenden Bezeichnungen verwenden:

$$X = L^p(S;V);\ X^* = L^q(S;V^*),\ \frac{1}{p}+\frac{1}{q}=1;\ W=\{w \mid w \in X,\ w' \in X^*\}\ ;$$

dabei werden wir stets $2 \leqq p < \infty$ voraussetzen. Für diese Werte von p ist $X \subset X^*$. Mit I bezeichnen wir die (stetige) Einbettung von X in X^*. Das Skalarprodukt zwischen X^* und X bezeichnen wir wie in Kap. VI mit $\langle\cdot,\cdot\rangle$.

1. Anfangswertaufgaben

Satz 1.1. *Für ein $\lambda \geqq 0$ sei $A + \lambda I \in (X \to X^*)$ ein radialstetiger, monotoner und koerzitiver* VOLTERRA-*Operator. $B \in (X \to X^*)$ sei ein Operator mit folgender Eigenschaft:*

$$\left.\begin{array}{l} (Bu)(t) = B_0 u(t) \quad \forall u \in X, \quad \forall t \in S\ ; \\ \text{dabei ist } B_0 \in (V \to V^*) \text{ linear, beschränkt,} \\ \text{selbstadjungiert und positiv definit.} \end{array}\right\} \tag{1.1}$$

Dann besitzt die Aufgabe

$$\left.\begin{array}{l} u'' + Au' + Bu = f\,, \\ u(0) = a_0\,,\ u'(0) = a_1\,,\ u \in C(S;V)\,,\ u' \in X\,, \end{array}\right\} \tag{1.2}$$

für beliebige $a_0 \in V$, $a_1 \in H$ und $f \in X^*$ genau eine Lösung u. Für diese Lösung gilt $u' \in W$.

Bemerkung 1.1. Die Gleichung $u'' + Au' + Bu = f$ hat in $\mathcal{D}^*(S;V^*)$ einen Sinn. Genügt $u \in C(S;V)$ mit $u' \in X$ dieser Gleichung, so ist $u'' = f - Au' - Bu \in X^*$ und damit $u' \in W \subset C(S;H)$. Das rechtfertigt die Anfangsbedingung $u'(0) = a_1 \in H$.

Beweis von Satz 1.1. Es sei R der durch die Beziehung

$$(Rv)(t) = a_0 + \int_0^t v(s)\,ds, \qquad v \in X, \tag{1.3}$$

erklärte VOLTERRA-Operator. Wie man leicht nachprüfen kann, ist R eine LIPSCHITZ-stetige Abbildung aus $(X \to X)$. Ist u eine Lösung der Aufgabe (1.2), so ist offensichtlich $v = u'$ eine Lösung der Aufgabe

$$v' + (A + BR)\,v = f\,,\ v(0) = a_1\,,\quad v \in X\,. \tag{1.4}$$

Ist umgekehrt v eine Lösung der Aufgabe (1.4), so ist $u = Rv$ eine Lösung der Aufgabe (1.2).

Nach der Folgerung von Satz 1.3, Kap. VI, ist die Aufgabe (1.4) eindeutig lösbar, wenn der VOLTERRA-Operator $A + BR + \lambda I \in (X \to X^*)$ radialstetig, monoton und koerzitiv ist. Da $A + \lambda I \in (X \to X^*)$ nach Voraussetzung radialstetig, monoton und koerzitiv ist, genügt es festzustellen, daß $BR \in (X \to X^*)$ radialstetig und monoton ist und daß

$$\varliminf_{\|v\|_X \to \infty} \frac{1}{\|v\|_X} \langle BRv, v\rangle > -\infty$$

ist.

1. Für $v \in X$ gilt wegen $p \geqq 2 \geqq q$ und der Beschränktheit von B_0

$$\|Bv\|_{X^*} = \Big(\int_S \|B_0 v(t)\|_*^q \,\mathrm{d}t\Big)^{1/q} \leqq K_1 \Big(\int_S \|v(t)\|^q \,\mathrm{d}t\Big)^{1/q}$$
$$\leqq K_2 \Big(\int_S \|v(t)\|^p \,\mathrm{d}t\Big)^{1/p} = K_2 \|v\|_X ;$$

dabei sind K_1 und K_2 von v unabhängige Konstanten. Hieraus und aus der LIPSCHITZ-Stetigkeit von $R \in (X \to X)$ folgt die Stetigkeit von $BR \in (X \to X^*)$.

2. Für $v, w \in X$ ist auf Grund der Eigenschaften von B bzw. B_0

$$\langle BRv - BRw, v - w\rangle = \int_S \big(B_0(Rv - Rw)(t), (Rv - Rw)'(t)\big)\,\mathrm{d}t$$
$$= \frac{1}{2}\big(B_0 (Rv - Rw)(T), (Rv - Rw)(T)\big) \geqq 0 ,$$

d. h., $BR \in (X \to X^*)$ ist monoton.

3. Aus (1.3) und den Eigenschaften von B_0 folgt

$$\langle BRv, v\rangle = \int_S \big(B_0(Rv)(t), (Rv)'(t)\big)\,\mathrm{d}t$$
$$= \frac{1}{2}\Big(\big(B_0(Rv)(T), (Rv)(T)\big) - (B_0 a_0, a_0)\Big)$$
$$\geqq -\frac{1}{2}(B_0 a_0, a_0) .$$

Daher ist

$$\varliminf_{\|v\|_X \to \infty} \frac{1}{\|v\|_X} \langle BRv, v\rangle \geqq 0 .$$

Der Operator BR besitzt also tatsächlich die gewünschten Eigenschaften.

Daß für jede Lösung u der Aufgabe (1.2) die Beziehung $u' \in W$ gilt, haben wir bereits in Bemerkung 1.1 festgestellt.

Damit ist Satz 1.1 bewiesen.

Satz 1.2. *Es sei $p = 2$, d. h. $X = L^2(S; V)$, und für ein $\mu \geqq 0$ sei $A + \mu I \in (X \to X^*)$ ein radialstetiger und stark monotoner* VOLTERRA-*Operator. B sei ein* LIPSCHITZ-*stetiger* VOLTERRA-*Operator aus $(X \to X^*)$. Dann besitzt die Aufgabe*

$$\left.\begin{aligned} &u'' + Au' + Bu = f , \\ &u(0) = a_0 , \quad u'(0) = a_1 , \quad u \in C(S;V) , \quad u' \in X , \end{aligned}\right\} \tag{1.5}$$

für beliebige $a_0 \in V$, $a_1 \in H$ *und* $f \in X^*$ *genau eine Lösung* u. *Für diese Lösung gilt* $u' \in W$.

Bemerkung 1.2. Die Anfangsbedingung $u'(0) = a_1 \in H$ kann man ebenso wie bei der Aufgabe (1.2) rechtfertigen (vgl. Bemerkung 1.1).

Beweis von Satz 1.2. Wir benutzen wie beim Beweis von Satz 1.1 den durch (1.3) definierten Operator $R \in (X \to X)$. Die Aufgabe (1.5) ist zur Aufgabe (1.4) äquivalent. Die folgenden Abschätzungen sind Vorbereitungen für den Nachweis, daß unter den gegebenen Voraussetzungen zur Lösung der Aufgabe (1.4) der Satz 1.3, Kap. VI, herangezogen werden kann.

Für $u, v \in X$ und $\lambda \geqq 0$ ergibt die Anwendung von Lemma 1.6, Kap. VI, auf

$$g(s) = \Big((Au)(s) - (Av)(s) + \mu\big(u(s) - v(s)\big),\, u(s) - v(s)\Big) - m\|u(s) - v(s)\|^2$$

die Beziehung

$$\int_0^t e^{-2\lambda s}\big((Au)(s) - (Av)(s),\, u(s) - v(s)\big)\, ds$$
$$\geqq \int_0^t e^{-2\lambda s}\big(m\|u(s) - v(s)\|^2 - \mu|u(s) - v(s)|^2\big)\, ds\,;$$

dabei bezeichnet m die Monotoniekonstante von $A + \mu I$. Aus (1.3) erhalten wir für $u, v \in X$ und $\lambda \geqq 0$

$$\int_0^t e^{-2\lambda s}\|(Ru)(s) - (Rv)(s)\|^2\, ds = \int_0^t e^{-2\lambda s}\left\|\int_0^s \big(u(\sigma) - v(\sigma)\big)\, d\sigma\right\|^2 ds$$
$$\leqq T\int_0^t e^{-2\lambda s}\int_0^s \|u(\sigma) - v(\sigma)\|^2\, d\sigma\, ds = \frac{T}{2\lambda}\int_0^t e^{-2\lambda s}\|u(s) - v(s)\|^2\, ds$$
$$- \frac{T}{2\lambda}e^{-2\lambda t}\int_0^t \|u(s) - v(s)\|^2\, ds \leqq \frac{T}{2\lambda}\int_0^t e^{-2\lambda s}\|u(s) - v(s)\|^2\, ds\,.$$

Mit M bezeichnen wir im folgenden die LIPSCHITZ-Konstante von B. Kombiniert man die letzte Abschätzung mit dem Ergebnis von Lemma 1.6, Kap. VI, für

$$g(s) = M\|(Ru)(s) - (Rv)(s)\|^2 - \|(BRu)(s) - (BRv)(s)\|_*^2,$$

so erhält man für $u, v \in X$ und $\lambda \geqq 0$:

$$\int_0^t e^{-2\lambda s}\big((BRu)(s) - (BRv)(s),\, u(s) - v(s)\big)\, ds \geqq -\frac{m}{2}\int_0^t e^{-2\lambda s}\|u(s) - v(s)\|^2\, ds$$
$$- \frac{1}{2m}\int_0^t e^{-2\lambda s}\|(BRu)(s) - (BRv)(s)\|_*^2\, ds \geqq -\frac{m}{2}\int_0^t e^{-2\lambda s}\|u(s) - v(s)\|^2\, ds$$
$$- \frac{M}{2m}\int_0^t e^{-2\lambda s}\|(Ru)(s) - (Rv)(s)\|^2\, ds \geqq -\left(\frac{m}{2} + \frac{MT}{4m\lambda}\right)\int_0^t e^{-2\lambda s}\|u(s) - v(s)\|^2\, ds\,.$$

Damit ergibt sich schließlich für $u, v \in X$ und $\lambda \geqq 0$:

$$\int_0^t e^{-2\lambda s} \Big(\big((A + BR)u\big)(s) - \big((A + BR)v\big)(s), u(s) - v(s)\Big) \, ds$$

$$\geqq \int_0^t e^{-2\lambda s} \left\{\left(\frac{m}{2} - \frac{MT}{4m\lambda}\right) ||u(s) - v(s)||^2 - \mu |u(s) - v(s)|^2\right\} ds . \qquad (1.6)$$

Aus (1.6) ist zu ersehen, daß der Operator $A + BR$ etwa für $\lambda = \max\left(\mu, \frac{MT}{m^2}\right)$ sinngemäß den Bedingungen (1.21), (1.22), Kap. VI, genügt. Da $A + BR \in (X \to X^*)$ auch radialstetig ist, ergeben sich die Behauptungen von Satz 1.2 durch Anwendung von Satz 1.3, Kap. VI, auf die Aufgabe (1.4).

Bemerkung 1.3. Man kann beweisen, daß die Lösung u der in Satz 1.1 bzw. Satz 1.2 betrachteten Anfangswertaufgabe von den Anfangswerten a_0 und a_1 in folgender Weise abhängt: Die Zuordnung $\{a_0, a_1\} \to \{u, u'\}$ ist als Abbildung von $V \times H$ in $C(S; V) \times C(S; H)$ stetig.

2. Periodische Lösungen

Satz 1.3. *Es sei $A \in (X \to X^*)$ radialstetig, monoton und koerzitiv und $B \in (X \to X^*)$ genüge der Voraussetzung* (1.1). *Dann besitzt die Aufgabe*

$$\left.\begin{aligned} &u'' + Au' + Bu = f, \quad u(0) = u(T), \quad u'(0) = u'(T), \\ &u \in C(S; V), \quad u' \in X, \end{aligned}\right\} \qquad (1.7)$$

für beliebiges $f \in X^*$ eine Lösung. Ist A darüberhinaus strikt monoton, so ist diese Lösung eindeutig bestimmt.

Bemerkung 1.4. In Satz 1.3 ist, wie zu Beginn von § 1 vereinbart, $X = L^p(S; V)$ für ein p mit $2 \leqq p < \infty$.

Bemerkung 1.5. Genügt eine Funktion $u \in C(S; V)$ mit $u' \in X$ der Gleichung $u'' + Au' + Bu = f$ $\big($in $\mathcal{D}^*(S; V^*)\big)$, so ist $u'' \in X^*$ und daher $u' \in W \subset C(S; H)$. Folglich hat die Bedingung $u'(0) = u'(T)$ einen Sinn.

Beweis von Satz 1.3. Im Zusammenhang mit der Aufgabe (1.7) ist es zweckmäßig, folgenden Raum einzuführen:

$$X_0 = \left\{u \mid u \in X, \int_S u(s) \, ds = 0\right\}.$$

X_0 ist ein abgeschlossener Unterraum von X. Wie man sich unter Benutzung des Satzes von Hahn-Banach leicht überlegt, kann der zu X_0 duale Raum X_0^* als Faktorraum von X^* nach dem Unterraum der auf X_0 verschwindenden Elemente aufgefaßt werden. Verschwindet $w \in X^*$ auf X_0, so gilt für $\varphi \in \mathcal{D}(S)$ und $x \in V$ wegen $\varphi' x \in X_0$:

$$\big(w'(\varphi), x\big) = -\big(w(\varphi'), x\big) = -\int_S \big(w(s), \varphi'(s)\, x\big) ds = 0 ,$$

d. h., w ist konstant. (Hierbei bezeichnet $w'(\varphi)$ den Wert der Distribution $w' \in \mathcal{D}^*(S; V^*)$ für $\varphi \in \mathcal{D}(S)$ und $w(\varphi')$ den Wert von $w \in \mathcal{D}^*(S; V^*)$ für $\varphi' \in \mathcal{D}(S)$.) Umgekehrt verschwindet jede konstante Funktion $w \in X^*$ offenbar auf X_0. Der Raum X_0^* besteht also aus Klassen von Funktionen aus X^*, die sich nur um eine konstante Funktion unterscheiden. In jeder dieser Klassen liegt genau ein Element $w \in X^*$ mit der Eigenschaft $\int_S w(s)\,ds = 0$. Folglich können wir den zu X_0 dualen Raum X_0^* mit dem Raum

$$(X^*)_0 = \left\{w \mid w \in X^*, \int_S w(s)\,ds = 0\right\}$$

identifizieren. Das Skalarprodukt von Elementen $w \in X_0^*$ und $u \in X_0$ ist dabei

$$\langle w, u\rangle = \int_S \big(w(s), u(s)\big)\,ds\,.$$

Es sei I_0 die (stetige) Einbettung von X_0 in X und $I_0^* \in (X^* \to X_0^*)$ der zu I_0 adjungierte Operator. Für $w \in X^*$ und $u \in X_0$ gilt

$$\langle I_0^* w, u\rangle = \langle w, I_0 u\rangle = \langle w, u\rangle\,. \tag{1.8}$$

Für $w \in X_0^*$ ist $I_0^* w = w$.

Nach diesen Vorbemerkungen kommen wir zu einer neuen Formulierung der Aufgabe (1.7). Es sei $R_0 \in (X_0 \to X)$ der durch folgende Vorschrift definierte Operator:

$$(R_0 v)(t) = \int_0^t v(s)\,ds\,, \quad v \in X_0\,. \tag{1.9}$$

Ist $u \in C(S; V)$ und $u' \in X_0$, so ist $R_0 u' = u + u_0$ für eine im Intervall S konstante Funktion u_0. Ferner sei $C = I_0^*(AI_0 + BR_0) \in (X_0 \to X_0^*)$ und $g = I_0^* f \in X_0^*$. Wir werden zeigen, daß die Aufgabe (1.7) zur Aufgabe

$$v' + Cv = g\,, \quad v \in X_0\,, \tag{1.10}$$

äquivalent ist.

1. Sei u Lösung der Aufgabe (1.7). Dann ist $u' \in X_0$ und $u'' \in X_0^*$. Weiterhin ist

$$\begin{aligned} u'' + Cu' &= u'' + I_0^*(AI_0 + BR_0)\,u' = I_0^*(u'' + Au' + Bu + Bu_0) \\ &= I_0^*(u'' + Au' + Bu) = I_0^* f = g\,, \end{aligned}$$

d. h., $v = u'$ ist Lösung der Aufgabe (1.10).

2. Sei v Lösung der Aufgabe (1.10). Wir setzen $u_1 = R_0 v$. Dann gilt $u_1' = v$ und $u_1(0) = u_1(T)$ sowie $u_1'' = v' = g - Cv \in X_0^*$ und $u_1'(0) = u_1'(T)$. Außerdem ist

$$u_1'' + Cu_1' = u_1'' + I_0^*(AI_0 + BR_0)\,u_1' = I_0^*(u_1'' + Au_1' + Bu_1) = I_0^* f$$

und daher

$$u_1'' + Au_1' + Bu_1 = f + f_1$$

für eine geeignete konstante Funktion $f_1 \in X^*$. Für $u = u_1 - B^{-1}f_1$ gilt dann $u(0) = u(T)$, $u'(0) = u'(T)$ und

$$u'' + Au' + Bu = u_1'' + Au_1' + Bu_1 - f_1 = f,$$

d. h., u ist Lösung der Aufgabe (1.7). ($B^{-1} \in (X^* \to X)$ existiert auf Grund der Voraussetzung (1.1).)

Die soeben durchgeführten Überlegungen liefern einen umkehrbar eindeutigen Zusammenhang zwischen den Lösungen der Aufgabe (1.7) und den Lösungen der Aufgabe (1.10). Wir werden nun die Aufgabe (1.10) unter Zuhilfenahme von Satz 2.3, Kap. III, lösen.

Für beliebiges $v \in X_0$ gilt

$$\langle BR_0 v, v\rangle = \int_S \big(B_0(R_0 v)(t), (R_0 v)'(t)\big)\,dt = \frac{1}{2}\{\big(B_0(R_0 v)(T), (R_0 v)(T)\big) - \big(B_0(R_0 v)(0), (R_0 v)(0)\big)\} = 0\,, \tag{1.11}$$

denn nach (1.9) ist $(R_0 v)(T) = (R_0 v)(0) = 0$. Für $u, v \in X_0$ folgt aus (1.8) und (1.11) sowie aus der Definition von C:

$$\langle Cv, v\rangle = \langle Av, v\rangle$$

und

$$\langle Cu - Cv, u - v\rangle = \langle Au - Av, u - v\rangle\,.$$

Aus der Koerzitivität und der (strikten) Monotonie von A folgen also die Koerzitivität und die (strikte) Monotonie von C. C ist offensichtlich auch radialstetig. Wir werden unten beweisen, daß der auf $W_0 = \{v \mid v \in X_0,\ v' \in X_0^*\}$ durch die Beziehung

$$\Lambda v = v', \quad v \in W_0\,, \tag{1.12}$$

definierte Operator Λ als Abbildung aus X_0 in X_0^* radialstetig und maximal monoton ist. Damit sind die Voraussetzungen für die Anwendung von Satz 2.3, Kap. III, auf die Aufgabe (1.10) gegeben. Die Anwendung dieses Satzes liefert die Lösbarkeit der Aufgabe (1.10) und deren eindeutige Lösbarkeit bei strikter Monotonie von C. Daraus folgen die Behauptungen von Satz 1.3. Der Beweis dieses Satzes wird also durch das folgende Lemma abgeschlossen:

Lemma 1.1. Der durch (1.12) definierte Operator $\Lambda \in (W_0 \to X_0^*)$ ist als Abbildung aus X_0 in X_0^* radialstetig und maximal monoton.

Beweis. 1. Für $v, w \in W_0$ und $h \in R^1$ ist

$$\Lambda(v + hw) = \Lambda v + h\Lambda w\,.$$

Daraus folgt die Radialstetigkeit von Λ.

2. Für $u \in W_0$ ist

$$u(T) - u(0) = \int_S u'(s)\,ds = 0$$

und daher

$$\langle \Lambda u, u\rangle = \int\limits_S \big(u'(s), u(s)\big)\, ds = \frac{1}{2}\left(|u(T)|^2 - |u(0)|^2\right) = 0\,,$$

d. h., der lineare Operator Λ ist monoton.

3. Für gegebene $v \in X_0$ und $w \in X_0^*$ gelte

$$\langle w - \Lambda u, v - u\rangle \geqq 0 \qquad \forall u \in W_0\,. \tag{1.13}$$

Zu zeigen ist, daß $v' = w$ und damit $v \in W_0$ ist. Wir wählen zunächst $u = \varphi' x$ für $\varphi \in \mathcal{D}(S)$ und $x \in V$. Dann ist $u \in W_0$ und

$$\begin{aligned} 0 &\leqq \langle w - \varphi'' x, v - \varphi' x\rangle \\ &= \langle w, v\rangle - \left(\int\limits_S \big(\varphi''(s)\, v(s) + \varphi'(s)\, w(s)\big)\, ds, x\right) + \langle \varphi'' x, \varphi' x\rangle \\ &= \langle w, v\rangle + \big(w'(\varphi) - v''(\varphi), x\big)\,, \end{aligned}$$

wenn wir mit $w'(\varphi)$ bzw. $v''(\varphi)$ den Wert der Distribution w' bzw. v'' für $\varphi \in \mathcal{D}(S)$ bezeichnen. Die letzte Abschätzung zeigt, daß $\big(w'(\varphi) - v''(\varphi), x\big)$ eine von x unabhängige untere Schranke besitzt. Das ist nur für $w'(\varphi) = v''(\varphi)$ möglich. Folglich ist $v' - w = u_0$ eine im Intervall S konstante Funktion. Daraus und aus (1.13) folgt für jedes $u \in W_0$:

$$\begin{aligned} 0 &\leqq \langle v' - u_0 - u', v - u\rangle = \frac{1}{2}\left(|v(T) - u(T)|^2 - |v(0) - u(0)|^2\right) \\ &= \big(u(0), v(0) - v(T)\big) + \frac{1}{2}\left(|v(T)|^2 - |v(0)|^2\right). \end{aligned}$$

Da für jedes $x \in V$ die durch

$$u(t) = \left(t^2 - Tt + \frac{T^2}{6}\right) x$$

definierte Funktion u zu W_0 gehört, kommen für $u(0)$ in der letzten Ungleichung alle Elemente von V in Frage. Diese Ungleichung kann daher nur für $v(0) = v(T)$ bestehen. Daraus ergibt sich für die konstante Funktion u_0:

$$\int\limits_S u_0(t)\, dt = \int\limits_S \big(v'(t) - w(t)\big)\, dt = v(T) - v(0) = 0\,,$$

d. h., es ist $u_0 = 0$ und $v' = w$.

Damit ist die maximale Monotonie von Λ gezeigt und Lemma 1.1 bewiesen.

Bemerkung 1.6. Die in den Sätzen 1.1, 1.2 und 1.3 gestellte Voraussetzung, daß $A + \lambda I$ koerzitiv bzw. stark monoton sein soll, läßt nicht zu, daß $A = 0$ ist. Sätze über die Lösbarkeit von Anfangswertproblemen bzw. über die Existenz periodischer Lösungen können auch unter allgemeineren Voraussetzungen bezüglich A bewiesen werden (siehe die Kommentare zu diesem Kapitel). Die Beschränkung auf die hier behandelten Fälle hat zwei Gründe. Einmal werden die Beweise relativ einfach, zum andern gestatten gerade diese Fälle weitgehende Aussagen über die Konvergenz des Galerkin-Verfahrens.

§ 2. Das GALERKIN-Verfahren

Wie in § 1 benutzen wir die abkürzenden Bezeichnungen

$$X = L^p(S; V); \quad X^* = L^q(S; V^*), \frac{1}{p} + \frac{1}{q} = 1; \quad W = \{w \mid w \in X, \; w' \in X^*)\}.$$

Wir setzen auch in diesem Paragraphen voraus, daß $2 \leqq p < \infty$ ist.

Wir kommen zur Definition des GALERKIN-Verfahrens für Aufgaben der Form (1.2) bzw. (1.5). Wie in Kap. VI bezeichnen wir mit $\{h_1, h_2, \ldots\}$ ein in V und damit auch in H vollständiges System linear unabhängiger Elemente. H_n sei die lineare Hülle von $\{h_1, \ldots, h_n\}$, versehen mit dem von H induzierten Skalarprodukt. Wir identifizieren H_n mit seinem dualen Raum H_n^*. Weiter sei $X_n = L^p(S; H_n)$ und $X_n^* = L^q(S; H_n)$. Das Skalarprodukt zwischen X_n^* und X_n können wir ebenso wie das zwischen X^* und X mit $\langle \cdot, \cdot \rangle$ bezeichnen. Jedem Operator $D \in (X \to X^*)$ können wir durch die Vorschrift

$$\langle D_n u, v \rangle = \langle Du, v \rangle \qquad \forall v \in X_n \tag{2.1}$$

einen Operator $D_n \in (X_n \to X_n^*)$ zuordnen. Davon werden wir insbesondere für die in den Aufgaben (1.2) und (1.5) auftretenden Operatoren A und B Gebrauch machen.

Es sei $\{a_{0n}\}$ eine in V gegen a_0 konvergierende Folge mit der Eigenschaft $a_{0n} \in H_n$. Entsprechend sei $\{a_{1n}\}$ eine in H gegen a_1 konvergierende Folge mit der Eigenschaft $a_{1n} \in H_n$. Schließlich sei $f_n \in X_n^*$ erklärt durch die Beziehung

$$\langle f_n, v \rangle = \langle f, v \rangle \qquad \forall v \in X_n .$$

Den Aufgaben (1.2) und (1.5) entsprechen für $n = 1, 2, \ldots$ die folgenden GALERKIN-*Gleichungen*:

$$\left.\begin{aligned} &u_n'' + A_n u_n' + B_n u_n = f_n , \\ &u_n(0) = a_{0n}, \; u_n'(0) = a_{1n} , \\ &u_n \in C(S; H_n) , \quad u_n' \in X_n . \end{aligned}\right\} \tag{2.2}$$

Lemma 2.1. Unter den Voraussetzungen von Satz 1.1 besitzt die Aufgabe (2.2) für jedes n genau eine Lösung $u_n \in C^1(S; H_n)$ mit der Eigenschaft $u_n'' \in X_n^*$. Die Folge $\{u_n\}$ ist in $C(S; V)$ beschränkt, die Folge $\{u_n'\}$ in X und $C(S; H)$ und die Folge $\{Au_n'\}$ in X^*.

Beweis. A_n genügt bezüglich X_n den Voraussetzungen, die A bezüglich X erfüllt. Das folgt aus

$$\langle A_n u, v \rangle = \langle Au, v \rangle \qquad \text{für} \qquad u, v \in X_n .$$

Bezeichnen wir mit I_n die (stetige) Einbettung von H_n in V und mit I_n^* den zu I_n adjungierten Operator, so gilt, wie man leicht nachprüfen kann,

$$(B_n v)(t) = I_n^* B_0 I_n v(t) .$$

$I_n^* B_0 I_n \in (H_n \to H_n)$ ist linear, beschränkt, symmetrisch und positiv definit. Folglich genügt B_n bezüglich X_n den Voraussetzungen, die B bezüglich X erfüllt. Die Existenz und Einzigkeit der Lösung u_n der Gleichungen (2.2) folgt daher aus Satz 1.1. Für diese Lösung gilt $u_n \in C(S; H_n)$, $u_n' \in X_n$ und $u_n'' \in X_n^*$ und damit auch $u_n' \in C(S; H_n)$.

Durch entsprechende skalare Multiplikation ergibt sich aus den GALERKIN-Gleichungen (2.2):

$$\int_0^t \left(u_n''(s) + (Au_n')(s) + (Bu_n)(s),\; u_n'(s)\right) ds = \int_0^t \left(f(s), u_n'(s)\right) ds .$$

Folglich ist

$$\int_0^t \left((Au_n')(s) - (A0)(s) + \lambda u_n'(s), u_n'(s)\right) ds + \frac{1}{2}|u_n'(t)|^2 + \frac{1}{2}\left(B_0 u_n(t),\; u_n(t)\right)$$

$$= \int_0^t \left(f(s) - (A0)(s) + \lambda u_n'(s), u_n'(s)\right) ds + \frac{1}{2}|a_{1n}|^2 + \frac{1}{2}(B_0 a_{0n}, a_{0n}) .$$

Daraus folgt unter Benutzung des GRONWALLschen Lemmas zunächst die Beschränktheit der Folge $\{u_n'\}$ in $C(S; H)$. Ist diese Beschränktheit bekannt, so ergibt sich wegen der Koerzitivität von $A + \lambda I$ und der positiven Definitheit von B_0, daß die Folge $\{u_n'\}$ in X und die Folge $\{u_n\}$ in $C(S; V)$ beschränkt ist. Die Beschränktheit der Folge $\{Au_n'\}$ in X^* erhält man aus der Beschränktheit von $\{u_n'\}$ in X und der letzten Gleichung unter Zuhilfenahme von Folgerung 1.2, Kap. III.

Damit ist Lemma 2.1 bewiesen.

Satz 2.1. *Seien die Voraussetzungen von Satz* 1.1 *erfüllt. Bezeichnen wir mit* u_n *die Lösungen der* GALERKIN-*Gleichungen* (2.2) *und mit* u *die Lösung der Aufgabe* (1.2), *so gilt:*

a) $u_n \to u$ *in* $C(S; V)$;
b) $u_n' \to u'$ *in* $C(S; H)$;
c) $u_n' \rightharpoonup u'$ *in* X;
d) $Au_n' \rightharpoonup Au'$ *in* X^*;
e) $\int_0^t \left((Au_n')(s) - (Au')(s), u_n'(s) - u'(s)\right) ds \to 0 \quad \forall t \in S$.

Bemerkung 2.1. Es gibt Operatoren $A \in (X \to X^*)$, für die aus den Eigenschaften b) — e) die starke Konvergenz der Folge $\{u_n'\}$ gegen u' in X folgt (vgl. Bemerkung 1.4, Kap. VI).

Beweis von Satz 2.1. Nach Lemma 1.5, Kap. VI, existiert eine Folge $\{v_n'\}$ mit der Eigenschaft $v_n' \in C^1(S; H_n)$, die in W und damit auch in $C(S; H)$ gegen $u' \in W$ konvergiert. Wir setzen

$$v_n(t) = a_{0n} + \int_0^t v_n'(s)\, ds$$

(und rechtfertigen damit die Bezeichnung v_n'). Dann gilt

$$\|v_n(t) - u(t)\| = \left\| a_{0n} - a_0 + \int_0^t (v_n'(s) - u'(s))\, ds \right\|$$
$$\leqq \|a_{0n} - a_0\| + K\|v_n' - u'\|_X\,, \qquad K = \text{const}\,,$$

d. h., die Folge $\{v_n\}$ konvergiert in $C(S; V)$ gegen u. Weiter ist

$$\frac{1}{2}\left(|u_n'(t) - v_n'(t)|^2 - |u_n'(0) - v_n'(0)|^2\right)$$
$$= \int_0^t \left(u_n''(s) - v_n''(s), u_n'(s) - v_n'(s)\right) ds$$
$$= \int_0^t \left(-(Au_n')(s) - (Bu_n)(s) + (Au')(s) + (Bu)(s) + u''(s) - v_n''(s), u_n'(s) - v_n'(s)\right) ds$$
$$= -\int_0^t \Big((Au_n')(s) - (Au')(s) + \lambda\big(u_n'(s) - u'(s)\big), u_n'(s) - u'(s)\Big)\, ds$$
$$-\frac{1}{2}\Big(B_0\big(u_n(t) - u(t)\big), u_n(t) - u(t)\Big) + \frac{1}{2}\left(B_0(a_{0n} - a_0), a_{0n} - a_0\right)$$
$$-\int_0^t \left((Au_n')(s) - (Au')(s) + (Bu_n)(s) - (Bu)(s), u'(s) - v_n'(s)\right) ds$$
$$+\int_0^t \left(u''(s) - v_n''(s), u_n'(s) - v_n'(s)\right) ds + \lambda \int_0^t |u_n'(s) - u'(s)|^2\, ds\,.$$

Daraus folgt auf Grund der Wahl der Folge $\{v_n\}$ und der Ergebnisse von Lemma 2.1

$$\frac{1}{2}|u_n'(t) - v_n'(t)|^2 + \frac{1}{2}\Big(B_0\big(u_n(t) - u(t)\big), u_n(t) - u(t)\Big)$$
$$+ \int_0^t \Big((Au_n')(s) - (Au')(s) + \lambda\big(u_n'(s) - u'(s)\big), u_n'(s) - u'(s)\Big)\, ds$$
$$\leqq |a_{1n} - a_1|^2 + |u'(0) - v_n'(0)|^2 + \frac{1}{2}\left(B_0(a_{0n} - a_0), a_{0n} - a_0\right)$$
$$+ K(\|u' - v_n'\|_X + \|u'' - v_n''\|_{X^*})$$
$$+ 2\lambda \int_0^t \left(|u_n'(s) - v_n'(s)|^2 + |v_n'(s) - u'(s)|^2\right) ds$$

für eine von n und t unabhängige Konstante K. Aus dieser Abschätzung ergibt sich unter Benutzung des Gronwallschen Lemmas zunächst

$$u_n' - v_n' \to 0 \quad \text{in} \quad C(S; H)$$

und damit auch

$$u_n' \to u' \quad \text{in} \quad C(S; H)\,. \tag{2.3}$$

Ist diese Eigenschaft der Folge $\{u_n'\}$ bekannt, so kann man aus der letzten Ungleichung folgern, daß

$$u_n \to u \quad \text{in} \quad C(S; V)$$

und

$$\int_0^t \big((Au_n')(s) - (Au')(s),\, u_n'(s) - u'(s)\big)\, ds \to 0$$

gilt. Wir haben dabei benutzt, daß B_0 positiv definit ist.

Wegen (2.3) kommt als Grenzwert der in X schwach konvergenten Teilfolgen der in X beschränkten Folge $\{u_n'\}$ nur u' in Frage. Daher konvergiert die gesamte Folge $\{u_n'\}$ in X schwach gegen u' (vgl. Lemma 5.4, Kap. I). Auf Grund der bereits bewiesenen Konvergenzeigenschaften der Folge $\{u_n\}$ gilt für $\varphi \in \mathcal{D}(S)$ und $x \in \bigcup_n H_n$:

$$\begin{aligned}\lim_{n\to\infty} \Big(\int_S (Au_n')(t)\,\varphi(t)\,dt, x\Big) &= \lim_{n\to\infty} \Big(\int_S \big(-u_n''(t) - (Bu_n)(t) + f(t)\big)\,\varphi(t)\,dt, x\Big)\\ &= \Big(\int_S \big(-u''(t) - (Bu)(t) + f(t)\big)\,\varphi(t)\,dt, x\Big)\\ &= \Big(\int_S (Au')(t)\,\varphi(t)\,dt, x\Big)\,.\end{aligned}$$

Da die Folge $\{Au_n'\}$ in X^* beschränkt ist, kann man durch einen entsprechenden Grenzübergang zeigen, daß die Beziehung

$$\lim_{n\to\infty} \Big(\int_S (Au_n')(t)\,\varphi(t)\,dt, x\Big) = \Big(\int_S (Au')(t)\,\varphi(t)\,dx, x\Big)$$

für jedes $x \in V$ gilt. Sie besagt, daß Au' Grenzwert der Folge $\{Au_n'\}$ in $\mathcal{D}^*(S; V^*)$ ist. Folglich kommt als Grenzwert der in X^* schwach konvergenten Teilfolgen von $\{Au_n'\}$ nur Au' in Frage. Daher konvergiert die gesamte Folge $\{Au_n'\}$ in X^* schwach gegen Au'.

Damit ist Satz 2.1 bewiesen.

Das folgende Lemma dient der Vorbereitung eines Satzes über die Konvergenz des Galerkin-Verfahrens unter den Voraussetzungen von Satz 1.2.

Lemma 2.2. Unter den Voraussetzungen von Satz 1.2 besitzt die Aufgabe (2.2) für jedes n genau eine Lösung $u_n \in C^1(S; H_n)$ mit der Eigenschaft $u_n'' \in X_n^*$. Die Folge $\{u_n\}$ ist in $C(S; V)$ beschränkt, die Folge $\{u_n'\}$ in $C(S; H)$ und X und die Folge $\{Au_n'\}$ in X^*.

Beweis. Die Existenz und die Einzigkeit der Lösung u_n der Aufgabe (2.2) folgen aus Satz 1.2, da A_n und B_n bezüglich X_n den Voraussetzungen genügen, die A und B bezüglich X erfüllen. Es gilt $u_n \in C(S; H_n)$, $u_n' \in X_n$ und $u_n'' \in X_n^*$ und damit auch $u_n' \in C(S; H_n)$.

Für jede Funktion $w \in W$ und $\lambda \geqq 0$ ergibt sich durch partielle Integration

$$\begin{aligned}\int_0^t e^{-2\lambda s}\big(w'(s), w(s)\big)\,ds &= \int_0^t 2\lambda e^{-2\lambda s}\cdot\frac{1}{2}\,|w(s)|^2\,ds + \frac{1}{2}\,e^{-2\lambda t}\,|w(t)|^2 - \frac{1}{2}\,|w(0)|^2\\ &\geqq \frac{1}{2}\,\big(e^{-2\lambda t}|w(t)|^2 - |w(0)|^2\big)\,. \qquad (2.4)\end{aligned}$$

Im folgenden bezeichnen wir mit m die Monotoniekonstante von $A + \mu I$ und mit M die LIPSCHITZ-Konstante von B. $R \in (X \to X)$ sei wieder der durch (1.3) definierte Operator. Mit Hilfe von (2.4) und der GALERKIN-Gleichungen (2.2) sowie der Formel (1.6) erhalten wir für $\lambda \geqq \frac{MT}{m^2}$

$$\begin{aligned}
\frac{1}{2}\left(e^{-2\lambda t}|u_n'(t)|^2 - |a_{1n}|^2\right) &\leqq \int_0^t e^{-2\lambda s}\big(u_n''(s), u_n'(s)\big)\, ds \\
&= \int_0^t e^{-2\lambda s}\big(f(s) - (Au_n')(s) - (Bu_n)(s), u_n'(s)\big)\, ds \\
&= \int_0^t e^{-2\lambda s}\big(-(Au_n')(s) + (A0)(s) - (BRu_n')(s) \\
&\quad + (BR0)(s) + f(s) - (A0)(s) - (BR0)(s) - (Bu_n)(s) \\
&\quad + (BRu_n')(s), u_n'(s)\big)\, ds \\
&\leqq \int_0^t e^{-2\lambda s}\left\{-\frac{m}{8}\,\|u_n'(s)\|^2 + \mu|u_n'(s)|^2\right\} ds \\
&\quad + K\big(\|f - A0 - BR0\|_{X^*}^2 + \|a_0 - a_{0n}\|^2\big);
\end{aligned}$$

dabei ist K eine von n und t unabhängige Konstante. Aus dieser Ungleichung folgt die Beschränktheit der Folge $\{u_n'\}$ in $C(S; H)$ unter Benutzung des GRONWALLschen Lemmas. Ist diese Beschränktheit bekannt, so ergibt sich aus der gleichen Abschätzung die Beschränktheit von $\{u_n'\}$ in X. Die Beschränktheit der Folge $\{u_n\}$ in $C(S; V)$ erhält man aus der Abschätzung

$$\begin{aligned}
\|u_n(t)\| &= \left\| a_{0n} + \int_0^t u_n'(s)\, ds \right\| \leqq \|a_{0n}\| + \int_S \|u_n'(s)\|\, ds \\
&\leqq \|a_{0n}\| + \sqrt{T}\, \|u_n'\|_X .
\end{aligned}$$

Wir beweisen nun die Beschränktheit der Folge $\{Au_n'\}$ in X^*. Aus den GALERKIN-Gleichungen (2.2) erhalten wir

$$\begin{aligned}
0 = \langle u_n'' + Au_n' + Bu_n - f, u_n' \rangle &= \frac{1}{2}\left(|u_n'(T)|^2 - |a_{1n}|^2\right) + \langle Au_n', u_n' \rangle \\
&\quad + \langle Bu_n - B0, u_n' \rangle + \langle B0 - f, u_n' \rangle \\
&\geqq -\frac{1}{2}|a_{1n}|^2 + \langle Au_n', u_n' \rangle - M\|u_n\|_X\, \|u_n'\|_X - \|B0 - f\|_{X^*}\, \|u_n'\|_X .
\end{aligned}$$

Daraus geht auf Grund der Beschränktheit der Folgen $\{u_n'\}$ und $\{u_n\}$ in X hervor, daß die Folge $\{\langle Au_n' + \mu u_n', u_n' \rangle\}$ beschränkt ist. Nach Folgerung 1.2, Kap. III, folgt aus dieser Tatsache und aus der Beschränktheit der Folge $\{u_n'\}$ in X die Beschränktheit der Folge $\{Au_n'\}$ in X^*.

Damit ist Lemma 2.2 bewiesen.

Satz 2.2. *Seien die Voraussetzungen von Satz 1.2 erfüllt. Bezeichnen wir mit u_n die Lösungen der* GALERKIN-*Gleichungen* (2.2) *und mit u die Lösung der Aufgabe* (1.5), *so gilt:*

a) $u_n \to u$ *in* $C(S; V)$;
b) $u_n' \to u'$ *in* $C(S; H)$ *und* X;
c) $Au_n' \rightharpoonup Au'$ *in* X^*.

Beweis. Für die Lösung u der Aufgabe (1.5) gilt, wie wir bereits wissen, $u \in C(S; V)$ und $u' \in W$. Wir wählen zu dieser Lösung wie beim Beweis von Satz 2.1 eine Folge $\{v_n\}$, $v_n \in C^2(S; H_n)$, mit den Eigenschaften $v_n \to u$ in $C(S; V)$ und $v_n' \to u'$ in W. Wir benutzen im folgenden die gleichen Bezeichnungen wie beim Beweis von Lemma 2.2. Mit Hilfe von (2.4), (2.2), (1.6) und der Ergebnisse von Lemma 2.2 erhalten wir für $\lambda \geqq \frac{MT}{m^2}$:

$$\frac{1}{2}\left(e^{-2\lambda t}\,|u_n'(t) - v_n'(t)|^2 - |a_{1n} - v_n'(0)|^2\right)$$
$$\leqq \int_0^t e^{-2\lambda s}\big(u_n''(s) - v_n''(s),\, u_n'(s) - v_n'(s)\big)\,ds$$
$$= \int_0^t e^{-2\lambda s}\big(-(Au_n')(s) - (Bu_n)(s) + (Au')(s) + (Bu)(s)$$
$$+ u''(s) - v_n''(s),\, u_n'(s) - v_n'(s)\big)\,ds$$
$$= \int_0^t e^{-2\lambda s}\big(-(Au_n')(s) + (Au')(s)$$
$$- (BRu_n')(s) + (BRu')(s),\, u_n'(s) - u'(s)\big)\,ds$$
$$+ \int_0^t e^{-2\lambda s}\big(-(Au_n')(s) + (Au')(s)$$
$$- (BRu_n')(s) + (BRu')(s),\, u'(s) - v_n'(s)\big)\,ds$$
$$+ \int_0^t e^{-2\lambda s}\big((BRu_n')(s) - (Bu_n)(s) + u''(s) - v_n''(s),\, u_n'(s) - v_n'(s)\big)\,ds$$
$$\leqq \int_0^t e^{-2\lambda s}\Big\{-\frac{m}{4}\,\|u_n'(s) - u'(s)\|^2$$
$$+ 2\mu\left(|u_n'(s) - v_n'(s)|^2 + |v_n'(s) - u'(s)|^2\right)\Big\}\,ds$$
$$+ K\left(\|u' - v_n'\|_X + \|a_0 - a_{0n}\| + \|u''(s) - v_n''(s)\|_{X^*}\right);$$

dabei ist K eine von n und t unabhängige Konstante. Aus dieser Abschätzung folgt unter Benutzung des GRONWALLschen Lemmas zunächst

$$u_n' - v_n' \to 0 \quad \text{in} \quad C(S; H)$$

und damit auch

$$u_n' \to u' \quad \text{in} \quad C(S; H) .$$

Ist diese Eigenschaft der Folge $\{u_n'\}$ bekannt, so kann man aus der letzten Abschätzung folgern, daß auch

$$u_n' \to u' \quad \text{in} \quad X$$

gilt. Durch Integration ergibt sich weiter

$$\begin{aligned} \|u_n(t) - u(t)\| &= \left\| a_{0n} - a_0 + \int_0^t \left(u_n'(s) - u'(s)\right) ds \right\| \\ &\leqq \|a_{0n} - a_0\| + \sqrt{T}\, \|u_n' - u'\|_X , \end{aligned}$$

d. h., es gilt

$$u_n \to u \quad \text{in} \quad C(S; V) .$$

Unter den gegebenen Voraussetzungen ist $A + \mu I$ und damit auch A demistetig (vgl. Lemma 1.3, Kap. III). Aus $u_n' \to u'$ in X folgt daher

$$Au_n' \rightharpoonup Au' \quad \text{in} \quad X^* .$$

Damit ist Satz 2.2 bewiesen.

§ 3. Regularitätsaussagen

Wir behalten die in den vorangegangenen Paragraphen benutzten abkürzenden Bezeichnungen $X = L^p(S;V)$, $X^* = L^q(S; V^*)$ und $W = \{w \mid w \in X, w' \in X^*\}$ bei. Wir setzen wieder voraus, daß $2 \leqq p < \infty$ ist.

Wir befassen uns in diesem Paragraphen mit Operatordifferentialgleichungen der Form

$$u'' + Au' + Bu = 0 ,$$

für die die Operatoren $A \in (X \to X^*)$ und $B \in (X \to X^*)$ folgende Darstellungen besitzen:

$$(Av)(t) = A(t)\, v(t) \qquad \forall v \in X, \qquad \forall t \in S , \tag{3.1}$$

$$(Bv)(t) = B(t)\, v(t) \qquad \forall v \in X, \qquad \forall t \in S; \tag{3.2}$$

dabei bezeichnen $\{A(t)\}$, $t \in S$, und $\{B(t)\}$, $t \in S$, Familien von Operatoren aus $(V \to V^*)$. Wir beweisen unter geeigneten Voraussetzungen über die t-Abhängigkeit von $A(t)$ und $B(t)$ Regularitätsaussagen über die t-Abhängigkeit der Lösungen u, die über die in § 1 erhaltenen Ergebnisse hinausgehen.

1. Regularität bei speziellen Anfangselementen

Satz 3.1. *Der Operator $A \in (X \to X^*)$ besitze die Darstellung* (3.1). *Für ein $\lambda \geqq 0$ sei $A + \lambda I \in (X \to X^*)$ radialstetig, monoton und koerzitiv. Außerdem gelte für eine auf* $[0, \infty)$ *definierte stetige nichtfallende Funktion ϱ*

$$\left.\begin{array}{l} |(A(t)\, x - A(s)\, x, y)| \leqq |t - s|\, \varrho(|x|)\, |y| \\ \textit{für beliebige } s, t \in S \textit{ und } x, y \in V. \end{array}\right\} \tag{3.3}$$

$B_0 \in (V \to V^*)$ sei ein linearer, beschränkter, selbstadjungierter und positiv definiter Operator. Dann besitzt die Aufgabe

$$\left.\begin{aligned} &u''(t) + A(t)\, u'(t) + B_0 u(t) = 0 \quad \forall t \in S\,, \\ &u(0) = a_0,\ u'(0) = a_1\,, \quad u \in C^1_w(S; V) \cap C^2_w(S; H), \end{aligned}\right\} \tag{3.4}$$

zu beliebigen $a_0, a_1 \in V$ mit $A(0)a_1 + B_0 a_0 \in H$ genau eine Lösung.

Den Beweis von Satz 3.1 führen wir mit Hilfe des GALERKIN-Verfahrens. Wie in § 2 sei $\{h_1, h_2, \ldots\}$ ein in V und damit in H vollständiges System linear unabhängiger Elemente und H_n die lineare Hülle von $\{h_1, \ldots, h_n\}$. Ohne Beschränkung der Allgemeinheit nehmen wir an, daß a_0 und a_1 zu H_2 gehören. Wir setzen $a_{0n} = a_0$ und $a_{1n} = a_1$ für $n \geqq 2$ und betrachten die GALERKIN-Gleichungen (2.2) im weiteren nur für $n \geqq 2$. Diese lassen sich jetzt folgendermaßen schreiben:

$$\left.\begin{aligned} &\big(u_n''(t) + A(t)\, u_n'(t) + B_0 u_n(t), h_i\big) = 0\,, \quad i = 1, \ldots, n\,, \\ &u_n(0) = a_0\,, \quad u_n'(0) = a_1\,. \end{aligned}\right\} \tag{3.5}$$

Bemerkung 3.1. Die Voraussetzungen von Satz 3.1 sind stärker als diejenigen von Satz 1.1. Daher gelten für die Lösungen u_n der GALERKIN-Gleichungen (3.5) sämtliche Aussagen von Satz 2.1.

Dem Beweis von Satz 3.1 stellen wir ein Lemma voran.

Lemma 3.1. Unter den Voraussetzungen von Satz 3.1 gehört die Lösung u_n der GALERKIN-Gleichungen (3.5) zu $C^2(S; H_n)$, und die Folge $\{u_n\}$ ist in $C^2(S; H)$ und in $C^1(S; V)$ beschränkt.

Beweis. Wir wissen bereits aus Lemma 2.1, daß die GALERKIN-Gleichungen (3.5) genau eine Lösung $u_n \in C^1(S; H_n)$ mit $u_n'' \in X_n^*$ besitzen und daß die Folge $\{u_n\}$ in $C^1(S; H)$ und $C(S; V)$ beschränkt ist. Nach Lemma 2.3, Kap. VI, sind die Operatoren $A(t) \in (V \to V^*)$ unter den gegebenen Voraussetzungen demistetig. Daraus und aus (3.3) folgt, wie man mühelos einsieht, daß $\big(A(t)\, x, y\big)$ bei festem $y \in V$ in $\{t, x\} \in S \times V$ stetig ist. Außerdem ist $(B_0 x, y)$ bei festem $y \in V$ in x stetig. Das Differentialgleichungssystem (3.5) erfüllt also die Voraussetzungen des Existenzsatzes von PEANO. Folglich gehört die Lösung u_n zu $C^2(S; H_n)$. Zum Beweis der Beschränktheit der Folge $\{u_n''\}$ in $C(S; H)$ betrachten wir die durch

$$w_n(t) = u_n'(t+h) - u_n'(t)\,, \quad h > 0\,,$$

definierte Funktion w_n. Für diese gilt unter den gegebenen Voraussetzungen

$$\frac{1}{2}\big(|w_n(t)|^2 - |w_n(0)|^2\big) = \int_0^t \big(w_n'(s), w_n(s)\big)\, ds$$

$$= \int_0^t \big(- A(s+h)\, u_n'(s+h) - B_0 u_n(s+h)$$

$$+ A(s)\, u_n'(s) + B_0 u_n(s), w_n(s)\big)\, ds$$

$$\leqq \int_0^t \Big(- A(s+h)\, u_n'(s) + A(s)\, u_n'(s) - B_0\big(u_n(s+h)$$

$$- u_n(s)\big) + \lambda w_n(s), w_n(s)\Big)\, ds$$

$$\leqq \int_0^t \{h\varrho(|u_n'(s)|)\, |w_n(s)| + \lambda\, |w_n(s)|^2\}\, ds$$

$$- \frac{1}{2}\Big(B_0\big(u_n(t+h) - u_n(t)\big), u_n(t+h) - u_n(t)\Big)$$

$$+ \frac{1}{2}\Big(B_0\big(u_n(h) - a_0\big), u_n(h) - a_0\Big)$$

$$\leqq K \int_0^t (h^2 + |w_n(s)|^2)\, ds - \frac{1}{2}\Big(B_0\big(u_n(t+h)$$

$$- u_n(t)\big), u_n(t+h) - u_n(t)\Big)$$

$$+ \frac{1}{2}\Big(B_0\big(u_n(h) - a_0\big), u_n(h) - a_0\Big);$$

dabei ist K eine von n und t unabhängige Konstante. Wir dividieren die erhaltene Ungleichung durch h^2 und führen den Grenzübergang $h \to 0$ aus. Es ergibt sich

$$\left.\begin{aligned} &\frac{1}{2}\, |u_n'(t)|^2 + \frac{1}{2}\, (B_0 u_n'(t), u_n'(t)) \\ &\leqq K \int_0^t (1 + |u_n''(s)|^2)\, ds + \frac{1}{2}\, |u_n''(0)|^2 + \frac{1}{2}\, (B_0\, a_1, a_1)\,. \end{aligned}\right\} \tag{3.6}$$

Durch Anwendung des Gronwallschen Lemmas finden wir:

$$|u_n''(t)|^2 \leqq K_0\big(|u_n''(0)|^2 + 1\big)\,, \quad K_0 = \text{const}\,. \tag{3.7}$$

Wegen $|u_n''(0)| \leqq |A(0)\, a_1 + B_0\, a_0|$ folgt aus (3.7) die Beschränktheit der Folge $\{u_n''\}$ in $C(S; H)$. Da B_0 positiv definit ist, folgt aus (3.6) auch die Beschränktheit der Folge $\{u_n'\}$ in $C(S; V)$.

Damit ist Lemma 3.1 bewiesen.

Beweis von Satz 3.1. 1. Es sei $z \in V^*$ und $\{z_i\}$ eine Folge aus H, die in V^* gegen z konvergiert. Wegen der Beschränktheit der Folge $\{u_n'\}$ in $C(S; V)$ gilt:

$$\begin{aligned} &|\big(z, u_n'(t) - u_m'(t)\big)| \\ &\leqq |\big(z - z_i, u_n'(t) - u_m'(t)\big)| + |\big(z_i, u_n'(t) - u_m'(t)\big)| \\ &\leqq K\|z - z_i\|_* + |\big(z_i, u_n'(t) - u_m'(t)\big)|\,. \end{aligned}$$

Aus der Konvergenz der Folge $\{u_n'\}$ in $C(S; H)$ folgt, daß die rechte Seite dieser Ungleichung bei geeigneter Wahl von i für hinreichend große n und m unabhängig von t beliebig klein wird. Damit ist die Konvergenz der Folge $\{u_n'\}$ in $C_w(S; V)$ bewiesen. Ihr Grenzwert kann nur die Ableitung u' der nach Satz 1.1 existierenden Lösung der Aufgabe (1.2) (für $f = 0$) sein. Folglich ist $u' \in C_w(S; V)$.

2. Für ein gegebenes $t \in S$ können wir aus der Folge $\{u_n''(t)\}$ auf Grund ihrer Beschränktheit in H eine Teilfolge $\{u_{n_j}''(t)\}$, $j = 1, 2, \ldots$, auswählen, die in H schwach gegen ein Element $y \in H$ konvergiert. Für diese Folge und beliebiges $x \in \bigcup_n H_n$ finden wir unter Benutzung der Monotonie von $A(t) + \lambda I \in (V \to V^*)$ (vgl. Lemma 2.1, Kap. VI)

$$\begin{aligned} 0 &\leqq \lim_{j\to\infty} \big(A(t)x - A(t)\, u_{n_j}'(t) + \lambda\big(x - u_{n_j}'(t)\big),\, x - u_{n_j}'(t)\big) \\ &= \lim_{j\to\infty} \big(A(t)\, x + u_{n_j}''(t) + B_0 u_{n_j}(t) + \lambda\big(x - u_{n_j}'(t)\big),\; x - u_{n_j}'(t)\big) \\ &= \big(A(t)\, x + y + B_0 u(t) + \lambda\big(x - u'(t)\big)\,,\; x - u'(t)\big)\,. \end{aligned}$$

Nach Lemma 1.3, Kap. III, folgt daraus

$$y = -A(t)\, u'(t) - B_0 u(t)\,.$$

Alle in H schwach konvergenten Teilfolgen von $\{u_n''(t)\}$ haben also das Grenzelement $-A(t)\, u'(t) - B_0 u(t)$. Daraus geht hervor, daß die gesamte Folge $\{u_n''(t)\}$ in H schwach gegen $-A(t)u'(t) - B_0 u(t)$ konvergiert.

3. Aus dem soeben Bewiesenen und der Beschränktheit der Folge $\{u_n''\}$ in $C(S; H)$ ergibt sich

$$\sup_{t\in S} |A(t)u'(t) + B_0 u(t)| < \infty\,. \tag{3.8}$$

Es sei nun $t \in S$ beliebig und $\{t_i\}$ eine gegen t konvergierende Folge von Punkten aus S. Nach (3.3) ist für beliebiges $x \in V$

$$|(A(t)\, u'(t_i) - A(t_i)\, u'(t_i), x)| \leqq |t - t_i|\, \varrho(|u'(t_i)|)\, |x|\,.$$

Daher gilt

$$\lim_{i\to\infty} ||A(t)\, u'(t_i) - A(t_i)\, u'(t_i)||_* = 0\,. \tag{3.9}$$

Wegen der Beschränktheit von $\{A(t_i)u'(t_i) + B_0 u(t_i)\}$ in H (vgl. (3.8)) existiert eine Teilfolge $\{A(t_{i_j})u'(t_{i_j}) + B_0 u(t_{i_j})\}$, die in H schwach gegen ein $y \in H$ konvergiert. Für beliebiges $x \in V$ erhalten wir unter Benutzung von (3.9) und der Tatsache, daß u zu $C(S; V)$ und u' zu $C_w(S; V)$ gehört:

$$\begin{aligned} 0 &\leqq \lim_{j\to\infty} \big(A(t)\, x - A(t)\, u'(t_{i_j}) + \lambda\big(x - u'(t_{i_j})\big),\; x - u'(t_{i_j})\big) \\ &= \lim_{j\to\infty} \big(A(t)\, x - A(t_{i_j})\, u'(t_{i_j}) - B_0 u(t_{i_j}) + B_0 u(t_{i_j}) \\ &\qquad + \lambda\big(x - u'(t_{i_j})\big),\, x - u'(t_{i_j})\big) \\ &= \big(A(t)\, x - y + B_0 u(t) + \lambda\big(x - u'(t)\big),\, x - u'(t)\big)\,. \end{aligned}$$

Daraus folgt ähnlich wie oben $y = A(t)\, u'(t) + B_0 u(t)$ und

$$A(t_i)\, u'(t_i) + B_0 u(t_i) \to A(t)\, u'(t) + B_0 u(t) \quad \text{in} \quad H\,. \tag{3.10}$$

4. Für beliebiges $x \in H$ gilt auf Grund der vorangegangenen Ergebnisse

$$\begin{aligned}\big(u'(t) - a_1, x\big) &= \lim_{n\to\infty} \big(u_n'(t) - a_1, x\big) \\ &= \lim_{n\to\infty} \int_0^t \big(u_n''(s), x\big)\, ds = -\int_0^t \big(A(s)\, u'(s) + B_0 u(s), x\big)\, ds\,.\end{aligned}$$

Aus dieser Beziehung folgt wegen der Stetigkeit des Integranden (vgl. (3.10)) die Zugehörigkeit von u' zu $C_w^1(S; H)$ und die Gültigkeit der Beziehung

$$u''(t) + A(t)\, u'(t) + B_0 u(t) = 0 \qquad \forall t \in S\,.$$

Damit ist Satz 3.1 bewiesen.

Satz 3.2. *Es sei $p = 2$, d. h. $X = L^2(S; V)$. $A \in (X \to X^*)$ besitze die Darstellung* (3.1) *und $B \in (X \to X^*)$ die Darstellung* (3.2). *B sei* Lipschitz*-stetig und für ein $\mu \geqq 0$ sei $A + \mu I$ radialstetig und stark monoton. Außerdem gelte für stetige nichtfallende Funktionen ϱ_A und ϱ_B*

$$\left.\begin{aligned}&\|A(t)\, x - A(s)\, x\|_* \leqq |t - s|\, \varrho_A(|x|)\, (1 + \|x\|)\,,\\ &\|B(t)\, x - B(s)\, x\|_* \leqq |t - s|\, \varrho_B(\|x\|)\\ &\text{für beliebige } s, t \in S \text{ und } x \in V\,.\end{aligned}\right\} \tag{3.11}$$

Dann besitzt die Aufgabe

$$\left.\begin{aligned}&u''(t) + A(t)\, u'(t) + B(t)\, u(t) = 0 \qquad \forall t \in S\,,\\ &u(0) = a_0\,, \quad u'(0) = a_1\,, \quad u \in C^1(S; V) \cap C_w^2(S; H)\,,\end{aligned}\right\} \tag{3.12}$$

zu beliebigen $a_0, a_1 \in V$ mit $A(0)\, a_1 + B(0)\, a_0 \in H$ genau eine Lösung.

Den Beweis von Satz 3.2 führen wir wie den Beweis von Satz 3.1 mit Hilfe des Galerkin-Verfahrens. Die Galerkin-Gleichungen (2.2) können für $n \geqq 2$ folgendermaßen geschrieben werden:

$$\left.\begin{aligned}&\big(u_n''(t) + A(t)\, u_n'(t) + B(t)\, u_n(t), h_i\big) = 0\,, \qquad i = 1, \dots, n,\\ &u_n(0) = a_0\,, \quad u_n'(0) = a_1\end{aligned}\right\} \tag{3.13}$$

(vgl. die Überlegungen S. 252).

Bemerkung 3.2. Die Voraussetzungen von Satz 3.2 sind stärker als diejenigen von Satz 1.2. Daher gelten für die Lösungen u_n der Galerkin-Gleichungen (3.13) sämtliche Aussagen von Satz 2.2.

Dem Beweis von Satz 3.2 stellen wir ein Lemma voran.

Lemma 3.2. Unter den Voraussetzungen von Satz 3.2 gehört die Lösung u_n der Galerkin-Gleichungen (3.13) zu $C^2(S; H_n)$, und die Folge $\{u_n\}$ ist in $C^2(S; H)$ und $C^1(S; V)$ beschränkt.

Beweis. Wir wissen bereits aus Lemma 2.2, daß die GALERKIN-Gleichungen (3.13) genau eine Lösung $u_n \in C^1(S; H_n)$ mit $u_n'' \in X_n^*$ besitzen und daß für die Folge $\{u_n\}$ gilt

$$\|u_n\|_{C(S;V)} + \|u_n'\|_{C(S;H)} + \|u_n'\|_X \leqq \text{const}\,. \tag{3.14}$$

Die Beziehung $u_n \in C^2(S; H_n)$ folgt wie bei Lemma 3.1 aus dem Existenzsatz von PEANO.

Nach Lemma 3.3, Kap. VI, ist $B(t) \in (V \to V^*)$ für jedes $t \in S$ LIPSCHITZ-stetig mit der gleichen LIPSCHITZ-Konstanten M wie $B \in (X \to X^*)$. Für die durch

$$w_n(t) = u_n'(t+h) - u_n'(t)\,, \qquad h > 0\,,$$

definierte Funktion w_n gilt daher (vgl. auch Lemma 2.2, Kap. VI):

$$\begin{aligned}
\frac{1}{2}\left(|w_n(t)|^2 - |w_n(0)|^2\right) &= \int_0^t \left(w_n'(s), w_n(s)\right) ds \\
&= \int_0^t \Big(-A(s+h)\,u_n'(s+h) - B(s+h)\,u_n(s+h) \\
&\qquad + A(s)\,u_n'(s) + B(s)\,u_n(s), w_n(s)\Big)\, ds \\
&= \int_0^t \Big(-A\,(s+h)\,u_n'(s+h) + A(s+h)\,u_n'(s) \\
&\qquad - A(s+h)\,u_n'(s) + A(s)\,u_n'(s) - B(s+h)\,u_n(s+h) \\
&\qquad + B(s+h)\,u_n(s) - B(s+h)\,u_n(s) \\
&\qquad + B(s)\,u_n(s), w_n(s)\Big)\, ds \\
&\leqq \int_0^t \Big\{-m\,\|w_n(s)\|^2 + \mu|w_n(s)|^2 \\
&\qquad + h\Big(\varrho_A(|u_n'(s)|)\,(1 + \|u_n'(s)\|) + \varrho_B(\|u_n(s)\|)\Big)\,\|w_n(s)\| \\
&\qquad + M\|u_n(s+h) - u_n(s)\| \cdot \|w_n(s)\|\Big\}\, ds \\
&\leqq \int_0^t \{\mu|w_n(s)|^2 + K\big(h^2 + h^2\|u_n'(s)\|^2 \\
&\qquad + \|u_n(s+h) - u_n(s)\|^2\big)\}\, ds;
\end{aligned}$$

dabei ist K eine von n und t unabhängige Konstante. Wir dividieren diese Ungleichung durch h^2 und führen den Grenzübergang $h \to 0$ aus. Es ergibt sich

$$\begin{aligned}
\frac{1}{2}\left(|u_n''(t)|^2 - |u_n''(0)|^2\right) &\leqq \int_0^t \{\mu|u_n''(s)|^2 + K\big(1 + 2\|u_n'(s)\|^2\big)\}\, ds \\
&\leqq \int_0^t \mu|u_n''(s)|^2\, ds + K(T + 2\|u_n'\|_X^2)\,.
\end{aligned}$$

Wegen (3.14) finden wir durch Anwendung des GRONWALLschen Lemmas

$$|u_n''(t)| \leqq K_0(|u_n''(0)| + 1)\,, \qquad K_0 = \text{const}\,. \tag{3.15}$$

Nun ist $|u_n''(0)| \leqq |A(0)\,a_1 + B(0)\,a_0|$. Daher folgt aus (3.14) und (3.15) die Beschränktheit der Folge $\{u_n\}$ in $C^2(S; H)$.

Für $t \in S$ ist $A(t) + \mu I \in (V \to V^*)$ stark monoton (vgl. Lemma 2.2, Kap. VI). Daher ist

$$\begin{aligned}
m||u_n'(t)||^2 &\leqq \big(A(t)\,u_n'(t) + \mu u_n'(t) - A(t)0,\, u_n'(t)\big)\\
&= \big(-u_n''(t) - B(t)\,u_n(t) + \mu u_n'(t) - A(t)0,\, u_n'(t)\big)\\
&= \big(-u_n''(t) - B(t)\,u_n(t) + B(t)0 - B(t)0 + B(0)0 - B(0)0\\
&\quad + \mu u_n'(t) - A(t)0 + A(0)0 - A(0)0,\, u_n'(t)\big)\\
&\leqq \big(||u_n''(t)||_* + M||u_n(t)|| + T\varrho_B(0) + ||B(0)0||_* + T\varrho_A(0)\\
&\quad + ||A(0)0||_*\big)\,||u_n'(t)|| + \mu|u_n'(t)|^2 \leqq K(||u_n'(t)|| + 1)
\end{aligned}$$

für eine von n und t unabhängige Konstante K. Aus dieser Abschätzung folgt die Beschränktheit der Folge $\{u_n'\}$ in $C(S; V)$.

Damit ist Lemma 3.2 bewiesen.

Beweis von Satz 3.2. Auf Grund der in Lemma 3.2 erhaltenen Ergebnisse und der Ergebnisse der Sätze 1.2 und 2.2 können die Beziehung $u \in C_w^1(S; V) \cap C_w^2(S; H)$ und die Gültigkeit der Gleichung

$$u''(t) + A(t)\,u'(t) + B(t)\,u(t) = 0 \qquad \forall t \in S$$

ebenso bewiesen werden wie die entsprechenden Aussagen von Satz 3.1 (lediglich die t-Abhängigkeit von $B(t)$ erfordert geringfügige Modifikationen). Zu zeigen bleibt $u' \in C(S; V)$.

Für beliebige $s, t \in S$ gilt auf Grund des bereits Bewiesenen:

$$\begin{aligned}
0 &= \big(u''(t) - u''(s) + A(t)\,u'(t) - A(t)\,u'(s) + A(t)\,u'(s) - A(s)\,u'(s)\\
&\quad + B(t)\,u(t) - B(t)\,u(s) + B(t)\,u(s) - B(s)\,u(s),\, u'(t) - u'(s)\big)\\
&\geqq -K|u'(t) - u'(s)| + m||u'(t) - u'(s)||^2 - \mu|u'(t) - u'(s)|^2\\
&\quad - \big(|t - s|\,\varrho_A(|u'(s)|)\,(1 + ||u'(s)||) + M||u(t) - u(s)||\\
&\quad + |t - s|\,\varrho_B(||u(s)||)\big)\,||u'(t) - u'(s)||\,.
\end{aligned}$$

Aus dieser Abschätzung folgt

$$\lim_{t \to s} ||u'(t) - u'(s)|| = 0\,,$$

d. h., es ist, wie behauptet, $u' \in C(S; V)$.

Damit ist Satz 3.2 bewiesen.

2. Regularität bei beliebigen Anfangselementen

Die Sätze 3.1 und 3.2 beruhen auf der Voraussetzung

$$A(0)\, a_1 + B_0 a_0 \in H \qquad \text{bzw.} \qquad A(0)\, a_1 + B(0)\, a_0 \in H\,.$$

Wir zeigen in diesem Abschnitt, daß man auch für beliebige Anfangselemente $a_0 \in V$, $a_1 \in H$ ähnliche Sätze beweisen kann, wenn für den Operator A über die Voraussetzungen von Satz 3.1 bzw. Satz 3.2 hinaus folgendes gilt:

$$\left.\begin{array}{l} A = D + C; \\ (Du)(t) = D_0 u(t) \text{ für } u \in X,\ t \in S \text{ und einen monotonen koerzitiven} \\ \text{Potentialoperator } D_0 \in (V \to V^*);\ C \in \big(X \to L^2(S; H)\big) \text{ überführt be-} \\ \text{schränkte Mengen von } X \text{ in beschränkte Mengen von } L^2(S; H); \\ (Cu)(t) = C(t)\, u(t)\,,\quad C(t) \in (V \to H)\,,\quad \text{für } u \in X\,,\ t \in S. \end{array}\right\} \qquad (3.16)$$

Satz 3.3. *Es seien A und B Operatoren, die den Voraussetzungen von Satz* 3.1 *genügen. Darüberhinaus gelte* (3.16). *Dann besitzt die Aufgabe*

$$\left.\begin{array}{ll} u''(t) + A(t)\, u'(t) + B_0 u(t) = 0 \quad \textit{für} & 0 < t \leqq T\,, \\ u(0) = a_0\,,\quad u'(0) = a_1\,,\quad u \in C(S; V)\,, & \\ u' \in C^1_w([\delta, T]; H) \cap C_w([\delta, T]; V) \cap W & \forall \delta \in (0, T]\,, \end{array}\right\} \qquad (3.17)$$

zu beliebigen $a_0 \in V$, $a_1 \in H$ *genau eine Lösung.*

Wir beweisen Satz 3.3 zusammen mit dem folgenden

Satz 3.4. *Es seien A und B Operatoren, die den Voraussetzungen von Satz* 3.2 *genügen. Darüberhinaus gelte* (3.16). *Dann besitzt die Aufgabe*

$$\left.\begin{array}{ll} u''(t) + A(t)\, u'(t) + B(t)\, u(t) = 0 \quad \textit{für} & 0 < t \leqq T\,, \\ u(0) = a_0,\ u'(0) = a_1,\ u \in C(S; V); & \\ u' \in C^1_w([\delta, T]; H) \cap C([\delta, T]; V) \cap W & \forall \delta \in (0, T]\,, \end{array}\right\} \qquad (3.18)$$

zu beliebigen $a_0 \in V$, $a_1 \in H$ *genau eine Lösung.*

Beweis der Sätze 3.3 und 3.4. Wir führen die Sätze 3.3 und 3.4 auf die Sätze 3.1 und 3.2 zurück. Die Zurückführung wird durch eine a-priori-Abschätzung der Galerkin-Näherungen u_n möglich, die auf der Voraussetzung (3.16) beruht.

Um Einheitlichkeit in den Bezeichnungen zu erreichen, setzen wir im Falle von Satz 3.3 $B(t) = B_0$ für $t \in S$ und $\varrho_B(\xi) = 0$ für $\xi \geqq 0$.

Unter den gegebenen Voraussetzungen lassen sich die Galerkin-Gleichungen (2.2) in folgender Form schreiben:

$$\left.\begin{array}{l} \big(u_n''(t) + A(t)\, u_n'(t) + B(t)\, u_n(t), h_i\big) = 0\,, \quad i = 1, \ldots, n\,, \\ u_n(0) = a_{0n}\,, \quad u_n'(0) = a_{1n}\,. \end{array}\right\} \qquad (3.19)$$

Die Lösung u_n der Aufgabe (3.19) gehört zu $C^2(S; H_n)$. Das kann man ebenso beweisen wie die entsprechende Aussage von Lemma 3.1.

Im Laufe der weiteren Überlegungen benötigen wir folgende Abschätzung:

$$\int_S \int_0^t (B(s)\, u_n(s)\,,\, s u_n''(s))\, ds\, dt$$

$$= \lim_{h \downarrow 0} \frac{1}{h} \int_0^{T-h} \int_0^t s\big(B(s)\, u_n(s),\, u_n'(s+h) - u_n'(s)\big)\, ds\, dt$$

$$= \lim_{h \downarrow 0} \frac{1}{h} \int_0^{T-h} \left(\int_h^{t+h} (s-h)\, \big(B(s-h)\, u_n(s-h),\, u_n'(s)\big)\, ds \right.$$

$$\left. - \int_0^t s\big(B(s)\, u_n(s),\, u_n'(s)\big)\, ds \right) dt$$

$$= \lim_{h \downarrow 0} \frac{1}{h} \int_0^{T-h} \int_h^t s\big(B(s-h)\, u_n(s-h) - B(s-h)\, u_n(s)$$

$$+ B(s-h)\, u_n(s) - B(s)\, u_n(s),\, u_n'(s)\big)\, ds\, dt$$

$$- \int_S \int_0^t \big(B(s)\, u_n(s),\, u_n'(s)\big)\, ds\, dt + \int_S t\big(B(t)\, u_n(t),\, u_n'(t)\big)\, dt$$

$$\geqq \varliminf_{h \downarrow 0} \int_0^{T-h} \int_h^t s\left(-\frac{1}{h} M\|u_n(s-h) - u_n(s)\| - \varrho_B(\|u_n(s)\|)\right) \|u_n'(s)\|\, ds\, dt$$

$$- \int_S \int_0^t \big(B(s)\, u_n(s),\, u_n'(s)\big)\, ds\, dt + \int_S t\big(B(t)\, u_n(t),\, u_n'(t)\big)\, dt$$

$$\geqq -K,\ K = \text{const}\,.$$

Dabei ist die Beschränktheit der Folge $\{u_n\}$ in $C(S;\, V)$ und die Beschränktheit der Folge $\{u_n'\}$ in X benutzt worden.

Ist F ein Potential zu D_0, so gilt (siehe die Lemmata 4.1 und 4.10, Kap. III)

$$F\big(u_n'(s)\big) - F(a_{1n}) = \int_0^s \big(D_0 u_n'(\sigma),\, u_n''(\sigma)\big)\, d\sigma$$

und

$$F\big(u_n'(s)\big) - F(0) \leqq \big(D_0 u_n'(s),\, u_n'(s)\big)\,.$$

Außerdem ist F nach unten beschränkt (vgl. Folgerung 4.3, Kap. III).

Wir setzen nun in die Galerkin-Gleichungen (3.19) anstelle von h_t den zu H_n gehörigen Wert $t u_n''(t)$ ein. Durch entsprechende Integration ergibt sich

$$0 = \int_S \int_0^t \big(u_n''(s) + D_0 u_n'(s) + C(s)\, u_n'(s) + B(s)\, u_n(s),\, s u_n''(s)\big)\, ds\, dt$$

$$\geqq \int_S \int_0^t \left\{ s|u_n''(s)|^2 - \int_0^s \big(D_0 u_n'(\sigma),\, u_n''(\sigma)\big)\, d\sigma + t\big(D_0 u_n'(s),\, u_n''(s)\big) \right.$$

$$\left. - \frac{s}{2} |C(s)\, u_n'(s)|^2 - \frac{s}{2} |u_n''(s)|^2 + \big(B(s)\, u_n(s),\, s u_n''(s)\big) \right\} ds\, dt\,.$$

Daraus folgt unter Benutzung der vorangegangenen Überlegungen und der Beschränktheitsvoraussetzungen bezüglich C:

$$0 \geqq \int\limits_S \left\{ \int\limits_0^t \left(\frac{s}{2} |u_n''(s)|^2 - F\big(u_n'(s)\big) + F(a_{1n}) \right) ds + t\Big(F\big(u_n'(t)\big) - F(a_{1n})\Big) \right\} dt - K_1$$

$$\geqq \int\limits_S \int\limits_0^t \left\{ \frac{s}{2} |u_n''(s)|^2 - F(0) - \big(D_0 u_n'(s), u_n'(s)\big) \right\} ds\, dt - K_2$$

$$\geqq \int\limits_S \int\limits_0^t \left\{ \frac{s}{2} |u_n''(s)|^2 - \big(A(s)\, u_n'(s), u_n'(s)\big) + \big(C(s)\, u_n'(s), u_n'(s)\big) \right\} ds\, dt - K_3$$

$$\geqq \frac{1}{2} \int\limits_S \int\limits_0^t s |u_n''(s)|^2\, ds\, dt - K_4;$$

dabei sind K_1, K_2, K_3 und K_4 von n unabhängige Konstanten. Außerdem gilt:

$$\int\limits_S \int\limits_0^t ||u_n'(s)||^2\, ds\, dt \leqq K_5 ||u_n'||_X^2 \leqq K_6;$$

dabei hängen auch K_5 und K_6 nicht von n ab. Aus den letzten beiden Ungleichungen erhält man mit Hilfe des Lemmas von Fatou

$$\int\limits_S \int\limits_0^t \varliminf_{n\to\infty} \big(s|u_n''(s)|^2 + ||u_n'(s)||^2\big)\, ds\, dt$$

$$\leqq \varliminf_{n\to\infty} \int\limits_S \int\limits_0^t \big(s|u_n''(s)|^2 + ||u_n'(s)||^2\big)\, ds\, dt \leqq 2K_4 + K_6\,.$$

Wegen der Monotonie von $\int\limits_0^t \varliminf_{n\to\infty} \big(s|u_n''(s)|^2 + ||u_n'(s)||^2\big)\, ds$ in t folgt daraus

$$\varliminf_{n\to\infty} \big(s|u_n''(s)|^2 + ||u_n'(s)||^2\big) < \infty \quad \text{für fast jedes } s \in S.$$

Daher besitzt für fast jedes $t \in (0, T]$ die Folge $\{|u_n''(t)| + ||u_n'(t)||\}$ eine beschränkte Teilfolge.

Es sei $\delta \in (0, T]$. Zu δ existieren nach dem soeben Bewiesenen ein $t_0 \in (0, \delta]$ und eine Teilfolge $\{n_j\}$ der natürlichen Zahlen derart, daß die Folge $\{|u_{n_j}''(t_0)| + ||u_{n_j}'(t_0)||\}$ beschränkt ist. Daraus folgt wie beim Beweis von Lemma 3.1 bzw. Lemma 3.2 (vgl. (3.6) bzw. (3.15)) die Beschränktheit der Folge $\{u_{n_j}''\}$ in $C([t_0, T]; H)$. Der Nachweis der Beschränktheit der Folge $\{u_n''\}$ in $C(S; H)$ war die einzige Stelle der Beweise der Sätze 3.1 und 3.2, an der die Voraussetzung $A(0)\, a_1 + B(0)\, a_0 \in H$ benutzt wurde. Betrachtet man das Intervall $[t_0, T]$ anstelle von S, so kann man von der Beschränktheit der Folge $\{u''_{n_j}\}$ in $C([t_0, T]; H)$ ausgehen und die weiteren Überlegungen ebenso ausführen wie beim Beweis von Satz 3.1 bzw. Satz 3.2, wenn man überall mit der Teilfolge $\{u_{n_j}\}$ anstelle von $\{u_n\}$ arbeitet. Auf diese Weise ergeben sich die Behauptungen von Satz 3.3 bzw. Satz 3.4.

§ 4. Weitere Approximationsaussagen

Für die numerische Lösung von Operatordifferentialgleichungen zweiter Ordnung ist es von Interesse, daß diese nicht nur mit Hilfe des Galerkin-Verfahrens, sondern auch in anderer Weise approximiert werden können. In diesem Paragraphen werden wir eine Approximation von Operatordifferentialgleichungen zweiter Ordnung angeben, die der in Kap. VI, § 3 behandelten Approximation von Evolutionsgleichungen analog ist. Wie im Falle der Evolutionsgleichungen stellen wir im Hinblick auf Fehlerabschätzungen und die praktische Durchführbarkeit verschiedener Näherungsverfahren an die in den Gleichungen auftretenden Operatoren stärkere Forderungen als in den vorangegangenen Paragraphen.

In diesem Paragraphen sei $X = L^2(S; V)$, $X^* = L^2(S; V^*)$ und $W = \{u \mid u \in X, u' \in X^*\}$. Wir erinnern an einige der in Kap. VI, § 3 eingeführten Bezeichnungen, die wie hier wieder verwenden wollen:

$$J \text{ Dualitätsabbildung von } V \text{ in } V^*;$$
$$(\cdot,\cdot) \text{ Skalarprodukt in } V;$$
$$J_\varepsilon = I + \varepsilon^2 J \in (V \to V^*);$$
$$(x, y)_\varepsilon = (x, y) + \varepsilon^2(x, y) = (J_\varepsilon x, y); \quad |x|_\varepsilon = \sqrt{(x, x)_\varepsilon};$$
$$V_\varepsilon = \{V; (\cdot,\cdot)_\varepsilon\}; \quad X_\varepsilon = L^2(S; V_\varepsilon).$$

Es sei A ein Volterra-Operator aus $(X \to X^*)$. Zu A und $\varepsilon > 0$ definieren wir einen Volterra-Operator $A_\varepsilon \in (X_\varepsilon \to X_\varepsilon)$ durch die Vorschrift

$$(A_\varepsilon u)(t) = J_\varepsilon^{-1}(Au)(t)\,. \tag{4.1}$$

Diese Definition ist gleichwertig zu

$$\big((A_\varepsilon u)(t), x\big)_\varepsilon = \big((Au)(t), x\big) \qquad \forall x \in V\,. \tag{4.2}$$

Aus (4.2) ist zu ersehen, daß A_ε tatsächlich den Raum X_ε in sich abbildet. Entsprechend definieren wir B_ε.

Wir betrachten neben der Aufgabe

$$\left.\begin{array}{l} u'' + Au' + Bu = 0\,, \quad u(0) = a_0 \in V, \\ u'(0) = a_1 \in H\,, \quad u \in C(S\,; V)\,, \quad u' \in X\,, \end{array}\right\} \tag{4.3}$$

die „approximierende" Aufgabe

$$\left.\begin{aligned} &u_\varepsilon'' + A_\varepsilon u_\varepsilon' + B_\varepsilon u_\varepsilon = 0\,, \quad u_\varepsilon(0) = a_0\,,\\ &u_\varepsilon'(0) = a_{1\varepsilon}\,, \quad u_\varepsilon \in C(S;\, V_\varepsilon)\,, \quad u_\varepsilon' \in X_\varepsilon\,; \end{aligned}\right\} \tag{4.4}$$

dabei werden wir über $a_{1\varepsilon} \in V_\varepsilon$ später geeignet verfügen.

1. Approximation ohne zusätzliche Regularitätsvoraussetzungen

Lemma 4.1. Sind A und B LIPSCHITZ-stetige VOLTERRA-Operatoren aus $(X \to X^*)$, so besitzt die Aufgabe (4.4) für beliebige $a_0, a_{1\varepsilon} \in V_\varepsilon$ genau eine Lösung $u_\varepsilon \in C^1(S;\, V_\varepsilon)$ mit der Eigenschaft $u_\varepsilon'' \in X_\varepsilon$.

Beweis. A_ε und B_ε sind LIPSCHITZ-stetige VOLTERRA-Operatoren aus $(X_\varepsilon \to X_\varepsilon)$ (vgl. den Beweis von Lemma 3.1, Kap. VI). R sei der durch

$$(Rv)(t) = a_0 + \int_0^t v(s)\,\mathrm{d}s\,, \qquad v \in X\,,$$

definierte Operator. R ist offenbar als Abbildung von X in X und daher auch als Abbildung von X_ε in X_ε LIPSCHITZ-stetig.

Ist u_ε Lösung der Aufgabe (4.4), so ist $v_\varepsilon = u_\varepsilon'$ Lösung der Aufgabe

$$v_\varepsilon' + (A_\varepsilon + B_\varepsilon R)\, v_\varepsilon = 0\,, \quad v_\varepsilon(0) = a_{1\varepsilon}\,, \quad v_\varepsilon \in X_\varepsilon\,. \tag{4.5}$$

Umgekehrt ist $u_\varepsilon = Rv_\varepsilon$ Lösung der Aufgabe (4.4), falls v_ε Lösung der Aufgabe (4.5) ist. Die eindeutige Lösbarkeit der Aufgabe (4.5) folgt aus Satz 1.3, Kap. V.

Damit ist Lemma 4.1 bewiesen.

Satz 4.1. *Es seien A und B LIPSCHITZ-stetige VOLTERRA-Operatoren aus $(X \to X^*)$. Für ein $\mu \geqq 0$ sei $A + \mu I \in (X \to X^*)$ stark monoton. Ferner sei zu jedem $\varepsilon > 0$ ein Element $a_{1\varepsilon} \in V_\varepsilon$ so gewählt, daß gilt:*

$$\lim_{\varepsilon\to 0} |a_{1\varepsilon} - a_1| = 0\,, \quad \lim_{\varepsilon\to 0} \varepsilon\|a_{1\varepsilon}\| = 0\,. \tag{4.6}$$

Dann ist

$$\lim_{\varepsilon\to 0} \left(\|u_\varepsilon - u\|_{C(S;V)} + \|u_\varepsilon' - u'\|_{C(S;H)} + \|u_\varepsilon' - u'\|_X\right) = 0\,;$$

dabei bezeichnet u_ε die Lösung der Aufgabe (4.4) *und u die nach Satz* 1.2 *eindeutig bestimmte Lösung der Aufgabe* (4.3).

Bemerkung 4.1. Zur Realisierung der Voraussetzung (4.6) siehe Bemerkung 3.2, Kap. VI.

Dem Beweis von Satz 4.1 stellen wir ein Lemma voran.

Lemma 4.2. Unter den Voraussetzungen von Satz 4.1 gilt für geeignetes $\delta > 0$:

$$\sup_{0<\varepsilon<\delta} \left(\|u_\varepsilon\|_{C(S;V)} + \|u_\varepsilon'\|_{C(S;V_\varepsilon)} + \|u_\varepsilon'\|_X\right) < \infty\,. \tag{4.7}$$

Beweis. Wir bezeichnen mit M die LIPSCHITZ-Konstante von B und mit m die Monotoniekonstante $A + \mu I$. Für $\lambda \geqq \frac{MT}{m^2}$ gilt (vgl. (1.6) und (2.4))

$$\frac{1}{2}(e^{-2\lambda t}|u'_\varepsilon(t)|^2_\varepsilon - |a_{1\varepsilon}|^2_\varepsilon) \leqq \int_0^t e^{-2\lambda s}(u''_\varepsilon(s), u'_\varepsilon(s))_\varepsilon \, ds$$

$$= \int_0^t e^{-2\lambda s}(-(A_\varepsilon u'_\varepsilon)(s) - (B_\varepsilon u_\varepsilon)(s), u'_\varepsilon(s))_\varepsilon \, ds$$

$$= \int_0^t e^{-2\lambda s}(-(Au'_\varepsilon)(s) + (A0)(s) - (A0)(s)$$

$$- (BRu'_\varepsilon)(s) + (BR0)(s) - (BR0)(s), u'_\varepsilon(s)) \, ds$$

$$\leqq \int_0^t e^{-2\lambda s}\Big(-\frac{m}{8}||u'_\varepsilon(s)||^2 + \mu|u'_\varepsilon(s)|^2_\varepsilon$$

$$+ \frac{2}{m}||(A0)(s) + (BR0)(s)||^2_*\Big) \, ds \, .$$

Wir wählen $\delta > 0$ so, daß

$$\sup_{0<\varepsilon<\delta} |a_{1\varepsilon}|^2_\varepsilon = \sup_{0<\varepsilon<\delta} (|a_{1\varepsilon}|^2 + \varepsilon^2||a_{1\varepsilon}||^2) < \infty$$

ist. Das ist auf Grund der Voraussetzung (4.6) möglich. Unter Benutzung des GRONWALLschen Lemmas erhalten wir aus der letzten Abschätzung zunächst

$$\sup_{0<\varepsilon<\delta} ||u'_\varepsilon||_{C(S;V_\varepsilon)} < \infty \, .$$

Damit ergibt sich dann weiter

$$\sup_{0<\varepsilon<\delta} ||u'_\varepsilon||_X < \infty \, .$$

Durch Integration erhält man schließlich

$$||u_\varepsilon(t)|| = ||\, a_0 + \int_0^t u'_\varepsilon(s) \, ds|| \leqq ||a_0|| + \sqrt{T}\, ||u'_\varepsilon||_X \, .$$

Folglich ist auch

$$\sup_{0<\varepsilon<\delta} ||u_\varepsilon||_{C(S;V)} < \infty \, .$$

Damit ist Lemma 4.2 bewiesen.

Beweis von Satz 4.1. Unter den gegebenen Voraussetzungen gilt für $\lambda \geqq \frac{MT}{m^2}$ und beliebiges $v \in C^1(S;V)$ (vgl. (1.6) und (2.4)):

$$\frac{1}{4} e^{-2\lambda t}|u'_\varepsilon(t) - u'(t)|^2 \leqq \frac{1}{4} e^{-2\lambda t}(|u'_\varepsilon(t) - v(t)| + |v(t) - u'(t)|)^2$$

$$\leqq \frac{1}{2} e^{-2\lambda t}|u'_\varepsilon(t) - v(t)|^2_\varepsilon + \frac{1}{2}|v(t) - u'(t)|^2$$

$$\leqq \int_0^t e^{-2\lambda s}(u_\varepsilon''(s) - v'(s), u_\varepsilon'(s) - v(s))_\varepsilon \, ds$$
$$+ \frac{1}{2}|a_{1\varepsilon} - v(0)| + \frac{1}{2}|v(t) - u'(t)|^2$$
$$= -\int_0^t e^{-2\lambda s}\big((A_\varepsilon u_\varepsilon')(s) + (B_\varepsilon u_\varepsilon)(s) + v'(s), u_\varepsilon'(s) - v(s)\big)_\varepsilon ds$$
$$+ \frac{1}{2}|a_{1\varepsilon} - v(0)|_\varepsilon^2 + \frac{1}{2}|v(t) - u'(t)|^2$$
$$= -\int_0^t e^{-2\lambda s}\Big\{\Big(\big((A + BR)\, u_\varepsilon'\big)(s)$$
$$- \big((A + BR)u'\big)(s), u_\varepsilon'(s) - u'(s)\Big) + \Big(\big((A + BR)\, u_\varepsilon'\big)(s)$$
$$- \big((A + BR)u'\big)(s), u'(s) - v(s)\Big)$$
$$+ \big(v'(s) - u''(s), u_\varepsilon'(s) - v(s)\big) + \varepsilon^2\big(v'(s), u_\varepsilon'(s) - v(s)\big)\Big\} ds$$
$$+ \frac{1}{2}|a_{1\varepsilon} - v(0)|_\varepsilon^2 + \frac{1}{2}|v(t) - u'(t)|^2$$
$$\leqq -\int_0^t e^{-2\lambda s}\Big(\frac{m}{4}\|u_\varepsilon'(s) - u'(s)\|^2 - \mu|u_\varepsilon'(s) - u'(s)|^2\Big) ds$$
$$+ \|(A + BR)\, u_\varepsilon' - (A + BR)\, u'\|_{X^*} \|u' - v\|_X$$
$$+ \|v' - u''\|_{X^*} \|u_\varepsilon' - v\|_X + \varepsilon^2\|v'\|_X \|u_\varepsilon' - v\|_X$$
$$+ \frac{1}{2}|a_{1\varepsilon} - v(0)|_\varepsilon^2 + \frac{1}{2}\|v - u'\|_{C(S;H)}^2 .$$

Unter Benutzung des GRONWALLschen Lemmas, der LIPSCHITZ-Stetigkeit von $A + BR \varepsilon (X \to X^*)$ und der Beziehung (4.7) ergibt sich daraus für $0 < \varepsilon < \delta$:

$$\|u_\varepsilon' - u'\|_{C(S;H)}^2 + \|u_\varepsilon' - u'\|_X^2$$
$$\leqq K\{\|u' - v\|_X + (\|v' - u''\|_{X^*} + \varepsilon^2\|v'\|_X)(1 + \|v\|_X)$$
$$+ |a_{1\varepsilon} - v(0)|^2 + \varepsilon^2\|a_{1\varepsilon} - v(0)\|^2 + \|v - u'\|_{C(S;H)}^2\};$$

dabei bezeichnet K eine von ε und v unabhängige Konstante. Durch Ausführung des Grenzübergangs $\varepsilon \to 0$ erhalten wir:

$$\overline{\lim_{\varepsilon \to 0}} (\|u_\varepsilon' - u'\|_{C(S;H)}^2 + \|u_\varepsilon' - u'\|_X^2)$$
$$\leqq K\{\|u' - v\|_X + \|v' - u''\|_{X^*}(1 + \|v\|_X) + |a_1 - v(0)|^2 + \|v - u'\|_{C(S;H)}^2\} .$$

Wir machen nun davon Gebrauch, daß man die Funktion $u' \in W$ durch Funktionen $v \varepsilon C^1(S; V)$ in W und damit auch in $C(S; H)$ beliebig gut approximieren kann (siehe Lemma 1.12, Kap. IV). Durch geeignete Wahl von v kann man also erreichen, daß die rechte Seite der letzten Abschätzung beliebig klein wird. Da die linke Seite der Abschätzung nicht von v abhängt, folgt aus dieser Feststellung

$$\lim_{\varepsilon\to 0} (||u_\varepsilon' - u'||^2_{C(S;H)} + ||u_\varepsilon' - u'||^2_X) = 0\,. \tag{4.8}$$

Aus (4.8) ergibt sich wegen $u_\varepsilon(0) = u(0) = a_0$ weiter

$$||u_\varepsilon(t) - u(t)|| = ||\int_0^t (u_\varepsilon'(s) - u'(s))\,ds|| \leqq \sqrt{T}\,||u_\varepsilon' - u'||_X\,, \tag{4.9}$$

und daher gilt auch

$$\lim_{\varepsilon\to 0} ||u_\varepsilon - u||_{C(S;V)} = 0\,.$$

Damit ist Satz 4.1 bewiesen.

2. Approximation unter zusätzlichen Regularitätsvoraussetzungen

Satz 4.2. *Es seien die Voraussetzungen von Satz* 3.2 *erfüllt. Zusätzlich sei* $A \in (X \to X^*)$ LIPSCHITZ-*stetig. Wir bezeichnen mit* u *die nach Satz* 3.2 *eindeutig bestimmte Lösung der Aufgabe* (3.12) *zu gegebenen Anfangswerten* $a_0, a_1 \in V$ *mit* $A(0)\,a_1 + B(0)\,a_0 \in H$. *Ferner sei* u_ε *die Lösung der Aufgabe* (4.4) *für* $a_{1\varepsilon} = a_1$. *Dann gilt (wenn wir uns auf* $0 < \varepsilon < 1$ *beschränken):*

a) $||u_\varepsilon - u||_{C(S;V)} \leqq M_1\varepsilon$;

b) $||u_\varepsilon' - u'||_{C(S;H)} + ||u_\varepsilon' - u'||_X \leqq M_2\varepsilon$;

c) $||u_\varepsilon' - u'||_{C(S;V)} \leqq M_3\sqrt{\varepsilon}$;

d) $||u_\varepsilon'' - u''||_{C(S;V^*)} \leqq M_4\sqrt{\varepsilon}$;

e) $\lim_{\varepsilon\to 0} u_\varepsilon'' = u''$ in $C_w(S;H)$.

Dabei sind M_1, M_2, M_3 *und* M_4 *explizit angebbare Konstanten.*

Dem Beweis von Satz 4.2 stellen wir ein Lemma voran.

Lemma 4.3. Unter den Voraussetzungen von Satz 4.2 gilt $u_\varepsilon'' \in C(S;V_\varepsilon)$ und

$$\sup_{\varepsilon>0} ||u_\varepsilon''||_{C(S;V_\varepsilon} < \infty\,. \tag{4.10}$$

Beweis. Nach Lemma 4.1 gilt $u_\varepsilon \in C^1(S;V_\varepsilon)$, $u_\varepsilon'' \in X_\varepsilon$. Die Beziehung $u_\varepsilon'' \in C(S;V_\varepsilon)$ folgt aus $u_\varepsilon'' = -A_\varepsilon u_\varepsilon' - B_\varepsilon u_\varepsilon$ und der für beliebiges $x \in V_\varepsilon$ gültigen Abschätzung

$$\begin{aligned}
&(A_\varepsilon(t)\,u_\varepsilon'(t) + B_\varepsilon(t)\,u_\varepsilon(t) - A_\varepsilon(s)\,u_\varepsilon'(s) - B_\varepsilon(s)\,u_\varepsilon(s), x)_\varepsilon\\
&= \big(A(t)\,u_\varepsilon'(t) - A(t)\,u_\varepsilon'(s) + A(t)\,u_\varepsilon'(s) - A(s)\,u_\varepsilon'(s)\\
&\quad + B(t)\,u_\varepsilon(t) - B(t)\,u_\varepsilon(s) + B(t)\,u_\varepsilon(s) - B(s)\,u_\varepsilon(s), x\big)\\
&\leqq \{M_A||u_\varepsilon'(t) - u_\varepsilon'(s)|| + |t-s|\,\varrho_A(|u_\varepsilon'(s)|)\,\big(1 + ||u_\varepsilon'(s)||\big)\\
&\quad + M_B||u_\varepsilon(t) - u_\varepsilon(s)|| + |t-s|\,\varrho_B(||u_\varepsilon(s)||)\}\,|x|_\varepsilon\cdot\frac{1}{\varepsilon}\,;
\end{aligned}$$

dabei bezeichnen M_A und M_B die LIPSCHITZ-Konstanten von A und B (vgl. auch Lemma 3.3, Kap. VI).

Wir kommen zum Nachweis der Beziehung (4.10). Wir setzen

$$w_\varepsilon(t) = u'_\varepsilon(t+h) - u'_\varepsilon(t)\,, \qquad h > 0\,.$$

Die Monotoniekonstante von $A + \mu I$ bezeichnen wir, wie üblich, mit m. Unter Benutzung von (4.7) (mit $\delta = \infty$ wegen $a_{1\varepsilon} = a_1$) ergibt sich

$$\frac{1}{2}\left(|w_\varepsilon(t)|_\varepsilon^2 - |w_\varepsilon(0)|_\varepsilon^2\right) = \int_0^t \left(w'_\varepsilon(s), w_\varepsilon(s)\right)_\varepsilon ds$$

$$= \int_0^t \big(-A(s+h)\,u'_\varepsilon(s+h) + A(s+h)\,u'_\varepsilon(s) - A(s+h)\,u'_\varepsilon(s) + A(s)\,u'_\varepsilon(s)$$

$$- B(s+h)\,u_\varepsilon(s+h) + B(s+h)\,u_\varepsilon(s) - B(s+h)u_\varepsilon(s) + B(s)\,u_\varepsilon(s), w_\varepsilon(s)\big)\, ds$$

$$\leqq \int_0^t \{-m\|w_\varepsilon(s)\|^2 + \mu|w_\varepsilon(s)|^2 + h\big(\varrho_A(|u'_\varepsilon(s)|)\,(1 + \|u'_\varepsilon(s)\|)$$

$$+ \varrho_B(\|u_\varepsilon(s)\|)\big)\,\|w_\varepsilon(s)\| + M_B\,\|u_\varepsilon(s+h) - u_\varepsilon(s)\| \cdot \|w_\varepsilon(s)\|\}\, ds$$

$$\leqq \int_0^t \{\mu|w_\varepsilon(s)|^2 + K(h^2 + h^2\|u'_\varepsilon(s)\|^2 + \|u_\varepsilon(s+h) - u_\varepsilon(s)\|^2)\}\, ds;$$

dabei ist K eine von ε und t unabhängige Konstante. Wir dividieren diese Ungleichung durch h^2 und führen den Grenzübergang $h \to 0$ aus. Es ergibt sich

$$\frac{1}{2}\left(|u''_\varepsilon(t)|_\varepsilon^2 - |u''_\varepsilon(0)|_\varepsilon^2\right) \leqq \int_0^t \{\mu|u''_\varepsilon(s)|^2 + K\big(1 + 2\|u'_\varepsilon(s)\|^2\big)\}\, ds$$

$$\leqq \int_0^t \mu|u''_\varepsilon(s)|_\varepsilon^2\, ds + K_1\,, \qquad K_1 = \text{const}\,.$$

Durch Anwendung des GRONWALLschen Lemmas finden wir

$$|u''_\varepsilon(t)|_\varepsilon \leqq K_0\big(|u''_\varepsilon(0)|_\varepsilon + 1\big)\,, \qquad K_0 = \text{const}\,. \tag{4.11}$$

Für $x \in V$ ist

$$(u''_\varepsilon(0), x)_\varepsilon = -\big(A_\varepsilon(0)\,a_1 + B_\varepsilon(0)\,a_0, x\big)_\varepsilon$$
$$= -\big(A(0)\,a_1 + B(0)\,a_0, x\big) \leqq |A(0)\,a_1 + B(0)\,a_0| \cdot |x|_\varepsilon$$

und daher $|u''_\varepsilon(0)|_\varepsilon \leqq |A(0)\,a_1 + B(0)\,a_0|$. Daraus und aus (4.11) folgt die Behauptung des Lemmas.

Beweis von Satz 4.2. Unter den gegebenen Voraussetzungen können wir von den Ergebnissen von Satz 4.1 Gebrauch machen.

Beweis von b). Unter Benutzung von (4.10), (1.6) und (2.4) erhalten wir für $\lambda \geqq \frac{M_B T}{m^2}$

$$\frac{1}{2} e^{-2\lambda t} |u_\varepsilon'(t) - u'(t)|^2$$

$$\leqq \int_0^t e^{-2\lambda s} \big(u_\varepsilon''(s) - u''(s), u_\varepsilon'(s) - u'(s)\big) \, ds = \int_0^t e^{-2\lambda s} \big(-A_\varepsilon(s) u_\varepsilon'(s) - B_\varepsilon(s) u_\varepsilon(s)$$

$$+ A(s) u'(s) + B(s) u(s), u_\varepsilon'(s) - u'(s)\big) \, ds$$

$$= \int_0^t e^{-2\lambda s} \{(-A(s) u_\varepsilon'(s) + A(s) u'(s) - B(s) u_\varepsilon(s) + B(s) u(s), u_\varepsilon'(s) - u'(s))$$

$$+ \varepsilon^2 (A_\varepsilon(s) u_\varepsilon'(s) + B_\varepsilon(s) u_\varepsilon(s), u_\varepsilon'(s) - u'(s))\} \, ds$$

$$\leqq \int_0^t e^{-2\lambda s} \Big\{ -\frac{m}{4} ||u_\varepsilon'(s) - u'(s)||^2 + \mu |u_\varepsilon'(s) - u'(s)|^2$$

$$+ \varepsilon |A_\varepsilon(s) u_\varepsilon'(s) + B_\varepsilon(s) u_\varepsilon(s)||_\varepsilon \, |u_\varepsilon'(s) - u'(s)|| \Big\} \, ds$$

$$\leqq \int_0^t e^{-2\lambda s} \Big\{ -\frac{m}{8} ||u_\varepsilon'(s) - u'(s)||^2 + \mu |u_\varepsilon'(s) - u'(s)|^2 + \varepsilon^2 K \Big\} \, ds;$$

dabei ist K eine von ε und t unabhängige Konstante. Aus dieser Abschätzung folgt durch Anwendung des GRONWALLschen Lemmas

$$||u_\varepsilon' - u'||^2_{C(S;H)} + ||u_\varepsilon' - u'||^2_X \leqq K_1 \varepsilon^2 .$$

Damit ist b) bewiesen. Aus den Beweisen der Lemmata 4.2 und 4.3 sowie aus der eben durchgeführten Abschätzung geht hervor, daß man die Konstante M_2 explizit angeben kann, ohne zuvor die Lösung u zu kennen.

Beweis von a). Die Behauptung a) ergibt sich aus (4.9) und b), wenn man $M_1 = M_2 \sqrt{T}$ setzt.

Beweis von c). Für $\varepsilon > 0$ gilt wegen der starken Monotonie von $A(t) + \mu I \in (V \to V^*)$ (vgl. Lemma 2.2, Kap. VI):

$$0 = \big(u_\varepsilon''(t) - u''(t) + A_\varepsilon(t) u_\varepsilon'(t) - A(t) u'(t)$$

$$+ B_\varepsilon(t) u_\varepsilon(t) - B(t) u(t), u_\varepsilon'(t) - u'(t)\big)$$

$$= \big(u_\varepsilon''(t) - u''(t) + A(t) u_\varepsilon'(t) - A(t) u'(t)$$

$$+ B(t) u_\varepsilon(t) - B(t) u(t), u_\varepsilon'(t) - u'(t)\big)$$

$$- \varepsilon^2 \, (A_\varepsilon(t) u_\varepsilon'(t) + B_\varepsilon(t) u_\varepsilon(t), u_\varepsilon'(t) - u'(t))$$

$$\geqq -2K ||u_\varepsilon' - u'||_{C(S;H)} + m || u_\varepsilon(t) - u'(t)||^2 - \mu ||u_\varepsilon' - u'||^2_{C(S;H)}$$

$$- M_B ||u_\varepsilon(t) - u(t)|| \cdot ||u_\varepsilon'(t) - u'(t)|| - \varepsilon K ||u_\varepsilon'(t) - u'(t)|| .$$

Daraus ergibt sich unter Benutzung von a) und b) (für $0 < \varepsilon < 1$):

$$\frac{m}{2}\|u_\varepsilon'(t) - u'(t)\|^2 \leqq 2K\|u_\varepsilon' - u'\|_{C(S;H)} + \mu\|u_\varepsilon' - u'\|^2_{C(S;H)} + \frac{1}{2m}(M_B\|u_\varepsilon(t) - u(t)\| + \varepsilon K)^2 \leqq \left(2KM_2 + \mu M_2^2 + \frac{1}{2m}(M_BM_1 + K)^2\right)\varepsilon\,.$$

Damit ist c) bewiesen.

Beweis von d). Für beliebiges $x \in V$ und $\varepsilon > 0$, $\delta > 0$ gilt:

$$\begin{aligned} &|(u_\varepsilon''(t) - u_\delta''(t), x)| \\ &= |(A_\varepsilon(t)\,u_\varepsilon'(t) + B_\varepsilon(t)\,u_\varepsilon(t) - A_\delta(t)\,u_\delta'(t) - B_\delta(t)\,u_\delta(t), x)| \\ &= |(A(t)\,u_\varepsilon'(t) - A(t)\,u_\delta'(t) + B(t)\,u_\varepsilon(t) - B(t)\,u_\delta(t), x) \\ &\quad + (-\varepsilon^2(A_\varepsilon(t)\,u_\varepsilon'(t) + B_\varepsilon(t)\,u_\varepsilon(t)) + \delta^2(A_\delta(t)\,u_\delta'(t) + B_\delta(t)\,u_\delta(t)), x)| \\ &\leqq (M_A\|u_\varepsilon' - u_\delta'\|_{C(S;V)} + M_B\|u_\varepsilon - u_\delta\|_{C(S;V)} + (\varepsilon + \delta)K)\|x\|\,. \end{aligned}$$

Daraus geht hervor, daß die Folge $\{u_\varepsilon''\}$ in $C(S; V^*)$ konvergiert. Da der Grenzwert nur u'' sein kann, ist $u'' \in C(S; V^*)$. Aus der obigen Abschätzung folgt durch Ausführung des Grenzübergangs $\delta \to 0$ unter Benutzung der vorangegangenen Ergebnisse (für $0 < \varepsilon < 1$):

$$\|u_\varepsilon''(t) - u''(t)\|_* \leqq (M_AM_3 + M_BM_1 + K)\sqrt{\varepsilon}\,.$$

Damit ist d) bewiesen.

Beweis von e). Wir wissen bereits, daß u'' zu $C_w(S; H)$ gehört (vgl. Satz 3.2). Es sei $x \in H$ und $\{x_i\}$ eine Folge aus V, die in H gegen x konvergiert. Dann gilt für $\varepsilon > 0$:

$$\begin{aligned} |(u_\varepsilon''(t) - u''(t), x)| &\leqq |(u_\varepsilon''(t) - u''(t), x - x_i)| + |(u_\varepsilon''(t) - u''(t), x_i)| \\ &\leqq 2K|x - x_i| + M_4\sqrt{\varepsilon}\,\|x_i\|\,. \end{aligned}$$

Die rechte Seite dieser Ungleichung hängt nicht von t ab, und sie wird für geeignetes i und hinreichend kleine ε beliebig klein. Damit ist e) bewiesen.

Bemerkung 4.2. Die Sätze von § 4 zeigen, wie man Anfangswertaufgaben für Operatordifferentialgleichungen zweiter Ordnung mit Operatoren aus $(X \to X^*)$ auf entsprechende Aufgaben mit Operatoren aus $(X_\varepsilon \to X_\varepsilon)$ zurückführen kann. Zur Lösung der Näherungsgleichungen kann das in Satz 4.5, Kap. V, angegebene Projektions-Iterationsverfahren benutzt werden. Die Aufgabe (4.4) ist nämlich, wie wir gesehen haben, der Aufgabe (4.5) mit dem LIPSCHITZ-stetigen Operator $A_\varepsilon + B_\varepsilon R \in (X_\varepsilon \to X_\varepsilon)$ äquivalent.

Die Aufgabe (4.4) kann auch in der folgenden Weise geschrieben werden:

$$w_\varepsilon' + C_\varepsilon w_\varepsilon = 0\,,\quad w_\varepsilon(0) = \{a_0, a_{1\varepsilon}\}\,,\quad w_\varepsilon \in X_\varepsilon \times X_\varepsilon; \tag{4.12}$$

dabei ist C_ε definiert durch

$$C_\varepsilon w_\varepsilon = \{-v_\varepsilon, A_\varepsilon v_\varepsilon + B_\varepsilon u_\varepsilon\} \quad \text{für} \quad w_\varepsilon = \{u_\varepsilon, v_\varepsilon\} .$$

Der Operator C_ε ist eine LIPSCHITZ-stetige Abbildung von $X_\varepsilon \times X_\varepsilon$ in sich. Die Formulierung (4.12) der Näherungsaufgabe zeigt ebenfalls, daß diese mit dem in Satz 4.5, Kap. V, angegebenen Verfahren effektiv gelöst werden kann.

Kommentare zu Kapitel VII

Erste grundlegende Ergebnisse über eine gewisse Klasse von nichtlinearen Gleichungen zweiter Ordnung mit monotonen Operatoren stammen von LIONS-STRAUSS [1]. Ähnliche Ergebnisse sind auch von BROWDER [9] angegeben worden. Für eine weitere Klasse von Gleichungen zweiter Ordnung findet man erste Ergebnisse bei GAJEWSKI [4]. Die Aussagen über die Existenz periodischer Lösungen bestimmter Gleichungen zweiter Ordnung gehen auf PRODI [1] zurück. In den erwähnten Arbeiten behandeln LIONS-STRAUSS und PRODI Gleichungen der Form $u''(t) + A(t)\,u'(t) + B(t)\,u(t) = f(t)$ mit Operatoren $A(t) \in (W \to W^*)$ und $B(t) \in (V \to V^*)$; dabei soll $W \cap V$ in H dicht liegen. Wir haben uns im Hinblick auf die Einfachheit der Beweise und die erreichten Konvergenzaussagen für das GALERKIN-Verfahren auf den Spezialfall $W = V$ beschränkt. Andererseits haben wir durch die Betrachtung von Gleichungen mit VOLTERRA-Operatoren sowohl die bisher genannten Ergebnisse als auch Ergebnisse von GRÖGER [1] verallgemeinert. Neu ist auch die Art der Zurückführung von Gleichungen zweiter Ordnung auf Evolutionsgleichungen. Die in den Sätzen 2.1 und 2.2 enthaltenen Aussagen über die starke Konvergenz des GALERKIN-Verfahrens sind in dieser Form ebenfalls neu. Das von GREENBERG-MAC CAMY-MIZEL [1] behandelte Problem kann als eine einfache Realisierung der Voraussetzungen von Satz 1.2 bzw. Satz 2.2 angesehen werden.

Die Sätze von § 3 stellen Übertragungen entsprechender Ergebnisse für Evolutionsgleichungen auf Gleichungen zweiter Ordnung dar. Satz 3.1 überschneidet sich mit einem Ergebnis von BROWDER [9]. Satz 3.2 ist erstmalig von GAJEWSKI [4] mit Hilfe des in § 4 beschriebenen Approximationsverfahrens bewiesen worden. Unter den Voraussetzungen von Satz 3.2 lassen sich die Konvergenzaussagen für das GALERKIN-Verfahren gegenüber denen von Satz 2.2 verschärfen. Entsprechende Aussagen findet man bei GAJEWSKI-ZACHARIAS [2]. Eine gewisse Verallgemeinerung von Satz 3.2 ist von GAJEWSKI-GRÖGER [1] bewiesen worden. Die für die Sätze 3.3 und 3.4 ausschlaggebende a-priori-Abschätzung der GALERKIN-Näherungen beruht auf einer Idee von BREZIS [3] zur Abschätzung der YOSIDA-Approximationen bei Evolutionsgleichungen.

Die in § 4 behandelte Approximation von Operatordifferentialgleichungen zweiter Ordnung stammt von GAJEWSKI [4]. Sie ist der in Kap. VI, § 3 für Evolutionsgleichungen angegebenen Approximation völlig analog. Satz 4.1 ist in dieser Form neu. Satz 4.2 überträgt Fehlerabschätzungen, wie sie von GAJEWSKI [5] für Evolutionsgleichungen formuliert worden sind, auf Operatordifferentialgleichungen zweiter Ordnung.

Hinsichtlich weiterer Ergebnisse über Operatordifferentialgleichungen zweiter Ordnung und anderer Methoden zu ihrer Behandlung verweisen wir auf LIONS [1] und für lineare Gleichungen auf LIONS-MAGENES [1].

LITERATURVERZEICHNIS

ADAMS, R., ARONSZAJN, N., SMITH, K. T.

[1] Theory of Bessel potentials, Part II. Ann. Inst. Fourier 17, 1—135 (1967).

AKILOW, G. P.

Siehe KANTOROWITSCH–AKILOW.

ARONSZAJN, N.

Siehe ADAMS–ARONSZAJN–SMITH.

ARTOLA, M.

[1] Sur les perturbations des équations d'évolution. Application à des problèmes de retard. Ann. E. N. S. 2, 137—253 (1969).

ASPLUND, E.

[1] Averaged norms. Israel J. Math. 5, 227—233 (1967).

AUMANN, G.

Siehe HAUPT–AUMANN–PAUC.

BEURLING, A., LIVINGSTON, A. E.

[1] A theorem on duality mappings in Banach spaces. Ark. Mat 4, 405—411 (1961).

BIELECKI, A.

[1] Une remarque sur la méthode de Banach-Cacciopoli-Tikhonov. Bull. Acad. Polon. Sci. 4, 261—268 (1956).

BITTNER, L.

[1] Abschätzungen bei Variationsmethoden mit Hilfe von Dualitätssätzen I. Numer. Math. 11, 129—143 (1968).

[2] Abschätzungen bei Variationsmethoden mit Hilfe von Dualitätssätzen II. Numer. Math. 16, 285—303 (1971).

BOCHNER, S.

[1] Integration von Funktionen, deren Werte die Elemente eines Vektorraumes sind. Fund. Math. 20, 262—276 (1933).

BOURBAKI, N.

[1] Fonctions d'une variable réelle. Paris 1961.

[2] Intégration. Paris 1952, 1956, 1959.

BREZIS, H.

[1] Équations et inéquations non-linéaires dans les espaces véctoriels en dualité. Ann. Inst. Fourier 18, 115—176 (1968).

[2] On some degenerate nonlinear parabolic equations. Proc. Sympos. Pure Math. 18, 28—38, AMS, Providence 1970.

[3] Monotonicity methods in Hilbert spaces and some applications to nonlinear partial differential equations. Contributions to nonlinear functional analysis, 101—156 (ed. E. ZARANTONELLO), New York 1971.

[4] Problèmes unilatéraux. J. Math. pures et appl. 51, 1—168 (1972).

BREZIS, H., CRANDALL, M. G., PAZY, A.

[1] Perturbations of nonlinear maximal monotone sets in Banach spaces. Comm. Pure Appl. Math. 23, 123—144 (1970).

BREZIS, H., PAZY, A.

[1] Convergence and approximation of semigroups of nonlinear operators in Banach spaces. J. Funct. Anal. 9, 63—74 (1972).

BROWDER, F. E.

[1] On the spectral theory of elliptic differential operators. Math. Ann. **142**, 22–130 (1961).

[2] Nonlinear elliptic boundary value problems. Bull. Amer. Math. Soc. **69**, 862–874 (1963).

[3] Nonlinear equations of evolution. Ann. of Math. **80**, 485–523 (1964).

[4] Nonlinear initial value problems. Ann. of Math. **82**, 51–87 (1965).

[5] Fixed-point theorems for non-compact mappings in Hilbert space. Proc. Nat. Acad. Sci. USA **53**, 1272–1276 (1965).

[6] Existence of periodic solutions for nonlinear equations of evolution. Proc. Nat. Acad. Sci. USA **53**, 1100–1103 (1965).

[7] On a theorem of Beurling and Livingston. Canad. J. Math. **17**, 367–372 (1965).

[8] Problèmes non linéaires. Presses de l'Univ. de Montreal 1966.

[9] Nonlinear functional analysis and nonlinear partial differential equations. Differ. equat. and their applic., J. Acta Fac. rerum natur. Univ. Comen., 45–64 (1967).

[10] Nonlinear maximal monotone operators in Banach space. Math. Ann. **175**, 89–113 (1968).

[11] Nonlinear eigenvalue problems and Galerkin approximations. Bull. Amer. Math. Soc. **74**, 651–656 (1968).

[12] Nonlinear functional analysis and nonlinear integral equations of Hammerstein and Urysohn type. Contributions to nonlinear functional analysis, 425–500 (ed. E. ZARANTONELLO), New York 1971.

BROWDER, F. E., HESS, P.

[1] Nonlinear mappings of monotone type in Banach spaces. J. Funct. Anal. **11**, 251–294 (1972).

BROWDER, F. E., PETRYSHYN, W. V.

[1] Construction of fixed points of nonlinear mappings in Hilbert space. J. Math. Anal. Appl. **20**, 197–228 (1967).

CALDERÓN, A. P.

[1] Lebesgue spaces of differentiable functions and distributions. Proc. Sympos. Pure Math. **IV**, 33–49, Providence 1961.

CARTAN, H.

[1] Calcul différentiel. Formes différentielles. Paris 1967 (russ. Übersetzung Moskau 1971).

CRANDALL, M. G.

Siehe BREZIS–CRANDALL–PAZY.

CRANDALL, M. G., LIGGETT, T. M.

[1] Generation of semi-groups of nonlinear transformations on general Banach spaces. Amer. J. Math. **93**, 265–298 (1971).

DESCLOUX, J.

[1] On the heat equation. Math. Zeitschr. **113**, 376–382 (1970).

DIEUDONNÉ, J.

[1] Grundzüge der modernen Analysis. Berlin 1971.

DINCULEANU, N.

[1] Vector measures. Berlin 1966.

DOUGLAS, J., DUPONT, T.

[1] Galerkin methods for parabolic equations. SIAM J. Numer. Anal. **7**, 575–626 (1970).

DUBINSKI, J. A.

[1] Quasilineare elliptische und parabolische Gleichungen beliebiger Ordnung. Uspechi mat. nauk **XXIII** (139), 45–90 (1968), russ.

DUNFORD, N., SCHWARTZ, J. T.

[1] Linear operators I, II. New York 1958, 1963.

DUPONT, T.
Siehe DOUGLAS–DUPONT.
EDWARDS, R. E.
[1] Functional Analysis. New York-London 1965 (russ. Übersetzung Moskau 1969).
ESKIN, G. I.
Siehe KOSTJUTSCHENKO–ESKIN.
FEDERER, H.
[1] Geometric measure theory. Berlin-Heidelberg-New York 1969.
FENCHEL, W.
[1] On conjugate convex functions. Canad. J. Math. 1, 73—77 (1949).
GAGLIARDO, E.
[1] Caratterizzazioni delle trace sulla frontiera relative ad alcune classi die funzioni in n variabili. Rend. Sem. Mat. Padova 27, 284—304 (1957).
GAJEWSKI, H.
[1] Iterationsverfahren bei Folgen kontraktiver Operatoren. Mber. Dt. Ak. Wiss. 11, 818—826 (1969).
[2] Zur Approximation nichtlinearer Evolutionsgleichungen durch abstrakte Differentialgleichungen mit Lipschitz-stetigen Operatoren. Math. Nachr. 48, 377—385 (1970).
[3] Zur Konvergenz des Galerkin-Verfahrens bei nichtlinearen Evolutionsgleichungen. Math. Nachr. 49, 261—266 (1971).
[4] Über eine Klasse nichtlinearer abstrakter Wellengleichungen im Hilbert-Raum. Math. Nachr. 52, 371—383 (1972).
[5] Über eine Approximationsmethode für nichtlineare Evolutionsgleichungen. Math. Nachr. 54, 297—307 (1972).
GAJEWSKI, H., GRÖGER, K.
[1] Zur Lösbarkeit einer Klasse von Differentialgleichungen zweiter Ordnung im Hilbert-Raum. Math. Nachr. 56, 111—124 (1973).
GAJEWSKI, H., KLUGE, R.
[1] Projektions-Iterationsverfahren und nichtlineare Probleme mit monotonen Operatoren. Mber. Dt. Ak. Wiss. 12, 98—115 (1970).
GAJEWSKI, H., ZACHARIAS, K.
[1] Zur starken Konvergenz des Galerkin-Verfahrens bei einer Klasse pseudoparabolischer partieller Differentialgleichungen. Math. Nachr. 47, 365—376 (1970).
[2] Zur Konvergenz des Galerkin-Verfahrens bei einer Klasse nichtlinearer abstrakter Wellengleichungen. Math. Nachr. 53, 291—301 (1972).
[3] Über eine Klasse nichtlinearer Differentialgleichungen im Hilbert-Raum. J. Math. Anal. Appl. 44, 71—87 (1973).
[4] Über eine weitere Klasse nichtlinearer Differentialgleichungen im Hilbert-Raum. Math. Nachr. 57, 127—140 (1973).
GALPERN, S. A.
[1] Das Cauchy-Problem für allgemeine Systeme linearer partieller Differentialgleichungen. Trudy Moskow. Mat. Obschtsch. 9, 401—423 (1960), russ.
GÅRDING, L., LIONS, J. L.
[1] Functional analysis. Nuovo Cimento 14, Ser. X (1959), Supplemento 19—66.
GREENBERG, J. M., MAC CAMY, R. C., MIZEL, V. J.
[1] On the existence, uniqueness and stability of solutions of the equation $\sigma'(u_x)\,u_{xx}+\lambda u_{xtx}=\varrho_0 u_{tt}$. J. Math. Mech. 17, 707—728 (1968).
GRÖGER, K.
[1] Zur Theorie nichtlinearer Differentialgleichungen erster und zweiter Ordnung mit Gedächtnis in Banach- bzw. Hilbert-Räumen. Math. Nachr. 56, 161—167 (1973).
[2] Zum Galerkin-Verfahren für Evolutionsgleichungen.
Siehe auch GAJEWSKI–GRÖGER.

HALMOS, P. R.
[1] Measure theory. New York 1950.
HAUPT, O., AUMANN, G., PAUC, C.
[1] Differential- und Integralrechnung III. Berlin 1955.
HESS, P.
Siehe BROWDER-HESS.
HÖRMANDER, L.
[1] Linear partial differential operators. Berlin 1963 (russ. Übersetzung Moskau 1965).
JOFFE, A. D., TICHOMIROW, W. M.
[1] Dualität konvexer Funktionen und Extremalaufgaben. Uspechi mat. nauk **XXIII** (144), 51—116 (1968), russ.
KAMKE, E.
[1] Das Lebesgue-Stieltjes-Integral. Leipzig 1956.
KANTOROWITSCH, L. W., AKILOW, G. P.
[1] Funktionalanalysis in normierten Räumen. Berlin 1964.
KATO, T.
[1] Nonlinear evolution equations in Banach spaces. Proc. Symp. Appl. Math. 17, 50—67, AMS, New York 1965.
[2] Nonlinear semi-groups and evolution equations. J. Math. Soc. Japan **19**, 508—520 (1967).
[3] Demicontinuity, hemicontinuity and monotonicity II. Bull. Amer. Math. Soc. **73**, 886—889 (1967).
KATSCHUROWSKI, R. I.
[1] Über monotone Operatoren und konvexe Funktionale. Uspechi mat. nauk **XV** (94), 213—215 (1960), russ.
[2] Nichtlineare monotone Operatoren in Banach-Räumen. Uspechi mat. nauk **XXIII** (140), 121—168 (1968), russ.
Siehe auch WAINBERG–KATSCHUROWSKI.
KLUGE, R.
[1] Nichtlineare Operatorungleichungen und Extremalaufgaben. Theorie und Näherungsverfahren. Berlin 1976.
Siehe auch GAJEWSKI-KLUGE.
KOSTJUTSCHENKO, A. G., ESKIN, G. I.
[1] Das Cauchy-Problem für Sobolew–Galpern-Gleichungen. Trudy Moskow. Mat. Obschtsch. **10**, 273—284 (1961), russ.
KÖTHE, G.
[1] Topologische lineare Räume I. Berlin-Göttingen-Heidelberg 1960.
KRASNOSELSKI, M. A.
[1] Topologische Methoden in der Theorie nichtlinearer Integralgleichungen. Moskau 1956, russ.
LADYSHENSKAJA, O. A.
[1] Funktionalanalytische Untersuchungen der Navier-Stokesschen Gleichungen. Berlin 1965.
LADYSHENSKAJA, O. A., SOLONNIKOW, W. A., URALZEWA, N. N.
[1] Lineare und quasilineare Gleichungen parabolischen Typs. Moskau 1967, russ.
LADYSHENSKAJA, O. A., URALZEWA, N. N.
[1] Lineare und quasilineare Gleichungen elliptischen Typs. Moskau 1964, russ.
LANGENBACH, A.
[1] Über die Anwendung eines Variationsprinzips auf einige nichtlineare Variationsgleichungen. Dokl. Akad. nauk **121**, 214—217 (1958), russ.
[2] Variationsmethoden in der nichtlinearen Elastizitäts- und Plastizitätstheorie. Wiss. Z. Humboldt-Univ. Berlin, Math.-Nat. R. **IX**, 145—164 (1959/60).
[3] Stetig differenzierbare Trajektorien rheologischer Platten. Math. Nachr. **49**, 359—368 (1971).
[4] Monotone Potentialoperatoren in Theorie und Anwendung. Berlin 1975.

LAX, P. D.
[1] On Cauchy's problem for hyperbolic equations and the differentiability of the solutions of elliptic equations. Comm. Pure Appl. Math. 8, 615—653 (1955).
LERAY, J., LIONS, J. L.
[1] Quelques résultats de Visik sur les problèmes elliptiques non linéaires par les méthodes de Minty-Browder. Bull. Soc. Math. France 93, 97—107 (1965).
LIGGETT, T. M.
Siehe CRANDALL–LIGGETT.
LIONS, J. L.
[1] Quelques méthodes de résolution des problèmes aux limites non linéaires. Paris 1969 (russ. Übersetzung Moskau 1972).
[2] Über Ungleichungen in partiellen Ableitungen. Uspechi mat. nauk XXVI (158), 205—263 (1971), russ.
Siehe auch GÅRDING–LIONS, LERAY–LIONS.
LIONS, J. L., MAGENES, E.
[1] Problèmes aux limites non homogènes et applications I. Paris 1968 (russ. Übersetzung Moskau 1971).
LIONS, J. L., STRAUSS, W.
[1] Some non linear evolution equations. Bull. Soc. Math. France 93, 43—96 (1965).
LIVINGSTON, A. E.
Siehe BEURLING–LIVINGSTON.
LJUSTERNIK, L. A., SOBOLEW, W. I.
[1] Elemente der Funktionalanalysis. Berlin 1968.
MAC CAMY, R. C.
Siehe GREENBERG–MAC CAMY–MIZEL.
MAGENES, E.
[1] Spazi di interpolazione ed equazioni a derivate parziali. Atti VII Congresso U. M. I., Genova 1963. Ediz. Cremonese, Roma 1964, 134—197.
Siehe auch LIONS–MAGENES.
MICHLIN, S. G.
[1] Das Minimumproblem für ein quadratisches Funktional. Moskau-Leningrad 1952, russ.
[2] Variationsmethoden in der mathematischen Physik. Berlin 1962.
[3] Numerische Realisation von Variationsverfahren. Berlin 1969.
MINTY, G. J.
[1] Monotone (non linear) operators in Hilbert space. Duke Math. J. 29, 341—346 (1962).
[2] On a monotonicity method for the solution of non linear equations in Banach spaces. Proc. Nat. Acad. Sci. USA 50, 1038—1041 (1963).
[3] On some aspects of the theory of monotone operators. Theory and applications of monotone operators, Proc. NATO Advanced Study Inst. (Venice 1968), 67—82, Gubbio 1969.
MIZEL, V. J.
Siehe GREENBERG–MAC CAMY–MIZEL.
MOREAU, J. J.
[1] Fonctions convexes en dualité. Multigraph, Séminaires de Mathématiques, Faculté des Sciences, Université de Montpellier, 1962.
[2] Proximité et dualité dans un espace Hilbertien. Bull. Soc. Math. France 93, 273—299 (1965).
MORREY, C. B., Jr.
[1] Multiple integrals in the calculus of variations. Berlin 1966.
NATANSON, I. P.
[1] Theorie der Funktionen einer reellen Veränderlichen. Berlin 1961.
NEČAS, J.
[1] Les méthodes directes en théorie des équations elliptiques. Prag 1967.

NIKOLSKI, S. M.
[1] Approximation von Funktionen mehrerer Veränderlicher und Einbettungssätze. Moskau 1969, russ.
PAUC, C.
Siehe HAUPT–AUMANN–PAUC.
PAZY, A.
Siehe BREZIS–CRANDALL–PAZY, BREZIS-PAZY.
PEETRE, J.
[1] Espaces d'interpolation et théorème de Sobolev. Ann. Inst. Fourier 16, 279—317 (1966).
PETRYSHYN, W. V.
[1] Projection methods in nonlinear numerical functional analysis. J. Math. Mech. 17, 353—372 (1967).
Siehe auch BROWDER–PETRYSHYN.
PRODI, G.
[1] Soluzioni periodiche dell'equazione delle onde con termine dissipativo non-lineare. Rend. Sem. Mat. Padova 35 (1965).
ROCKAFELLAR, R. T.
[1] Local boundedness of nonlinear monotone operators. Michigan Math. J. 16, 397—407 (1969).
[2] On the maximality of sums of nonlinear monotone operators. Trans. Amer. Math. Soc. 149, 75—88 (1970).
SCHWARTZ, J. T.
Siehe DUNFORD–SCHWARTZ.
SCHWARTZ, L.
[1] Distributions à valeur vectorielles I. Ann. Inst. Fourier 7, 1—141 (1957).
[2] Théorie des distributions I, II. Paris 1957, 1959.
SHOWALTER, R. E.
[1] Partial differential equations of Sobolev-Galpern type. Pacific J. Math. 31, 787—794 (1969).
[2] Weak solutions of nonlinear evolution equations of Sobolev-Galpern type. J. Diff. Equat. 11, 252—265 (1972).
SHOWALTER, R. E., TING, T. W.
[1] Pseudo-parabolic partial differential equations. SIAM J. Math. Anal. 1 (1970).
SMIRNOW, W. I.
[1] Lehrgang der höheren Mathematik V. Berlin 1962.
SMITH, K. T.
Siehe ADAMS–ARONSZAJN–SMITH.
SOBOLEW, S. L.
[1] Einige Anwendungen der Funktionalanalysis auf Gleichungen der mathematischen Physik. Berlin 1964.
SOBOLEW, W. I.
Siehe LJUSTERNIK–SOBOLEW.
SOLONNIKOW, W. A.
Siehe LADYSHENSKAJA–SOLONNIKOW–URALZEWA.
TICHOMIROW, W. M.
Siehe JOFFE–TICHOMIROW.
TING, T. W.
[1] Certain non-steady flows of second-order fluids. Arch. Rat. Mech. Anal. 14, 1—26 (1963).
[2] Parabolic and pseudo-parabolic partial differential equations. J. Math. Soc. Japan 21, 440—453 (1969).
Siehe auch SHOWALTER–TING.

TRÉVES, F.
[1] Topological vector spaces, distributions and kernels. New York-London 1967.
TRIEBEL, H.
[1] Höhere Analysis. Berlin 1972.
TRUESDELL, C.
[1] Second order effects in the mechanics of materials. Second-order effects in elasticity, plasticity and fluid dynamics. Proc. Inter. Symp. Haifa 1962 (Edit. M. REINER, D. ABIR), Pergamon Press 1962.
URALZEWA, N. N.
Siehe LADYSHENSKAJA–SOLONNIKOW–URALZEWA, LADYSHENSKAJA–URALZEWA.
WAINBERG, M. M.
[1] Variationsmethoden zur Untersuchung nichtlinearer Operatoren. Moskau 1956, russ.
[2] Die Variationsmethode und die Methode der monotonen Operatoren. Moskau 1972, russ.
WAINBERG, M. M., KATSCHUROWSKI, R. I.
[1] Zur Variationstheorie nichtlinearer Operatoren und Gleichungen. Dokl. Akad. nauk **129**, 1199—1202 (1959), russ.
WISCHIK, M. I.
[1] Randwertprobleme für quasilineare stark elliptische Gleichungssysteme von divergenter Form. Dokl. Akad. nauk **138**, 518—521 (1961), russ.
[2] Zur Lösung von Randwertproblemen für quasilineare parabolische Gleichungen beliebiger Ordnung. Mat. Sbornik **59**, 289—325 (1962), russ.
[3] Quasilineare stark elliptische Gleichungssysteme von divergenter Form. Trudy Moskow. Mat. Obschtsch. **12**, 125—184 (1963), russ.
YOSIDA, K.
[1] Functional Analysis. Berlin-Göttingen-Heidelberg 1965. (russ. Übersetzung Moskau 1967).
ZAANEN, A.
[1] Linear Analysis. Amsterdam 1956.
ZACHARIAS, K.
Siehe GAJEWSKI-ZACHARIAS.
ZARANTONELLO, E. H.
[1] Solving functional equations by contractive averaging. Tech. Report **160**, US-Army Research Center, Madison, Wisconsin (1960).

BEZEICHNUNGEN

SACHVERZEICHNIS

Bei Fragen zur Produktsicherheit wenden Sie sich bitte an:
If you have any questions regarding product safety,
please contact:

Walter de Gruyter GmbH
Genthiner Straße 13
10785 Berlin
productsafety@degruyterbrill.com